JN172726

## 2025年用

# 共通テスト実戦模試

④ 数学II・B・C

Z会編集部 編

スマホで自動採点！　**学習診断サイトのご案内**

スマホでマークシートを撮影して自動採点。ライバルとの点数の比較や，学習アドバイスももらえる！　本書のオリジナル模試を解いて，下記 URL・二次元コードにアクセス！

Z会共通テスト学習診断　｜検索｜　二次元コード →

https://service.zkai.co.jp/books/k-test/

詳しくは別冊解説の目次ページへ

# 目次

# 本書の効果的な利用法

## ▌本書の特長▐

　本書は，共通テストで高得点をあげるために，過去からの出題形式と内容，最新の情報を徹底分析して作成した実戦模試である。本番では，限られた時間内で解答する力が要求される。本書では時間配分を意識しながら，出題傾向に沿った良質の実戦模試に複数回取り組める。

### ■ 共通テスト攻略法 ── 情報収集で万全の準備を

　以下を参考にして，共通テストの内容・難易度をしっかり把握し，本番までのスケジュールを立て，余裕をもって本番に臨んでもらいたい。

　　**データクリップ** ➡ 共通テストの出題教科や 2024 年度本試の得点状況を収録。

　　**傾向と対策**　　➡ 過去の出題や最新情報を徹底分析し，来年度に向けての対策を解説。

### ■ 共通テスト実戦模試の利用法

#### 1. 本番に備える

　本番を想定して取り組むことが大切である。時間配分を意識して取り組み，自分の実力を確認しよう。巻末のマークシートを活用して，記入の仕方もしっかり練習しておきたい。

#### 2. 令和 7 年（2025 年）度の試作問題も踏まえた「最新傾向」に備える

　今回，実戦力を養成するためのオリジナル模試の中に，大学入試センターから公開されている令和 7 年度に向けた試作問題の内容を加味した類問を掲載している。詳細の解説も用意しているので，合わせて参考にしてもらいたい。

#### 3.「今」勉強している全国の受験生と高め合う

　『学習診断サイト（左ページの二次元コードから利用可能）』では，得点を登録すれば学習アドバイスがもらえるほか，現在勉強中の全国の受験生が登録した得点と「リアル」に自分の点数を比較し切磋琢磨ができる。全国に仲間がいることを励みに，モチベーションを高めながら試験に向けて準備を進めてほしい。

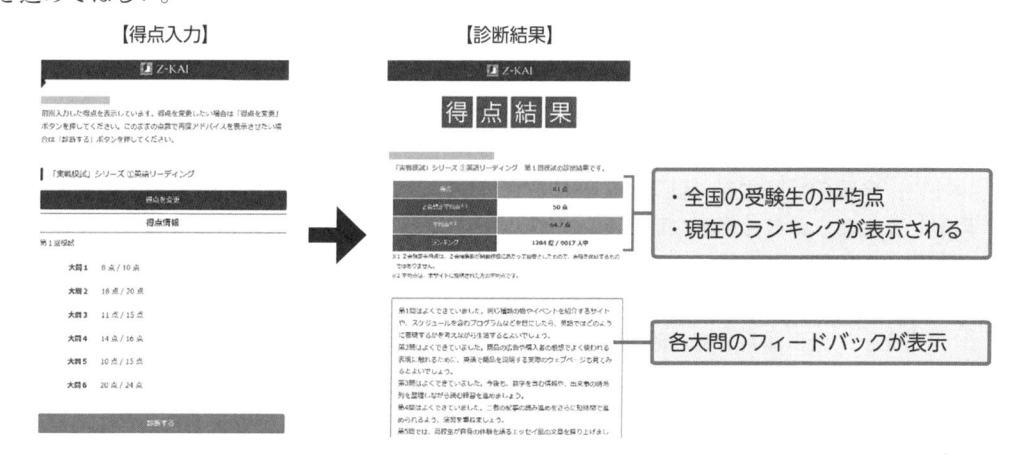

# 共通テストに向けて

## ■ 共通テストは決してやさしい試験ではない。

　共通テストは，高校の教科書程度の内容を客観形式で問う試験である。科目によって，教科書等であまり見られないパターンの出題も見られるが，出題のほとんどは基本を問うものである。それでは，基本を問う試験だから共通テストはやさしい，といえるだろうか。

　実際のところは，共通テストには，適切な対策をしておくべきいくつかの手ごわい点がある。まず，勉強するべき科目数が多い。国公立大学では共通テストで「6教科8科目」を必須とする大学・学部が主流なので，科目数の負担は決して軽くない。また，基本事項とはいっても，あらゆる分野から満遍なく出題される。これは，"山"を張るような短期間の学習では対処できないことを意味する。また，広範囲の出題分野全体を見通し，各分野の関連性を把握する必要もあるが，そうした視点が教科書の単元ごとの学習では容易に得られないのもやっかいである。さらに，制限時間内で多くの問題をこなさなければならない。しかもそれぞれが非常によく練られた良問だ。問題の設定や条件，出題意図を素早く読み解き，制限時間内に迅速に処理していく力が求められているのだ。こうした処理能力も，漫然とした学習では身につかない。

## ■ しかし，適切な対策をすれば，十分な結果を得られる試験でもある。

　上記のように決してやさしいとはいえない共通テストではあるが，適切な対策をすれば結果を期待できる試験でもある。共通テスト対策は，できるだけ早い時期から始めるのが望ましい。長期間にわたって，①教科書を中心に基本事項をもれなく押さえ，②共通テストの過去問で出題傾向を把握し，③出題形式・出題パターンを踏まえたオリジナル問題で実戦形式の演習を繰り返し行う，という段階的な学習を少しずつ行っていけば，個別試験対策を本格化させる秋口からの学習にも無理がかからず，期待通りの成果をあげることができるだろう。

## ■ 本書を利用して，共通テストを突破しよう。

　本書は主に上記③の段階での使用を想定して，Ｚ会のオリジナル問題を教科別に模試形式で収録している。巻末のマークシートを利用し，解答時間を意識して問題を解いてみよう。そしてポイントを押さえた解答・解説をじっくり読み，知識の定着・弱点分野の補強に役立ててほしい。早いスタートが肝心とはいえ，時間的な余裕がないのは明らかである。できるだけ無駄な学習を避けるためにも，学習効果の高い良質なオリジナル問題に取り組んで，徹底的に知識の定着と処理能力の増強に努めてもらいたい。

　また，全国の受験生を「リアルに」つなぎ，切磋琢磨を促す仕組みとして『学習診断サイト』も用意している。本書の問題に取り組み，採点後にはその得点をシステムに登録し，全国の学生の中での順位を確認してみよう。そして同じ目標に向けて頑張る仲間たちを思い浮かべながら，受験をゴールまで走り抜ける原動力に変えてもらいたい。

　本書を十二分に活用して，志望校合格を達成し，喜びの春を迎えることを願ってやまない。

Ｚ会編集部

## ▌共通テストの段階式対策▌

> **0.** まずは教科書を中心に，基本事項をもれなく押さえる。

▼

> **1.** さまざまな問題にあたり，上記の知識の定着をはかる。その中で，自分の弱点を把握する。

▼

> **2.** 実戦形式の演習で，弱点を補強しながら，制限時間内に問題を処理する力を身につける。とくに，頻出事項や狙われやすいポイントについて重点的に学習する。

▼

> **3.** 仕上げとして，予想問題に取り組む。


## ▌Z会の共通テスト関連教材▌

> **1.**『ハイスコア！ 共通テスト攻略』シリーズ
> オリジナル問題を解きながら，共通テストの狙われどころを集中して学習できる。

▼

> **2.**『2025年用　共通テスト過去問英数国』
> 複数年の共通テストの過去問題に取り組み，出題の特徴をつかむ。

▼

> **3.**『2025年用　共通テスト実戦模試』（本シリーズ）

▼

> **4.**『2025年用　共通テスト予想問題パック』
> 本シリーズを終えて総仕上げを行うため，直前期に使用する本番形式の予想問題。

※『2025年用　共通テスト実戦模試』シリーズは，本番でどのような出題があっても対応できる力をつけられるように，最新年度および過去の共通テストも徹底分析し，さまざまなタイプの問題を掲載しています。そのため，『2024年用　共通テスト実戦模試』と掲載問題に一部重複があります。

# 共通テスト攻略法
## データクリップ

## 1 出題教科・科目の出題方法

　下の表の教科・科目で実施される。なお，受験教科・科目は各大学が個別に定めているため，各大学の要項にて確認が必要である。

※解答方法はすべてマーク式。以下の表は大学入試センター発表の『令和7年度大学入学者選抜に係る大学入学共通テスト出題教科・科目の出題方法等』を元に作成した。

※『　』は大学入学共通テストにおける出題科目を表し，「　」は高等学校学習指導要領上設定されている科目を表す。

| 教科 | 出題科目 | 出題方法（出題範囲，出題科目選択の方法等） | 試験時間（配点） |
|---|---|---|---|
| 国語 | 『国語』 | ・「現代の国語」及び「言語文化」を出題範囲とし，近代以降の文章及び古典（古文，漢文）を出題する。<br>分野別の大問数及び配点は，近代以降の文章が3問110点，古典が2問90点（古文・漢文各45点）とする。 | 90分（200点） |
| 地理歴史<br><br>公民 | 『地理総合，地理探究』<br>『歴史総合，日本史探究』<br>『歴史総合，世界史探究』<br>『公共，倫理』<br>『公共，政治・経済』 ⎫→(b)<br>『地理総合／歴史総合／公共』→(a)<br><br>(a)：必履修科目を組み合わせた出題科目<br>(b)：必履修科目と選択科目を組み合わせた出題科目 | ・左記出題科目の6科目のうちから最大2科目を選択し，解答する。<br>・(a)の『地理総合／歴史総合／公共』は，「地理総合」，「歴史総合」及び「公共」の3つを出題範囲とし，そのうち2つを選択解答する（配点は各50点）。<br>・2科目を選択する場合，以下の組合せを選択することはできない。<br>(b)のうちから2科目を選択する場合<br>　『公共，倫理』と『公共，政治・経済』の組合せを選択することはできない。<br>(b)のうちから1科目及び(a)を選択する場合<br>　(b)については，(a)で選択解答するものと同一名称を含む科目を選択することはできない。 | 1科目選択<br>60分（100点）<br><br>2科目選択<br>130分<br>（うち解答時間120分）<br>（200点） |
| 数学① | 『数学Ⅰ・数学A』<br>『数学Ⅰ』 | ・左記出題科目の2科目のうちから1科目を選択し，解答する。<br>・「数学A」については，図形の性質，場合の数と確率の2項目に対応した出題とし，全てを解答する。 | 70分（100点） |
| 数学② | 『数学Ⅱ，数学B，数学C』 | ・「数学B」及び「数学C」については，数列（数学B），統計的な推測（数学B），ベクトル（数学C）及び平面上の曲線と複素数平面（数学C）の4項目に対応した出題とし，4項目のうち3項目の内容の問題を選択解答する。 | 70分（100点） |
| 理科 | 『物理基礎／化学基礎／生物基礎／地学基礎』<br>『物理』『化学』『生物』『地学』 | ・左記出題科目の5科目のうちから最大2科目を選択し，解答する。<br>・『物理基礎／化学基礎／生物基礎／地学基礎』は，「物理基礎」，「化学基礎」，「生物基礎」及び「地学基礎」の4つを出題範囲とし，そのうち2つを選択解答する（配点は各50点）。 | 1科目選択<br>60分（100点）<br>2科目選択<br>130分<br>（うち解答時間120分）<br>（200点） |
| 外国語 | 『英語』<br>『ドイツ語』『フランス語』<br>『中国語』『韓国語』 | ・左記出題科目の5科目のうちから1科目を選択し，解答する。<br>・『英語』は「英語コミュニケーションⅠ」，「英語コミュニケーションⅡ」及び「論理・表現Ⅰ」を出題範囲とし，【リーディング】及び【リスニング】を出題する。受験者は，原則としてその両方を受験する。その他の科目については，『英語』に準じる出題範囲とし，【筆記】を出題する。<br>・科目選択に当たり，『ドイツ語』，『フランス語』，『中国語』及び『韓国語』の問題冊子の配付を希望する場合は，出願時に申し出ること。 | 『英語』<br>【リーディング】<br>80分（100点）<br>【リスニング】<br>30分（100点）<br><br>『ドイツ語』『フランス語』『中国語』『韓国語』<br>【筆記】80分（200点） |
| 情報 | 『情報Ⅰ』 | | 60分（100点） |

# 2 2024年度の得点状況

　2024年度は，前年度に比べて，下記の平均点に★がついている科目が難化し，平均点が下がる結果となった。

　特に英語リーディングは，前年より語数増や英文構成の複雑さも相まって，平均点が51.54点と，共通テスト開始以降では最低の結果となった。その他，数学と公民科目に平均点の低下傾向が見られた。また一部科目には，令和7年度共通テストに向けた試作問題で公開されている方向性に親和性のある出題も確認できた。なお，今年度については得点調整は行われなかった。

| 教科名 | 科目名等 | 本試験(1月13日・14日実施) | | 追試験(1月27日・28日実施) |
|---|---|---|---|---|
| | | 受験者数(人) | 平均点(点) | 受験者数(人) |
| 国語（200点） | 国語 | 433,173 | 116.50 | 1,106 |
| 地理歴史（100点） | 世界史B | 75,866 | 60.28 | 1,004 (注1) |
| | 日本史B | 131,309 | ★56.27 | |
| | 地理B | 136,948 | 65.74 | |
| 公民（100点） | 現代社会 | 71,988 | ★55.94 | |
| | 倫理 | 18,199 | ★56.44 | |
| | 政治・経済 | 39,482 | ★44.35 | |
| | 倫理，政治・経済 | 43,839 | 61.26 | |
| 数学①（100点） | 数学Ⅰ・数学A | 339,152 | ★51.38 | 1,000 (注1) |
| 数学②（100点） | 数学Ⅱ・数学B | 312,255 | ★57.74 | 979 (注1) |
| 理科①（50点） | 物理基礎 | 17,949 | 28.72 | 316 |
| | 化学基礎 | 92,894 | ★27.31 | |
| | 生物基礎 | 115,318 | 31.57 | |
| | 地学基礎 | 43,372 | 35.56 | |
| 理科②（100点） | 物理 | 142,525 | ★62.97 | 672 |
| | 化学 | 180,779 | 54.77 | |
| | 生物 | 56,596 | 54.82 | |
| | 地学 | 1,792 | 56.62 | |
| 外国語（100点） | 英語リーディング | 449,328 | ★51.54 | 1,161 |
| | 英語リスニング | 447,519 | 67.24 | 1,174 |

※2024年3月1日段階では，追試験の平均点が発表されていないため，上記の表では受験者数のみを示している。
（注1）国語，英語リーディング，英語リスニング以外では，科目ごとの追試験単独の受験者数は公表されていない。
　　　このため，地理歴史，公民，数学①，数学②，理科①，理科②については，大学入試センターの発表どおり，教科ごとにまとめて提示しており，上記の表は載せていない科目も含まれた人数となっている。

# 共通テスト攻略法
## 傾向と対策

### ■試作問題の出題内容

第1問〜第3問は「数学II」，第4問，第5問は「数学B」，第6問，第7問は「数学C」からの出題。
第1問〜第3問は必答で，第4問〜第7問は4問中3問を選択して，計6問を解答する。

（時間は解答目安時間です。）

#### 第1問　　（2021年本試第一日程と同内容）

三角関数　　配点 15点　時間 10分
　三角関数の合成を利用して最大値を求めることを題材とした問題。(2)(ii)までは問題文に従って処理を進めていく内容である。(2)(iii)は誘導が与えられておらず，それまでの考察を振り返って**解法を自分で考えさせる**内容である。

#### 第2問　　（2021年本試第一日程と同内容）

指数関数・対数関数，いろいろな式
　　　　　　　　配点 15点　時間 8分
　指数関数の性質を題材とした問題。(1)，(2)は処理中心である。(3)は三角関数の性質との比較で，「$\beta$に何か具体的な値を代入して」という構想を参考に，**(1)，(2)の結果から具体的な値として何が適切かを考える**。相加平均と相乗平均の関係や恒等式も含んでいる。

#### 第3問　　（2021年本試第一日程の改題）

微分・積分の考え　配点 22点　時間 14分
　(1)は2次関数のグラフの$y$軸との交点における接線についての考察，(2)は3次関数のグラフの$y$軸との交点における接線についての考察。(2)は(1)の拡張で，**数学の事象について発展的に考える**。共通接線の式，グラフの概形の考察などが問われている。

#### 第4問　　（2021年本試第一日程の改題）

数列　　　　　　配点 16点　時間 12分
　等差数列と等比数列を含んだ漸化式を題材とした問題。(3)は**(1)，(2)の考察を振り返り**，数列$\{d_n\}$が等比数列となる必要十分条件を求める。

#### 第5問

統計的な推測　　配点 16点　時間 12分
　(1)は正規分布と信頼区間の問題であり，(2)は新課程で加わった仮説検定の問題。**仮説検定の流れにそって解き進める**。

#### 第6問　　（2021年本試第一日程の改題）

ベクトル　　　　配点 16点　時間 12分
　正十二面体の四つの頂点によってできる四角形の形状について考察する問題。平面から空間へ拡張しながら，**求めた結果をどのように活用するか**が問われる。

#### 第7問

〔1〕平面上の曲線　配点 4点　時間 3分
　方程式の係数の値の変化に応じて表示される図形について考察する問題。**コンピュータソフトを利用した設定**はたびたび見られる。

〔2〕複素数平面　　配点 12点　時間 9分
　コンピュータソフトを利用して複素数に対応する点によって作られる複素数平面上の図形の問題。事象を数学的に表現したり，解決の過程を振り返って**事象の数学的な特徴や他の事象との関係**を考察したりする。

## ■過去3年間の出題内容

第1問，第2問は旧課程「数学Ⅱ」，第3問〜第5問は旧課程「数学B」からの出題。

第1問，第2問は必答で，第3問〜第5問は3問中2問を選択して，計4問を解答する。試験時間は60分。

## 2024年度本試験　　（時間は解答目安時間です。）

### 第1問

〔1〕指数関数・対数関数　配点 15点　時間 8分
　対数関数のグラフや対数方程式の表す図形，対数不等式の表す領域について考察する問題。**値の変化によってグラフがどのように変化していくのか**の理解が求められている。

〔2〕いろいろな式　　配点 15点　時間 12分
　整式を2次式で割ったときの余りが定数になる条件を考察する問題。(3)は(2)までの**考察を振り返り，余りを求める**内容である。

### 第2問

微分・積分の考え　　配点 30点　時間 16分
　2次関数のグラフと，定積分を用いて表された関数のグラフの関係について考察する問題。計算量は少なめであるが，**数値が表す図形的な意味が問われたり，求めた式からグラフの概形を考える設問が多く**，共通テストらしい出題である。

### 第3問

確率分布と統計的な推測　配点 20点　時間 12分
　晴れの日についての確率分布を考察する問題。(2)は期待値や1次関数に関する内容で，新課程の数学Ⅰ・Aの範囲が中心であった。**求めたものが直線やグラフ上にあるという流れ**は，共通テストでよく見られる設定である。

### 第4問

数列　　　　　　　　　配点 20点　時間 12分
　数列の漸化式と一般項について考察する問題。(3)は，(ⅰ)，(ⅱ)の考察から(ⅲ)を考え，(ⅳ)で，**これまでの考察を振り返る**内容である。

### 第5問

ベクトル　　　　　　　配点 20点　時間 12分
　座標空間における線分の長さの最小値について考察する問題。(2)は**2通りの方針で考える**。(3)は，(2)のいずれの方針でも解ける。処理中心だが，解法の考察など，共通テストらしい出題である。

## 2023年度，2022年度の出題

| | 問題番号 | | 配点 | 分野 |
|---|---|---|---|---|
| 2023年（本試） | 第1問 | 〔1〕 | 18 | 三角関数 |
| | | 〔2〕 | 12 | 指数関数・対数関数 |
| | 第2問 | 〔1〕 | 15 | 微分・積分の考え |
| | | 〔2〕 | 15 | 微分・積分の考え |
| | 第3問 | | 20 | 確率分布と統計的な推測 |
| | 第4問 | | 20 | 数列 |
| | 第5問 | | 20 | ベクトル |

| | 問題番号 | | 配点 | 分野 |
|---|---|---|---|---|
| 2022年（本試） | 第1問 | 〔1〕 | 15 | 図形と方程式，三角関数 |
| | | 〔2〕 | 15 | 指数関数・対数関数 |
| | 第2問 | 〔1〕 | 18 | 微分・積分の考え |
| | | 〔2〕 | 12 | 微分・積分の考え |
| | 第3問 | | 20 | 確率分布と統計的な推測 |
| | 第4問 | | 20 | 数列 |
| | 第5問 | | 20 | ベクトル |

## ■対策

　共通テストでは，単に計算を正確に行ったり，定理や公式を正しく活用したりする力が求められるだけではなく，「日常の事象や複雑な問題をどのように解決するか」「発見した解き方や考え方をどのようにいかすか」といった見方ができるかも問われている。これまでの共通テストを踏まえ，以下にいくつか対策の例をまとめたので，日々の学習や，本書を用いた演習を進めるときの参考にしてほしい。

### ●新課程で追加される分野に注意

　試作問題では，**第5問「統計的な推測」**と**第7問「平面上の曲線と複素数平面」**が新しい問題として公開されており，これらは過去問では対策しにくい分野である。

　第5問「統計的な推測」は，**仮説検定の理解が必要**である。数学Iでは仮説検定の考え方を学習しているが，数学Bでは棄却域を求めて判断することまで必要となる。一方で，統計の意味の理解を問われる点は，これまでと大きくは変わらないと考えられる。本書では，仮説検定の問題を扱っているので，実際に手を動かすことで理解を深めてほしい。

　第7問「平面上の曲線と複素数平面」は，試作問題では，〔1〕で「平面上の曲線」，〔2〕で「複素数平面」となっていたが，どちらか一方のテーマに絞った問題が出題されることも考えられる。その場合，**試作問題よりも深い考察が求められる**可能性がある。本書では，やや難しめの問題も含め，いろいろなパターンを演習できるようにしている。過去問にはまったくない分野なので，本書でしっかり演習してほしい。

第7問〔1〕「平面上の曲線」より一部抜粋

〔1〕　$a$, $b$, $c$, $d$, $f$ を実数とし，$x$, $y$ の方程式

$$ax^2 + by^2 + cx + dy + f = 0$$

について，この方程式が表す座標平面上の図形をコンピュータソフトを用いて表示させる。ただし，このコンピュータソフトでは $a$, $b$, $c$, $d$, $f$ の値は十分に広い範囲で変化させられるものとする。

> $a$, $b$, $c$, $d$, $f$ の値を入力したときに座標平面上に表示される図形に着目させる問題である。

方程式 $ax^2 + by^2 + cx + dy + f = 0$ の $a$, $c$, $d$, $f$の値は変えずに，$b$ の値だけを $b \geqq 0$ の範囲で変化させたとき，座標平面上には　 ア 。

> ここでは $b$ の値だけを変化させたときについて考えさせている。

> 本問のような問題では，より深い考察として，「$b$ 以外の値を変化させたときについて考えさせる」，「座標平面上に表示される図形の変化から，どの文字の値に着目するかを考えさせる」などの出題が考えられるだろう。

### ●これまで以上に処理力も求められる

　新課程の「数学Ⅱ・B・C」では，**大問6問を70分で解答**しなければならない。これまでの「数学Ⅱ・B」では，大問4問を60分で解答していたことを考えると，一つ一つの大問にかけられる時間は少なくなっている。試作問題では，一つ一つの大問における設問数は少なくなっているものの，問題そのものが易しくなっているわけではないため，これまで以上に手早く処理する力も求められているといえる。

## ●二つの方針の違いを見抜く

　試作問題以外にも，過去の出題から共通テストらしさが見られる問題を紹介しておこう。

　2023年度本試験の第4問は，預金の推移を題材とした数列の問題であり，$n$年目の初めの預金を$a_n$万円とおいたときの$a_n$を求めるための二つの方針が(1)で与えられている。そして，(2)以降の問題では，二つの方針のどちらの考え方を参照するのがよいかが問われている。

　このような問題では，**二つの方針の違いについて理解することが大切**である。本問における二つの方針は

> **方針1**
>
> 　$n$年目の初めの預金と$(n+1)$年目の初めの預金との関係に着目して考える。

> **方針2**
>
> 　もともと預金口座にあった10万円と毎年の初めに入金した$p$万円について，$n$年目の初めにそれぞれがいくらになるかに着目して考える。

であり，それぞれ着目する部分が異なることに注意する必要がある。**方針1**では，**年ごとの預金の総額に着目**し，**方針2**では，預金をもともとあった10万円と毎年入金する$p$万円という**入金時期が異なる要素ごとに着目**している点がポイントになる。

　したがって，10年目の終わりの預金の総額について考える(2)では，方針1や方針2で求められる$a_n$の一般項から$a_{10}$について着目すればよいので，**方針1・方針2のどちらの利用も考えられる**が，1年目の入金を始める前の預金が10万円から13万円に変わった場合について考える(3)では，**方針1よりも方針2の利用が望ましい**ことになる。

　本問のような複数の方針を使い分ける必要がある問題への対策としては，解答解説を確認して終わりにするのではなく，**それぞれの方針で解くことが可能かどうか実際に手を動かして確かめてみることが大切**である。(2)は**方針1・方針2**のどちらの利用も考えられるが，$a_n$の式がほぼ見えている**方針2**を参照する方がわかりやすいこと，(3)も**方針1**の利用は難しく，**方針2**を利用した方が処理しやすいことを実際に手を動かして確かめることで，このような方針選択に少しずつ慣れていくことができる。


## ■最後に

　共通テストでは，「日常や社会の事象」と「数学の事象」の2種類の事象を題材に

☑　問題を**数理的（数学的）に捉える**こと

☑　問題解決に向けて，**構想・見通しを立てる**こと

☑　焦点化した問題を**解決する**こと

☑　解決過程をもとに，**結果を意味づけたり，概念を形成したり，体系化する**こと

の4つの資質能力が問われている。このような資質能力が問われていることを意識しながら，「この問題は前後の問題とどのようなつながりがあるのだろう？」と考え，問題の流れを掴んでいこう。

　本書でも，この4つの資質能力を問うような問題を多く扱っている。最初は難しく感じるかもしれないが，問題のポイントがどこにあるかを探りながら解き，力をつけてほしい。

# 解答上の注意

1　解答は，解答用紙の問題番号に対応した解答欄にマークしなさい。

2　問題の文中の ア ， イウ などには，符号(−)又は数字(0 ～ 9)が入ります。ア，イ，ウ，…の一つ一つは，これらのいずれか一つに対応します。それらを解答用紙のア，イ，ウ，…で示された解答欄にマークして答えなさい。

　　例　 アイウ に −83 と答えたいとき

| ア | ● | ⓪ | ① | ② | ③ | ④ | ⑤ | ⑥ | ⑦ | ⑧ | ⑨ |
|---|---|---|---|---|---|---|---|---|---|---|---|
| イ | − | ⓪ | ① | ② | ③ | ④ | ⑤ | ⑥ | ⑦ | ● | ⑨ |
| ウ | − | ⓪ | ① | ② | ● | ④ | ⑤ | ⑥ | ⑦ | ⑧ | ⑨ |

3　分数形で解答する場合，分数の符号は分子につけ，分母につけてはいけません。

　　例えば， $\dfrac{\boxed{エオ}}{\boxed{カ}}$ に $-\dfrac{4}{5}$ と答えたいときは， $\dfrac{-4}{5}$ として答えなさい。

　　また，それ以上約分できない形で答えなさい。

　　例えば， $\dfrac{3}{4}$ と答えるところを， $\dfrac{6}{8}$ のように答えてはいけません。

4　小数の形で解答する場合，指定された桁数の一つ下の桁を四捨五入して答えなさい。また，必要に応じて，指定された桁まで ⓪ にマークしなさい。

　　例えば， $\boxed{キ}$ . $\boxed{クケ}$ に 2.5 と答えたいときは，2.50 として答えなさい。

5　根号を含む形で解答する場合，根号の中に現れる自然数が最小となる形で答えなさい。

　　例えば， $\boxed{コ}\sqrt{\boxed{サ}}$ に $4\sqrt{2}$ と答えるところを，$2\sqrt{8}$ のように答えてはいけません。

6　根号を含む分数形で解答する場合，例えば $\dfrac{\boxed{シ}+\boxed{ス}\sqrt{\boxed{セ}}}{\boxed{ソ}}$ に $\dfrac{3+2\sqrt{2}}{2}$ と答えるところを，$\dfrac{6+4\sqrt{2}}{4}$ や $\dfrac{6+2\sqrt{8}}{4}$ のように答えてはいけません。

7　問題の文中の二重四角で表記された $\boxed{\boxed{タ}}$ などには，選択肢から一つを選んで，答えなさい。

8　なお，同一の問題文中に $\boxed{チツ}$ ，$\boxed{テ}$ などが 2 度以上現れる場合，原則として，2 度目以降は，$\boxed{チツ}$ ，$\boxed{テ}$ のように細字で表記します。

# 模試 第1回

$\binom{100点}{70分}$

## 〔数学Ⅱ・B・C〕

注 意 事 項

1　数学解答用紙（模試 第1回）をキリトリ線より切り離し，試験開始の準備をしなさい。

2　時間を計り，上記の解答時間内で解答しなさい。

　ただし，納得のいくまで時間をかけて解答するという利用法でもかまいません。

3　第1問〜第3問は必答。第4問〜第7問から3問選択。計6問を解答しなさい。

4　解答用紙には解答欄以外に受験番号欄，氏名欄，試験場コード欄があります。自分自身で本番を想定し，正しく記入し，マークしなさい。

5　解答は解答用紙の解答欄にマークしなさい。

6　選択問題については，解答する問題を決めたあと，その問題番号の解答欄に解答しなさい。ただし，指定された問題数をこえて解答してはいけません。

7　問題の余白は適宜利用してよいが，どのページも切り離してはいけません。

# 第1問 （必答問題）（配点 15）

右のような，乗りカゴが反時計まわりに24分かけて1周する直径20mの観覧車がある。また，観覧車の乗り場は地上から3mの高さにある。

乗りカゴが乗り場を出発してから $x$ 分後における，乗りカゴの地上からの高さを $h$ m とする。ただし，乗りカゴの大きさは考えないものとする。

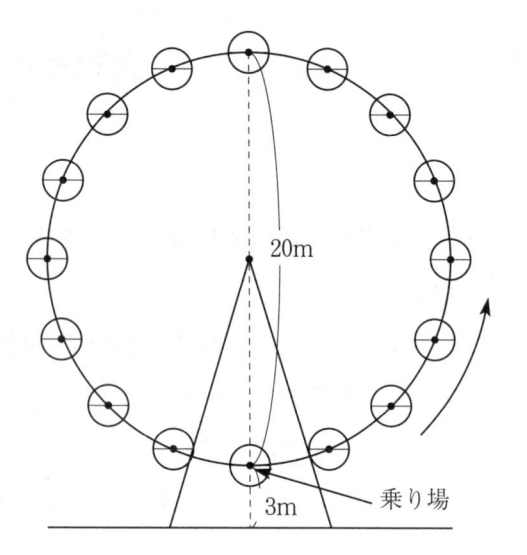

20m

3m　乗り場

(1) 乗りカゴが乗り場を出発してから6分後における，乗りカゴの地上からの高さは $\boxed{\text{アイ}}$ m である。

(2) 乗りカゴの地上からの高さ $h$ を $x$ を用いて表すと

$$h = \boxed{\text{ウエ}} - \boxed{\text{オカ}} \cos \frac{\pi}{\boxed{\text{キク}}} x$$

である。

（数学 II，数学 B，数学 C 第1問は次ページに続く。）

(3) 乗りカゴが乗り場を出発してから 17 分後における，乗りカゴの地上からの高さを求めるためには，$\cos \dfrac{17}{\boxed{キク}}\pi$ の値が必要である。

この値は，三角関数の加法定理により

$$\cos \frac{17}{\boxed{キク}}\pi = \frac{\sqrt{\boxed{ケ}} - \sqrt{\boxed{コ}}}{\boxed{サ}}$$

と求めることができる。

(4) 乗りカゴの中の人が乗りカゴの外の景色を見ているときに，観覧車の近くにある地上からの高さが 8m の建物の屋上がちょうど真横に見えるのは，乗りカゴが 1 周する間に 2 回ある。乗りカゴが乗り場を出発してから何分後かを求めよう。

$h = 8$ であるから

$$\cos \frac{\pi}{\boxed{キク}}x = \frac{\boxed{シ}}{\boxed{ス}}$$

を満たす $x$ を求めればよい。

よって，乗りカゴが乗り場を出発してから $\boxed{セ}$ 分後と $\boxed{ソタ}$ 分後である。

# 第2問 （必答問題）（配点　15）

(1)　図1の実線は $y = 2^x$ を平行移動したグラフであり，点線は $y = 2^x$ のグラフである。また，図2の実線は $y = \log_2 x$ を平行移動したグラフであり，点線は $y = \log_2 x$ のグラフである。

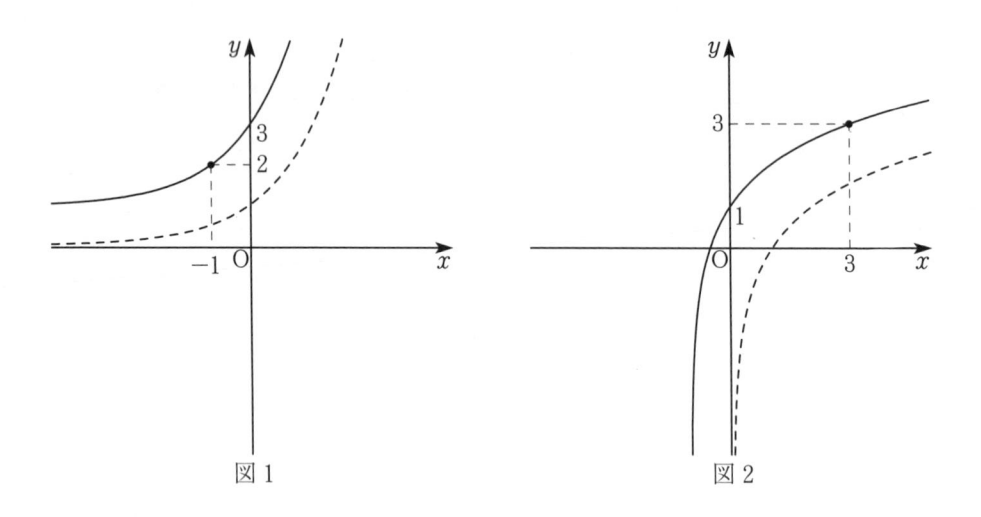

図1　　　　　　　　　　　　図2

　　図1の実線のグラフの式は

$$y = 2^{x+\boxed{ア}} + \boxed{イ}$$

であり，図2の実線のグラフの式は

$$y = \log_2\left(x + \boxed{ウ}\right) + \boxed{エ}$$

である。

　　図1の実線のグラフは，$y = 2^x$ のグラフを $x$ 軸方向に $\boxed{オカ}$，$y$ 軸方向に $\boxed{キ}$ だけ平行移動したグラフであり，図2の実線のグラフは，$y = \log_2 x$ のグラフを $x$ 軸方向に $\boxed{クケ}$，$y$ 軸方向に $\boxed{コ}$ だけ平行移動したグラフである。

（数学 II，数学 B，数学 C 第 2 問は次ページに続く。）

(2) $y = 2^x$ のグラフと $y = \log_2 x$ のグラフは，直線 $\boxed{\text{サ}}$ に関して対称である。

図1の実線のグラフと図2の実線のグラフは，直線 $\boxed{\text{シ}}$ に関して対称である。

$\boxed{\text{サ}}$，$\boxed{\text{シ}}$ の解答群（同じものを繰り返し選んでもよい。）

| | | | |
|---|---|---|---|
| ⓪ $y = x$ | ① $y = x+1$ | ② $y = x+2$ | ③ $y = x+3$ |
| ④ $y = x-1$ | ⑤ $y = x-2$ | ⑥ $y = x-3$ | |

(3) 次の(i)～(iii)のそれぞれのグラフの組のうち，直線 $\boxed{\text{シ}}$ に関して対称であるものは，$\boxed{\text{ス}}$。

$\quad$ (i) $y = 4^{x+1} - 2$ のグラフと $y = \log_4(x+1) - 2$ のグラフ

$\quad$ (ii) $y = 2^{x-1} + 3$ のグラフと $y = \log_2(x-1) + 3$ のグラフ

$\quad$ (iii) $y = 9^{x+2}$ のグラフと $y = \dfrac{\log_3(x+2)}{2}$ のグラフ

$\boxed{\text{ス}}$ の解答群

⓪ (i)だけである

① (ii)だけである

② (iii)だけである

③ (i)と(ii)である

④ (i)と(iii)である

⑤ (ii)と(iii)である

⑥ (i)～(iii)の三つすべてである

⑦ (i)～(iii)のうちには一つもない

# 第3問 （必答問題）（配点 22）

$f(x) = x^3 - x$ とおく。曲線 $C : y = f(x)$ 上にない点 A を通る曲線 $C$ の接線の本数を考える。

曲線 $C$ 上の点 $(t, f(t))$ における接線の方程式は

$$y = \left( \boxed{\text{ア}} \, t^2 - \boxed{\text{イ}} \right) x - \boxed{\text{ウ}} \, t^3 \quad \cdots\cdots\cdots\cdots\cdots\cdots ①$$

である。

(1) A$(1, -1)$ のとき，点 A を通る曲線 $C$ の接線の本数を求めてみよう。

①が点 A を通るとき $\boxed{\text{エ}}$ であるから，点 A を通る曲線 $C$ の接線の本数は $\boxed{\text{オ}}$ 本である。

$\boxed{\text{エ}}$ の解答群

| | | |
|---|---|---|
| ⓪ $t^3 - 3t^2 = -1$ | ① $t^3 - 3t^2 = 0$ | ② $t^3 - 3t^2 = 1$ |
| ③ $2t^3 - 3t^2 = -1$ | ④ $2t^3 - 3t^2 = 0$ | ⑤ $2t^3 - 3t^2 = 1$ |

（数学 II，数学 B，数学 C 第 3 問は次ページに続く。）

(2) $a$ を 0 でない実数とする。A$(1, a)$ のとき，点 A を通る曲線 $C$ の接線の本数を求めてみよう。

①が点 A を通るとき

$$a = \boxed{\text{カキ}}\, t^3 + \boxed{\text{ク}}\, t^2 - \boxed{\text{ケ}}$$

であるから，$g(t) = \boxed{\text{カキ}}\, t^3 + \boxed{\text{ク}}\, t^2 - \boxed{\text{ケ}}$ とおくと，$u = g(t)$ のグラフの概形は $\boxed{\text{コ}}$ である。

よって，点 A を通る曲線 $C$ の接線の本数は

$a = -2$ のとき $\boxed{\ \ \text{サ}\ \ }$ 本

$a = -\dfrac{1}{2}$ のとき $\boxed{\ \ \text{シ}\ \ }$ 本

である。

$\boxed{\text{コ}}$ については，最も適当なものを，次の ⓪~⑦ のうちから一つ選べ。

⓪ 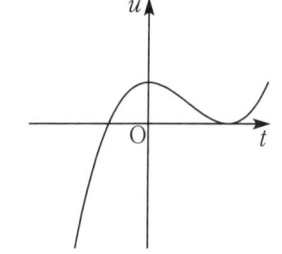 ① 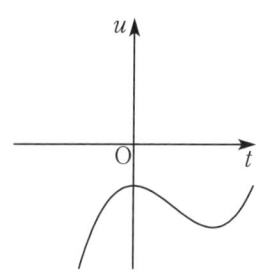 ②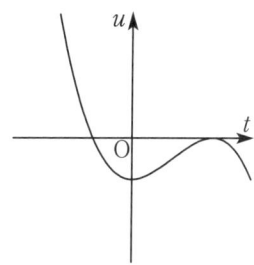

③ 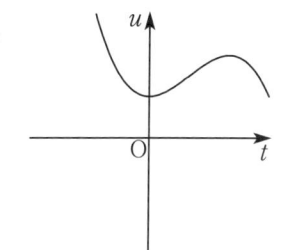 ④ 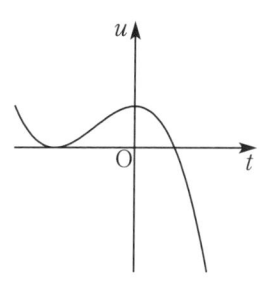 ⑤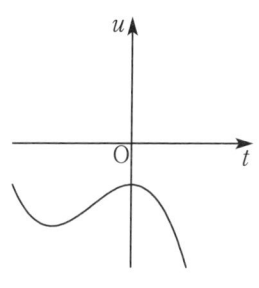

⑥ 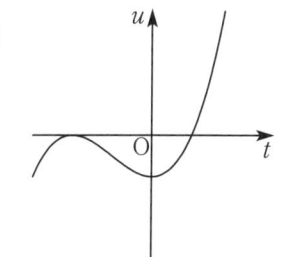 ⑦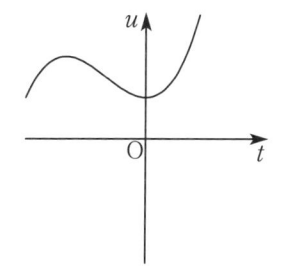

（数学 II，数学 B，数学 C 第 3 問は次ページに続く。）

(3) $b > 0$ とする。$A(b, 6)$ のとき，点 A を通る曲線 $C$ の接線の本数を求めてみよう。

①が点 A を通るとき
$$2t^3 - \boxed{\text{ス}}bt^2 + b + \boxed{\text{セ}} = 0$$
である。

よって，点 A を通る曲線 $C$ の接線の本数が 3 本になるのは
$$b > \boxed{\text{ソ}}$$
のときである。

(4) $a, b$ を実数とする。$A(b, a)$ とおき，点 A を通る曲線 $C$ の接線の本数が 3 本であるときの点 A の存在範囲を図示しよう。

①が点 A を通るとき
$$2t^3 - \boxed{\text{ス}}bt^2 + a + b = 0$$
である。

よって，$b > 0$ のとき，点 A を通る曲線 $C$ の接線の本数が 3 本になるのは，$a$ が
$$\boxed{\text{タ}} \text{かつ} \boxed{\text{チ}}$$
を満たすときである。

$\boxed{\text{タ}}$，$\boxed{\text{チ}}$ の解答群（解答の順序は問わない。）

| | | | |
|---|---|---|---|
| ⓪ $a > b$ | ① $a < b$ | ② $a > -b$ | ③ $a < -b$ |
| ④ $a > b^3 - b$ | ⑤ $a < b^3 - b$ | ⑥ $a > -b^3 + b$ | ⑦ $a < -b^3 + b$ |

（数学 Ⅱ，数学 B，数学 C 第 3 問は次ページに続く。）

$b = 0$ のとき，点 A を通る曲線 $C$ の接線の本数が 3 本になることはない。$b < 0$ のときについても同様に考え，点 A を通る曲線 $C$ の接線の本数が 3 本になるときの点 A の存在範囲を図示すると，$\boxed{\text{ツ}}$ の斜線部分（ただし，境界線は含まない）となる。

　$\boxed{\text{ツ}}$ については，最も適当なものを，次の ⓪〜⑧ のうちから一つ選べ。

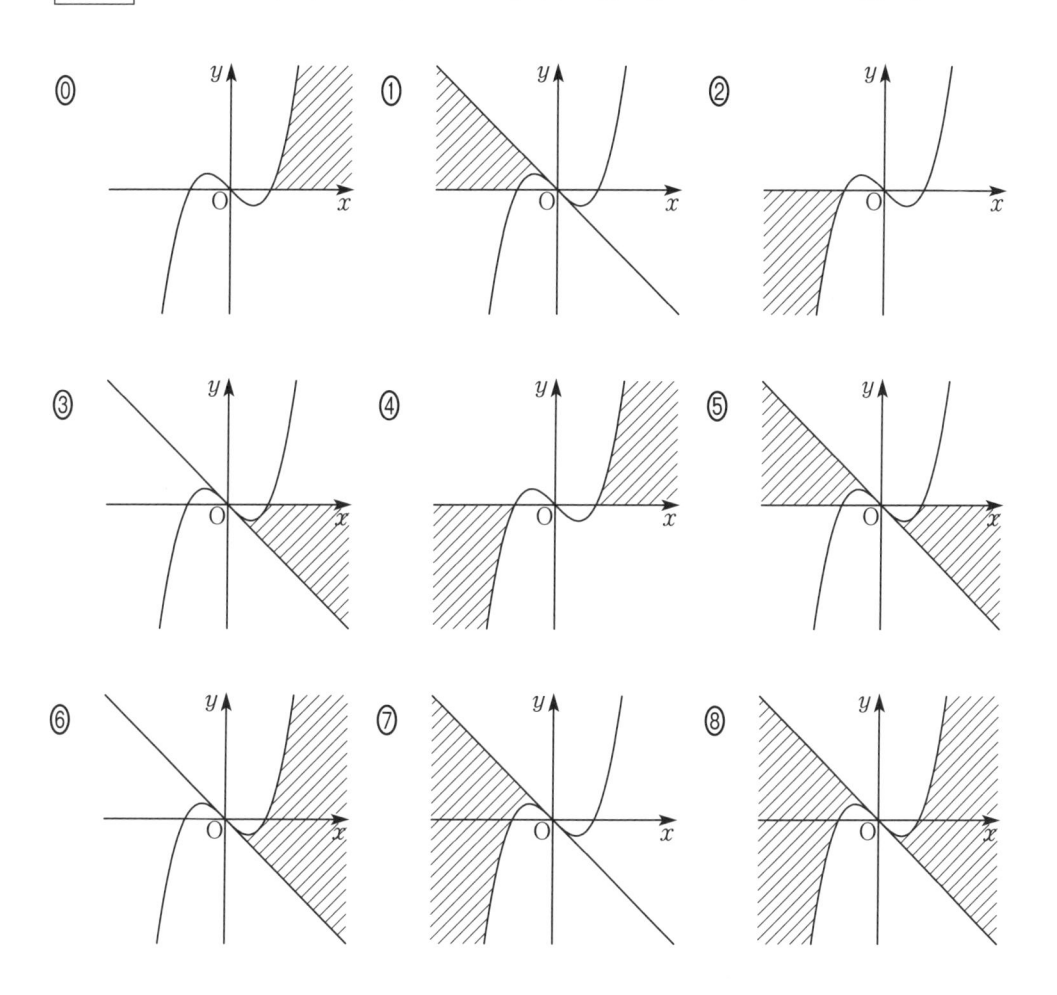

# 第4問 （選択問題）（配点 16）

太郎さんと花子さんは，3項間の漸化式に関する**問題 A** と，4項間の漸化式に関する**問題 B** について話している。二人の会話を読んで，下の問いに答えよ。

(1)

---

**問題 A** 次のように定められた数列 $\{a_n\}$ の一般項を求めよ。

$$a_1 = -3, \quad a_2 = 9,$$

$$a_{n+2} = 5a_{n+1} - 4a_n \quad (n = 1, \ 2, \ 3, \ \cdots)$$

---

太郎 : 2項間の漸化式 $a_{n+1} = pa_n + q$ は，この式を

$$a_{n+1} - \alpha = p(a_n - \alpha)$$

に変形して，数列 $\{a_n\}$ の一般項を求めたね。

花子 : 3項間の漸化式も，同じように変形して一般項を求められるのかな。

数列 $\{a_n\}$ の漸化式を

$$a_{n+2} - \beta a_{n+1} = \alpha(a_{n+1} - \beta a_n)$$

に変形する。この式は

$$a_{n+2} = (\alpha + \beta)a_{n+1} - \alpha\beta a_n$$

であるから，この式を満たす $\alpha$，$\beta$ を求めると

$$(\alpha, \ \beta) = \left(\boxed{\ \text{ア}\ }, \ \boxed{\ \text{イ}\ }\right), \ \left(\boxed{\ \text{イ}\ }, \ \boxed{\ \text{ア}\ }\right)$$

である。ただし，$\boxed{\ \text{ア}\ } < \boxed{\ \text{イ}\ }$ とする。

（数学 Ⅱ，数学 B，数学 C 第4問は次ページに続く。）

(i) $(\alpha,\ \beta) = \left(\boxed{\ \text{ア}\ },\ \boxed{\ \text{イ}\ }\right)$ のとき

$b_n = a_{n+1} - \beta a_n$ とおくと，数列 $\{b_n\}$ は $\boxed{\ \text{ウ}\ }$ ことから，数列 $\{b_n\}$ の一般項を求めることができる。よって

$$a_{n+1} - \beta a_n = \boxed{\ \text{エオ}\ }$$

である。

(ii) $(\alpha,\ \beta) = \left(\boxed{\ \text{イ}\ },\ \boxed{\ \text{ア}\ }\right)$ のとき

$c_n = a_{n+1} - \beta a_n$ とおくと，数列 $\{c_n\}$ は $\boxed{\ \text{カ}\ }$ ことから，数列 $\{c_n\}$ の一般項を求めることができる。よって

$$a_{n+1} - \beta a_n = \boxed{\ \text{キ}\ } \cdot \boxed{\ \text{ク}\ }^{\boxed{\text{ケ}}}$$

である。

(i)，(ii) より，数列 $\{a_n\}$ の一般項は

$$a_n = \boxed{\ \text{コ}\ }^{\boxed{\text{サ}}} - \boxed{\ \text{シ}\ }$$

である。

$\boxed{\ \text{ウ}\ }$，$\boxed{\ \text{カ}\ }$ の解答群（同じものを繰り返し選んでもよい。）

⓪ すべての項が同じ値からなる数列である

① 公差が $0$ でない等差数列である

② 公比が $1$ より大きい等比数列である

③ 公比が $1$ より小さい等比数列である

④ 等差数列でも等比数列でもない

$\boxed{\text{ケ}}$，$\boxed{\text{サ}}$ の解答群（同じものを繰り返し選んでもよい。）

| | | |
|---|---|---|
| ⓪ $n-1$ | ① $n$ | ② $n+1$ |
| ③ $n+2$ | ④ $n+3$ | |

（数学 **II**，数学 **B**，数学 **C** 第 **4** 問は次ページに続く。）

(2)

問題 B 　次のように定められた数列 $\{a_n\}$ の一般項を求めよ。

$$a_1 = 1,\ \ a_2 = -2,\ \ a_3 = 3,$$

$$a_{n+3} = 4a_{n+2} - 5a_{n+1} + 2a_n\ \ (n = 1,\ 2,\ 3,\ \cdots)$$

太郎：3 項間の漸化式 $a_{n+2} = pa_{n+1} + qa_n$ は，この式を

$$a_{n+2} - \beta a_{n+1} = \alpha(a_{n+1} - \beta a_n)$$

に変形して，数列 $\{a_n\}$ の一般項を求めることができたね。

花子：4 項間の漸化式も，同じように変形して一般項を求められないかな。

数列 $\{a_n\}$ の漸化式を

$$a_{n+3} - qa_{n+2} - ra_{n+1} = p(a_{n+2} - qa_{n+1} - ra_n)$$

に変形できるとき

$$(p,\ q,\ r) = \left( \boxed{\text{ス}},\ \boxed{\text{セ}},\ \boxed{\text{ソタ}} \right),\ \left( \boxed{\text{チ}},\ \boxed{\text{ツ}},\ \boxed{\text{テト}} \right)$$

である。ただし，$\boxed{\text{ス}} < \boxed{\text{チ}}$ とする。

（数学 II，数学 B，数学 C 第 4 問は次ページに続く。）

(i) $(p,\ q,\ r)=\left(\boxed{\ \text{ス}\ },\ \boxed{\ \text{セ}\ },\ \boxed{\ \text{ソタ}\ }\right)$ のとき

$$a_{n+2}-qa_{n+1}-ra_n=\boxed{\ \text{ナニ}\ }$$

である。

(ii) $(p,\ q,\ r)=\left(\boxed{\ \text{チ}\ },\ \boxed{\ \text{ツ}\ },\ \boxed{\ \text{テト}\ }\right)$ のとき

$$a_{n+2}-qa_{n+1}-ra_n=\boxed{\ \text{ヌ}\ }^{\boxed{\text{ネ}}}$$

である。

(i), (ii) より，数列 $\{a_n\}$ の一般項は

$$a_n=\boxed{\ \text{ノ}\ }^{\boxed{\text{ハ}}}-\boxed{\ \text{ヒフ}\ }n+\boxed{\ \text{ヘ}\ }$$

である。

$\boxed{\text{ネ}}$，$\boxed{\text{ハ}}$ の解答群（同じものを繰り返し選んでもよい。）

| | | |
|---|---|---|
| ⓪ $n-1$ | ① $n$ | ② $n+1$ |
| ③ $n+2$ | ④ $n+3$ | |

# 第5問 （選択問題）（配点 16）

以下の問題を解答するにあたっては，必要に応じて 17 ページの正規分布表を用いてもよい。

ある植物の種子の発芽率についての研究が A 試験所で行われている。ただし，発芽率とは，種子一つずつが発芽する確率のことである。

(1) A 試験所では，この植物の種子の発芽率は 0.64 である。100 個の種子を無作為に抽出したとき，発芽した種子の個数を表す確率変数を $X$ とすると，$X$ は $\boxed{\text{ア}}$ に従う。また，$X$ の平均（期待値）は $\boxed{\text{イウ}}$，標準偏差は $\boxed{\text{エ}}.\boxed{\text{オ}}$ である。

$\boxed{\text{ア}}$ については，最も適当なものを，次の ⓪～⑤ のうちから一つ選べ。

| | | | |
|---|---|---|---|
| ⓪ | 正規分布 $N(0,\ 1)$ | ① | 二項分布 $B(0,\ 1)$ |
| ② | 正規分布 $N(100,\ 0.64)$ | ③ | 二項分布 $B(100,\ 0.64)$ |
| ④ | 正規分布 $N(100,\ 64)$ | ⑤ | 二項分布 $B(100,\ 64)$ |

（数学 II，数学 B，数学 C 第 5 問は次ページに続く。）

(2)　A 試験所では，この植物の種子の発芽率を高くするための品種改良を行った。品種改良の結果を見るために，この品種改良した種子から無作為に 625 個を選んで，種をまく実験を行ったところ，420 個が発芽した。この品種改良が成功したかどうか，すなわち，もとの種子の発芽率 0.64 より発芽率 $p$ が高くなっているかを，有意水準 2.5% で仮説検定をする。

　　まず，帰無仮説は「 カ 」であり，対立仮説は「 キ 」である。

　　次に，帰無仮説が正しいとすると，標本の大きさ 625 は十分大きいので，発芽した種子の個数を表す確率変数 $Y$ は近似的に平均（期待値） クケコ ，標準偏差 サシ の正規分布に従う。すなわち，確率変数 $Z = \dfrac{Y - \boxed{クケコ}}{\boxed{サシ}}$ は標準正規分布に近似的に従う。

カ ， キ の解答群（同じものを繰り返し選んでもよい。）

| | | |
|---|---|---|
| ⓪　$p \leqq 0.64$ | ①　$p < 0.64$ | ②　$p = 0.64$ |
| ③　$p > 0.64$ | ④　$p \geqq 0.64$ | ⑤　$p \neq 0.64$ |
| ⑥　$|p - 0.64| \leqq 0.025$ | ⑦　$|p - 0.64| = 0.025$ | ⑧　$|p - 0.64| \geqq 0.025$ |

（数学 II，数学 B，数学 C 第 5 問は次ページに続く。）

A 試験所の実験結果から求めた $Z$ の値を $z$ とすると，標準正規分布において $P(Z \geqq |z|)$ の値は 0.025 よりも $\boxed{\text{ス}}$ ので，有意水準 2.5% で A 試験所の品種改良によって種子の発芽率が $\boxed{\text{セ}}$。

$\boxed{\text{ス}}$ の解答群

| ⓪ 大きい | ① 小さい |
|---|---|

$\boxed{\text{セ}}$ の解答群

| ⓪ 上がったと判断できる | ① 上がったとは判断できない |
|---|---|

（数学 Ⅱ，数学 B，数学 C 第 5 問は次ページに続く。）

# 正 規 分 布 表

次の表は，標準正規分布の分布曲線における右図の
灰色部分の面積の値をまとめたものである。

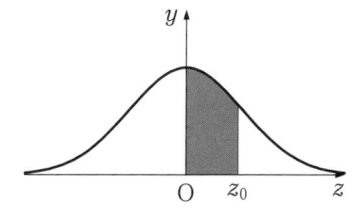

| $z_0$ | 0.00 | 0.01 | 0.02 | 0.03 | 0.04 | 0.05 | 0.06 | 0.07 | 0.08 | 0.09 |
|---|---|---|---|---|---|---|---|---|---|---|
| 0.0 | 0.0000 | 0.0040 | 0.0080 | 0.0120 | 0.0160 | 0.0199 | 0.0239 | 0.0279 | 0.0319 | 0.0359 |
| 0.1 | 0.0398 | 0.0438 | 0.0478 | 0.0517 | 0.0557 | 0.0596 | 0.0636 | 0.0675 | 0.0714 | 0.0753 |
| 0.2 | 0.0793 | 0.0832 | 0.0871 | 0.0910 | 0.0948 | 0.0987 | 0.1026 | 0.1064 | 0.1103 | 0.1141 |
| 0.3 | 0.1179 | 0.1217 | 0.1255 | 0.1293 | 0.1331 | 0.1368 | 0.1406 | 0.1443 | 0.1480 | 0.1517 |
| 0.4 | 0.1554 | 0.1591 | 0.1628 | 0.1664 | 0.1700 | 0.1736 | 0.1772 | 0.1808 | 0.1844 | 0.1879 |
| 0.5 | 0.1915 | 0.1950 | 0.1985 | 0.2019 | 0.2054 | 0.2088 | 0.2123 | 0.2157 | 0.2190 | 0.2224 |
| 0.6 | 0.2257 | 0.2291 | 0.2324 | 0.2357 | 0.2389 | 0.2422 | 0.2454 | 0.2486 | 0.2517 | 0.2549 |
| 0.7 | 0.2580 | 0.2611 | 0.2642 | 0.2673 | 0.2704 | 0.2734 | 0.2764 | 0.2794 | 0.2823 | 0.2852 |
| 0.8 | 0.2881 | 0.2910 | 0.2939 | 0.2967 | 0.2995 | 0.3023 | 0.3051 | 0.3078 | 0.3106 | 0.3133 |
| 0.9 | 0.3159 | 0.3186 | 0.3212 | 0.3238 | 0.3264 | 0.3289 | 0.3315 | 0.3340 | 0.3365 | 0.3389 |
| 1.0 | 0.3413 | 0.3438 | 0.3461 | 0.3485 | 0.3508 | 0.3531 | 0.3554 | 0.3577 | 0.3599 | 0.3621 |
| 1.1 | 0.3643 | 0.3665 | 0.3686 | 0.3708 | 0.3729 | 0.3749 | 0.3770 | 0.3790 | 0.3810 | 0.3830 |
| 1.2 | 0.3849 | 0.3869 | 0.3888 | 0.3907 | 0.3925 | 0.3944 | 0.3962 | 0.3980 | 0.3997 | 0.4015 |
| 1.3 | 0.4032 | 0.4049 | 0.4066 | 0.4082 | 0.4099 | 0.4115 | 0.4131 | 0.4147 | 0.4162 | 0.4177 |
| 1.4 | 0.4192 | 0.4207 | 0.4222 | 0.4236 | 0.4251 | 0.4265 | 0.4279 | 0.4292 | 0.4306 | 0.4319 |
| 1.5 | 0.4332 | 0.4345 | 0.4357 | 0.4370 | 0.4382 | 0.4394 | 0.4406 | 0.4418 | 0.4429 | 0.4441 |
| 1.6 | 0.4452 | 0.4463 | 0.4474 | 0.4484 | 0.4495 | 0.4505 | 0.4515 | 0.4525 | 0.4535 | 0.4545 |
| 1.7 | 0.4554 | 0.4564 | 0.4573 | 0.4582 | 0.4591 | 0.4599 | 0.4608 | 0.4616 | 0.4625 | 0.4633 |
| 1.8 | 0.4641 | 0.4649 | 0.4656 | 0.4664 | 0.4671 | 0.4678 | 0.4686 | 0.4693 | 0.4699 | 0.4706 |
| 1.9 | 0.4713 | 0.4719 | 0.4726 | 0.4732 | 0.4738 | 0.4744 | 0.4750 | 0.4756 | 0.4761 | 0.4767 |
| 2.0 | 0.4772 | 0.4778 | 0.4783 | 0.4788 | 0.4793 | 0.4798 | 0.4803 | 0.4808 | 0.4812 | 0.4817 |
| 2.1 | 0.4821 | 0.4826 | 0.4830 | 0.4834 | 0.4838 | 0.4842 | 0.4846 | 0.4850 | 0.4854 | 0.4857 |
| 2.2 | 0.4861 | 0.4864 | 0.4868 | 0.4871 | 0.4875 | 0.4878 | 0.4881 | 0.4884 | 0.4887 | 0.4890 |
| 2.3 | 0.4893 | 0.4896 | 0.4898 | 0.4901 | 0.4904 | 0.4906 | 0.4909 | 0.4911 | 0.4913 | 0.4916 |
| 2.4 | 0.4918 | 0.4920 | 0.4922 | 0.4925 | 0.4927 | 0.4929 | 0.4931 | 0.4932 | 0.4934 | 0.4936 |
| 2.5 | 0.4938 | 0.4940 | 0.4941 | 0.4943 | 0.4945 | 0.4946 | 0.4948 | 0.4949 | 0.4951 | 0.4952 |
| 2.6 | 0.4953 | 0.4955 | 0.4956 | 0.4957 | 0.4959 | 0.4960 | 0.4961 | 0.4962 | 0.4963 | 0.4964 |
| 2.7 | 0.4965 | 0.4966 | 0.4967 | 0.4968 | 0.4969 | 0.4970 | 0.4971 | 0.4972 | 0.4973 | 0.4974 |
| 2.8 | 0.4974 | 0.4975 | 0.4976 | 0.4977 | 0.4977 | 0.4978 | 0.4979 | 0.4979 | 0.4980 | 0.4981 |
| 2.9 | 0.4981 | 0.4982 | 0.4982 | 0.4983 | 0.4984 | 0.4984 | 0.4985 | 0.4985 | 0.4986 | 0.4986 |
| 3.0 | 0.4987 | 0.4987 | 0.4987 | 0.4988 | 0.4988 | 0.4989 | 0.4989 | 0.4989 | 0.4990 | 0.4990 |
| 3.1 | 0.4990 | 0.4991 | 0.4991 | 0.4991 | 0.4992 | 0.4992 | 0.4992 | 0.4992 | 0.4993 | 0.4993 |
| 3.2 | 0.4993 | 0.4993 | 0.4994 | 0.4994 | 0.4994 | 0.4994 | 0.4994 | 0.4995 | 0.4995 | 0.4995 |
| 3.3 | 0.4995 | 0.4995 | 0.4995 | 0.4996 | 0.4996 | 0.4996 | 0.4996 | 0.4996 | 0.4996 | 0.4997 |
| 3.4 | 0.4997 | 0.4997 | 0.4997 | 0.4997 | 0.4997 | 0.4997 | 0.4997 | 0.4997 | 0.4997 | 0.4998 |
| 3.5 | 0.4998 | 0.4998 | 0.4998 | 0.4998 | 0.4998 | 0.4998 | 0.4998 | 0.4998 | 0.4998 | 0.4998 |

第4問〜第7問は，いずれか3問を選択し，解答しなさい。

# 第6問　(選択問題)　(配点　16)

(1)　ある点 O を始点とするベクトルを用いて，次の**問題1**について考えよう。

---

**問題1**　平面上の異なる2定点 A，B に対して

$$\left|\overrightarrow{PA} + \overrightarrow{PB}\right| = 6$$

を満たす点 P の軌跡を求めよ。

---

$$\overrightarrow{PA} + \overrightarrow{PB} = \overrightarrow{OA} + \overrightarrow{OB} - \boxed{\ \text{ア}\ }\overrightarrow{OP}$$ より，$\left|\overrightarrow{PA} + \overrightarrow{PB}\right| = 6$ の始点を O にそろえると

$$\left|\overrightarrow{OP} - \boxed{\ \text{イ}\ }\right| = \boxed{\ \text{ウ}\ }$$

と変形できる。

$\boxed{\ \text{イ}\ }$ の解答群

| | |
|---|---|
| ⓪　$\overrightarrow{OA} + \overrightarrow{OB}$ | ①　$\overrightarrow{OA} - \overrightarrow{OB}$ |
| ②　$\dfrac{\overrightarrow{OA} + \overrightarrow{OB}}{2}$ | ③　$\dfrac{\overrightarrow{OA} - \overrightarrow{OB}}{2}$ |
| ④　$2\left(\overrightarrow{OA} + \overrightarrow{OB}\right)$ | ⑤　$2\left(\overrightarrow{OA} - \overrightarrow{OB}\right)$ |

（数学 II，数学 B，数学 C 第 6 問は次ページに続く。）

よって，点 P の軌跡は，$\overrightarrow{\mathrm{OX}} = \boxed{\text{エ}}$ で表される点 X を中心とする半径 $\boxed{\text{オ}}$ の円である。

$\boxed{\text{エ}}$ の解答群

| | | | |
|---|---|---|---|
| ⓪ | $\dfrac{\overrightarrow{\mathrm{OA}} + \overrightarrow{\mathrm{OB}}}{2}$ | ① | $\dfrac{\overrightarrow{\mathrm{OA}} - \overrightarrow{\mathrm{OB}}}{2}$ |
| ② | $-\dfrac{\overrightarrow{\mathrm{OA}} + \overrightarrow{\mathrm{OB}}}{2}$ | ③ | $-\dfrac{\overrightarrow{\mathrm{OA}} - \overrightarrow{\mathrm{OB}}}{2}$ |
| ④ | $2\left(\overrightarrow{\mathrm{OA}} + \overrightarrow{\mathrm{OB}}\right)$ | ⑤ | $2\left(\overrightarrow{\mathrm{OA}} - \overrightarrow{\mathrm{OB}}\right)$ |
| ⑥ | $-2\left(\overrightarrow{\mathrm{OA}} + \overrightarrow{\mathrm{OB}}\right)$ | ⑦ | $-2\left(\overrightarrow{\mathrm{OA}} - \overrightarrow{\mathrm{OB}}\right)$ |

（数学 **II**，数学 **B**，数学 **C** 第 6 問は次ページに続く。）

(2) 点 A を始点とするベクトルを用いて，次の **問題 2** について考えよう。

問題 2　平面上の異なる 2 定点 A，B に対して

$$\left| 2\overrightarrow{QA} + \overrightarrow{QB} \right| = 6$$

を満たす点 Q の軌跡を求めよ。

$\left| 2\overrightarrow{QA} + \overrightarrow{QB} \right| = 6$ より

$$\left| \overrightarrow{AQ} - \frac{\overrightarrow{AB}}{\boxed{カ}} \right| = \boxed{キ}$$

であるから，点 Q の軌跡は，$\boxed{ク}$ を中心とする半径 $\boxed{ケ}$ の円である。

$\boxed{ク}$ の解答群

| | |
|---|---|
| ⓪ | 線分 AB の中点 |
| ① | 線分 AB を $1:2$ に内分する点 |
| ② | 線分 AB を $1:3$ に内分する点 |
| ③ | 線分 AB を $2:1$ に内分する点 |
| ④ | 線分 AB を $3:1$ に内分する点 |

（数学 Ⅱ，数学 B，数学 C 第 6 問は次ページに続く。）

(3) 平面上の △ABC に対して

$$|3\overrightarrow{RA} + 2\overrightarrow{RB} + \overrightarrow{RC}| = 6$$

を満たす点 R の軌跡は，辺 BC を 1：$\boxed{コ}$ に内分する点 D と頂点 A を結ぶ線分 AD を 1：$\boxed{サ}$ に内分する点 E を中心とする，半径 $\boxed{シ}$ の円である。

# 第7問 （選択問題）（配点 16）

〔1〕 楕円 $E : \dfrac{x^2}{4} + \dfrac{y^2}{3} = 1$ について考える。

(1) 楕円 $E$ は二つの焦点からの距離の和が $\boxed{\text{ア}}$ となる点の軌跡である。

(2) 楕円 $E$ を，$y$ 軸方向に $\dfrac{\boxed{\text{イ}}}{\sqrt{\boxed{\text{ウ}}}}$ 倍に拡大した図形は，円 $x^2 + y^2 = 4$ である。

　　$E$ 上の点 P は，パラメータ $\theta$ を用いて $\mathrm{P}(2\cos\theta,\ \sqrt{3}\sin\theta)$ と表すことができる。$0 < \theta < \dfrac{\pi}{2}$ のとき，$x$ 軸の正の部分を始線とし，原点 O を極とする極座標において，始線から動径 OP へ測った角を $\varphi$ とおくと，$\theta\ \boxed{\text{エ}}\ \varphi$ が成り立つ。

$\boxed{\text{エ}}$ の解答群

| | | |
|---|---|---|
| ⓪ $<$ | ① $=$ | ② $>$ |

（数学 Ⅱ，数学 B，数学 C 第 7 問は次ページに続く。）

〔2〕 複素数平面上に 2 点 A$(1+i)$，B$(3+2i)$ と動点 P$(z)$ がある。

(1) 点 P が直線 AB 上にあるとき，P $\neq$ A であれば，点 B は，点 A を点 P のまわりに $\boxed{オ}$ または $\boxed{カ}$ だけ回転し，P からの距離を適当に実数倍した点である。

$\boxed{オ}$，$\boxed{カ}$ の解答群（解答の順序は問わない。）

| ⓪ $0$ | ① $\dfrac{\pi}{6}$ | ② $\dfrac{\pi}{4}$ | ③ $\dfrac{\pi}{3}$ | ④ $\dfrac{\pi}{2}$ |
|---|---|---|---|---|
| ⑤ $\dfrac{2}{3}\pi$ | ⑥ $\dfrac{3}{4}\pi$ | ⑦ $\dfrac{5}{6}\pi$ | ⑧ $\pi$ | |

したがって

$$\frac{3+2i-z}{1+i-z} - \overline{\left(\frac{3+2i-z}{1+i-z}\right)} = \boxed{キ}$$

が成り立ち，これを整理すると

$$\left(\boxed{ク}-i\right)z - \left(\boxed{ケ}+i\right)\bar{z} - \boxed{コ}\,i = 0 \quad \cdots\cdots\cdots ①$$

が得られ，これは P ＝ A のときも成り立つ。

また，点 P は点 B を点 A のまわりに $\boxed{オ}$ または $\boxed{カ}$ だけ回転し，A からの距離を適当に実数倍した点であると考えれば

$$\frac{z-(1+i)}{3+2i-(1+i)} - \overline{\left(\frac{z-(1+i)}{3+2i-(1+i)}\right)} = \boxed{サ}$$

と立式することもでき，これを整理しても ① が得られる。

(2) 点 P が，点 A を通り直線 AB に垂直な直線上を動くとき，$z$ は

$$\left(\boxed{シ}-i\right)z + \left(\boxed{ス}+i\right)\bar{z} - \boxed{セ} = 0$$

を満たす。

# 模試　第2回

$\left(\begin{array}{c}100点\\70分\end{array}\right)$

## 〔数学Ⅱ・B・C〕

**注　意　事　項**

1　数学解答用紙（模試 第2回）をキリトリ線より切り離し，試験開始の準備をしなさい。

2　時間を計り，上記の解答時間内で解答しなさい。

　ただし，納得のいくまで時間をかけて解答するという利用法でもかまいません。

3　第1問～第3問は必答。第4問～第7問から3問選択。計6問を解答しなさい。

4　解答用紙には解答欄以外に受験番号欄，氏名欄，試験場コード欄があります。自分自身で本番を想定し，**正しく記入し，マークしなさい。**

5　**解答は解答用紙の解答欄にマークしなさい。**

6　選択問題については，解答する問題を決めたあと，その問題番号の解答欄に解答しなさい。ただし，**指定された問題数をこえて解答してはいけません。**

7　問題の余白は適宜利用してよいが，どのページも切り離してはいけません。

# 第1問 （必答問題）（配点 15）

　文化祭の展示品を制作する際に使う塗料を調達することになった。必要となるのは，黒い塗料が 1200 mL，白い塗料が 2000 mL，青い塗料が 1000 mL である。

　これらの塗料の入手方法を調査したところ，それぞれを単品で購入するよりも，セット販売の商品を購入した方が費用を安くできることがわかった。利用する業者の候補は次の二つである。

---

業者 X：

　黒い塗料 300 mL，白い塗料 300 mL，青い塗料 100 mL のセットを 1000 円で販売している。購入するセットの個数に関わらず一律で一定の送料がかかる。

業者 Y：

　黒い塗料 100 mL，白い塗料 200 mL，青い塗料 200 mL のセットを 1500 円で販売している。購入するセットの個数に関わらず一律で一定の送料がかかる。

---

　$x$, $y$ を 0 以上の整数とし，業者 X のセットを $x$ 個，業者 Y のセットを $y$ 個購入するとする。このとき，費用をなるべく安くするためには，どのセットを何個購入するのがよいかを調べよう。

（数学 II，数学 B，数学 C 第 1 問は次ページに続く。）

(1) $x$, $y$ は次の条件を満たす必要がある。

黒い塗料についての条件　　$\boxed{\text{ア}} \geqq 1200$

白い塗料についての条件　　$\boxed{\text{イ}} \geqq 2000$

青い塗料についての条件　　$\boxed{\text{ウ}} \geqq 1000$

$\boxed{\text{ア}} \sim \boxed{\text{ウ}}$ の解答群（同じものを繰り返し選んでもよい。）

| | | |
|---|---|---|
| ⓪　$100x + 100y$ | ①　$100x + 200y$ | ②　$100x + 300y$ |
| ③　$200x + 100y$ | ④　$200x + 200y$ | ⑤　$200x + 300y$ |
| ⑥　$300x + 100y$ | ⑦　$300x + 200y$ | ⑧　$300x + 300y$ |

(2) 次の $x$ の値に対し，(1)の三つの条件をすべて満たす $y$ の最小値を求めよう。

$x = 4$ のとき，$y$ の最小値は　　$y = \boxed{\text{エ}}$

$x = 5$ のとき，$y$ の最小値は　　$y = \boxed{\text{オ}}$

（数学 II，数学 B，数学 C 第 1 問は次ページに続く。）

(3)　送料を除いたときに費用が最も安くなる場合を考えよう。

送料を除いたときの費用は $\boxed{\text{カ}}$ （円）であるから，送料を除いたときの費用が最も安くなるのは，業者 X のセットを $\boxed{\text{キ}}$ 個，業者 Y のセットを $\boxed{\text{ク}}$ 個購入する場合で，このときの費用は $\boxed{\text{ケコサシ}}$ 円である。

$\boxed{\text{カ}}$ の解答群

| | | | |
|---|---|---|---|
| ⓪ | $1000x + 1500y$ | ① | $1500x + 1000y$ |
| ② | $2x + 3y$ | ③ | $3x + 2y$ |

(4)　送料を含めたときに費用が最も安くなる場合を考えよう。

業者 X と業者 Y の送料が(i)，(ii)の金額のときに，費用が最も安くなる購入の仕方として正しいものは

　　　(i) 業者 X の送料 900 円，業者 Y の送料 900 円のとき　　$\boxed{\text{ス}}$

　　　(ii) 業者 X の送料 3000 円，業者 Y の送料 1500 円のとき　　$\boxed{\text{セ}}$

である。

$\boxed{\text{ス}}$，$\boxed{\text{セ}}$ の解答群 （同じものを繰り返し選んでもよい。）

| | |
|---|---|
| ⓪ | 業者 X だけを使って購入する |
| ① | 業者 Y だけを使って購入する |
| ② | 業者 X と業者 Y の両方を使って購入する |

（下書き用紙）

数学 II, 数学 B, 数学 C の試験問題は次に続く。

# 第2問 （必答問題）（配点 15）

(1) $\cos 2x + 2\sin x$ の周期を求めよう。ただし，正の周期のうち最小のものを単に周期とよぶことにする。

$\cos 2x$ の周期は $\boxed{\text{ア}}$，$2\sin x$ の周期は $\boxed{\text{イ}}$ である。

また，$x=0$ のとき $\cos 2x + 2\sin x = 1$ であることを利用して，$\cos 2x + 2\sin x = 1$ となる $x$ の値を，$0 \leqq x < 2\pi$ において求めると

$$x = 0,\ \boxed{\text{ウ}},\ \boxed{\text{エ}}$$

である。

よって，$\cos 2x + 2\sin x$ の周期は $\boxed{\text{オ}}$ である。

$\boxed{\text{ア}}$，$\boxed{\text{イ}}$ の解答群（同じものを繰り返し選んでもよい。）

| | | | | | | | |
|---|---|---|---|---|---|---|---|
| ⓪ | $\dfrac{\pi}{2}$ | ① | $\pi$ | ② | $\dfrac{3}{2}\pi$ | ③ | $2\pi$ |
| ④ | $\dfrac{5}{2}\pi$ | ⑤ | $3\pi$ | ⑥ | $\dfrac{7}{2}\pi$ | ⑦ | $4\pi$ |

$\boxed{\text{ウ}}$，$\boxed{\text{エ}}$ の解答群（解答の順序は問わない。）

| | | | | | | | |
|---|---|---|---|---|---|---|---|
| ⓪ | $\dfrac{\pi}{4}$ | ① | $\dfrac{\pi}{2}$ | ② | $\dfrac{3}{4}\pi$ | ③ | $\pi$ |
| ④ | $\dfrac{5}{4}\pi$ | ⑤ | $\dfrac{3}{2}\pi$ | ⑥ | $\dfrac{7}{4}\pi$ | | |

$\boxed{\text{オ}}$ の解答群

| | | | | | | | |
|---|---|---|---|---|---|---|---|
| ⓪ | $\dfrac{\pi}{2}$ | ① | $\pi$ | ② | $\dfrac{3}{2}\pi$ | ③ | $2\pi$ |
| ④ | $\dfrac{5}{2}\pi$ | ⑤ | $3\pi$ | ⑥ | $\dfrac{7}{2}\pi$ | ⑦ | $4\pi$ |

（数学 II，数学 B，数学 C 第 2 問は次ページに続く。）

(2)  $\cos 2x + 2\sin x$ の最大値と最小値を求めよう。

$$\cos 2x + 2\sin x = \boxed{カキ}\left(\sin x - \frac{\boxed{ク}}{\boxed{ケ}}\right)^2 + \frac{\boxed{コ}}{\boxed{サ}}$$

より，最大値は $\dfrac{\boxed{シ}}{\boxed{ス}}$，最小値は $\boxed{セソ}$ である。

（数学 II，数学 B，数学 C 第 2 問は次ページに続く。）

(3) 図の点線は $y = \cos 2x$ のグラフである。

(1), (2)の結果から, $y = \cos 2x + 2\sin x$ のグラフの概形が実線で正しくかかれているものは タ である。

タ については, 最も適当なものを, 次の ⓪～⑤ のうちから一つ選べ。

⓪
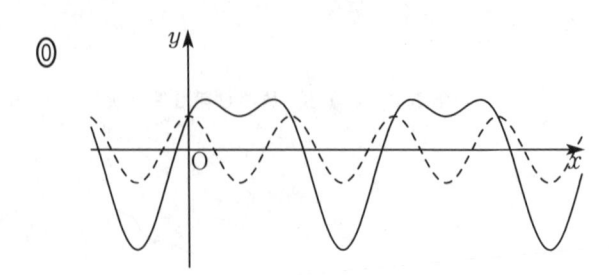

①
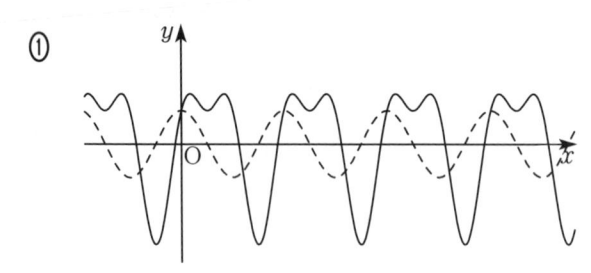

②
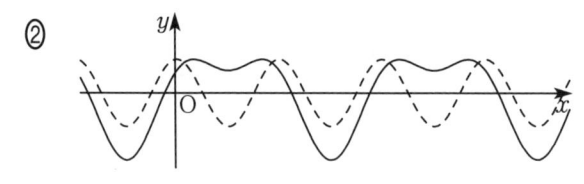

③
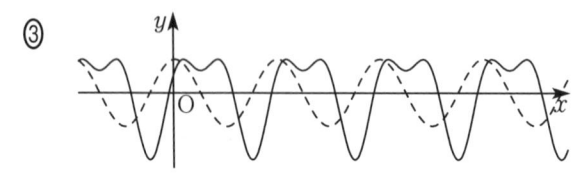

④
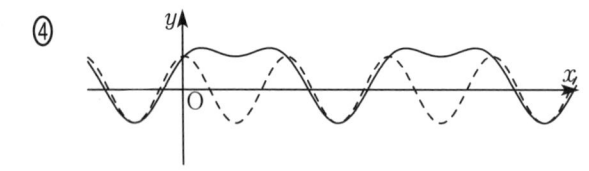

⑤
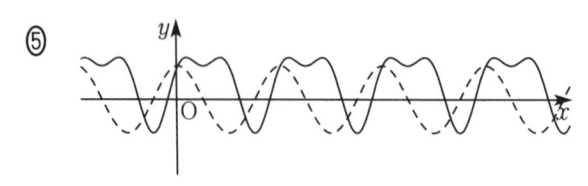

（下書き用紙）

数学 II，数学 B，数学 C の試験問題は次に続く。

# 第3問 （必答問題）（配点 22）

$\alpha > 0$ とする。3 次関数 $f(x) = x^3 + ax^2 + bx + c$ は $x = \alpha$, $3\alpha$ で極値をとり，$y = f(x)$ のグラフは点 $(0, 0)$ を通るとする。

(1) $a$, $b$, $c$ はそれぞれ

$$a = \boxed{\text{アイ}}\ \boxed{\text{ウ}}, \quad b = \boxed{\text{エ}}\ \boxed{\text{オ}}, \quad c = \boxed{\text{カ}}$$

である。

$\boxed{\text{ウ}}$, $\boxed{\text{オ}}$ の解答群（同じものを繰り返し選んでもよい。）

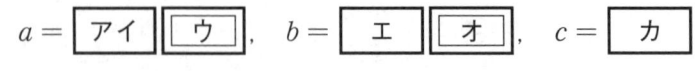

|  |  |  |  |
|---|---|---|---|
| ⓪ $\alpha$ | ① $\alpha^2$ | ② $\alpha^3$ | ③ $\alpha^4$ |

(2) 曲線 $y = f(x)$ 上の点 $\mathrm{P}(\alpha, f(\alpha))$ における接線 $\ell_1$ と曲線 $y = f(x)$ によって囲まれてできる図形の面積を $S_1$ とし，曲線 $y = f(x)$ 上の点 $\mathrm{Q}(3\alpha, f(3\alpha))$ における接線 $\ell_2$ と曲線 $y = f(x)$ によって囲まれてできる図形の面積を $S_2$ として，$S_1$ と $S_2$ の関係について調べよう。

$\ell_1$ と曲線 $y = f(x)$ の共有点の $x$ 座標は $\alpha$ と $\boxed{\text{キ}}\,\alpha$ であるから

$$S_1 = \frac{\boxed{\text{クケ}}}{\boxed{\text{コ}}}\alpha^{\boxed{\text{サ}}}$$

である。

そして，$S_2$ も $S_1$ と同様に $\alpha$ を用いて表すことができ，$S_1$ と $S_2$ は $\boxed{\text{シ}}$ を満たすことがわかる。

$\boxed{\text{シ}}$ の解答群

|  |  |  |  |
|---|---|---|---|
| ⓪ $S_1 = S_2$ | ① $2S_1 = 3S_2$ | ② $4S_1 = 3S_2$ | ③ $3S_1 = 4S_2$ |
| ④ $9S_1 = 16S_2$ | ⑤ $16S_1 = 9S_2$ | ⑥ $27S_1 = 16S_2$ | ⑦ $16S_1 = 27S_2$ |

（数学 II，数学 B，数学 C 第 3 問は次ページに続く。）

(3) $r$, $s$ $(r \neq s)$ を実数とする。曲線 $y = f(x)$ 上の点 R$(r, f(r))$ における接線 $\ell_3$ と曲線 $y = f(x)$ によって囲まれてできる図形の面積を $S_3$ とし，曲線 $y = f(x)$ 上の点 S$(s, f(s))$ における接線 $\ell_4$ と曲線 $y = f(x)$ によって囲まれてできる図形の面積を $S_4$ として，$S_3$ と $S_4$ の大小関係について調べよう。

(i) (2)における 2 点 P，Q を結ぶ線分 PQ の中点を M とおくと，点 M の座標は
$$\left( \boxed{\text{ス}}\,\alpha, \ \boxed{\text{セ}}\,\alpha^{\boxed{\text{ソ}}} \right)$$
であり，点 M に関して点 R と対称の位置にある点を T とし，T の座標を $(X, Y)$ とすると
$$\boxed{\text{タ}} = \boxed{\text{ス}}\,\alpha, \qquad \boxed{\text{チ}} = \boxed{\text{セ}}\,\alpha^{\boxed{\text{ソ}}}$$
である。

$\boxed{\text{タ}}$，$\boxed{\text{チ}}$ の解答群（同じものを繰り返し選んでもよい。）

| | | | |
|---|---|---|---|
| ⓪ $X + r$ | ① $X + f(r)$ | ② $Y + r$ | ③ $Y + f(r)$ |
| ④ $\dfrac{X + r}{2}$ | ⑤ $\dfrac{X + f(r)}{2}$ | ⑥ $\dfrac{Y + r}{2}$ | ⑦ $\dfrac{Y + f(r)}{2}$ |

（数学 II，数学 B，数学 C 第 3 問は次ページに続く。）

よって，T の座標は

$$\left(\boxed{\ \text{ツ}\ }r + \boxed{\ \text{テ}\ }\alpha,\ \boxed{\ \text{ト}\ }r^3 + \boxed{\ \text{ナ}\ }\alpha r^2 - \boxed{\ \text{ニ}\ }\alpha^2 r + \boxed{\ \text{ヌ}\ }\alpha^3\right)$$

である。したがって，点 T は $\boxed{\ \text{ネ}\ }$。

$\boxed{\ \text{ネ}\ }$ については，最も適当なものを，次の ⓪〜⑤ のうちから一つ選べ。

⓪ 　点 R の位置に関係なく曲線 $y = f(x)$ 上の点であり，点 R における接線と点 T における接線の傾きは等しい

① 　点 R の位置に関係なく曲線 $y = f(x)$ 上の点であるが，点 R における接線と点 T における接線の傾きは等しいときと等しくないときがある

② 　点 R の位置に関係なく曲線 $y = f(x)$ 上の点であるが，点 R における接線と点 T における接線の傾きは等しくない

③ 　点 R の位置によっては曲線 $y = f(x)$ 上の点になることもならないこともあり，点 T が曲線 $y = f(x)$ 上の点であれば，点 R における接線と点 T における接線の傾きは等しい

④ 　点 R の位置によっては曲線 $y = f(x)$ 上の点になることもならないこともあり，点 T が曲線 $y = f(x)$ 上の点であっても，点 R における接線と点 T における接線の傾きは等しいときと等しくないときがある

⑤ 　点 R の位置によっては曲線 $y = f(x)$ 上の点になることもならないこともあり，点 T が曲線 $y = f(x)$ 上の点であっても，点 R における接線と点 T における接線の傾きは等しくない

（数学 II，数学 B，数学 C 第 3 問は次ページに続く。）

(ii) $r \neq \boxed{\text{ス}} \alpha$ かつ $s \neq \boxed{\text{ス}} \alpha$ とし，$\ell_3$ の傾きを $m_3$，$\ell_4$ の傾きを $m_4$ とする。

次の(a)～(c)の命題の真偽について正しいものは $\boxed{\text{ノ}}$ である。

(a) $S_3 = S_4$ であれば，$m_3 = m_4$ である。

(b) $m_3 > m_4$ であれば，$S_3 > S_4$ である。

(c) $S_3 > S_4$ であれば，$m_3 > m_4$ である。

$\boxed{\text{ノ}}$ の解答群

| | ⓪ | ① | ② | ③ | ④ | ⑤ | ⑥ | ⑦ |
|---|---|---|---|---|---|---|---|---|
| (a) | 真 | 真 | 真 | 真 | 偽 | 偽 | 偽 | 偽 |
| (b) | 真 | 真 | 偽 | 偽 | 真 | 真 | 偽 | 偽 |
| (c) | 真 | 偽 | 真 | 偽 | 真 | 偽 | 真 | 偽 |

# 第4問 （選択問題）（配点 16）

太郎さんと花子さんは，和の記号 $\Sigma$ に関する問題について話している。

(1)

> 問題 $\displaystyle\sum_{k=1}^{99} \dfrac{1}{\sqrt{k+1}+\sqrt{k}}$ を計算せよ。

> 太郎：授業で同じような問題を解いたね。$\dfrac{1}{\sqrt{k+1}+\sqrt{k}}$ の分母を有理化すれば和が求まるんじゃないかな。

$\dfrac{1}{\sqrt{k+1}+\sqrt{k}}$ の分母を有理化して整理すると

$$\dfrac{1}{\sqrt{k+1}+\sqrt{k}} = \boxed{\text{ア}}$$

であるから

$$\sum_{k=1}^{99} \dfrac{1}{\sqrt{k+1}+\sqrt{k}} = \sum_{k=1}^{99}\left(\boxed{\text{ア}}\right) = \boxed{\text{イ}}$$

である。

$\boxed{\text{ア}}$ の解答群

| | | | | | |
|---|---|---|---|---|---|
| ⓪ $\sqrt{k+1}+\sqrt{k}$ | | ① $\sqrt{k+1}-\sqrt{k}$ | | ② $\sqrt{k}-\sqrt{k+1}$ | |
| ③ $\dfrac{1}{\sqrt{k+1}}+\dfrac{1}{\sqrt{k}}$ | | ④ $\dfrac{1}{\sqrt{k+1}}-\dfrac{1}{\sqrt{k}}$ | | ⑤ $\dfrac{1}{\sqrt{k}}-\dfrac{1}{\sqrt{k+1}}$ | |

（数学 II，数学 B，数学 C 第4問は次ページに続く。）

(2)

花子：分母を有理化すると確かに計算はできるけれど，このようにすると
　　　どうして和が計算できるのかな。

太郎：分母が有理化されるということよりも，$\boxed{\text{ア}}$ の形にしたことで，
　　　和を計算するときに途中の項が消えることが大事じゃないかな。一
　　　般に，数列 $\{a_n\}$ の一般項 $a_n$ が数列 $\{b_n\}$ を用いて，$a_n = b_{n+1} - b_n$
　　　と表されるとき

$$\sum_{k=1}^{n} a_k = \sum_{k=1}^{n} (b_{k+1} - b_k) = b_{n+1} - b_1 \quad \cdots\cdots\cdots\cdots (*)$$

　　　と計算できるよ。

花子：等比数列の和の公式を導くときも，同じように途中の項を消す考え
　　　方を用いていたね。

太郎：初項 3，公比 3 の等比数列の初項から第 $n$ 項までの和 $S_n$ は直接，
　　　$(*)$ を用いて求めることができるよ。$x$ を定数として，数列 $\{s_n\}$ を
　　　$s_n = x \cdot 3^n \ (n = 1, 2, 3, \cdots)$ とおき

$$3^n = s_{n+1} - s_n$$

　　　のようにすれば，$(*)$ を利用できるよ。

（数学 Ⅱ，数学 B，数学 C 第 4 問は次ページに続く。）

初項 $3$，公比 $3$ の等比数列の初項から第 $n$ 項までの和 $S_n$ を求めよう。

$$S_n = 3 + 3^2 + \cdots + 3^{n-1} + 3^n$$

の両辺に $3$ をかけて，辺々引くと

$$S_n - 3S_n = 3 - 3^{\boxed{ウ}}$$

であるから

$$S_n = \dfrac{\boxed{エ}}{\boxed{オ}}\left(3^n - \boxed{カ}\right)$$

である。

$\boxed{ウ}$ の解答群

| | | | |
|---|---|---|---|
| ⓪ $n-1$ | ① $n$ | ② $n+1$ | ③ $n+2$ |

また，$x$ を定数として，数列 $\{s_n\}$ を $s_n = x \cdot 3^n$ $(n = 1,\ 2,\ 3,\ \cdots)$ とおき，$S_n$ を求めよう。このとき，$3^n = s_{n+1} - s_n$ となるならば

$$x = \dfrac{\boxed{キ}}{\boxed{ク}}$$

であるから

$$S_n = \sum_{k=1}^{n}(s_{k+1} - s_k) = s_{\boxed{ケ}} - s_{\boxed{コ}} = \dfrac{\boxed{エ}}{\boxed{オ}}\left(3^n - \boxed{カ}\right)$$

である。

$\boxed{ケ}$ の解答群

| | | | |
|---|---|---|---|
| ⓪ $n-1$ | ① $n$ | ② $n+1$ | ③ $n+2$ |

（数学 Ⅱ，数学 B，数学 C 第 4 問は次ページに続く。）

(3) $\displaystyle\sum_{k=1}^{n} 2k \cdot 3^k$ を求めよう。

$$t_n = \left(n - \frac{\boxed{サ}}{\boxed{シ}}\right) \cdot 3^n \text{ とおくと，} \quad t_{n+1} - t_n = 2n \cdot 3^n \text{ となるので}$$

$$\sum_{k=1}^{n} 2k \cdot 3^k = \sum_{k=1}^{n} (t_{k+1} - t_k) = \left(n - \frac{\boxed{ス}}{\boxed{セ}}\right) \cdot 3^{\boxed{ソ}} + \frac{\boxed{タ}}{\boxed{チ}}$$

である。

$\boxed{\text{ソ}}$ の解答群

| ⓪ $n-1$ | ① $n$ | ② $n+1$ | ③ $n+2$ |
|---|---|---|---|

# 第5問 （選択問題）（配点 16）

以下の問題を解答するにあたっては，必要に応じて 21 ページの正規分布表を用いてもよい。

ある高校で，生徒会の規約を改正する意見として A 案が提出されており，生徒は A 案について「賛成」か「反対」のいずれかに投票することになっている。太郎さんと花子さんは，「賛成」に投票した人が何人以上いれば【可決】するかについて，それぞれのモデルを設定していろいろな場合について考えることにした。

(1) 太郎さんは，ある 1 人の生徒が「賛成」に投票する確率と「反対」に投票する確率がどちらも $\frac{1}{2}$ であると仮定した。そして，$n$ 人の生徒が仮想の投票を行ったときに，A 案について「賛成」に投票した人の割合が $\frac{11}{18}$ 以上であれば，A 案を【可決】するという「太郎モデル」を設定して，A 案が【可決】される確率について調べることにした。

$n = 2$ のとき，A 案が可決されるのは「賛成」に投票した人が 2 人いたときであるから，A 案が【可決】される確率は $\dfrac{\boxed{ア}}{\boxed{イ}}$ である。

また，$n = 5$ のとき，A 案が可決されるのは「賛成」に投票した人が $\boxed{ウ}$ 人以上いたときであるから，A 案が【可決】される確率は $\dfrac{\boxed{エ}}{\boxed{オカ}}$ である。

（数学 II，数学 B，数学 C 第 5 問は次ページに続く。）

(2) 花子さんは，仮想の投票を行った生徒から $n$ 人を無作為に選んだとき，$\dfrac{n}{2}$ 人の生徒が A 案について「賛成」に投票したと仮定した。ただし $n$ は偶数であるとする。

　　そして，この仮定において「賛成」に投票した生徒の比率を標本比率として，「賛成」に投票した生徒の割合 $p$（母比率）に対する信頼度 95 ％の信頼区間 $D_1 \leqq p \leqq D_2$ を求め，「賛成」に投票する生徒の割合が $D_2$ 以上であれば，A 案を【可決】するという「花子モデル」を設定した。

　　以下，この $D_2$ を，「花子モデル」において A 案が【可決】されるのに必要な「賛成」に投票する生徒の割合とする。

　　$n$ が十分に大きいとき，「賛成」に投票した生徒の割合 $p$（母比率）に対する信頼度 95 ％の信頼区間は

$$\frac{\boxed{キ}}{\boxed{ク}} - \boxed{ケ} \times \boxed{コ} \leqq p \leqq \frac{\boxed{キ}}{\boxed{ク}} + \boxed{ケ} \times \boxed{コ}$$

である。

$\boxed{ケ}$ の解答群

| | | |
|---|---|---|
| ⓪　1.64 | ①　1.96 | ②　2.58 |

$\boxed{コ}$ の解答群

| | | |
|---|---|---|
| ⓪　$\dfrac{1}{n}$ | ①　$\dfrac{1}{2n}$ | ②　$\dfrac{1}{4n}$ |
| ③　$\dfrac{1}{\sqrt{n}}$ | ④　$\dfrac{1}{\sqrt{2n}}$ | ⑤　$\dfrac{1}{2\sqrt{n}}$ |

　　よって，36 人という人数が十分に大きいとすると，$n = 36$ のときに，「花子モデル」において A 案が【可決】されるのに必要な「賛成」に投票する生徒の割合を $p_{36}$ とすると，$p_{36} = \boxed{サ}.\boxed{シス}$ である。

（数学 II，数学 B，数学 C 第 5 問は次ページに続く。）

次に，$n$ 人の生徒が仮想の投票を行ったときの(1)の「太郎モデル」と，仮想の投票を行った生徒から $n$ 人を無作為に選んだときの「花子モデル」について，A 案が【可決】されるのに必要な「賛成」に投票する生徒の割合をそれぞれ $x_n$，$p_n$ とする。

このとき

$$p_{324} = \boxed{\text{セ}} . \boxed{\text{ソタ}}$$

であり，$\boxed{\text{チ}}$ が成り立つ。

$\boxed{\text{チ}}$ については，当てはまるものを，次の ⓪〜③ のうちから一つ選べ。

| | |
|---|---|
| ⓪ $p_{36} < x_{36}$ かつ $p_{324} < x_{324}$ | ① $p_{36} < x_{36}$ かつ $p_{324} > x_{324}$ |
| ② $p_{36} > x_{36}$ かつ $p_{324} < x_{324}$ | ③ $p_{36} > x_{36}$ かつ $p_{324} > x_{324}$ |

(3) (2)の考察をもとに，$n = 36$ や $n = 324$ 以外の場合についても，(1)の「太郎モデル」と(2)の「花子モデル」において，A 案が【可決】されるのに必要な「賛成」に投票する生徒の割合 $x_n$ と $p_n$ の大小関係がどのようになるのかを調べることにした。

(2)と同様に $n$ は十分に大きいとすると，$n \geq \boxed{\text{ツテ}}$ のとき $x_n \geq p_n$ である。

（数学 II，数学 B，数学 C 第 5 問は次ページに続く。）

# 正 規 分 布 表

　次の表は，標準正規分布の分布曲線における右図の
灰色部分の面積の値をまとめたものである。

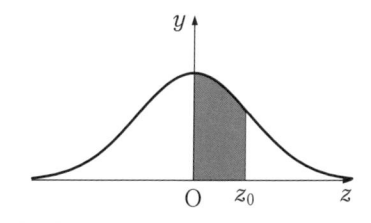

| $z_0$ | 0.00 | 0.01 | 0.02 | 0.03 | 0.04 | 0.05 | 0.06 | 0.07 | 0.08 | 0.09 |
|---|---|---|---|---|---|---|---|---|---|---|
| 0.0 | 0.0000 | 0.0040 | 0.0080 | 0.0120 | 0.0160 | 0.0199 | 0.0239 | 0.0279 | 0.0319 | 0.0359 |
| 0.1 | 0.0398 | 0.0438 | 0.0478 | 0.0517 | 0.0557 | 0.0596 | 0.0636 | 0.0675 | 0.0714 | 0.0753 |
| 0.2 | 0.0793 | 0.0832 | 0.0871 | 0.0910 | 0.0948 | 0.0987 | 0.1026 | 0.1064 | 0.1103 | 0.1141 |
| 0.3 | 0.1179 | 0.1217 | 0.1255 | 0.1293 | 0.1331 | 0.1368 | 0.1406 | 0.1443 | 0.1480 | 0.1517 |
| 0.4 | 0.1554 | 0.1591 | 0.1628 | 0.1664 | 0.1700 | 0.1736 | 0.1772 | 0.1808 | 0.1844 | 0.1879 |
| 0.5 | 0.1915 | 0.1950 | 0.1985 | 0.2019 | 0.2054 | 0.2088 | 0.2123 | 0.2157 | 0.2190 | 0.2224 |
| 0.6 | 0.2257 | 0.2291 | 0.2324 | 0.2357 | 0.2389 | 0.2422 | 0.2454 | 0.2486 | 0.2517 | 0.2549 |
| 0.7 | 0.2580 | 0.2611 | 0.2642 | 0.2673 | 0.2704 | 0.2734 | 0.2764 | 0.2794 | 0.2823 | 0.2852 |
| 0.8 | 0.2881 | 0.2910 | 0.2939 | 0.2967 | 0.2995 | 0.3023 | 0.3051 | 0.3078 | 0.3106 | 0.3133 |
| 0.9 | 0.3159 | 0.3186 | 0.3212 | 0.3238 | 0.3264 | 0.3289 | 0.3315 | 0.3340 | 0.3365 | 0.3389 |
| 1.0 | 0.3413 | 0.3438 | 0.3461 | 0.3485 | 0.3508 | 0.3531 | 0.3554 | 0.3577 | 0.3599 | 0.3621 |
| 1.1 | 0.3643 | 0.3665 | 0.3686 | 0.3708 | 0.3729 | 0.3749 | 0.3770 | 0.3790 | 0.3810 | 0.3830 |
| 1.2 | 0.3849 | 0.3869 | 0.3888 | 0.3907 | 0.3925 | 0.3944 | 0.3962 | 0.3980 | 0.3997 | 0.4015 |
| 1.3 | 0.4032 | 0.4049 | 0.4066 | 0.4082 | 0.4099 | 0.4115 | 0.4131 | 0.4147 | 0.4162 | 0.4177 |
| 1.4 | 0.4192 | 0.4207 | 0.4222 | 0.4236 | 0.4251 | 0.4265 | 0.4279 | 0.4292 | 0.4306 | 0.4319 |
| 1.5 | 0.4332 | 0.4345 | 0.4357 | 0.4370 | 0.4382 | 0.4394 | 0.4406 | 0.4418 | 0.4429 | 0.4441 |
| 1.6 | 0.4452 | 0.4463 | 0.4474 | 0.4484 | 0.4495 | 0.4505 | 0.4515 | 0.4525 | 0.4535 | 0.4545 |
| 1.7 | 0.4554 | 0.4564 | 0.4573 | 0.4582 | 0.4591 | 0.4599 | 0.4608 | 0.4616 | 0.4625 | 0.4633 |
| 1.8 | 0.4641 | 0.4649 | 0.4656 | 0.4664 | 0.4671 | 0.4678 | 0.4686 | 0.4693 | 0.4699 | 0.4706 |
| 1.9 | 0.4713 | 0.4719 | 0.4726 | 0.4732 | 0.4738 | 0.4744 | 0.4750 | 0.4756 | 0.4761 | 0.4767 |
| 2.0 | 0.4772 | 0.4778 | 0.4783 | 0.4788 | 0.4793 | 0.4798 | 0.4803 | 0.4808 | 0.4812 | 0.4817 |
| 2.1 | 0.4821 | 0.4826 | 0.4830 | 0.4834 | 0.4838 | 0.4842 | 0.4846 | 0.4850 | 0.4854 | 0.4857 |
| 2.2 | 0.4861 | 0.4864 | 0.4868 | 0.4871 | 0.4875 | 0.4878 | 0.4881 | 0.4884 | 0.4887 | 0.4890 |
| 2.3 | 0.4893 | 0.4896 | 0.4898 | 0.4901 | 0.4904 | 0.4906 | 0.4909 | 0.4911 | 0.4913 | 0.4916 |
| 2.4 | 0.4918 | 0.4920 | 0.4922 | 0.4925 | 0.4927 | 0.4929 | 0.4931 | 0.4932 | 0.4934 | 0.4936 |
| 2.5 | 0.4938 | 0.4940 | 0.4941 | 0.4943 | 0.4945 | 0.4946 | 0.4948 | 0.4949 | 0.4951 | 0.4952 |
| 2.6 | 0.4953 | 0.4955 | 0.4956 | 0.4957 | 0.4959 | 0.4960 | 0.4961 | 0.4962 | 0.4963 | 0.4964 |
| 2.7 | 0.4965 | 0.4966 | 0.4967 | 0.4968 | 0.4969 | 0.4970 | 0.4971 | 0.4972 | 0.4973 | 0.4974 |
| 2.8 | 0.4974 | 0.4975 | 0.4976 | 0.4977 | 0.4977 | 0.4978 | 0.4979 | 0.4979 | 0.4980 | 0.4981 |
| 2.9 | 0.4981 | 0.4982 | 0.4982 | 0.4983 | 0.4984 | 0.4984 | 0.4985 | 0.4985 | 0.4986 | 0.4986 |
| 3.0 | 0.4987 | 0.4987 | 0.4987 | 0.4988 | 0.4988 | 0.4989 | 0.4989 | 0.4989 | 0.4990 | 0.4990 |
| 3.1 | 0.4990 | 0.4991 | 0.4991 | 0.4991 | 0.4992 | 0.4992 | 0.4992 | 0.4992 | 0.4993 | 0.4993 |
| 3.2 | 0.4993 | 0.4993 | 0.4994 | 0.4994 | 0.4994 | 0.4994 | 0.4994 | 0.4995 | 0.4995 | 0.4995 |
| 3.3 | 0.4995 | 0.4995 | 0.4995 | 0.4996 | 0.4996 | 0.4996 | 0.4996 | 0.4996 | 0.4996 | 0.4997 |
| 3.4 | 0.4997 | 0.4997 | 0.4997 | 0.4997 | 0.4997 | 0.4997 | 0.4997 | 0.4997 | 0.4997 | 0.4998 |
| 3.5 | 0.4998 | 0.4998 | 0.4998 | 0.4998 | 0.4998 | 0.4998 | 0.4998 | 0.4998 | 0.4998 | 0.4998 |

## 第6問 （選択問題）（配点 16）

太郎さんと花子さんは，四面体 OABC について，直線 OA，AB，BC 上にそれぞれ点 P，Q，R を，平面 PQR と直線 OC が交点 S をもつようにとったとき，点 S がどのような点であるかを考察している。$\overrightarrow{OA} = \vec{a}$，$\overrightarrow{OB} = \vec{b}$，$\overrightarrow{OC} = \vec{c}$ として，以下の問いに答えよ。

(1) まず，点 P が線分 OA を 1 : 2 に内分する点，点 Q が線分 AB を 3 : 1 に内分する点，点 R が線分 BC を 2 : 1 に内分する点である場合を考えることにした。このとき

$$\overrightarrow{OP} = \frac{1}{\boxed{ア}}\,\vec{a},$$

$$\overrightarrow{OQ} = \frac{1}{\boxed{イ}}\,\vec{a} + \frac{\boxed{ウ}}{\boxed{エ}}\,\vec{b},$$

$$\overrightarrow{OR} = \frac{1}{\boxed{オ}}\,\vec{b} + \frac{\boxed{カ}}{\boxed{キ}}\,\vec{c}$$

である。

（数学 II，数学 B，数学 C 第 6 問は次ページに続く。）

(ⅰ) 太郎さんは，次のことに着目して点Sの位置を求めることにした。

> **太郎さんが着目したこと**
>
> 点Sは平面PQR上の点なので，実数 $x$, $y$ を用いて
>
> $$\overrightarrow{PS} = x\overrightarrow{PQ} + y\overrightarrow{PR}$$
>
> と表される。

**太郎さんが着目したこと**をもとに，点Sがどのような点であるかを調べよう。

$x$, $y$ を実数として

$$\overrightarrow{OS} = \overrightarrow{OP} + \overrightarrow{PS}$$

$$= \frac{\boxed{\text{ク}} - x - \boxed{\text{ケ}}\,y}{12}\,\vec{a} + \frac{\boxed{\text{コ}}\,x + \boxed{\text{サ}}\,y}{12}\,\vec{b} + \frac{\boxed{\text{シ}}\,y}{\boxed{\text{ス}}}\,\vec{c}$$

と表すことができ，点Sは直線OC上の点なので

$$x = \frac{\boxed{\text{セソ}}}{\boxed{\text{タ}}}, \quad y = \frac{\boxed{\text{チ}}}{\boxed{\text{ツ}}}$$

である。

よって，点Sは線分OCを $\boxed{\text{テ}}$ : 1 に内分する点であることがわかる。

（数学Ⅱ，数学B，数学C第6問は次ページに続く。）

(ii) 花子さんは，次のことに着目して点Sの位置を求めることにした。

花子さんが着目したこと

　$\overrightarrow{PQ}$ と $\overrightarrow{OB}$ は平行でなく，PQ と OB はともに平面 OAB 上の直線なので，直線 PQ と直線 OB はある点 T で交わる。

　すると，T は平面 PQR 上の点でもあるので，直線 TR と直線 OC の交点が S に他ならない。

　**花子さんが着目したことをもとに，点Sがどのような点であるかを調べよう。**

　$s$ を実数として
$$\overrightarrow{OT} = \overrightarrow{OP} + s\overrightarrow{PQ}$$

と表すと，$\overrightarrow{OT}$ を $\vec{a}$，$\vec{b}$ を用いて表すことができ，点 T は直線 OB 上の点なので
$$s = \boxed{\ \text{ト}\ }$$

である。

　また，$t$ を実数として
$$\overrightarrow{OS} = \overrightarrow{OT} + t\overrightarrow{TR}$$

と表せる。点 S は直線 OC 上の点なので
$$t = \frac{\boxed{\ \text{ナ}\ }}{\boxed{\ \text{ニ}\ }}$$

である。

　よって，点 S は線分 OC を $\boxed{\ \text{テ}\ }$ : 1 に内分する点であることがわかる。

（数学 II，数学 B，数学 C 第 6 問は次ページに続く。）

(2) 点 P が線分 OA を 1:2 に内分する点，点 Q が線分 AB を 3:1 に内分する点，点
R が線分 BC を 2:1 に外分する点である場合，点 S は $\boxed{\text{ヌ}}$ である。

$\boxed{\text{ヌ}}$ については，最も適当なものを，次の ⓪〜⑧ のうちから一つ選べ。

| | | | |
|---|---|---|---|
| ⓪ | 線分 OC の中点 | ① | 線分 OC を 2:1 に内分する点 |
| ② | 線分 OC を 2:1 に外分する点 | ③ | 線分 OC を 1:2 に内分する点 |
| ④ | 線分 OC を 1:2 に外分する点 | ⑤ | 線分 OC を 3:1 に内分する点 |
| ⑥ | 線分 OC を 3:1 に外分する点 | ⑦ | 線分 OC を 1:3 に内分する点 |
| ⑧ | 線分 OC を 1:3 に外分する点 | | |

# 第7問 （選択問題）（配点 16）

(1) 複素数平面上で複素数 $z$ が表す点を P とする。

(i) $\alpha$ を 0 でない複素数とする。$w = \alpha z$ のとき，点 $w$ は点 P を $\boxed{\text{ア}}$ した点であり，$w = z + \alpha$ のとき，点 $w$ は点 P を $\boxed{\text{イ}}$ した点である。

$\boxed{\text{ア}}$，$\boxed{\text{イ}}$ の解答群（同じものを繰り返し選んでもよい。）

⓪ $\alpha$ だけ平行移動      ① $-\alpha$ だけ平行移動

② $x$ 軸に関して対称移動      ③ $y$ 軸に関して対称移動

④ 原点に関して対称移動

⑤ 原点を中心として $\arg \alpha$ だけ回転移動

⑥ 偏角を変えずに，原点からの距離を $|\alpha|$ 倍

⑦ 原点を中心として $\arg \alpha$ だけ回転し，原点からの距離を $|\alpha|$ 倍

(ii) $z$ の絶対値が $r$ $(r > 0)$，偏角が $\theta$ $(0 \leqq \theta < 2\pi)$ のとき，$w = \dfrac{1}{z}$ で表される $w$ の絶対値は $\boxed{\text{ウ}}$，偏角は $\boxed{\text{エ}}$ である。

$\boxed{\text{ウ}}$ の解答群

⓪ $r$      ① $\dfrac{1}{r}$      ② $r^2$      ③ $\sqrt{r}$

$\boxed{\text{エ}}$ の解答群

⓪ $\theta$      ① $-\theta$      ② $\dfrac{1}{\theta}$      ③ $-\dfrac{1}{\theta}$

（数学 II，数学 B，数学 C 第 7 問は次ページに続く。）

(2) 複素数平面において，点 $z$ が点 1 を中心とする半径 2 の円上を動くとき

$$\left| z - \boxed{\text{オ}} \right| = \boxed{\text{カ}} \quad \cdots\cdots\cdots\cdots\cdots\cdots\cdots\cdots\cdots ①$$

が成り立つ。ここで

$$w = \frac{iz+1}{z-1} \quad \cdots\cdots\cdots\cdots\cdots\cdots\cdots\cdots\cdots\cdots\cdots ②$$

とする。

太郎さんと花子さんは，点 $z$ が点 1 を中心とする半径 2 の円上を動くとき，点 $w$ がどのような図形を描くか考えている。

> **太郎さんの構想**
>
> ② を $z$ について解いて，① に代入することで，$w$ の式を求める。

太郎さんの構想で解く。② を変形すると

$$z = \frac{\boxed{\text{キ}}}{\boxed{\text{ク}}}$$

と表せる。これを ① に代入した

$$\left| \frac{\boxed{\text{キ}}}{\boxed{\text{ク}}} - \boxed{\text{オ}} \right| = \boxed{\text{カ}}$$

を整理することで，点 $w$ は点 $\boxed{\text{ケ}}$ を中心とする半径 $\boxed{\text{コ}}$ の円を描くことがわかる。

$\boxed{\text{キ}}$，$\boxed{\text{ク}}$ の解答群

| | | | | |
|---|---|---|---|---|
| ⓪ $w$ | ① $w+1$ | ② $w-1$ | ③ $w+i$ | ④ $w-i$ |

$\boxed{\text{ケ}}$，$\boxed{\text{コ}}$ の解答群（同じものを繰り返し選んでもよい。）

| | | | | |
|---|---|---|---|---|
| ⓪ 2 | ① $\sqrt{2}$ | ② 1 | ③ $\dfrac{\sqrt{2}}{2}$ | ④ $\dfrac{1}{2}$ |
| ⑤ 0 | ⑥ $i$ | ⑦ $-i$ | ⑧ $i+1$ | ⑨ $i-1$ |

（数学 **II**，数学 **B**，数学 **C** 第 7 問は次ページに続く。）

②を変形し，図形的な解釈から，点 $w$ の描く図形を得る。②を変形すると

$$w = \boxed{\text{サ}} + \frac{\boxed{\text{シ}}}{z-1}$$

と表せる。これより

　　$z$ が表す点の描く図形

　　　　$\longrightarrow$ $z-1$ が表す点の描く図形

　　　　　　$\longrightarrow$ $\dfrac{1}{z-1}$ が表す点の描く図形

　　　　　　　　$\longrightarrow$ $\dfrac{\boxed{\text{シ}}}{z-1}$ が表す点の描く図形

　　　　　　　　　　$\longrightarrow$ $\boxed{\text{サ}} + \dfrac{\boxed{\text{シ}}}{z-1}$ が表す点の描く図形

を順に考えることで，点 $w$ の描く図形を得ることができる。

花子さんの構想で解くと，点 $z$ は点 1 を中心とする半径 2 の円上を動くので，

$z-1$ が表す点は，点 $\boxed{\text{ス}}$ を中心とする半径 $\boxed{\text{セ}}$ の円を描く。

よって，$\dfrac{1}{z-1}$ が表す点は，点 $\boxed{\text{ソ}}$ を中心とする半径 $\boxed{\text{タ}}$ の円を描く。

つまり，$\dfrac{\boxed{\text{シ}}}{z-1}$ が表す点は，点 $\boxed{\text{チ}}$ を中心とする半径 $\boxed{\text{ツ}}$ の円を描く。

したがって，$\boxed{\text{サ}} + \dfrac{\boxed{\text{シ}}}{z-1}$ が表す点は，点 $\boxed{\text{ケ}}$ を中心とする半径 $\boxed{\text{コ}}$ の円を描く。

$\boxed{\text{サ}} \sim \boxed{\text{ツ}}$ の解答群（同じものを繰り返し選んでもよい。）

| | | | | | | | |
|---|---|---|---|---|---|---|---|
| ⓪ | $2$ | ① | $\sqrt{2}$ | ② | $1$ | ③ | $\dfrac{\sqrt{2}}{2}$ |
| ④ | $\dfrac{1}{2}$ | ⑤ | $0$ | ⑥ | $i$ | ⑦ | $-i$ |
| ⑧ | $1+i$ | ⑨ | $1-i$ | | | | |

（数学 **II**，数学 **B**，数学 **C** 第 7 問は次ページに続く。）

(3) $w = \dfrac{iz+1}{iz-1}$ とする。複素数平面において，点 $z$ が点 1 を中心とする半径 2 の円上を動くとき，点 $w$ は点 $\boxed{\text{テ}}$ を中心とする半径 $\boxed{\text{ト}}$ の円を描く。

$\boxed{\text{テ}}$，$\boxed{\text{ト}}$ の解答群（同じものを繰り返し選んでもよい。）

| | | | | |
|---|---|---|---|---|
| ⓪ 2 | ① 1 | ② $-1$ | ③ $-2$ | ④ $i$ |
| ⑤ $-i$ | ⑥ $1+i$ | ⑦ $-1-i$ | ⑧ $2+i$ | ⑨ $-2-i$ |

（下 書 き 用 紙）

# 模試　第3回

$\left(\begin{array}{l}100点\\70分\end{array}\right)$

## 〔数学Ⅱ・B・C〕

**注　意　事　項**

1　数学解答用紙（模試 第3回）をキリトリ線より切り離し，試験開始の準備をしなさい。

2　時間を計り，上記の解答時間内で解答しなさい。

　ただし，納得のいくまで時間をかけて解答するという利用法でもかまいません。

3　第1問～第3問は必答。第4問～第7問から3問選択。計6問を解答しなさい。

4　**解答用紙には解答欄以外に受験番号欄，氏名欄，試験場コード欄があります。**自分自身で本番を想定し，**正しく記入し，マークしなさい。**

5　**解答は解答用紙の解答欄にマークしなさい。**

6　選択問題については，解答する問題を決めたあと，その問題番号の解答欄に解答しなさい。ただし，**指定された問題数をこえて解答してはいけません。**

7　問題の余白は適宜利用してよいが，どのページも切り離してはいけません。

# 第1問 （必答問題）（配点 15）

O を原点とする座標平面上に，3 点 A(1, 0)，P($\cos\theta$, $\sin\theta$)，Q($\cos 2\theta$, $\sin 2\theta$) をとる。2 点 P，Q が点 A を同時に出発し，$\theta$ が $0 \leqq \theta < 2\pi$ の範囲を動くとき，△OAP の面積 $S$，△OAQ の面積 $T$ について考えよう。ただし，3 点 O，A，P が同じ直線上にあるときは $S = 0$ とし，3 点 O，A，Q が同じ直線上にあるときは $T = 0$ とする。

(1) △OAP の面積 $S$ は

$$0 \leqq \theta < \boxed{\text{ア}} \text{ のとき，} S = \boxed{\text{イ}}$$

$$\boxed{\text{ア}} \leqq \theta < 2\pi \text{ のとき，} S = \boxed{\text{ウ}}$$

である。

また，△OAQ の面積 $T$ は

$$0 \leqq \theta < \boxed{\text{エ}}, \boxed{\text{オ}} \leqq \theta < \boxed{\text{カ}} \text{ のとき，} T = \boxed{\text{キ}}$$

$$\boxed{\text{エ}} \leqq \theta < \boxed{\text{オ}}, \boxed{\text{カ}} \leqq \theta < 2\pi \text{ のとき，} T = \boxed{\text{ク}}$$

である。

（数学 II，数学 B，数学 C 第 1 問は次ページに続く。）

（数学 II，数学 B，数学 C 第 1 問は次ページに続く。）

$\boxed{\text{ア}}$，$\boxed{\text{エ}}$，$\boxed{\text{オ}}$，$\boxed{\text{カ}}$ の解答群（同じものを繰り返し選んでもよい。）

| | | | | | | | |
|---|---|---|---|---|---|---|---|
| ⓪ | $\dfrac{\pi}{4}$ | ① | $\dfrac{\pi}{2}$ | ② | $\dfrac{3}{4}\pi$ | ③ | $\pi$ |
| ④ | $\dfrac{5}{4}\pi$ | ⑤ | $\dfrac{3}{2}\pi$ | ⑥ | $\dfrac{7}{4}\pi$ | | |

$\boxed{\text{イ}}$，$\boxed{\text{ウ}}$，$\boxed{\text{キ}}$，$\boxed{\text{ク}}$ の解答群（同じものを繰り返し選んでもよい。）

| | | | | | | | |
|---|---|---|---|---|---|---|---|
| ⓪ | $\sin\theta$ | ① | $\sin 2\theta$ | ② | $\dfrac{1}{2}\sin\theta$ | ③ | $\dfrac{1}{2}\sin 2\theta$ |
| ④ | $-\sin\theta$ | ⑤ | $-\sin 2\theta$ | ⑥ | $-\dfrac{1}{2}\sin\theta$ | ⑦ | $-\dfrac{1}{2}\sin 2\theta$ |

(2)  $S$ と $\theta$ の関係を表すグラフの概形は $\boxed{\text{ケ}}$ である。

$\boxed{\text{ケ}}$ については，最も適当なものを，次の ⓪～⑤ のうちから一つ選べ。

⓪ 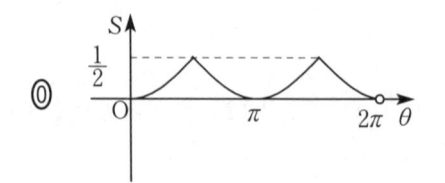  ①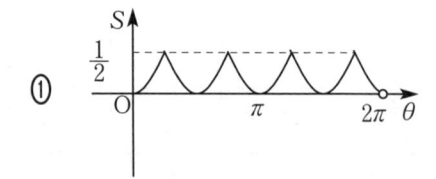

② 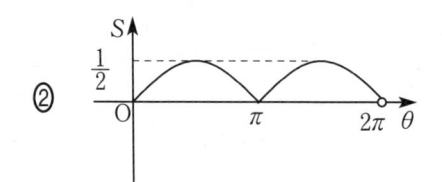  ③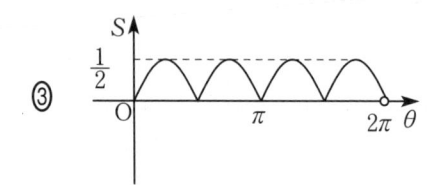

④ 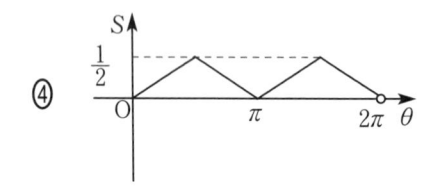  ⑤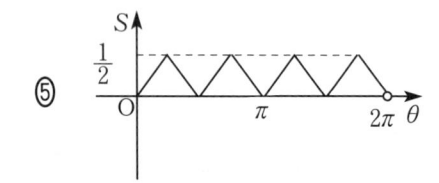

（数学 Ⅱ，数学 B，数学 C 第 1 問は次ページに続く。）

また，$T$ と $\theta$ の関係を表すグラフの概形は　コ　である。

コ　については，最も適当なものを，次の ⓪〜⑧ のうちから一つ選べ。

⓪ 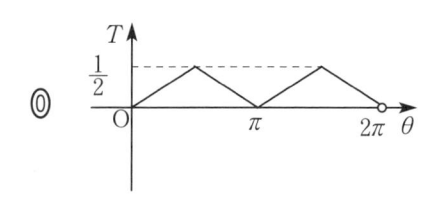　　①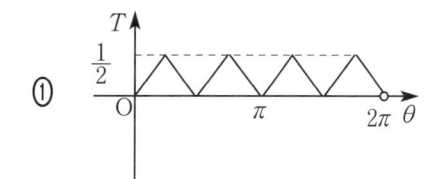

② 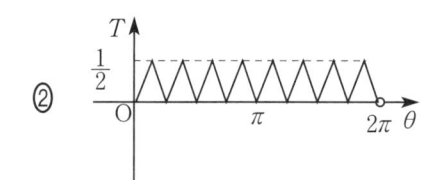　　③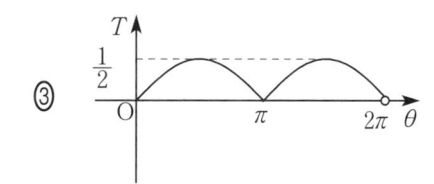

④ 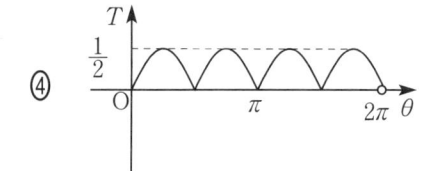　　⑤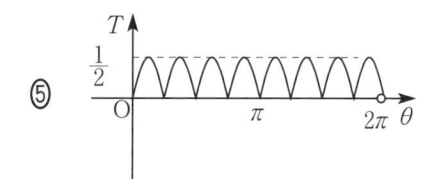

⑥ 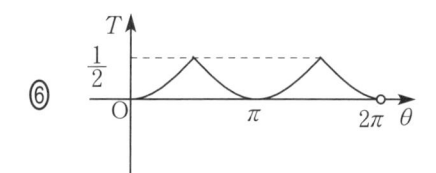　　⑦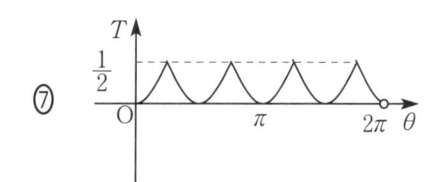

⑧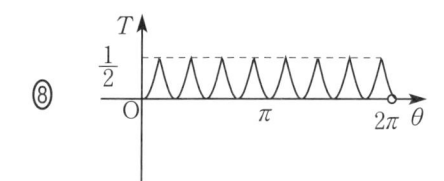

(3)　$S > T$ を満たす $\theta$ の値の範囲は

$$\dfrac{\pi}{サ} < \theta < \dfrac{シ}{ス}\pi,\quad \dfrac{セ}{ソ}\pi < \theta < \dfrac{タ}{チ}\pi$$

である。

# 第2問 （必答問題） （配点 15）

以下の問題を解答するにあたっては，必要に応じて 7 ページの常用対数表を用いてもよい。

(1) $\log_{10} 3.72 = \boxed{\text{ア}}$, $\log_{10} 16.2 = \boxed{\text{イ}}$ である。

$\boxed{\text{ア}}$, $\boxed{\text{イ}}$ については，最も適当なものを，次の $\textcircled{0}$〜$\textcircled{7}$ のうちから一つ選べ。

| | | | | | | | |
|---|---|---|---|---|---|---|---|
| $\textcircled{0}$ | 0.2095 | $\textcircled{1}$ | 0.4190 | $\textcircled{2}$ | 0.5132 | $\textcircled{3}$ | 0.5145 |
| $\textcircled{4}$ | 0.5694 | $\textcircled{5}$ | 0.5705 | $\textcircled{6}$ | 1.2095 | $\textcircled{7}$ | 4.1900 |

(2) $3.72^5 \div 1.62^{11}$ を小数で表したときの小数第 2 位の数字を求めよう。

$$\log_{10}(3.72^5 \div 1.62^{11}) = \boxed{\text{ウ}} \log_{10} 3.72 - \boxed{\text{エオ}} \log_{10} 1.62$$
$$= \boxed{\text{カ}}$$

より

$$\log_{10} \boxed{\text{キ}}.\boxed{\text{クケ}} < \boxed{\text{カ}} < \log_{10}\left( \boxed{\text{キ}}.\boxed{\text{クケ}} + 0.01 \right)$$

すなわち

$$\boxed{\text{キ}}.\boxed{\text{クケ}} < 3.72^5 \div 1.62^{11} < \boxed{\text{キ}}.\boxed{\text{クケ}} + 0.01$$

であるから，$3.72^5 \div 1.62^{11}$ を小数で表したときの小数第 2 位の数字は $\boxed{\text{コ}}$ である。

$\boxed{\text{カ}}$ については，最も適当なものを，次の $\textcircled{0}$〜$\textcircled{7}$ のうちから一つ選べ。

| | | | | | | | |
|---|---|---|---|---|---|---|---|
| $\textcircled{0}$ | 0.3266 | $\textcircled{1}$ | 0.5157 | $\textcircled{2}$ | 0.5480 | $\textcircled{3}$ | 0.6430 |
| $\textcircled{4}$ | 1.6430 | $\textcircled{5}$ | 3.2660 | $\textcircled{6}$ | 5.1570 | $\textcircled{7}$ | 5.4800 |

(3) $\sqrt[3]{2}$ を小数で表したときの小数第 2 位の数字は $\boxed{\text{サ}}$ である。

（数学 II，数学 B，数学 C 第 2 問は次ページに続く。）

## 常 用 对 数 表

| 数 | 0 | 1 | 2 | 3 | 4 | 5 | 6 | 7 | 8 | 9 |
|---|---|---|---|---|---|---|---|---|---|---|
| 1.0 | 0.0000 | 0.0043 | 0.0086 | 0.0128 | 0.0170 | 0.0212 | 0.0253 | 0.0294 | 0.0334 | 0.0374 |
| 1.1 | 0.0414 | 0.0453 | 0.0492 | 0.0531 | 0.0569 | 0.0607 | 0.0645 | 0.0682 | 0.0719 | 0.0755 |
| 1.2 | 0.0792 | 0.0828 | 0.0864 | 0.0899 | 0.0934 | 0.0969 | 0.1004 | 0.1038 | 0.1072 | 0.1106 |
| 1.3 | 0.1139 | 0.1173 | 0.1206 | 0.1239 | 0.1271 | 0.1303 | 0.1335 | 0.1367 | 0.1399 | 0.1430 |
| 1.4 | 0.1461 | 0.1492 | 0.1523 | 0.1553 | 0.1584 | 0.1614 | 0.1644 | 0.1673 | 0.1703 | 0.1732 |
| 1.5 | 0.1761 | 0.1790 | 0.1818 | 0.1847 | 0.1875 | 0.1903 | 0.1931 | 0.1959 | 0.1987 | 0.2014 |
| 1.6 | 0.2041 | 0.2068 | 0.2095 | 0.2122 | 0.2148 | 0.2175 | 0.2201 | 0.2227 | 0.2253 | 0.2279 |
| 1.7 | 0.2304 | 0.2330 | 0.2355 | 0.2380 | 0.2405 | 0.2430 | 0.2455 | 0.2480 | 0.2504 | 0.2529 |
| 1.8 | 0.2553 | 0.2577 | 0.2601 | 0.2625 | 0.2648 | 0.2672 | 0.2695 | 0.2718 | 0.2742 | 0.2765 |
| 1.9 | 0.2788 | 0.2810 | 0.2833 | 0.2856 | 0.2878 | 0.2900 | 0.2923 | 0.2945 | 0.2967 | 0.2989 |
| 2.0 | 0.3010 | 0.3032 | 0.3054 | 0.3075 | 0.3096 | 0.3118 | 0.3139 | 0.3160 | 0.3181 | 0.3201 |
| 2.1 | 0.3222 | 0.3243 | 0.3263 | 0.3284 | 0.3304 | 0.3324 | 0.3345 | 0.3365 | 0.3385 | 0.3404 |
| 2.2 | 0.3424 | 0.3444 | 0.3464 | 0.3483 | 0.3502 | 0.3522 | 0.3541 | 0.3560 | 0.3579 | 0.3598 |
| 2.3 | 0.3617 | 0.3636 | 0.3655 | 0.3674 | 0.3692 | 0.3711 | 0.3729 | 0.3747 | 0.3766 | 0.3784 |
| 2.4 | 0.3802 | 0.3820 | 0.3838 | 0.3856 | 0.3874 | 0.3892 | 0.3909 | 0.3927 | 0.3945 | 0.3962 |
| 2.5 | 0.3979 | 0.3997 | 0.4014 | 0.4031 | 0.4048 | 0.4065 | 0.4082 | 0.4099 | 0.4116 | 0.4133 |
| 2.6 | 0.4150 | 0.4166 | 0.4183 | 0.4200 | 0.4216 | 0.4232 | 0.4249 | 0.4265 | 0.4281 | 0.4298 |
| 2.7 | 0.4314 | 0.4330 | 0.4346 | 0.4362 | 0.4378 | 0.4393 | 0.4409 | 0.4425 | 0.4440 | 0.4456 |
| 2.8 | 0.4472 | 0.4487 | 0.4502 | 0.4518 | 0.4533 | 0.4548 | 0.4564 | 0.4579 | 0.4594 | 0.4609 |
| 2.9 | 0.4624 | 0.4639 | 0.4654 | 0.4669 | 0.4683 | 0.4698 | 0.4713 | 0.4728 | 0.4742 | 0.4757 |
| 3.0 | 0.4771 | 0.4786 | 0.4800 | 0.4814 | 0.4829 | 0.4843 | 0.4857 | 0.4871 | 0.4886 | 0.4900 |
| 3.1 | 0.4914 | 0.4928 | 0.4942 | 0.4955 | 0.4969 | 0.4983 | 0.4997 | 0.5011 | 0.5024 | 0.5038 |
| 3.2 | 0.5051 | 0.5065 | 0.5079 | 0.5092 | 0.5105 | 0.5119 | 0.5132 | 0.5145 | 0.5159 | 0.5172 |
| 3.3 | 0.5185 | 0.5198 | 0.5211 | 0.5224 | 0.5237 | 0.5250 | 0.5263 | 0.5276 | 0.5289 | 0.5302 |
| 3.4 | 0.5315 | 0.5328 | 0.5340 | 0.5353 | 0.5366 | 0.5378 | 0.5391 | 0.5403 | 0.5416 | 0.5428 |
| 3.5 | 0.5441 | 0.5453 | 0.5465 | 0.5478 | 0.5490 | 0.5502 | 0.5514 | 0.5527 | 0.5539 | 0.5551 |
| 3.6 | 0.5563 | 0.5575 | 0.5587 | 0.5599 | 0.5611 | 0.5623 | 0.5635 | 0.5647 | 0.5658 | 0.5670 |
| 3.7 | 0.5682 | 0.5694 | 0.5705 | 0.5717 | 0.5729 | 0.5740 | 0.5752 | 0.5763 | 0.5775 | 0.5786 |
| 3.8 | 0.5798 | 0.5809 | 0.5821 | 0.5832 | 0.5843 | 0.5855 | 0.5866 | 0.5877 | 0.5888 | 0.5899 |
| 3.9 | 0.5911 | 0.5922 | 0.5933 | 0.5944 | 0.5955 | 0.5966 | 0.5977 | 0.5988 | 0.5999 | 0.6010 |
| 4.0 | 0.6021 | 0.6031 | 0.6042 | 0.6053 | 0.6064 | 0.6075 | 0.6085 | 0.6096 | 0.6107 | 0.6117 |
| 4.1 | 0.6128 | 0.6138 | 0.6149 | 0.6160 | 0.6170 | 0.6180 | 0.6191 | 0.6201 | 0.6212 | 0.6222 |
| 4.2 | 0.6232 | 0.6243 | 0.6253 | 0.6263 | 0.6274 | 0.6284 | 0.6294 | 0.6304 | 0.6314 | 0.6325 |
| 4.3 | 0.6335 | 0.6345 | 0.6355 | 0.6365 | 0.6375 | 0.6385 | 0.6395 | 0.6405 | 0.6415 | 0.6425 |
| 4.4 | 0.6435 | 0.6444 | 0.6454 | 0.6464 | 0.6474 | 0.6484 | 0.6493 | 0.6503 | 0.6513 | 0.6522 |
| 4.5 | 0.6532 | 0.6542 | 0.6551 | 0.6561 | 0.6571 | 0.6580 | 0.6590 | 0.6599 | 0.6609 | 0.6618 |
| 4.6 | 0.6628 | 0.6637 | 0.6646 | 0.6656 | 0.6665 | 0.6675 | 0.6684 | 0.6693 | 0.6702 | 0.6712 |
| 4.7 | 0.6721 | 0.6730 | 0.6739 | 0.6749 | 0.6758 | 0.6767 | 0.6776 | 0.6785 | 0.6794 | 0.6803 |
| 4.8 | 0.6812 | 0.6821 | 0.6830 | 0.6839 | 0.6848 | 0.6857 | 0.6866 | 0.6875 | 0.6884 | 0.6893 |
| 4.9 | 0.6902 | 0.6911 | 0.6920 | 0.6928 | 0.6937 | 0.6946 | 0.6955 | 0.6964 | 0.6972 | 0.6981 |
| 5.0 | 0.6990 | 0.6998 | 0.7007 | 0.7016 | 0.7024 | 0.7033 | 0.7042 | 0.7050 | 0.7059 | 0.7067 |

# 第3問 （必答問題） （配点 22）

(1) 花子さんと太郎さんは，次の**問題1**，**問題2**について話している。

---

**問題1** 関数 $f(x) = x^3 + ax^2 + bx + 4$ が $x = 1$ で極小値 1 をとるとき，実数 $a$, $b$ の値を求めよ。

---

**問題2** 関数 $f(x) = x^3 + ax^2 + bx + 4$ が $x = 1$ で極大値 1 をとるとき，実数 $a$, $b$ の値を求めよ。

---

花子：私は**問題1**を解いてみるね。関数 $f(x) = x^3 + ax^2 + bx + 4$ が $x = 1$ で極小値 1 をとることから $f(1)$ と $f'(1)$ の値が求められるね。

太郎：$f(1)$ と $f'(1)$ の値がわかれば，$a$, $b$ の値も求められそうだね。

---

　**問題1**について，$f(1)$ と $f'(1)$ の値を求めると

$$f(1) = \boxed{\ \text{ア}\ }, \quad f'(1) = \boxed{\ \text{イ}\ }$$

である。

　そして，$f(1) = \boxed{\ \text{ア}\ }$, $f'(1) = \boxed{\ \text{イ}\ }$ から $a$, $b$ の値を求めると

$$a = \boxed{\ \text{ウ}\ }, \quad b = \boxed{\ \text{エオ}\ }$$

である。

（数学 Ⅱ，数学 B，数学 C 第 3 問は次ページに続く。）

太郎：問題 2 も同じように解いてみるね。関数 $f(x)$ が $x = 1$ で極大値 1 をとるので，$f(1) = \boxed{\text{ア}}$，$f'(1) = \boxed{\text{イ}}$ になるよね。そうすると，問題 1 と同じように，$a = \boxed{\text{ウ}}$，$b = \boxed{\text{エオ}}$ になるよ。

花子：$a = \boxed{\text{ウ}}$，$b = \boxed{\text{エオ}}$ のとき，関数 $f(x) = x^3 + ax^2 + bx + 4$ が $x = 1$ で極小値と極大値の両方をとるのはおかしいよね。

太郎：どこかで間違えてしまったのかな。

$a = \boxed{\text{ウ}}$，$b = \boxed{\text{エオ}}$ のとき，関数 $f(x) = x^3 + ax^2 + bx + 4$ の導関数は

$$f'(x) = \left( \boxed{\text{カ}}\, x + \boxed{\text{キ}} \right)\left( x - \boxed{\text{ク}} \right)$$

である。

$\alpha$ を実数とする。3 次関数 $F(x)$ が $x = \alpha$ で極値をもつことは $F'(\alpha) = 0$ であるための $\boxed{\text{ケ}}$。

そして，$a = \boxed{\text{ウ}}$，$b = \boxed{\text{エオ}}$ のとき，関数 $f(x)$ は $x = 1$ で $\boxed{\text{コ}}$。

$\boxed{\text{ケ}}$ の解答群

⓪ 必要条件であるが十分条件ではない

① 十分条件であるが必要条件ではない

② 必要十分条件である

③ 必要条件でも十分条件でもない

$\boxed{\text{コ}}$ の解答群

⓪ 極小値 1 をとるが，極大値 1 はとらない

① 極大値 1 をとるが，極小値 1 はとらない

② 極小値 1 をとることもあり，極大値 1 をとることもある

③ 極小値 1 も，極大値 1 もとることはない

（数学 II，数学 B，数学 C 第 3 問は次ページに続く。）

(2) 二人は，次の**問題 3** について話している。

**問題 3** 関数 $g(x) = x^3 + ax^2 + bx + c$ が $x = 1$ で極小値をとるとき，
実数 $a$, $b$, $c$ が満たす条件を求めよ。

太郎：この問題は極小値が与えられていないね。

花子：でも，関数 $g(x)$ が $x = 1$ で極小値をとることから，$a$ と $b$ についての関係式が求められるね。

太郎：あとは，方程式 $g'(x) = 0$ の解について調べることで，$a$ についての関係式が求められそうだね。

花子：極小値が与えられていないから，$c$ の値についての条件は求められないね。

関数 $g(x)$ が $x = 1$ で極小値をとることから，$a$ と $b$ についての関係式

$$\boxed{サ}\,a + b + \boxed{シ} = 0$$

が求められる。

また，方程式 $g'(x) = 0$ の解について調べることで，$a$ についての関係式

$$a > \boxed{スセ}$$

が得られる。よって，$x = 1$ で極小値をとる条件は

$$\boxed{サ}\,a + b + \boxed{シ} = 0 \ \text{かつ} \ a > \boxed{スセ}$$

のようにまとめることができる。

（数学 II，数学 B，数学 C 第 3 問は次ページに続く。）

(3) 二人は3次関数が極小値をとるときについて引き続き会話をしている。

太郎：**問題3**では $x^3$ の係数が1の3次関数について考えたけれど，$x^3$ の係数は1以外になることもあるよね。

花子：そうだね。$a \neq 0$ として，$h(x) = ax^3 + bx^2 + cx + d$ について考えてみようか。

太郎：このとき，$h(x) = a\left(x^3 + \dfrac{b}{a}x^2 + \dfrac{c}{a}x + \dfrac{d}{a}\right)$ になるね。

$a \neq 0$ として，関数 $h(x) = ax^3 + bx^2 + cx + d$ が $x = 1$ で極小値1をとるときの実数 $a,\ b,\ c,\ d$ が満たす条件を求めよう。

関数 $h(x)$ が $x = 1$ で極小値をとる条件は

$$b > \boxed{\text{ソタ}}\,a \text{ かつ } c = \boxed{\text{チツ}}\,a - \boxed{\text{テ}}\,b$$

であるから，実数 $a,\ b,\ c,\ d$ が満たす条件は

$$c = \boxed{\text{チツ}}\,a - \boxed{\text{テ}}\,b \text{ かつ } d = \boxed{\text{ト}}\,a + b + \boxed{\text{ナ}} \text{ かつ } b > \boxed{\text{ソタ}}\,a$$

のようにまとめることができる。

## 第4問　(選択問題)　(配点　16)

　あるスーパーマーケットでは精肉を毎日仕入れて販売している。この精肉は消費期限の関係で3日間しか販売することができないため，毎日閉店後に，前々日に仕入れた精肉のうち，売れずに残ったものは廃棄される。そして，毎日開店前に，前日に売れた分と廃棄された分の合計と同量の精肉を仕入れて販売しているため，開店前にはつねに一定量 $M$ の精肉がある。また，店頭には，当日に仕入れたもの，前日に仕入れたもの，前々日に仕入れたものの最大3種類の精肉が並ぶことになるが，3種類の精肉はいずれも，当日の開店前にあるそれぞれの量の半分ずつが当日中に売れるものとする。

　$n$ を自然数とし，$n$ 日目に仕入れる精肉の量を $a_n$ として次の問いに答えよ。ただし，$a_1 = M$，$M > 0$ とする。

(1)　$a_2 = \dfrac{\boxed{ア}}{\boxed{イ}} M$，$a_3 = \dfrac{\boxed{ウ}}{\boxed{エ}} M$ であり，3日目の閉店後に1日目に仕入れた精肉は廃棄されるため

$$a_4 = \dfrac{\boxed{オ}}{\boxed{カ}} M$$

である。

(数学 II，数学 B，数学 C 第4問は次ページに続く。)

そして，$(n+2)$ 日目の開店時には，$n$ 日目，$(n+1)$ 日目，$(n+2)$ 日目の開店前に仕入れた精肉があることから

$$a_{n+2} + \frac{\boxed{キ}}{\boxed{ク}} a_{n+1} + \frac{\boxed{ケ}}{\boxed{コ}} a_n = M \quad \cdots\cdots\cdots\cdots\cdots ①$$

が成り立ち，同様に

$$a_{n+3} + \frac{\boxed{キ}}{\boxed{ク}} a_{n+2} + \frac{\boxed{ケ}}{\boxed{コ}} a_{n+1} = M \quad \cdots\cdots\cdots\cdots\cdots ②$$

が成り立つので，①，②より

$$a_{n+3} = \frac{\boxed{サ}}{\boxed{シ}} a_n + \frac{\boxed{ス}}{\boxed{セ}} M$$

である。これより，自然数 $k$ に対して

$$a_{3k-2} = \frac{\boxed{ソ}}{\boxed{タ}} M \left( \frac{\boxed{チ}}{\boxed{ツ}} \right)^{k-1} + \frac{\boxed{テ}}{\boxed{ト}} M$$

であり，$a_{3k-1}$，$a_{3k}$ も同様に求められる。

（数学 II，数学 B，数学 C 第 4 問は次ページに続く。）

(2) 精肉の販売期間が 3 日間であることから，3 日間で仕入れる精肉の量を

$$b_n = a_{3n-2} + a_{3n-1} + a_{3n}$$

とおく。このとき

$$b_n = \cfrac{\boxed{ナ}}{\boxed{ニ}} M \left( \cfrac{\boxed{ヌ}}{\boxed{ネ}} \right)^{n-1} + \cfrac{\boxed{ノハ}}{\boxed{ヒ}} M$$

である。

(3) 精肉の廃棄量についての記述として正しいものは $\boxed{フ}$ である。

$\boxed{フ}$ の解答群

⓪ $(n+2)$ 日目の閉店後に廃棄する精肉の量は $\dfrac{1}{8} a_{n+2}$ である。

① 3 日目から 5 日目までの 3 日間に廃棄する精肉の量の合計と，6 日目から 8 日目までの 3 日間に廃棄する精肉の量の合計を比べると，3 日目から 5 日目までの 3 日間に廃棄する精肉の量の合計の方が少ない。

② 3 日目から 5 日目までの 3 日間以降では，3 日間で廃棄する精肉の量の合計はつねに $\dfrac{3}{14} M$ より小さい。

③ 1 日目から 30 日目までの 30 日間に廃棄する精肉の量の合計は $\dfrac{27}{14} M$ よりも大きい。

（下書き用紙）

数学 II, 数学 B, 数学 C の試験問題は次に続く。

# 第5問 （選択問題）（配点 16）

以下の問題を解答するにあたっては，必要に応じて 19 ページの正規分布表を用いてもよい。

太郎さんと花子さんは，硬貨投げについて話している。

---

花子：硬貨を 1 枚投げるとき，表が出る確率を $\dfrac{1}{2}$ と仮定するね。

太郎：2 枚以上の硬貨を同時に投げるときは，独立性も仮定することが多いね。

花子：事象 $A$，$B$ が独立というのは，$P(A \cap B) = P(A)P(B)$ が成り立つことだけど，硬貨を 2 枚投げるとき，2 枚の硬貨の表か裏が出ることが独立であることは当たり前だと言ってよいのかな。

太郎：2 枚の硬貨を同時に 1 回投げる。表の出る確率がどちらも $\dfrac{1}{2}$ のとき，2 枚の硬貨の表か裏が出ることが「独立」なら，2 枚とも表が出る確率は $\dfrac{1}{4}$ だね。

花子：2 枚とも表が出る確率が $\dfrac{1}{4}$ かどうか確かめてみよう。

---

(1) 2 枚の硬貨を同時に 1 回投げる試行を 100 回繰り返したところ，2 枚とも表が出た回数は 20 回であった。このとき，2 枚とも表が出る比率（標本比率）は $\dfrac{1}{\boxed{\text{ア}}}$ である。

　1 回の試行で 2 枚とも表が出る確率を $p$ として，$p$ に対する信頼度 95% の信頼区間を考えよう。$p$ に対する信頼度 95% の信頼区間に $p = \dfrac{1}{4}$ が含まれるならば，2 枚の硬貨の表か裏が出ることが独立であることが期待できる。

（数学 Ⅱ，数学 B，数学 C 第 5 問は次ページに続く。）

100 回の試行で 2 枚とも表が出る回数を表す確率変数 $X$ は二項分布 $B\left(\boxed{イウエ}, \boxed{オ}\right)$ に従い，$X$ の平均は $\boxed{カ}$，分散は $\boxed{キ}$ である。

$\boxed{オ} \sim \boxed{キ}$ の解答群（同じものを繰り返し選んでもよい。）

⓪ $\dfrac{p}{100}$  ① $p$  ② $100p$

③ $\dfrac{p(1-p)}{100}$  ④ $p(1-p)$  ⑤ $100p(1-p)$

⑥ $\sqrt{\dfrac{p(1-p)}{100}}$  ⑦ $\sqrt{p(1-p)}$  ⑧ $\sqrt{100p(1-p)}$

　試行回数 100 は十分大きいので，$X$ は近似的に正規分布に従う。よって，確率 0.95 で

$$\left|X - \boxed{カ}\right| \leqq \boxed{ク}.\boxed{ケコ} \times \sqrt{\boxed{キ}} \quad \cdots\cdots\cdots\cdots ①$$

が成り立つ。

　① に試行の結果 $X = 20$ を代入し，$p$ は標本比率に近いと考えて，① の右辺に含まれる $p$ を $\dfrac{1}{\boxed{ア}}$ で置き換えるという近似を行うと，$p$ に対する信頼度 95% の信頼区間として

$$0.\boxed{サシスセ} \leqq p \leqq 0.\boxed{ソタチツ}$$

が得られる。

（数学 II，数学 B，数学 C 第 5 問は次ページに続く。）

(2) 次に二人は，(1)の試行結果に基づき，有意水準5%で仮説検定をすることにより，1回の試行で2枚とも表が出る確率 $p$ が $\dfrac{1}{4}$ と言えるかどうかを調べることにした。

まず，帰無仮説は「$\boxed{\text{テ}}$」であり，対立仮説は「$\boxed{\text{ト}}$」である。

次に，帰無仮説が正しいとすると，$X$ は平均 $\boxed{\text{ナニ}}$，分散 $\dfrac{\boxed{\text{ヌネ}}}{\boxed{\text{ノ}}}$ の正規分布に近似的に従うため，確率変数 $Z = \dfrac{X - \boxed{\text{ナニ}}}{\sqrt{\dfrac{\boxed{\text{ヌネ}}}{\boxed{\text{ノ}}}}}$ は，標準正規分布に近似的に従う。二人が得た結果に対応する $Z$ の値を $z$ とすると，標準正規分布において，「$Z \leqq -|z|$ または $Z \geqq |z|$」が成り立つ確率は 0.05 より $\boxed{\text{ハ}}$ ので，有意水準5%で $p$ は $\dfrac{1}{4}$ と $\boxed{\text{ヒ}}$。ただし，$\boxed{\text{ハ}}$ を考えるための計算においては，$\sqrt{3} = 1.73$ を用いてもよい。

$\boxed{\text{テ}}$，$\boxed{\text{ト}}$ の解答群（同じものを繰り返し選んでもよい。）

| ⓪ $p = \dfrac{1}{4}$ | ① $p \neq \dfrac{1}{4}$ | ② $p = \dfrac{1}{5}$ | ③ $p \neq \dfrac{1}{5}$ |
|---|---|---|---|

$\boxed{\text{ハ}}$ の解答群

| ⓪ 大きい | ① 小さい |
|---|---|

$\boxed{\text{ヒ}}$ の解答群

| ⓪ 異なるといえる | ① 異なるとはいえない |
|---|---|

（数学 Ⅱ，数学 B，数学 C 第5問は次ページに続く。）

# 正 規 分 布 表

次の表は，標準正規分布の分布曲線における右図の
灰色部分の面積の値をまとめたものである。

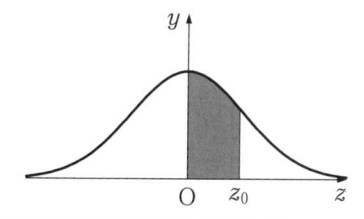

| $z_0$ | 0.00 | 0.01 | 0.02 | 0.03 | 0.04 | 0.05 | 0.06 | 0.07 | 0.08 | 0.09 |
|---|---|---|---|---|---|---|---|---|---|---|
| 0.0 | 0.0000 | 0.0040 | 0.0080 | 0.0120 | 0.0160 | 0.0199 | 0.0239 | 0.0279 | 0.0319 | 0.0359 |
| 0.1 | 0.0398 | 0.0438 | 0.0478 | 0.0517 | 0.0557 | 0.0596 | 0.0636 | 0.0675 | 0.0714 | 0.0753 |
| 0.2 | 0.0793 | 0.0832 | 0.0871 | 0.0910 | 0.0948 | 0.0987 | 0.1026 | 0.1064 | 0.1103 | 0.1141 |
| 0.3 | 0.1179 | 0.1217 | 0.1255 | 0.1293 | 0.1331 | 0.1368 | 0.1406 | 0.1443 | 0.1480 | 0.1517 |
| 0.4 | 0.1554 | 0.1591 | 0.1628 | 0.1664 | 0.1700 | 0.1736 | 0.1772 | 0.1808 | 0.1844 | 0.1879 |
| 0.5 | 0.1915 | 0.1950 | 0.1985 | 0.2019 | 0.2054 | 0.2088 | 0.2123 | 0.2157 | 0.2190 | 0.2224 |
| 0.6 | 0.2257 | 0.2291 | 0.2324 | 0.2357 | 0.2389 | 0.2422 | 0.2454 | 0.2486 | 0.2517 | 0.2549 |
| 0.7 | 0.2580 | 0.2611 | 0.2642 | 0.2673 | 0.2704 | 0.2734 | 0.2764 | 0.2794 | 0.2823 | 0.2852 |
| 0.8 | 0.2881 | 0.2910 | 0.2939 | 0.2967 | 0.2995 | 0.3023 | 0.3051 | 0.3078 | 0.3106 | 0.3133 |
| 0.9 | 0.3159 | 0.3186 | 0.3212 | 0.3238 | 0.3264 | 0.3289 | 0.3315 | 0.3340 | 0.3365 | 0.3389 |
| 1.0 | 0.3413 | 0.3438 | 0.3461 | 0.3485 | 0.3508 | 0.3531 | 0.3554 | 0.3577 | 0.3599 | 0.3621 |
| 1.1 | 0.3643 | 0.3665 | 0.3686 | 0.3708 | 0.3729 | 0.3749 | 0.3770 | 0.3790 | 0.3810 | 0.3830 |
| 1.2 | 0.3849 | 0.3869 | 0.3888 | 0.3907 | 0.3925 | 0.3944 | 0.3962 | 0.3980 | 0.3997 | 0.4015 |
| 1.3 | 0.4032 | 0.4049 | 0.4066 | 0.4082 | 0.4099 | 0.4115 | 0.4131 | 0.4147 | 0.4162 | 0.4177 |
| 1.4 | 0.4192 | 0.4207 | 0.4222 | 0.4236 | 0.4251 | 0.4265 | 0.4279 | 0.4292 | 0.4306 | 0.4319 |
| 1.5 | 0.4332 | 0.4345 | 0.4357 | 0.4370 | 0.4382 | 0.4394 | 0.4406 | 0.4418 | 0.4429 | 0.4441 |
| 1.6 | 0.4452 | 0.4463 | 0.4474 | 0.4484 | 0.4495 | 0.4505 | 0.4515 | 0.4525 | 0.4535 | 0.4545 |
| 1.7 | 0.4554 | 0.4564 | 0.4573 | 0.4582 | 0.4591 | 0.4599 | 0.4608 | 0.4616 | 0.4625 | 0.4633 |
| 1.8 | 0.4641 | 0.4649 | 0.4656 | 0.4664 | 0.4671 | 0.4678 | 0.4686 | 0.4693 | 0.4699 | 0.4706 |
| 1.9 | 0.4713 | 0.4719 | 0.4726 | 0.4732 | 0.4738 | 0.4744 | 0.4750 | 0.4756 | 0.4761 | 0.4767 |
| 2.0 | 0.4772 | 0.4778 | 0.4783 | 0.4788 | 0.4793 | 0.4798 | 0.4803 | 0.4808 | 0.4812 | 0.4817 |
| 2.1 | 0.4821 | 0.4826 | 0.4830 | 0.4834 | 0.4838 | 0.4842 | 0.4846 | 0.4850 | 0.4854 | 0.4857 |
| 2.2 | 0.4861 | 0.4864 | 0.4868 | 0.4871 | 0.4875 | 0.4878 | 0.4881 | 0.4884 | 0.4887 | 0.4890 |
| 2.3 | 0.4893 | 0.4896 | 0.4898 | 0.4901 | 0.4904 | 0.4906 | 0.4909 | 0.4911 | 0.4913 | 0.4916 |
| 2.4 | 0.4918 | 0.4920 | 0.4922 | 0.4925 | 0.4927 | 0.4929 | 0.4931 | 0.4932 | 0.4934 | 0.4936 |
| 2.5 | 0.4938 | 0.4940 | 0.4941 | 0.4943 | 0.4945 | 0.4946 | 0.4948 | 0.4949 | 0.4951 | 0.4952 |
| 2.6 | 0.4953 | 0.4955 | 0.4956 | 0.4957 | 0.4959 | 0.4960 | 0.4961 | 0.4962 | 0.4963 | 0.4964 |
| 2.7 | 0.4965 | 0.4966 | 0.4967 | 0.4968 | 0.4969 | 0.4970 | 0.4971 | 0.4972 | 0.4973 | 0.4974 |
| 2.8 | 0.4974 | 0.4975 | 0.4976 | 0.4977 | 0.4977 | 0.4978 | 0.4979 | 0.4979 | 0.4980 | 0.4981 |
| 2.9 | 0.4981 | 0.4982 | 0.4982 | 0.4983 | 0.4984 | 0.4984 | 0.4985 | 0.4985 | 0.4986 | 0.4986 |
| 3.0 | 0.4987 | 0.4987 | 0.4987 | 0.4988 | 0.4988 | 0.4989 | 0.4989 | 0.4989 | 0.4990 | 0.4990 |
| 3.1 | 0.4990 | 0.4991 | 0.4991 | 0.4991 | 0.4992 | 0.4992 | 0.4992 | 0.4992 | 0.4993 | 0.4993 |
| 3.2 | 0.4993 | 0.4993 | 0.4994 | 0.4994 | 0.4994 | 0.4994 | 0.4994 | 0.4995 | 0.4995 | 0.4995 |
| 3.3 | 0.4995 | 0.4995 | 0.4995 | 0.4996 | 0.4996 | 0.4996 | 0.4996 | 0.4996 | 0.4996 | 0.4997 |
| 3.4 | 0.4997 | 0.4997 | 0.4997 | 0.4997 | 0.4997 | 0.4997 | 0.4997 | 0.4997 | 0.4997 | 0.4998 |
| 3.5 | 0.4998 | 0.4998 | 0.4998 | 0.4998 | 0.4998 | 0.4998 | 0.4998 | 0.4998 | 0.4998 | 0.4998 |

# 第6問 （選択問題）（配点 16）

三角形 ABC の重心を G，三角形 ABC の頂点 A から直線 BC に引いた垂線と頂点 B から直線 AC に引いた垂線の交点を H，三角形 ABC の外接円の中心を O とし，辺 BC の中点を M とする。このとき，点 A，G，H，O，M の位置関係について調べたい。次の問いに答えよ。

(1) AB = 3，AC = 4，∠BAC = 60° の三角形 ABC について考える。このとき

$$\overrightarrow{AG} = \frac{\boxed{ア}}{\boxed{イ}}\overrightarrow{AB} + \frac{\boxed{ウ}}{\boxed{エ}}\overrightarrow{AC}$$

である。

また，$\overrightarrow{AH} = s\overrightarrow{AB} + t\overrightarrow{AC}$（$s$，$t$ は実数）とおくと，$\overrightarrow{AB}\cdot\overrightarrow{AC} = \boxed{オ}$ より

$$\overrightarrow{AH}\cdot\overrightarrow{BC} = -3s + \boxed{カキ}t$$

$$\overrightarrow{BH}\cdot\overrightarrow{AC} = 6s + 16t - 6$$

である。よって，$\overrightarrow{AH}\cdot\overrightarrow{BC} = 0$，$\overrightarrow{BH}\cdot\overrightarrow{AC} = 0$ であることを利用して $s$，$t$ の値を求めると

$$s = \frac{\boxed{ク}}{\boxed{ケ}}，\quad t = \frac{\boxed{コ}}{\boxed{サ}}$$

である。

（数学 Ⅱ，数学 B，数学 C 第 6 問は次ページに続く。）

そして，線分 AB の中点を L，線分 AC の中点を N とし，$\overrightarrow{\mathrm{AO}} = \alpha\overrightarrow{\mathrm{AB}} + \beta\overrightarrow{\mathrm{AC}}$（$\alpha$，$\beta$ は実数）とおくと

$$\overrightarrow{\mathrm{LO}} \cdot \overrightarrow{\mathrm{AB}} = 9\alpha + 6\beta - \frac{\boxed{シ}}{\boxed{ス}}$$

$$\overrightarrow{\mathrm{NO}} \cdot \overrightarrow{\mathrm{AC}} = 6\alpha + 16\beta - 8$$

である。よって，$\overrightarrow{\mathrm{LO}} \cdot \overrightarrow{\mathrm{AB}} = 0$，$\overrightarrow{\mathrm{NO}} \cdot \overrightarrow{\mathrm{AC}} = 0$ であることを利用して $\alpha$，$\beta$ の値を求めると

$$\alpha = \frac{\boxed{セ}}{\boxed{ソ}}, \quad \beta = \frac{\boxed{タ}}{\boxed{チツ}}$$

である。

よって，点 G，H，O は $\boxed{テ}$ を満たす。

$\boxed{テ}$ については，最も適当なものを，次の ⓪〜③ のうちから一つ選べ。

| |  |
|---|---|
| ⓪ | 同一直線上にあり，OG : GH = 1 : 2 |
| ① | 同一直線上にあり，OG : GH = 1 : 3 |
| ② | 同一直線上にはなく，OG : GH = 1 : 2 |
| ③ | 同一直線上にはなく，OG : GH = 1 : 3 |

（数学 II，数学 B，数学 C 第 6 問は次ページに続く。）

(2)　点 A, G, H, O, M がすべて異なるような三角形 ABC について考える。このとき

$$\overrightarrow{OQ} = \overrightarrow{OA} + \overrightarrow{OB} + \overrightarrow{OC}$$

で定まる点を Q とすると，$\overrightarrow{AQ} \cdot \overrightarrow{BC}$，$\overrightarrow{BQ} \cdot \overrightarrow{AC}$ に着目することで，点 Q は　ト　と
一致することがわかる。

　ト　については，最も適当なものを，次の ⓪〜⑧ のうちから一つ選べ。

⓪　点 G

①　点 H

②　点 M

③　三角形 OAB の重心

④　三角形 OBC の重心

⑤　三角形 OCA の重心

⑥　点 O から直線 AB に引いた垂線と点 A から直線 OB に引いた垂線の交点

⑦　点 O から直線 BC に引いた垂線と点 B から直線 OC に引いた垂線の交点

⑧　点 O から直線 AC に引いた垂線と点 A から直線 OC に引いた垂線の交点

（数学 Ⅱ, 数学 B, 数学 C 第 6 問は次ページに続く。）

点 Q が $\boxed{\text{ト}}$ と一致することから点 G, H, O の位置関係がわかり，$\overrightarrow{AH}$ と $\overrightarrow{OM}$ に着目することで点 A, G, M の位置関係がわかる。よって，点 A, G, H, O, M のどの 2 点も一致しない三角形 ABC における点 A, G, H, O, M の位置関係の説明について正しいものは $\boxed{\text{ナ}}$ である。

$\boxed{\text{ナ}}$ については，最も適当なものを，次の ⓪〜⑦ のうちから一つ選べ。

⓪　点 A, G, H, O, M は一直線上にあり，OG：GH ＝ 1：2, AH：OM ＝ 2：1 を満たす。

①　点 A, G, H, O, M は一直線上にあり，OG：GH ＝ 1：3, AH：OM ＝ 2：1 を満たす。

②　点 A, G, H, O, M は一直線上にあり，OG：GH ＝ 1：2, AH：OM ＝ 1：2 を満たす。

③　点 A, G, H, O, M は一直線上にあり，OG：GH ＝ 1：3, AH：OM ＝ 1：2 を満たす。

④　点 A, G, H, O, M は一直線上にあるとは限らないが，点 G は線分 OH 上かつ線分 AM 上にあり，OG：GH ＝ 1：2, AH：OM ＝ 2：1 を満たす。

⑤　点 A, G, H, O, M は一直線上にあるとは限らないが，点 G は線分 OH 上かつ線分 AM 上にあり，OG：GH ＝ 1：3, AH：OM ＝ 2：1 を満たす。

⑥　点 A, G, H, O, M は一直線上にあるとは限らないが，点 G は線分 OH 上かつ線分 AM 上にあり，OG：GH ＝ 1：2, AH：OM ＝ 1：2 を満たす。

⑦　点 A, G, H, O, M は一直線上にあるとは限らないが，点 G は線分 OH 上かつ線分 AM 上にあり，OG：GH ＝ 1：3, AH：OM ＝ 1：2 を満たす。

# 第７問 （選択問題） （配点 16）

　水平な地面の上に半径 1 の円柱状の物体 $U$ がある。物体 $U$ を円柱とみたときの底面に 2 点 A，B があり，線分 AB は物体 $U$ の底面の直径である。最初，点 B は地面との接点である。物体 $U$ を地面と接しながらすべることなく，次の図のように右へ 1 回転だけ転がす。

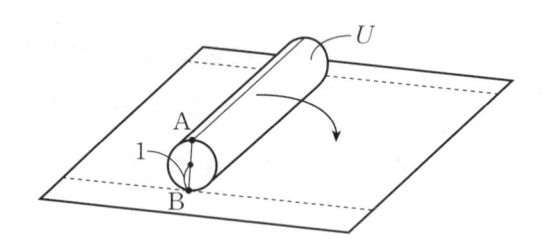

(1)　物体 $U$ の 2 点 A，B がある方の底面の中心を C とする。図 1 は物体 $U$ を右へ 1 回転させる直前，図 2 は物体 $U$ を少しだけ回転させたあとの状況である。図 2 において，点 C から $x$ 軸に引いた垂線を CD とし，$\angle \mathrm{BCD} = \theta$ とする。ただし，$\theta$ は 0 から $2\pi$ まで動くとする。

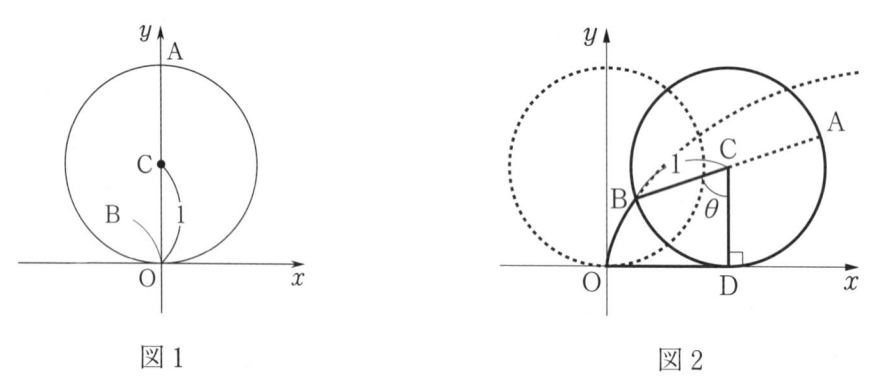

図 1　　　　　　　　　　　　図 2

　点 B，点 C の座標を媒介変数 $\theta$ $(0 \leqq \theta \leqq 2\pi)$ を用いて表すと，それぞれ

$$\mathrm{B}\left(\boxed{\ ア\ },\ \boxed{\ イ\ }\right),\ \mathrm{C}\left(\boxed{\ ウ\ },\ \boxed{\ エ\ }\right)$$

である。

　線分 AB は物体 $U$ の底面の直径だから，点 A の座標を $\theta$ を用いて表すと

$$\mathrm{A}\left(\boxed{\ オ\ },\ \boxed{\ カ\ }\right)$$

である。

（数学 II，数学 B，数学 C 第 7 問は次ページに続く。）

— ③ － 24 —

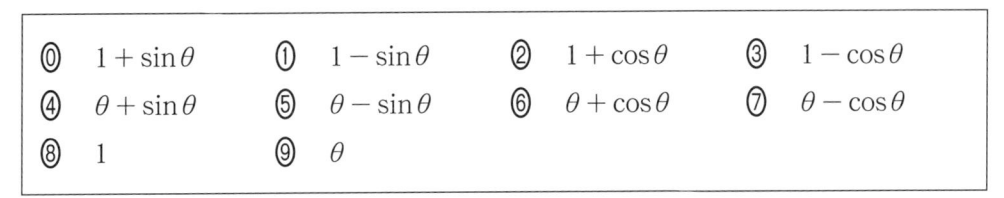

ア ～ カ の解答群（同じものを繰り返し選んでもよい。）

⓪ $1 + \sin\theta$　　① $1 - \sin\theta$　　② $1 + \cos\theta$　　③ $1 - \cos\theta$

④ $\theta + \sin\theta$　　⑤ $\theta - \sin\theta$　　⑥ $\theta + \cos\theta$　　⑦ $\theta - \cos\theta$

⑧ $1$　　　　　　　⑨ $\theta$

図3は，物体 $U$ がちょうど1回転したとき，点Bが描く図形の概形である。

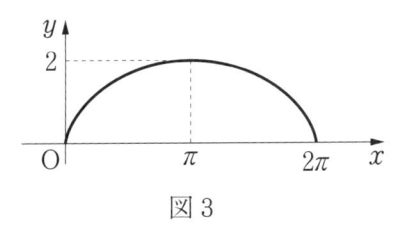

図 3

物体 $U$ がちょうど1回転したとき，点Aが描く図形の概形は キ である。

キ については，最も適当なものを，次の ⓪～⑤ のうちから一つ選べ。

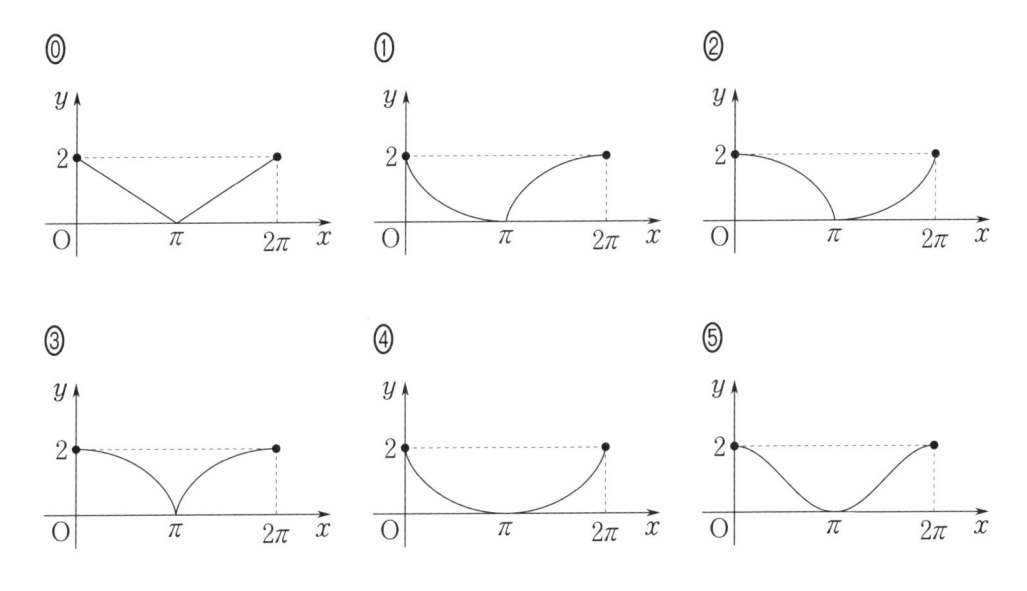

（数学 II，数学 B，数学 C 第 7 問は次ページに続く。）

(2) 水平な地面の上に半径 $2$ の円柱状の物体 $V$ があり，最初，図 4 のような状況である。物体 $V$ の底面に $2$ 点 A′，B′ があり，線分 A′B′ は物体 $V$ の底面の直径である。最初，点 B′ は地面との接点である。さらに，点 C′ は物体 $V$ の $2$ 点 A′，B′ がある方の底面の中心，点 E は，物体 $V$ の $2$ 点 A′，B′ がある方の底面で，最初に最も右側にある点である。

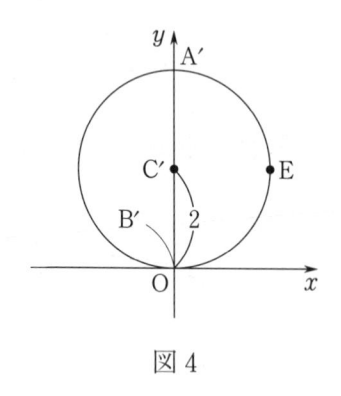

図 4

物体 $V$ を地面と接しながらすべることなく右へ $1$ 回転だけ転がす。このとき，点 E が描く図形の概形は $\boxed{\text{ク}}$ である。

（数学 Ⅱ，数学 B，数学 C 第 7 問は次ページに続く。）

について は，最も適当なものを，次の ⓪ 〜 ⑧ のうちから一つ選べ。なお，点 (0, 2) を中心とする半径 2 の半円（点線）を補助的にかいてある。

ク

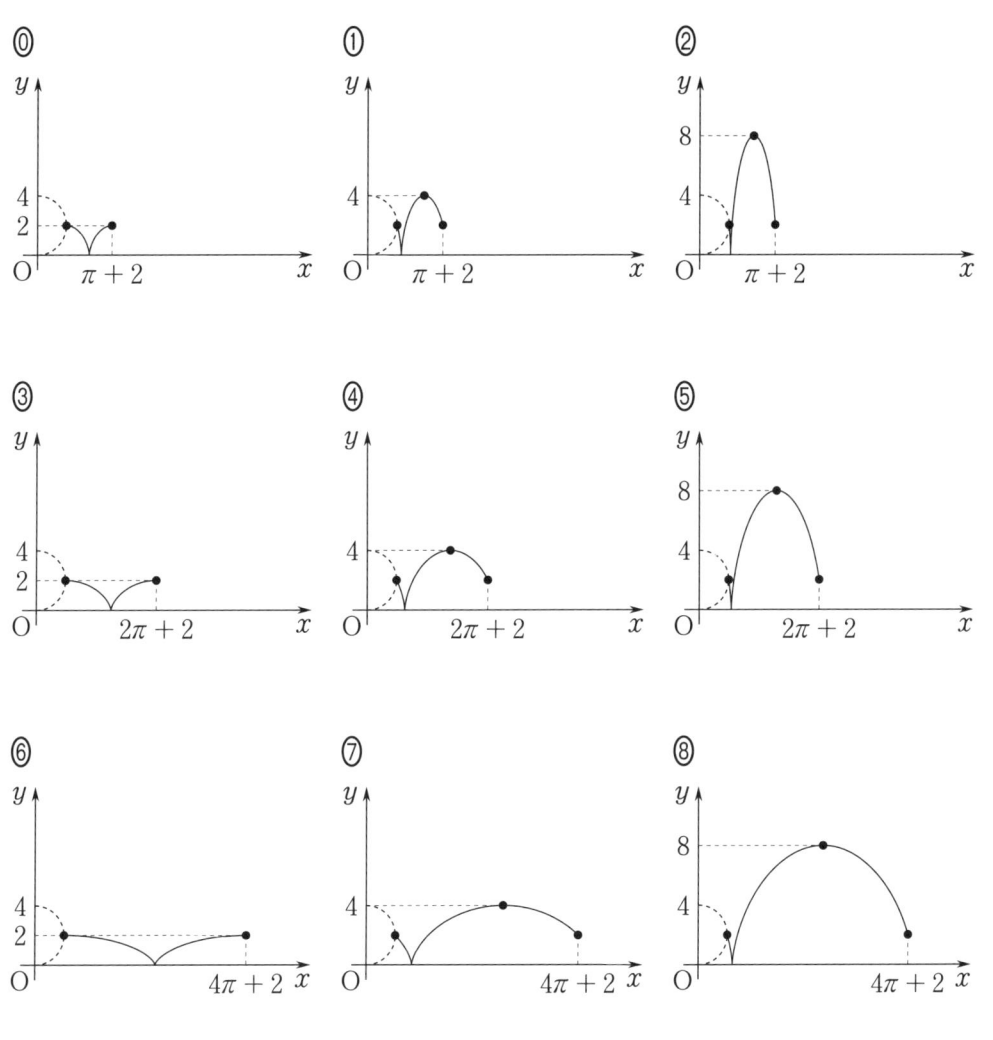

（数学 Ⅱ，数学 B，数学 C 第 7 問は次ページに続く。）

(3) (1)で設定した $xy$ 平面とは異なる平面で考えてみよう。(1)と同様に，物体 $U$ の 2 点 A，B がある方の底面の中心を C とし，物体 $U$ が右へ回転する動きに合わせた $XY$ 平面を

地面を表す直線を $X$ 軸

点 C を通る $X$ 軸に垂直な直線を $Y$ 軸

と定める。また，$XY$ 平面の原点を O′，$\angle BCO' = \theta_1$ とする。ただし，$\theta_1$ は 0 から $2\pi$ まで動くとする。

図 5 は物体 $U$ を $XY$ 平面上で表したものである。ただし，$x$ 軸と $y$ 軸と点 O を補助的に入れてある。

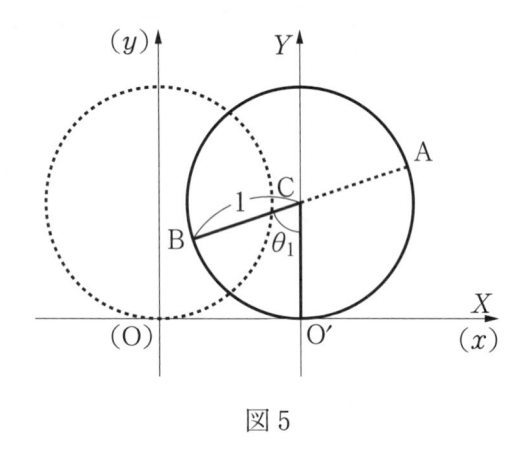

図 5

新しく定義された座標 $(X, Y)$ について考える。

$XY$ 平面において，点 B，点 C の座標を媒介変数 $\theta_1$ $(0 \leqq \theta_1 \leqq 2\pi)$ を用いて表すと，それぞれ

$$B\left(\boxed{\text{ケ}}, \boxed{\text{コ}}\right), \quad C\left(\boxed{\text{サ}}, \boxed{\text{シ}}\right)$$

である。

よって，点 A の座標を $\theta_1$ を用いて表すと

$$A\left(\boxed{\text{ス}}, \boxed{\text{セ}}\right)$$

であるから，点 A は $XY$ 平面上で $\boxed{\text{ソ}}$ 。

（数学 II，数学 B，数学 C 第 7 問は次ページに続く。）

ケ ～ セ の解答群（同じものを繰り返し選んでもよい。）

| | | | | | | | |
|---|---|---|---|---|---|---|---|
| ⓪ | $\sin\theta_1$ | ① | $-\sin\theta_1$ | ② | $\cos\theta_1$ | ③ | $-\cos\theta_1$ |
| ④ | $1+\sin\theta_1$ | ⑤ | $1-\sin\theta_1$ | ⑥ | $1+\cos\theta_1$ | ⑦ | $1-\cos\theta_1$ |
| ⑧ | $0$ | ⑨ | $1$ | | | | |

ソ の解答群

- ⓪ 座標軸に平行な線分上を動く
- ① 座標軸に平行でない線分上を動く
- ② 定点をあらわす
- ③ 円周上を動く

（下 書 き 用 紙）

# 模試 第4回

$\left(\begin{array}{c}100点\\70分\end{array}\right)$

## 〔数学II・B・C〕

**注 意 事 項**

1　数学解答用紙（模試 第4回）をキリトリ線より切り離し，試験開始の準備をしなさい。

2　時間を計り，上記の解答時間内で解答しなさい。

　ただし，納得のいくまで時間をかけて解答するという利用法でもかまいません。

3　第1問〜第3問は必答。第4問〜第7問から3問選択。計6問を解答しなさい。

4　解答用紙には解答欄以外に受験番号欄，氏名欄，試験場コード欄があります。自分自身で本番を想定し，**正しく記入し，マークしなさい。**

5　**解答は解答用紙の解答欄にマークしなさい。**

6　選択問題については，解答する問題を決めたあと，その問題番号の解答欄に解答しなさい。ただし，**指定された問題数をこえて解答してはいけません。**

7　問題の余白は適宜利用してよいが，どのページも切り離してはいけません。

# 第1問 （必答問題）（配点 15）

$a$ を実数とする。O を原点とする座標平面上に 2 直線

$$\ell_1 : 4x + 3y - 56 = 0, \quad \ell_2 : ax - y = 0$$

がある。

(1) $\ell_1$, $\ell_2$ が交点をもたないのは $a = -\dfrac{\boxed{\text{ア}}}{\boxed{\text{イ}}}$ のときである。

以下，$a \neq -\dfrac{\boxed{\text{ア}}}{\boxed{\text{イ}}}$ とし，$\ell_1$ と $\ell_2$ の交点を A，$\ell_1$ と $x$ 軸との交点を B，$\ell_1$ と $y$ 軸との交点を C とする。

(2) $a = -2$ とする。$\angle$OAB の二等分線を $\ell$ とし，$\ell$ 上の点を $(X, Y)$ とおく。

点 $(X, Y)$ は $\boxed{\text{ウ}}$ または $\boxed{\text{エ}}$ で表される領域に存在し，$\ell_1$ と $\ell_2$ から等距離にあるので，$\boxed{\text{オ}}$ を満たす。

$\boxed{\text{ウ}}$, $\boxed{\text{エ}}$ の解答群（解答の順序は問わない。）

⓪　「$4x + 3y - 56 \geqq 0$ かつ $2x + y \geqq 0$」

①　「$4x + 3y - 56 \geqq 0$ かつ $2x + y \leqq 0$」

②　「$4x + 3y - 56 \leqq 0$ かつ $2x + y \geqq 0$」

③　「$4x + 3y - 56 \leqq 0$ かつ $2x + y \leqq 0$」

$\boxed{\text{オ}}$ の解答群

⓪　$\dfrac{4X + 3Y - 56}{\sqrt{5}} = \dfrac{2X + Y}{5}$　　　①　$\dfrac{4X + 3Y - 56}{\sqrt{5}} = -\dfrac{2X + Y}{5}$

②　$\dfrac{4X + 3Y - 56}{5} = \dfrac{2X + Y}{\sqrt{5}}$　　　③　$\dfrac{4X + 3Y - 56}{5} = -\dfrac{2X + Y}{\sqrt{5}}$

（数学 II，数学 B，数学 C 第 1 問は次ページに続く。）

(3) $\dfrac{4x+3y-56}{5}=\dfrac{ax-y}{\sqrt{a^2+1}}$ によって表される直線を $\ell'$ とする。

$$a < -\dfrac{\boxed{\text{ア}}}{\boxed{\text{イ}}} \text{ のとき, } \ell' \text{ は } \boxed{\boxed{\text{カ}}}$$

$$-\dfrac{\boxed{\text{ア}}}{\boxed{\text{イ}}} < a < 0 \text{ のとき, } \ell' \text{ は } \boxed{\boxed{\text{キ}}}$$

$$a = 0 \text{ のとき, } \ell' \text{ は } \boxed{\boxed{\text{ク}}}$$

$$a > 0 \text{ のとき, } \ell' \text{ は } \boxed{\boxed{\text{ケ}}}$$

である。

$\boxed{\text{カ}}$ ～ $\boxed{\text{ケ}}$ の解答群（同じものを繰り返し選んでもよい。）

| | |
|---|---|
| ⓪ | ∠OAB の二等分線 |
| ① | △OAB における ∠OAB の外角の二等分線 |
| ② | ∠OBC の二等分線 |
| ③ | △OBC における ∠OBC の外角の二等分線 |

## 第2問 （必答問題）（配点 15）

太郎さんと花子さんは，次の**問題**について考えている。

> 問題 $x \geq 2$, $y \geq 2$, $xy = 1024$ のとき，$\log_x y$ のとり得る値の範囲を求めよ。

(1) $\log_2 x + \log_2 y$ の値は $\boxed{\text{アイ}}$ であり，$\log_x y$ を $\log_2 x$ と $\log_2 y$ を用いて表すと $\boxed{\text{ウ}}$ である。

$\boxed{\text{ウ}}$ の解答群

| | | | |
|---|---|---|---|
| ⓪ $\dfrac{\log_2 x}{\log_2 y}$ | ① $\dfrac{\log_2 y}{\log_2 x}$ | ② $-\dfrac{\log_2 x}{\log_2 y}$ | ③ $-\dfrac{\log_2 y}{\log_2 x}$ |

（数学 Ⅱ，数学 B，数学 C 第 2 問は次ページに続く。）

(2) 太郎さんと花子さんは，$\log_x y = \boxed{\text{ウ}}$ であることから，それぞれ異なる方針で $\log_x y$ のとり得る値の範囲を求めることにした。

---

**太郎さんの方針**

$t = \log_2 x$ とおくと
$$\log_x y = \boxed{\text{エオ}} + \frac{\boxed{\text{カキ}}}{t}$$
であることから $\log_x y$ のとり得る値の範囲を求める。

---

$f(t) = \boxed{\text{エオ}} + \dfrac{\boxed{\text{カキ}}}{t}$ とおく。太郎さんの方針における $u = f(t)$ のグラフの概形は $\boxed{\text{ク}}$ である。

$\boxed{\text{ク}}$ については，最も適当なものを，次の ⓪〜⑤ のうちから一つ選べ。ただし，図の ● の点はグラフの両端を示す点で，● の点もグラフに含まれるものとする。

⓪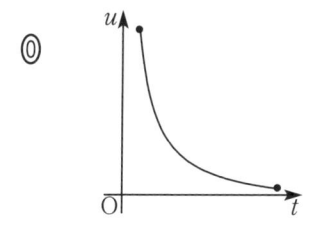

①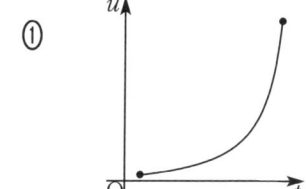

②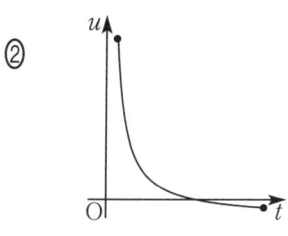

③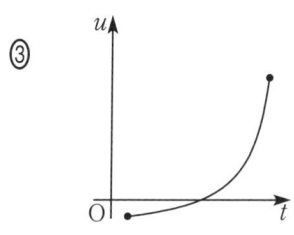

④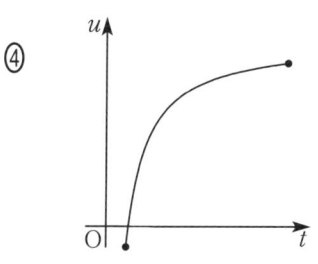

⑤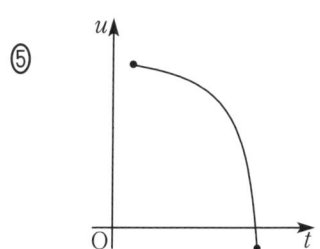

（数学 **II**，数学 **B**，数学 **C** 第 2 問は次ページに続く。）

—④ - 5—

花子さんの方針における $X$, $Y$ の存在範囲は $\boxed{\text{コ}}$ である。

$\boxed{\text{ケ}}$ の解答群

| | | | |
|---|---|---|---|
| ⓪ $kX$ | ① $-kX$ | ② $\dfrac{1}{k}X$ | ③ $-\dfrac{1}{k}X$ |

$\boxed{\text{コ}}$ については,最も適当なものを,次の ⓪ ~ ⑤ のうちから一つ選べ。

⓪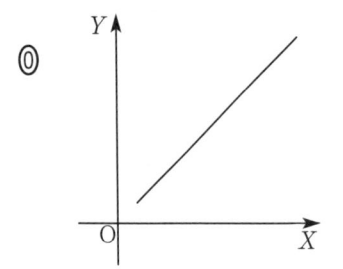

$X$, $Y$ は図の線分上のみに存在

①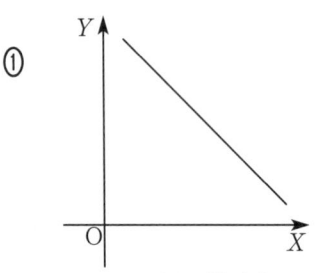

$X$, $Y$ は図の線分上のみに存在

②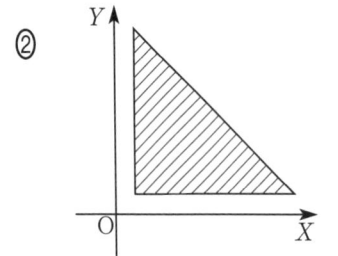

$X$, $Y$ は図の斜線部分に存在
(ただし,境界線を含む)

③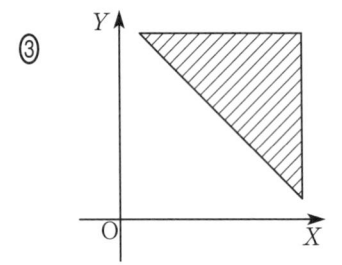

$X$, $Y$ は図の斜線部分に存在
(ただし,境界線を含む)

④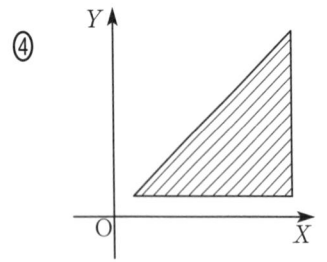

$X$, $Y$ は図の斜線部分に存在
(ただし,境界線を含む)

⑤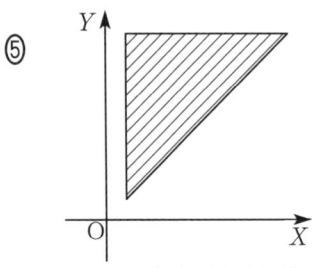

$X$, $Y$ は図の斜線部分に存在
(ただし,境界線を含む)

(数学 II,数学 B,数学 C 第 2 問は次ページに続く。)

(3) 太郎さんの方針または花子さんの方針を用いて，$\log_x y$ のとり得る値の範囲を求めると

$$\frac{\boxed{\text{サ}}}{\boxed{\text{シ}}} \leqq \log_x y \leqq \boxed{\text{ス}}$$

となる。

# 第3問　(必答問題)　(配点　22)

$m$ を実数とする。O を原点とする座標平面上に二つの放物線

$$C_1 : y = x^2 + 4x$$

$$C_2 : y = x^2 - 2x$$

と直線 $\ell : y = mx$ がある。

(1)　$C_1$ と $C_2$ の交点は O であり，O における $C_1$ の接線の傾きは $\boxed{\text{ア}}$，O における $C_2$ の接線の傾きは $-\boxed{\text{イ}}$ である。

　　$\ell$ と $C_1$ または $C_2$ との共有点の個数を $n$ とする。たとえば，$\ell$ と $C_1$ が O 以外の 1 点と交わり，$\ell$ と $C_2$ が O 以外の 1 点と交わるとき $n = 3$ である。このとき，$m$ の値によって $n$ の値が決まり

$$m = \boxed{\text{ア}} \ \text{または} \ m = -\boxed{\text{イ}} \ \text{のとき} \qquad n = \boxed{\text{ウ}}$$

$$m > \boxed{\text{ア}} \ \text{または} \ m < -\boxed{\text{イ}} \ \text{のとき} \qquad n = \boxed{\text{エ}}$$

$$-\boxed{\text{イ}} < m < \boxed{\text{ア}} \ \text{のとき} \qquad n = \boxed{\text{オ}}$$

である。

(数学 II，数学 B，数学 C 第 3 問は次ページに続く。)

(2)　$-\boxed{イ}<m<\boxed{ア}$ とする。

　$C_1$ と $\ell$ で囲まれた図形の面積を $S_1$ とし，$C_2$ と $\ell$ で囲まれた図形の面積を $S_2$ とすると

$$S_1 = \boxed{カ}, \quad S_2 = \boxed{キ}$$

である。

$\boxed{カ}$, $\boxed{キ}$ の解答群（同じものを繰り返し選んでもよい。）

| | | | |
|---|---|---|---|
| ⓪ | $\dfrac{(m+2)^3}{6}$ | ① | $-\dfrac{(m+2)^3}{6}$ |
| ② | $\dfrac{(m+2)^3}{3}$ | ③ | $-\dfrac{(m+2)^3}{3}$ |
| ④ | $\dfrac{(m-4)^3}{6}$ | ⑤ | $-\dfrac{(m-4)^3}{6}$ |
| ⑥ | $\dfrac{(m-4)^3}{3}$ | ⑦ | $-\dfrac{(m-4)^3}{3}$ |

　よって，$S_1 = S_2$ となるのは，$m = \boxed{ク}$ のときであり

$$S_1 + S_2 = \boxed{ケ}\left(m-\boxed{コ}\right)^2 + \boxed{サ}$$

であるから，$S_1 + S_2$ が最小になるのは $m = \boxed{シ}$ のときである。

　また，$S_2$ が，$m = 0$ のときの $S_1$ と等しくなるのは $m = \boxed{ス}$ のときであり，$S_2$ が，$m = k$ $\left(\text{ただし，}-\boxed{イ}<k<\boxed{ア}\right)$ のときの $S_1$ と等しくなるのは $m = \boxed{セ}k + \boxed{ソ}$ のときである。

## 第4問 （選択問題）（配点 16）

Zテレビでは，毎週1回放送する新しいテレビ番組の企画を立てている。制作担当者はできるだけ長く番組を続けたいと思っているが，視聴者数が80万人よりも少なくなったら，その週の放送後，番組を打ち切ることを決定する。視聴者数は視聴率より算出するものとし，視聴者数については，経験的に次のことがわかっている。

---

毎週，その週に番組を視聴した人のうち，10％の人が次の週は番組を視聴しない。

第2週目以降，前の週に番組を視聴しなかった人のうちの一定数が，番組の評判を聞いてその週の番組を視聴する。ただし，その週の番組を視聴したが前の週の番組を視聴していなかった人には，以前番組を視聴したことがある人も含む。

---

$n$ を自然数とする。番組の第1週目の視聴者数は $s$ 万人であり，番組の第 $n$ 週目の視聴者数を $a_n$ 万人とおく。また，その週の番組を視聴したが前の週の番組は視聴していなかった人は，第2週目以降どの週でも一律 $t$ 万人であるとする。ただし

$$s \geqq 80, \ t > 0$$

である。

（数学 II，数学 B，数学 C 第4問は次ページに続く。）

(1) $s = 100$, $t = 4$ とする。

(i) 数列 $\{a_n\}$ の初項と漸化式は

$$a_1 = 100, \quad a_{n+1} = \frac{\boxed{\text{ア}}}{\boxed{\text{イウ}}} a_n + \boxed{\text{エ}} \quad (n = 1,\ 2,\ 3,\ \cdots)$$

である。

(ii) 数列 $\{a_n\}$ の一般項は

$$a_n = \boxed{\text{オカ}} + \boxed{\text{キク}} \cdot \left( \frac{\boxed{\text{ケ}}}{\boxed{\text{コサ}}} \right)^{n-1} \quad (n = 1,\ 2,\ 3,\ \cdots)$$

である。

(iii) 初めて視聴者数が 80 万人より少なくなるのは，第 $\boxed{\text{シ}}$ 週目であり，

第 $\boxed{\text{シ}}$ 週目の放送後，番組の打ち切りが決定する。

（数学 II，数学 B，数学 C 第 4 問は次ページに続く。）

(2) 視聴者数が毎週増え続けるのは，$t >$ ス のときである。

ス の解答群

| | | | | |
|---|---|---|---|---|
| ⓪ $\dfrac{s}{10}$ | ① $\dfrac{s}{2}$ | ② $s$ | ③ $2s$ | ④ $10s$ |

(3) それぞれの $s$, $t$ の値について，番組の存続は次のようになる。

$$s = 100, \ t = 8 \text{ のとき，} \boxed{\text{セ}}$$

$$s = 90, \ t = 12 \text{ のとき，} \boxed{\text{ソ}}$$

$$s = 80, \ t = 5 \text{ のとき，} \boxed{\text{タ}}$$

セ ～ タ については，最も適当なものを，次の⓪～②のうちから一つずつ
選べ。ただし，同じものを繰り返し選んでもよい。

⓪　第 2 週目の放送後，番組の打ち切りが決定する。

①　少なくとも最初の 2 週間の視聴者数は 80 万人以上だが，その後 80 万人よ
り少なくなり，番組の打ち切りが決定する。

②　何回放送しても視聴者数は 80 万人より少なくならず，番組は存続する。

（下書き用紙）

数学 II，数学 B，数学 C の試験問題は次に続く。

# 第5問 （選択問題）（配点 16）

(1) 4問からなる小テストがあり，4問すべてが，四つの選択肢のうち一つだけが正解である問題であるとする。このテストにおいて，すべての問題に対して何も考えることなく勘で解答を選んだとき，何問程度正解できると考えられるだろうか。

それぞれの問題に対して無作為に解答を選んだとき，選んだ解答が正解である問題の数を $X_1$ とする。

(i) $P(X_1 = 3) = \dfrac{\boxed{ア}}{\boxed{イウ}}$ である。また，$P(0 \leq X_1 \leq k) \geq \dfrac{31}{32}$ を満たす最小の整数 $k$ を求めると，$k = \boxed{エ}$ である。

(ii) $X_1$ の平均（期待値）は $\boxed{オ}$，分散は $\dfrac{\boxed{カ}}{\boxed{キ}}$ である。

（数学 II，数学 B，数学 C 第 5 問は次ページに続く。）

(2) ある小テストでは，得点 $X_2$ のとり得る値 $x$ は $0 \leq x \leq 4$ の範囲の実数で，その確率密度関数を $f(x)$ とすると，$y = f(x)$ のグラフは次の二つの条件を満たすとする。

- 2点 $(0, 0)$，$(4, 0)$ を通る。
- $0 \leq x \leq 1$ においては右上がりの直線，$1 \leq x \leq 4$ においては右下がりの直線である。

(i) $X_2$ の確率密度関数 $f(x)$ は

$$
f(x) = \begin{cases} \dfrac{\boxed{\text{ク}}}{\boxed{\text{ケ}}}x & (0 \leq x \leq 1) \\[3mm] -\dfrac{\boxed{\text{コ}}}{\boxed{\text{サ}}}(x-4) & (1 \leq x \leq 4) \end{cases}
$$

である。

(ii) $P(0 \leq X_2 \leq k) \geq \dfrac{31}{32}$ を満たす実数 $k$ の範囲を求めると

$$
\dfrac{\boxed{\text{シス}} - \sqrt{\boxed{\text{セ}}}}{\boxed{\text{ソ}}} \leq k \leq 4
$$

である。

(iii) $X_2$ の平均（期待値）は $\dfrac{\boxed{\text{タ}}}{\boxed{\text{チ}}}$ である。

# 第6問 （選択問題）（配点 16）

O を原点とする座標空間に 3 点 A，B，C がある。三角形 OAB を底面とみたときの四面体 OABC の高さを求めよう。

(1) はじめに，A(1, −2, 0)，B(1, 0, −1)，C(0, −3, −4) のときを考える。

(i) 点 C から平面 OAB に引いた垂線と，平面 OAB の交点を H とする。点 H が平面 OAB 上にあることから，実数 $s$，$t$ を用いて

$$\overrightarrow{\mathrm{OH}} = s\overrightarrow{\mathrm{OA}} + t\overrightarrow{\mathrm{OB}}$$

と表される。よって，$s$，$t$ を用いて $\overrightarrow{\mathrm{CH}}$ を表すと

$$\overrightarrow{\mathrm{CH}} = \left( s+t, \boxed{\text{アイ}}s + \boxed{\text{ウ}}, \boxed{\text{エ}}t + \boxed{\text{オ}} \right)$$

である。これと，$\overrightarrow{\mathrm{CH}} \perp \overrightarrow{\mathrm{OA}}$ が成り立つことから

$$\boxed{\text{カ}}s + t = \boxed{\text{キ}} \quad \cdots\cdots\cdots\cdots\cdots\cdots\cdots\cdots\cdots\cdots ①$$

同様に，$\overrightarrow{\mathrm{CH}} \perp \overrightarrow{\mathrm{OB}}$ が成り立つことから

$$s + \boxed{\text{ク}}t = \boxed{\text{ケ}} \quad \cdots\cdots\cdots\cdots\cdots\cdots\cdots\cdots\cdots\cdots ②$$

①，②より，$s = \dfrac{\boxed{\text{コ}}}{\boxed{\text{サ}}}$，$t = \dfrac{\boxed{\text{シス}}}{\boxed{\text{セ}}}$ が得られる。

ゆえに，三角形 OAB を底面とみたときの四面体 OABC の高さは $\dfrac{\boxed{\text{ソタ}}}{\boxed{\text{チ}}}$ である。

（数学 II，数学 B，数学 C 第 6 問は次ページに続く。）

(ii) 三角形 OAB を底面とみたときの四面体 OABC の高さを別の方法で求めてみよう。

$\overrightarrow{OA}$ と $\overrightarrow{OB}$ の両方に垂直で，大きさが $\left|\overrightarrow{OC}\right|$ と等しいベクトルのうち，$x$ 成分が正であるものを $\vec{n}$ とすると

$$\vec{n} = \frac{\boxed{\text{ツ}}}{\boxed{\text{テ}}}\left(2,\ \boxed{\text{ト}},\ \boxed{\text{ナ}}\right)$$

である。よって

$$\overrightarrow{OC}\cdot\vec{n}\ \boxed{\text{ニ}}\ 0$$

であるから，三角形 OAB を底面とみたときの四面体 OABC の高さは，$\overrightarrow{OC}$, $\vec{n}$ を用いて $\boxed{\text{ヌ}}$ と表され，この値を計算すると $\dfrac{\boxed{\text{ソタ}}}{\boxed{\text{チ}}}$ を得る。

$\boxed{\text{ニ}}$ の解答群

| | | |
|---|---|---|
| ⓪ $<$ | ① $=$ | ② $>$ |

$\boxed{\text{ヌ}}$ の解答群

| | | | |
|---|---|---|---|
| ⓪ $\dfrac{\left|\overrightarrow{OC}\right|}{\overrightarrow{OC}\cdot\vec{n}}$ | ① $\dfrac{\left|\overrightarrow{OC}\right|^2}{\overrightarrow{OC}\cdot\vec{n}}$ | ② $-\dfrac{\left|\overrightarrow{OC}\right|}{\overrightarrow{OC}\cdot\vec{n}}$ | ③ $-\dfrac{\left|\overrightarrow{OC}\right|^2}{\overrightarrow{OC}\cdot\vec{n}}$ |
| ④ $\dfrac{\overrightarrow{OC}\cdot\vec{n}}{\left|\overrightarrow{OC}\right|}$ | ⑤ $\dfrac{\overrightarrow{OC}\cdot\vec{n}}{\left|\overrightarrow{OC}\right|^2}$ | ⑥ $-\dfrac{\overrightarrow{OC}\cdot\vec{n}}{\left|\overrightarrow{OC}\right|}$ | ⑦ $-\dfrac{\overrightarrow{OC}\cdot\vec{n}}{\left|\overrightarrow{OC}\right|^2}$ |

（数学 II，数学 B，数学 C 第 6 問は次ページに続く。）

(2) 次に，A(1, −1, 0)，B(1, 0, −1)，C(2, 1, −2) のときを考える。

三角形 OAB を底面とみたときの四面体 OABC の高さは $\dfrac{\sqrt{\boxed{ネ}}}{\boxed{ノ}}$ である。

（下書き用紙）

数学 II，数学 B，数学 C の試験問題は次に続く。

第4問～第7問は，いずれか3問を選択し，解答しなさい。

## 第7問　（選択問題）（配点　16）

複素数平面上で，点 $z$ がある図形上を動くとき，$zw = 1$ を満たす点 $w$ が描く図形について考えよう。

(1)　点 $z$ が円 $C : |z - (1 + i)| = 1$ 上を動くとする。点 $w$ が描く図形を求めるために二つの方針で考える。

---

**方針1**

$w \neq 0$ より，$z = \dfrac{1}{w}$ だから，これを円 $C$ の方程式に代入する。

---

円 $C$ の方程式に $z = \dfrac{1}{w}$ を代入すると

$$\left| \frac{1}{w} - (1 + i) \right| = 1$$

である。これは

$$|(1 + i)w - 1| = |w|$$

と変形できるから

$$\sqrt{\boxed{\text{ア}}} \left| w - \boxed{\text{イ}} \right| = |w|$$

を得る。一般に，複素数 $W$ に対して $|W|^2 = W\overline{W}$ が成り立つことを用いて，これを整理すると，点 $w$ が描く図形 $F$ は

$$\left| w - \boxed{\text{ウ}} \right| = \boxed{\text{エ}}$$

を満たす複素数 $w$ の全体である。

$\boxed{\text{イ}}$，$\boxed{\text{ウ}}$ の解答群（同じものを繰り返し選んでもよい。）

| | | | |
|---|---|---|---|
| ⓪　$2(1+i)$ | ①　$2(1-i)$ | ②　$(1+i)$ | ③　$(1-i)$ |
| ④　$\dfrac{1+i}{2}$ | ⑤　$\dfrac{1-i}{2}$ | ⑥　$\dfrac{1+i}{4}$ | ⑦　$\dfrac{1-i}{4}$ |

（数学 II，数学 B，数学 C 第7問は次ページに続く。）

$zw = 1$ の図形的な意味を考える。

$zw = 1$ より，$z \neq 0$ であることに注意して

$$|w| = \frac{1}{|z|}, \quad \arg w = -\arg z$$

が成り立ち，$r > 0$ で，$\theta$ を弧度法で表された一般角とし，$z = r(\cos\theta + i\sin\theta)$ とすれば，$w = \frac{1}{r}\{\cos(-\theta) + i\sin(-\theta)\}$ と表せる。

点 $z$ は円 $C$ 上の点なので

$$(r\cos\theta - 1)^2 + (r\sin\theta - 1)^2 = 1 \quad \cdots\cdots\cdots\cdots\cdots\cdots \text{①}$$

が成り立つ。①を $r$ について解いて，$w = x + yi$ とすると，$x \neq 0$ のとき

$$x = \boxed{\ \text{オ}\ }, \quad y = \boxed{\ \text{カ}\ } \ (複号同順)$$

を得る。$x \neq 0$ のとき，$\dfrac{y}{x}$ の値を利用すると，点 $w$ が描く図形 $F$ は

$$\left(x - \boxed{\ \text{キ}\ }\right)^2 + \left(y + \boxed{\ \text{ク}\ }\right)^2 = \boxed{\ \text{ケ}\ }$$

である。これは $x = 0$ でも成り立つ。

$\boxed{\ \text{オ}\ }$，$\boxed{\ \text{カ}\ }$ の解答群（同じものを繰り返し選んでもよい。）

| | | | |
|---|---|---|---|
| ⓪ | $\dfrac{1}{2(1 + \tan\theta \pm \sqrt{2\tan\theta})}$ | ① | $-\dfrac{1}{2(1 + \tan\theta \pm \sqrt{2\tan\theta})}$ |
| ② | $\dfrac{1}{1 + \tan\theta \pm \sqrt{2\tan\theta}}$ | ③ | $-\dfrac{1}{1 + \tan\theta \pm \sqrt{2\tan\theta}}$ |
| ④ | $\dfrac{\tan\theta}{2(1 + \tan\theta \pm \sqrt{2\tan\theta})}$ | ⑤ | $-\dfrac{\tan\theta}{2(1 + \tan\theta \pm \sqrt{2\tan\theta})}$ |
| ⑥ | $\dfrac{\tan\theta}{1 + \tan\theta \pm \sqrt{2\tan\theta}}$ | ⑦ | $-\dfrac{\tan\theta}{1 + \tan\theta \pm \sqrt{2\tan\theta}}$ |

（数学 II，数学 B，数学 C 第 7 問は次ページに続く。）

(2) 点 1 を通り，虚軸に平行な直線を $\ell_1$ とする。点 $z$ が直線 $\ell_1$ 上を動くとき，点 $w$ が描く図形 $F_1$ は $\boxed{コ}$ である。

$\boxed{コ}$ の解答群

| | |
|---|---|
| ⓪ | 点 1 を通り，虚軸に平行な直線 |
| ① | 実軸を表す直線（ただし，原点を除く） |
| ② | 点 $\dfrac{1}{2}$ を中心とする半径 $\dfrac{1}{2}$ の円（ただし，原点を除く） |
| ③ | 点 2 を中心とする半径 1 の円 |
| ④ | 点 $1+i$ を中心とする半径 1 の円 |
| ⑤ | 点 $1-i$ を中心とする半径 1 の円 |

(3) "(1)の円 $C$ と(2)の直線 $\ell_1$ の交点における円 $C$ の接線" と直線 $\ell_1$ とのなす角を $\alpha_1$，(1)の図形 $F$ と(2)の図形 $F_1$ の交点における互いの接線のなす角を $\beta_1$ とすると，$\boxed{サ}$ が成り立つ。ただし，$0 \leqq \alpha_1 \leqq \dfrac{\pi}{2}$，$0 \leqq \beta_1 \leqq \dfrac{\pi}{2}$ とする。

$\boxed{サ}$ の解答群

| | | |
|---|---|---|
| ⓪ $\alpha_1 > \beta_1$ | ① $\alpha_1 = \beta_1$ | ② $\alpha_1 < \beta_1$ |

# 模試　第5回

$\left(\begin{array}{c}100点\\70分\end{array}\right)$

## 〔数学Ⅱ・B・C〕

**注　意　事　項**

1　数学解答用紙（模試 第5回）をキリトリ線より切り離し，試験開始の準備をしなさい。

2　時間を計り，上記の解答時間内で解答しなさい。

　ただし，納得のいくまで時間をかけて解答するという利用法でもかまいません。

3　第1問〜第3問は必答。第4問〜第7問から3問選択。計6問を解答しなさい。

4　解答用紙には解答欄以外に受験番号欄，氏名欄，試験場コード欄があります。自分自身で本番を想定し，**正しく記入し，マークしなさい。**

5　**解答は解答用紙の解答欄にマークしなさい。**

6　選択問題については，解答する問題を決めたあと，その問題番号の解答欄に解答しなさい。ただし，**指定された問題数をこえて解答してはいけません。**

7　問題の余白は適宜利用してよいが，どのページも切り離してはいけません。

# 第 1 問 （必答問題）（配点 15）

$0 \leqq x < 2\pi,\ 0 \leqq y < 2\pi$ とする。

$$\cos x = -1 - \sin y \quad \cdots\cdots\cdots\cdots\cdots\cdots\cdots\cdots\cdots\cdots \text{①}$$

$$\sin x = \sqrt{3} + \cos y \quad \cdots\cdots\cdots\cdots\cdots\cdots\cdots\cdots\cdots\cdots \text{②}$$

を同時に満たす $x,\ y$ の値の組を求めよう。

(1) ①と②の両辺を 2 乗して辺々を加えると

$$\cos^2 x + \sin^2 x = (-1 - \sin y)^2 + (\sqrt{3} + \cos y)^2 \quad \cdots\cdots\cdots\cdots \text{③}$$

であり，③を整理すると

$$\sin y + \sqrt{\boxed{\ \text{ア}\ }}\ \cos y = \boxed{\ \text{イ ウ}\ } \quad \cdots\cdots\cdots\cdots\cdots\cdots \text{④}$$

である。三角関数の合成を用いて，④をさらに整理すると

$$\sin\left(y + \dfrac{\pi}{\boxed{\ \text{エ}\ }}\right) = \boxed{\ \text{オ カ}\ }$$

となるから，$0 \leqq y < 2\pi$ より，④を満たす $y$ は

$$y = \dfrac{\boxed{\ \text{キ}\ }}{\boxed{\ \text{ク}\ }}\,\pi$$

である。

（数学 Ⅱ，数学 B，数学 C 第 1 問は次ページに続く。）

そして，$y = \dfrac{\boxed{キ}}{\boxed{ク}}\pi$ を①に代入すると

$$x = \dfrac{\boxed{ケ}}{\boxed{コ}}\pi,\ \dfrac{\boxed{サ}}{\boxed{シ}}\pi$$

と求められるから，①，②を同時に満たす $x,\ y$ の値の組は

$$(x,\ y) = \left(\dfrac{\boxed{ケ}}{\boxed{コ}}\pi,\ \dfrac{\boxed{キ}}{\boxed{ク}}\pi\right),\ \left(\dfrac{\boxed{サ}}{\boxed{シ}}\pi,\ \dfrac{\boxed{キ}}{\boxed{ク}}\pi\right)$$

の 2 組に絞られる。ただし，$\dfrac{\boxed{ケ}}{\boxed{コ}}$ と $\dfrac{\boxed{サ}}{\boxed{シ}}$ の解答の順序は問わない。

(2) 実際には，①，②の 2 式を同時に満たす $x,\ y$ の値の組は 1 組だけであり

$$(x,\ y) = \left(\dfrac{\boxed{ス}}{\boxed{セ}}\pi,\ \dfrac{\boxed{キ}}{\boxed{ク}}\pi\right)$$

である。

# 第2問 （必答問題）（配点　15）

　以下の問題を解答するにあたっては，必要に応じて 7 ページの常用対数表を用いてもよい。

　弦楽器において，弦の張り具合が同じであれば，弦の長さがもとの長さの 2 倍になると，最初の音よりも 1 オクターブ低くなることが知られている。

　たとえば，弦の長さが $L$ のときの音を「ド」の音だとすると，弦の長さが $2L$ のときの音は 1 オクターブ低い「ド」の音である。

　そして，12 平均律に基づき，弦の長さが $L$ のときの音を $m_1$，弦の長さが $2L$ のときの音を $m_{13}$ とすると，下の図のように $m_1$, $m_2$, $\cdots$, $m_{13}$ の音がある。それぞれの音を出す弦の長さを順に $\ell_1$, $\ell_2$, $\cdots$, $\ell_{13}$ とすると，$\ell_1 = L$, $\ell_{13} = 2L$ であり，弦の長さの比

$$r = \frac{\ell_{n+1}}{\ell_n} \ (n = 1,\ 2,\ \cdots,\ 12)$$

は一定である。

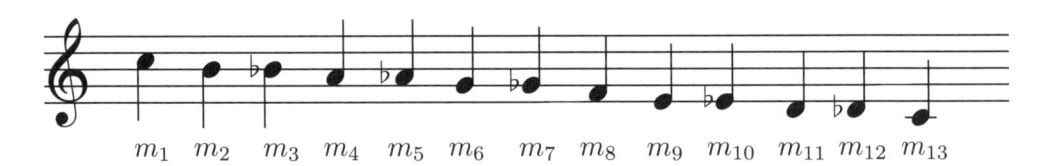

（数学 II，数学 B，数学 C 第 2 問は次ページに続く。）

(1) $m_8$ の音を出す弦の長さ $\ell_8$ は，$m_5$ の音を出す弦の長さ $\ell_5$ の $\boxed{\text{ア}}$ 倍である。

$\boxed{\text{ア}}$ の解答群

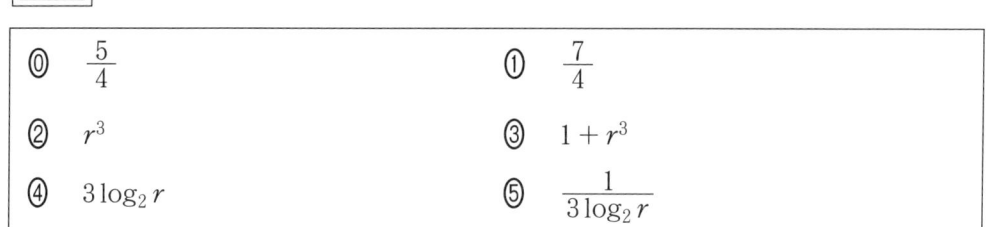

| | | | |
|---|---|---|---|
| ⓪ | $\dfrac{5}{4}$ | ① | $\dfrac{7}{4}$ |
| ② | $r^3$ | ③ | $1 + r^3$ |
| ④ | $3\log_2 r$ | ⑤ | $\dfrac{1}{3\log_2 r}$ |

また，弦の長さの差について，$\ell_{13} - \ell_{12}$ $\boxed{\text{イ}}$ $\ell_2 - \ell_1$ である。

$\boxed{\text{イ}}$ の解答群

| | | | | | |
|---|---|---|---|---|---|
| ⓪ | $<$ | ① | $=$ | ② | $>$ |

（数学 II，数学 B，数学 C 第 2 問は次ページに続く。）

(2) 弦の長さの比 $r$ のおよその値を求めてみよう。

$$r^{\boxed{\text{ウエ}}} = 2$$

より

$$\boxed{\text{オ}} . \boxed{\text{カキ}} \leqq r < \boxed{\text{オ}} . \boxed{\text{カキ}} + 0.01$$

である。

(3) 弦の長さが $1.8L$ よりも長いときの音について調べてみよう。

$m_k$ $(k = 1,\ 2,\ \cdots,\ 13)$ が弦の長さが $1.8L$ よりも長いときの音であるとすると、$k$ は $\boxed{\text{ク}}$ を満たすから、$m_1,\ m_2,\ \cdots,\ m_{13}$ のうち、弦の長さが $1.8L$ よりも長いときの音は $\boxed{\text{ケ}}$ である。

$\boxed{\text{ク}}$ については、最も適当なものを、次の ⓪〜⑦ のうちから一つ選べ。

| | | | |
|---|---|---|---|
| ⓪ | $r^{k-1} < 1.8$ | ① | $r^k < 1.8$ |
| ② | $r^{k-1} < 1.8L$ | ③ | $r^k < 1.8L$ |
| ④ | $r^{k-1} > 1.8$ | ⑤ | $r^k > 1.8$ |
| ⑥ | $r^{k-1} > 1.8L$ | ⑦ | $r^k > 1.8L$ |

$\boxed{\text{ケ}}$ については、最も適当なものを、次の ⓪〜③ のうちから一つ選べ。

| | | | |
|---|---|---|---|
| ⓪ | $m_{13}$ | ① | $m_{12},\ m_{13}$ の二つ |
| ② | $m_{11},\ m_{12},\ m_{13}$ の三つ | ③ | $m_{10},\ m_{11},\ m_{12},\ m_{13}$ の四つ |

（数学 II，数学 B，数学 C 第 2 問は次ページに続く。）

常 用 対 数 表

| 数 | 0 | 1 | 2 | 3 | 4 | 5 | 6 | 7 | 8 | 9 |
|---|---|---|---|---|---|---|---|---|---|---|
| 1.0 | 0.0000 | 0.0043 | 0.0086 | 0.0128 | 0.0170 | 0.0212 | 0.0253 | 0.0294 | 0.0334 | 0.0374 |
| 1.1 | 0.0414 | 0.0453 | 0.0492 | 0.0531 | 0.0569 | 0.0607 | 0.0645 | 0.0682 | 0.0719 | 0.0755 |
| 1.2 | 0.0792 | 0.0828 | 0.0864 | 0.0899 | 0.0934 | 0.0969 | 0.1004 | 0.1038 | 0.1072 | 0.1106 |
| 1.3 | 0.1139 | 0.1173 | 0.1206 | 0.1239 | 0.1271 | 0.1303 | 0.1335 | 0.1367 | 0.1399 | 0.1430 |
| 1.4 | 0.1461 | 0.1492 | 0.1523 | 0.1553 | 0.1584 | 0.1614 | 0.1644 | 0.1673 | 0.1703 | 0.1732 |
| 1.5 | 0.1761 | 0.1790 | 0.1818 | 0.1847 | 0.1875 | 0.1903 | 0.1931 | 0.1959 | 0.1987 | 0.2014 |
| 1.6 | 0.2041 | 0.2068 | 0.2095 | 0.2122 | 0.2148 | 0.2175 | 0.2201 | 0.2227 | 0.2253 | 0.2279 |
| 1.7 | 0.2304 | 0.2330 | 0.2355 | 0.2380 | 0.2405 | 0.2430 | 0.2455 | 0.2480 | 0.2504 | 0.2529 |
| 1.8 | 0.2553 | 0.2577 | 0.2601 | 0.2625 | 0.2648 | 0.2672 | 0.2695 | 0.2718 | 0.2742 | 0.2765 |
| 1.9 | 0.2788 | 0.2810 | 0.2833 | 0.2856 | 0.2878 | 0.2900 | 0.2923 | 0.2945 | 0.2967 | 0.2989 |
| 2.0 | 0.3010 | 0.3032 | 0.3054 | 0.3075 | 0.3096 | 0.3118 | 0.3139 | 0.3160 | 0.3181 | 0.3201 |
| 2.1 | 0.3222 | 0.3243 | 0.3263 | 0.3284 | 0.3304 | 0.3324 | 0.3345 | 0.3365 | 0.3385 | 0.3404 |
| 2.2 | 0.3424 | 0.3444 | 0.3464 | 0.3483 | 0.3502 | 0.3522 | 0.3541 | 0.3560 | 0.3579 | 0.3598 |
| 2.3 | 0.3617 | 0.3636 | 0.3655 | 0.3674 | 0.3692 | 0.3711 | 0.3729 | 0.3747 | 0.3766 | 0.3784 |
| 2.4 | 0.3802 | 0.3820 | 0.3838 | 0.3856 | 0.3874 | 0.3892 | 0.3909 | 0.3927 | 0.3945 | 0.3962 |
| 2.5 | 0.3979 | 0.3997 | 0.4014 | 0.4031 | 0.4048 | 0.4065 | 0.4082 | 0.4099 | 0.4116 | 0.4133 |
| 2.6 | 0.4150 | 0.4166 | 0.4183 | 0.4200 | 0.4216 | 0.4232 | 0.4249 | 0.4265 | 0.4281 | 0.4298 |
| 2.7 | 0.4314 | 0.4330 | 0.4346 | 0.4362 | 0.4378 | 0.4393 | 0.4409 | 0.4425 | 0.4440 | 0.4456 |
| 2.8 | 0.4472 | 0.4487 | 0.4502 | 0.4518 | 0.4533 | 0.4548 | 0.4564 | 0.4579 | 0.4594 | 0.4609 |
| 2.9 | 0.4624 | 0.4639 | 0.4654 | 0.4669 | 0.4683 | 0.4698 | 0.4713 | 0.4728 | 0.4742 | 0.4757 |
| 3.0 | 0.4771 | 0.4786 | 0.4800 | 0.4814 | 0.4829 | 0.4843 | 0.4857 | 0.4871 | 0.4886 | 0.4900 |
| 3.1 | 0.4914 | 0.4928 | 0.4942 | 0.4955 | 0.4969 | 0.4983 | 0.4997 | 0.5011 | 0.5024 | 0.5038 |
| 3.2 | 0.5051 | 0.5065 | 0.5079 | 0.5092 | 0.5105 | 0.5119 | 0.5132 | 0.5145 | 0.5159 | 0.5172 |
| 3.3 | 0.5185 | 0.5198 | 0.5211 | 0.5224 | 0.5237 | 0.5250 | 0.5263 | 0.5276 | 0.5289 | 0.5302 |
| 3.4 | 0.5315 | 0.5328 | 0.5340 | 0.5353 | 0.5366 | 0.5378 | 0.5391 | 0.5403 | 0.5416 | 0.5428 |
| 3.5 | 0.5441 | 0.5453 | 0.5465 | 0.5478 | 0.5490 | 0.5502 | 0.5514 | 0.5527 | 0.5539 | 0.5551 |
| 3.6 | 0.5563 | 0.5575 | 0.5587 | 0.5599 | 0.5611 | 0.5623 | 0.5635 | 0.5647 | 0.5658 | 0.5670 |
| 3.7 | 0.5682 | 0.5694 | 0.5705 | 0.5717 | 0.5729 | 0.5740 | 0.5752 | 0.5763 | 0.5775 | 0.5786 |
| 3.8 | 0.5798 | 0.5809 | 0.5821 | 0.5832 | 0.5843 | 0.5855 | 0.5866 | 0.5877 | 0.5888 | 0.5899 |
| 3.9 | 0.5911 | 0.5922 | 0.5933 | 0.5944 | 0.5955 | 0.5966 | 0.5977 | 0.5988 | 0.5999 | 0.6010 |
| 4.0 | 0.6021 | 0.6031 | 0.6042 | 0.6053 | 0.6064 | 0.6075 | 0.6085 | 0.6096 | 0.6107 | 0.6117 |
| 4.1 | 0.6128 | 0.6138 | 0.6149 | 0.6160 | 0.6170 | 0.6180 | 0.6191 | 0.6201 | 0.6212 | 0.6222 |
| 4.2 | 0.6232 | 0.6243 | 0.6253 | 0.6263 | 0.6274 | 0.6284 | 0.6294 | 0.6304 | 0.6314 | 0.6325 |
| 4.3 | 0.6335 | 0.6345 | 0.6355 | 0.6365 | 0.6375 | 0.6385 | 0.6395 | 0.6405 | 0.6415 | 0.6425 |
| 4.4 | 0.6435 | 0.6444 | 0.6454 | 0.6464 | 0.6474 | 0.6484 | 0.6493 | 0.6503 | 0.6513 | 0.6522 |
| 4.5 | 0.6532 | 0.6542 | 0.6551 | 0.6561 | 0.6571 | 0.6580 | 0.6590 | 0.6599 | 0.6609 | 0.6618 |
| 4.6 | 0.6628 | 0.6637 | 0.6646 | 0.6656 | 0.6665 | 0.6675 | 0.6684 | 0.6693 | 0.6702 | 0.6712 |
| 4.7 | 0.6721 | 0.6730 | 0.6739 | 0.6749 | 0.6758 | 0.6767 | 0.6776 | 0.6785 | 0.6794 | 0.6803 |
| 4.8 | 0.6812 | 0.6821 | 0.6830 | 0.6839 | 0.6848 | 0.6857 | 0.6866 | 0.6875 | 0.6884 | 0.6893 |
| 4.9 | 0.6902 | 0.6911 | 0.6920 | 0.6928 | 0.6937 | 0.6946 | 0.6955 | 0.6964 | 0.6972 | 0.6981 |
| 5.0 | 0.6990 | 0.6998 | 0.7007 | 0.7016 | 0.7024 | 0.7033 | 0.7042 | 0.7050 | 0.7059 | 0.7067 |

# 第3問 （必答問題）（配点 22）

$a$, $b$, $c$ を実数とし

$$f(x) = x^3 + ax^2 + bx + c$$

$$g(x) = f(x+1) - 3x - a - 1$$

とおく。

(1)
$$g(x) = x^3 + \left(a + \boxed{\text{ア}}\right)x^2 + \left(\boxed{\text{イ}}\,a + b\right)x + b + c$$

$$g'(x) = \boxed{\text{ウ}}\,x^2 + \left(\boxed{\text{エ}}\,a + \boxed{\text{オ}}\right)x + \boxed{\text{カ}}\,a + b$$

であり

$$f'(x) = \boxed{\text{キ}}\,x^2 + \boxed{\text{ク}}\,ax + b$$

である。

また

$$g(x) - f(x) = \boxed{\text{ケ}}\,x^2 + \boxed{\text{コ}}\,ax + b$$

である。

（数学 Ⅱ，数学 B，数学 C 第 3 問は次ページに続く。）

(2) 関数 $f(x)$ が極値をもつときについて考える。

このとき，曲線 $y = f(x)$ と $y = g(x)$ は $\boxed{\text{サ}}$ 。また，関数 $g(x)$ は $\boxed{\text{シ}}$ 。

$\boxed{\text{サ}}$ の解答群

| | |
|---|---|
| ⓪ | 異なる三つの点で交わる |
| ① | 共有点を二つもち，そのうち一方の点で接する |
| ② | 異なる二つの点で交わる |
| ③ | 共有点を一つもち，その点で接する |
| ④ | 共有点をもたない |

$\boxed{\text{シ}}$ の解答群

| | |
|---|---|
| ⓪ | 極値をもつ |
| ① | 極値をもたない |
| ② | 極値をもつ場合と極値をもたない場合がある |

（数学 II，数学 B，数学 C 第 3 問は次ページに続く。）

次に，関数 $f(x)$ が $x = \alpha$ で極大値 27，$x = \beta$ で極小値 $-5$ をもつとする。このとき，$y = f'(x)$ のグラフの概形は $\boxed{\text{ス}}$ である。

そして，曲線 $y = f(x)$ と曲線 $y = g(x)$ によって囲まれた部分の面積は $\boxed{\text{セソ}}$ である。

$\boxed{\text{ス}}$ については，最も適当なものを，次の ⓪〜⑤ のうちから一つ選べ。

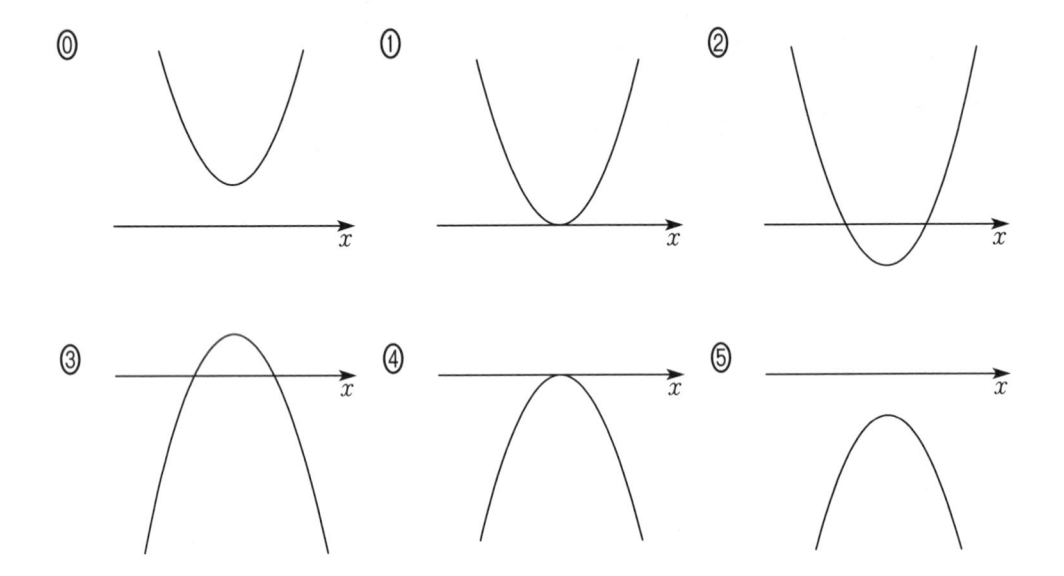

（数学 II，数学 B，数学 C 第 3 問は次ページに続く。）

(3) 関数 $f(x)$ が極値をもたないときについて考える。

　このとき，曲線 $y = f(x)$ と $y = g(x)$ は $\boxed{\text{タ}}$。また，関数 $g(x)$ は $\boxed{\text{チ}}$。

$\boxed{\text{タ}}$ の解答群

⓪　異なる三つの点で交わる

①　共有点を二つもち，そのうち一方の点で接する

②　異なる二つの点で交わる

③　共有点を一つもち，その点で接する

④　共有点をもたない

⑤　異なる二つの点で交わる場合と，一つの点で接する場合がある

⑥　一つの点で接する場合と，共有点をもたない場合がある

$\boxed{\text{チ}}$ の解答群

⓪　極値をもつ

①　極値をもたない

②　極値をもつ場合と極値をもたない場合がある

第４問～第７問は，いずれか３問を選択し，解答しなさい。

## 第４問　（選択問題）　（配点　16）

$a \neq 0$，$b \neq 0$ とする。初項 $a$ の数列 $\{a_n\}$ と，初項 $b$ の数列 $\{b_n\}$ が次の式を満たすとする。

$$a_{n+1} - b_{n+1} = a_n - 2b_n \quad (n = 1,\ 2,\ 3,\ \cdots) \quad \cdots\cdots\cdots\cdots\cdots\cdots ①$$

(1)　$d \neq 0$ とする。数列 $\{a_n\}$ が公差 $d$ の等差数列となるときの数列 $\{b_n\}$ の一般項を求めよう。

このとき，$a_n = \boxed{\ \text{ア}\ }$，$a_{n+1} = \boxed{\ \text{イ}\ }$ であるから，① より

$$b_{n+1} = \boxed{\ \text{ウ}\ } b_n + d$$

と表せる。よって，数列 $\{b_n\}$ の一般項は

$$b_n = \left( \boxed{\ \text{エ}\ } \right) \cdot \boxed{\ \text{オ}\ }^{\,n-1} - d \quad (n = 1,\ 2,\ 3,\ \cdots)$$

である。

$\boxed{\ \text{ア}\ }$，$\boxed{\ \text{イ}\ }$ の解答群（同じものを繰り返し選んでもよい。）

| | | |
|---|---|---|
| ⓪　$a + (n-2)d$ | ①　$a + (n-1)d$ | ②　$a + nd$ |
| ③　$a + (n+1)d$ | ④　$a + (n+2)d$ | ⑤　$a + d$ |

$\boxed{\ \text{エ}\ }$ の解答群

| | | |
|---|---|---|
| ⓪　$a + b$ | ①　$a + d$ | ②　$b + d$ |

（数学 II，数学 B，数学 C 第 4 問は次ページに続く。）

したがって，数列 $\{a_n\}$ が公差 $d$ の等差数列であるとき，$\boxed{\text{カ}}$ であれば，数列 $\{b_n\}$ の項は $n$ の値に関係なくつねに一定である。

$\boxed{\text{カ}}$ の解答群

| | | |
|---|---|---|
| ⓪ $a = b$ | ① $a = d$ | ② $b = d$ |
| ③ $a = -b$ | ④ $a = -d$ | ⑤ $b = -d$ |
| ⑥ $a = 1$ | ⑦ $b = 1$ | ⑧ $d = 1$ |

（数学 **II**，数学 **B**，数学 **C** 第 4 問は次ページに続く。）

(2) $r \neq 0$ とする。数列 $\{b_n\}$ が公比 $r$ の等比数列となるときの数列 $\{a_n\}$ の一般項を求めよう。

このとき，①より
$$a_{n+1} = a_n + b\left(r - \boxed{\text{キ}}\right)r^{\boxed{\text{ク}}}$$

と表せるから，$n \geq 2$ かつ $r \neq \boxed{\text{ケ}}$ のとき
$$a_n = a + \frac{b\left(r - \boxed{\text{コ}}\right)\left(r^{\boxed{\text{サ}}} - \boxed{\text{シ}}\right)}{r - \boxed{\text{ス}}}$$

である。この式は $n = 1$ のときも成り立つから，$r \neq \boxed{\text{ケ}}$ のとき，数列 $\{a_n\}$ の一般項は
$$a_n = a + \frac{b\left(r - \boxed{\text{コ}}\right)\left(r^{\boxed{\text{サ}}} - \boxed{\text{シ}}\right)}{r - \boxed{\text{ス}}} \quad (n = 1,\ 2,\ 3,\ \cdots)$$

である。

また，$r = \boxed{\text{ケ}}$ のとき
$$a_n = \boxed{\boxed{\text{セ}}} \quad (n = 1,\ 2,\ 3,\ \cdots)$$

である。

$\boxed{\text{ク}}$, $\boxed{\text{サ}}$ の解答群（同じものを繰り返し選んでもよい。）

| | | | | |
|---|---|---|---|---|
| ⓪ $n-2$ | ① $n-1$ | ② $n$ | ③ $n+1$ | ④ $n+2$ |

$\boxed{\text{セ}}$ の解答群

| | | |
|---|---|---|
| ⓪ $a+(n-1)b$ | ① $a+nb$ | ② $a+(n+1)b$ |
| ③ $a-(n-1)b$ | ④ $a-nb$ | ⑤ $a-(n+1)b$ |

（下書き用紙）

数学 II，数学 B，数学 C の試験問題は次に続く。

## 第5問 （選択問題）（配点 16）

Q高校の校舎は，教室が2階にあり，登校時に1階から教室に行くのに，北階段，中央階段，南階段のいずれか一つの階段を利用する。登校時にいずれかの階段を利用する人数は，どの日も240人とする。

花子さんと太郎さんは，階段ごとの混み方や日ごとの混み方が異なることに気づき，生徒が登校時にどの階段を利用しているのかを調べることにした。

(1) 調査を始めた当初，南階段を工事しており，北階段と中央階段しか利用できなかった。

> 花子：私が登校するときは，どの階段を利用するか決めていないよ。
>
> 太郎：全員がどの階段を利用するか決めていないとき，二つの階段の利用者数はそれぞれ何人と考えられるのかな。

1人の生徒に注目したとき，北階段を選ぶ確率と中央階段を選ぶ確率はどちらも $\frac{1}{2}$ であるとする。また，他の生徒の選び方からは影響を受けないものとする。

登校時の北階段，中央階段の利用者数をそれぞれ $X$ 人，$Y$ 人とすると，$X$，$Y$ は確率変数であり，$X$ の平均（期待値）は $\boxed{\text{ア}}$ である。

また，利用者数の合計は240人であるから，$X$ と $Y$ は $\boxed{\text{イ}}$。

$\boxed{\text{ア}}$ の解答群

| ⓪ $\frac{1}{3}$ | ① $\frac{1}{2}$ | ② 10 | ③ 24 | ④ 80 | ⑤ 120 | ⑥ 240 |
|---|---|---|---|---|---|---|

$\boxed{\text{イ}}$ の解答群

| ⓪ 独立である | ① 独立ではない |
|---|---|

（数学 II，数学 B，数学 C 第5問は次ページに続く。）

(2) 三つの階段が利用できるようになった後のことについて，話し合った。

太郎：階段が三つになっても，登校時のそれぞれの階段の利用者数は， $\boxed{イ}$
　　　といえるのかな。

花子：まずは，二つのときと同じように考えてみよう。

　1 人の生徒に注目したとき，三つの階段のうち，どれかを選ぶ確率はすべて $\frac{1}{3}$ であり，他の生徒の選び方からは影響を受けないものとする。

　このとき，登校時の北階段，中央階段の利用者数をそれぞれ $X'$ 人，$Y'$ 人とすると

$$P(X' = 80) = P(Y' = 80) = \boxed{ウ} \cdot \left(\frac{1}{3}\right)^{\boxed{エオ}} \cdot \left(1 - \frac{1}{3}\right)^{\boxed{カキク}}$$

である。

　また，二つの事象 $X' = 80$ と $Y' = 80$ は $\boxed{ケ}$。

$\boxed{ウ}$ の解答群

|  |  |  |  |
|---|---|---|---|
| ⓪ $_{80}C_1$ | ① $_{140}C_{40}$ | ② $_{140}C_{60}$ | ③ $_{160}C_{60}$ |
| ④ $_{160}C_{80}$ | ⑤ $_{240}C_{60}$ | ⑥ $_{240}C_{80}$ | ⑦ $_{240}C_{100}$ |

$\boxed{ケ}$ の解答群

| | |
|---|---|
| ⓪ 独立である | ① 独立ではない |

（数学 II，数学 B，数学 C 第 5 問は次ページに続く。）

(3) 登校時の三つの階段の利用状況を一か月間調べた結果がまとまった。花子さんと
太郎さんは，その結果について話し合っている。

花子：北階段，中央階段，南階段の 1 日の利用者数の平均値の比は，3：5：4
だったよ。

太郎：北階段，中央階段，南階段の 1 日の利用者数の分散は，それぞれ 10，15，
13 だったよ。

この結果をふまえて，登校時の北階段，中央階段，南階段の 1 日の利用者数を表
す確率変数をそれぞれ $X''$，$Y''$，$Z''$ とする。

$X''$，$Y''$，$Z''$ の平均 (期待値) をそれぞれ $E(X'')$，$E(Y'')$，$E(Z'')$，分散をそ
れぞれ $V(X'')$，$V(Y'')$，$V(Z'')$ と表す。また

$$E(X'') : E(Y'') : E(Z'') = 3 : 5 : 4$$

$$V(X'') = 10, \ V(Y'') = 15, \ V(Z'') = 13$$

とする。

このとき

$$E(X'') = \boxed{\text{コサ}}, \quad E(Y'') = \boxed{\text{シスセ}}$$

である。

また，登校時にいずれかの階段を利用する人数は，どの日も 240 人であるから，
$X'' + Y''$ の分散 $V(X'' + Y'')$ は

$$V(X'' + Y'') = \boxed{\text{ソタ}}$$

である。

(数学 Ⅱ，数学 B，数学 C 第 5 問は次ページに続く。)

太郎：北階段，中央階段の 1 日の利用者数の平均の比が 3 : 5 ということは，$X''$ は $\frac{3}{5}Y''$ と同じ確率分布に従うのかな？

花子：$X''$ と $\frac{3}{5}Y''$ の平均（期待値）は等しいね。

太郎：$\frac{3}{5}Y''$ の分散も調べてみよう。

$\frac{3}{5}Y''$ の分散を計算すると，$V\left(\frac{3}{5}Y''\right) = \boxed{\text{チ}}$ であるから，$V(X'')$ と $V\left(\frac{3}{5}Y''\right)$ の値は異なる。したがって，$X''$ が従う確率分布と $\frac{3}{5}Y''$ が従う確率分布は異なる。

$\boxed{\text{チ}}$ の解答群

| ⓪ 5 | ① $\frac{27}{5}$ | ② 9 | ③ $3\sqrt{15}$ |
|---|---|---|---|
| ④ 15 | ⑤ $5\sqrt{15}$ | ⑥ 25 | |

## 第6問 （選択問題）（配点 16）

O を原点とする座標空間内に A(2, 1, 0)，B(1, 2, 0)，C(1, 2, 1)，D(2, 1, 1) を頂点とする光を通さない長方形 ABCD と点光源 P(0, $b$, $a$)（$a \geqq 2$，$0 \leqq b \leqq 2$）がある。点光源 P から長方形 ABCD に光を当てたとき，$xy$ 平面上にできる長方形 ABCD の影について考える。

辺 CD 上に

$$\overrightarrow{\text{CE}} = t\overrightarrow{\text{CD}} \ (0 \leqq t \leqq 1)$$

を満たす点 E をとり，点光源 P から点 C，D，E に光を当てたとき，$xy$ 平面上にできる点 C，D，E の影をそれぞれ点 F，G，H とおく。

(1) 点 E の座標は $t$ を用いて

$$\text{E}\left( \boxed{\ \text{ア}\ } + t, \ \boxed{\ \text{イ}\ } - t, \ \boxed{\ \text{ウ}\ } \right)$$

と表される。

（数学 II，数学 B，数学 C 第 6 問は次ページに続く。）

(2)　3点 P, E, H は同一直線上にあるから，実数 $u$ を用いて

$$\overrightarrow{\mathrm{PH}} = u\overrightarrow{\mathrm{PE}}$$

と書ける。

　$a = 2,\ b = 0$ のとき

$$u = \boxed{\text{エ}}$$

であり，点 H の座標は $t$ を用いて

$$\mathrm{H}\left(\boxed{\text{オ}} + \boxed{\text{カ}}\,t,\ \boxed{\text{キ}} - \boxed{\text{ク}}\,t,\ 0\right)$$

と表される。点 H は $t = 0$ のとき点 F，$t = 1$ のとき点 G と一致するから，線分 FG の長さは

$$\mathrm{FG} = \boxed{\text{ケ}}\sqrt{\boxed{\text{コ}}}$$

である。

（数学 II，数学 B，数学 C 第 6 問は次ページに続く。）

(3)　$a \geqq 2$,　$b = 0$ のとき，線分 FG の長さは $a$ を用いて

$$\mathrm{FG} = \sqrt{\boxed{\text{サ}}\left(\boxed{\text{シ}} + \frac{1}{a - \boxed{\text{ス}}}\right)}$$

と表される。また，$\overrightarrow{\mathrm{BF}}$ は $a$ を用いて

$$\overrightarrow{\mathrm{BF}} = \left(\frac{1}{a - \boxed{\text{セ}}},\ \frac{\boxed{\text{ソ}}}{a - \boxed{\text{セ}}},\ 0\right)$$

と表されるから，$a$ の値を $a \geqq 2$ の範囲で変化させたとき，$\boxed{\text{タ}}$ ことがわかる。

$\boxed{\text{タ}}$ については，最も適当なものを，次の ⓪～③ のうちから一つ選べ。

⓪　$a$ の値が大きくなると，線分 FG の長さは長くなり，線分 BF の長さは短くなる

①　$a$ の値が大きくなると，線分 FG の長さは短くなり，線分 BF の長さは長くなる

②　$a$ の値が大きくなると，線分 FG，線分 BF の長さはともに長くなる

③　$a$ の値が大きくなると，線分 FG，線分 BF の長さはともに短くなる

（下書き用紙）

数学 II，数学 B，数学 C の試験問題は次に続く。

第4問～第7問は，いずれか3問を選択し，解答しなさい。

# 第7問 (選択問題) (配点 16)

〔1〕

(1) 偏角の範囲を $0 \leqq \theta < 2\pi$ として，複素数 $\dfrac{1}{1+i}$ を極形式で表すと，

$$\boxed{ \ \text{ア} \ }\left(\cos\boxed{ \ \text{イ} \ } + i\sin\boxed{ \ \text{イ} \ }\right) \text{ である。}$$

$\boxed{ \ \text{ア} \ }$ の解答群

| | | | | | |
|---|---|---|---|---|---|
| ⓪ $\dfrac{1}{4}$ | ① $\dfrac{1}{2}$ | ② $\dfrac{\sqrt{2}}{2}$ | ③ $\sqrt{2}$ | ④ $2$ | ⑤ $4$ |

$\boxed{ \ \text{イ} \ }$ の解答群

| | | | |
|---|---|---|---|
| ⓪ $0$ | ① $\dfrac{\pi}{4}$ | ② $\dfrac{\pi}{2}$ | ③ $\dfrac{3}{4}\pi$ |
| ④ $\pi$ | ⑤ $\dfrac{5}{4}\pi$ | ⑥ $\dfrac{3}{2}\pi$ | ⑦ $\dfrac{7}{4}\pi$ |

（数学 II，数学 B，数学 C 第7問は次ページに続く。）

(2) $\alpha$ を複素数とする。複素数平面上で，2 点 A $(1+i)$, B $((1+i)\alpha)$ が次の図のような位置にある。

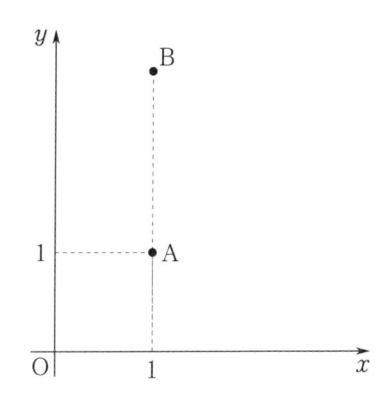

このとき，複素数平面上において，$\alpha$ を表す点は $\boxed{\text{ウ}}$ である。

$\boxed{\text{ウ}}$ については，最も適当なものを，次の ⓪〜⑦ のうちから一つ選べ。

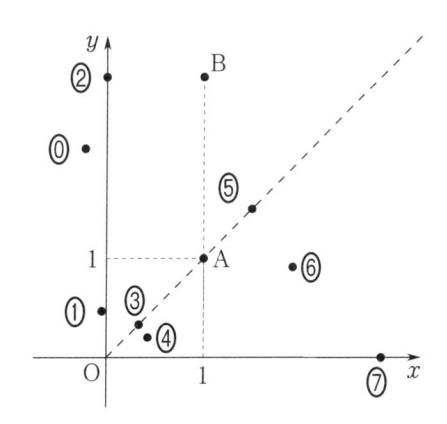

（数学 II，数学 B，数学 C 第 7 問は次ページに続く。）

〔2〕

(1) 直線 $x = -1$ と点 $(1, 0)$ からの距離が等しい点の軌跡は $\boxed{\text{エ}}$ である。

$\boxed{\text{エ}}$ の解答群

| ⓪ 円 | ① 楕円 | ② 双曲線 | ③ 放物線 |
| --- | --- | --- | --- |

(2) $xy$ 平面上の点 P から直線 $x = -1$ に引いた垂線の長さを $\ell_1$，点 P と点 $(1, 0)$ の距離を $\ell_2$ とする。

P$(x, y)$ とおくと，$\ell_1 = \boxed{\text{オ}}$ であり，$\ell_2 = \boxed{\text{カ}}$ である。

$\boxed{\text{オ}}$ の解答群

| ⓪ $|x+1|$ | ① $|x-1|$ | ② $|y+1|$ | ③ $|y-1|$ |
| --- | --- | --- | --- |

$\boxed{\text{カ}}$ の解答群

| ⓪ $\sqrt{(x+1)^2+y^2}$ | ① $\sqrt{(x-1)^2+y^2}$ |
| --- | --- |
| ② $\sqrt{x^2+(y+1)^2}$ | ③ $\sqrt{x^2+(y-1)^2}$ |

（数学 II，数学 B，数学 C 第 7 問は次ページに続く。）

(i) $\ell_1 = \sqrt{2}\ell_2$ となる点 P の軌跡を考えよう。

$$\boxed{\text{オ}} = \sqrt{2} \times \boxed{\text{カ}}$$ の両辺を 2 乗して整理すると

$$\left(x - \boxed{\text{キ}}\right)^2 + \boxed{\text{ク}}\,y^2 = \boxed{\text{ケ}}$$

となるから，点 P の軌跡は楕円である。

この楕円についての記述として，次の ⓪〜⑤ のうち，正しいものは $\boxed{\text{コ}}$ である。

$\boxed{\text{コ}}$ の解答群

⓪ $x$ 軸と平行な線分を長軸とし，$y$ 軸と 2 点で交わる。

① $x$ 軸と平行な線分を長軸とし，$y$ 軸と 1 点で接する。

② $x$ 軸と平行な線分を長軸とし，$y$ 軸との共有点をもたない。

③ $y$ 軸と平行な線分を長軸とし，$y$ 軸と 2 点で交わる。

④ $y$ 軸と平行な線分を長軸とし，$y$ 軸と 1 点で接する。

⑤ $y$ 軸と平行な線分を長軸とし，$y$ 軸との共有点をもたない。

(ii) (i)と同様にして考えると，$\ell_1 = \dfrac{1}{\sqrt{2}}\ell_2$ となる点 P の軌跡の方程式は

$$\left(x + \boxed{\text{サ}}\right)^2 - y^2 = \boxed{\text{シ}}$$

となるから，点 P の軌跡は双曲線である。

（数学 **II**，数学 **B**，数学 **C** 第 7 問は次ページに続く。）

(iii) $k > 0$ とする。$\ell_1 = k\ell_2$ となる点 P の軌跡は，$k$ の値によって様々に変化する。点 P の軌跡についての記述として，次の ⓪〜⑤ のうち，正しいものは $\boxed{\text{ス}}$ である。

$\boxed{\text{ス}}$ の解答群

⓪　$k = \dfrac{1}{3}$ のとき，点 P の軌跡は，$y$ 軸と 2 点で交わる楕円である。

①　$k = 3$ のとき，点 P の軌跡は，$y$ 軸と 2 点で交わる楕円である。

②　$k = \dfrac{1}{4}$ のとき，点 P の軌跡は，$y$ 軸と 2 点で交わる双曲線である。

③　$k = 4$ のとき，点 P の軌跡は，$y$ 軸と 2 点で交わる双曲線である。

④　点 P の軌跡が円となるような $k$ の値が存在する。

⑤　$k \neq 1$ のとき，点 P の軌跡が放物線となるような $k$ の値が存在する。

# 試作問題

$\left(\begin{array}{c}\text{100点}\\\text{70分}\end{array}\right)$

## 〔数学Ⅱ・B・C〕

**試作問題掲載の趣旨と注意点**

　この試作問題は，独立行政法人大学入試センターが公表している，大学入学共通テスト「令和7年度試験の問題作成の方向性、試作問題等」のウェブサイトに記載のある内容を再掲したものです。本書では，学習に取り組まれる皆様のために，これに詳細の解答解説を作成し，より学びを深めていただけるように工夫をしました。

　本問題は，令和7年度大学入学共通テストについての具体的なイメージを共有することを目的として作成されていますが，過去の大学入試センター試験や大学入学共通テストと同様の問題作成や点検のプロセスは経ていないものとされています。本問題と同じような内容，形式，配点等の問題が必ず出題されることを保証するものではありませんので，その点につきましてご注意ください。

# 第 1 問 (必答問題) (配点 15)

(1) 次の**問題A**について考えよう。

> **問題A** 関数 $y = \sin\theta + \sqrt{3}\cos\theta$ $\left(0 \leq \theta \leq \dfrac{\pi}{2}\right)$ の最大値を求めよ。

$$\sin\dfrac{\pi}{\boxed{\text{ア}}} = \dfrac{\sqrt{3}}{2} \ , \quad \cos\dfrac{\pi}{\boxed{\text{ア}}} = \dfrac{1}{2}$$

であるから，三角関数の合成により

$$y = \boxed{\text{イ}}\ \sin\left(\theta + \dfrac{\pi}{\boxed{\text{ア}}}\right)$$

と変形できる。よって，$y$ は $\theta = \dfrac{\pi}{\boxed{\text{ウ}}}$ で最大値 $\boxed{\text{エ}}$ をとる。

(2) $p$ を定数とし，次の**問題B**について考えよう。

> **問題B** 関数 $y = \sin\theta + p\cos\theta$ $\left(0 \leq \theta \leq \dfrac{\pi}{2}\right)$ の最大値を求めよ。

(i) $p = 0$ のとき，$y$ は $\theta = \dfrac{\pi}{\boxed{\text{オ}}}$ で最大値 $\boxed{\text{カ}}$ をとる。

（数学Ⅱ，数学B，数学C第1問は次ページに続く。）

(ⅱ) $p > 0$ のときは，加法定理

$$\cos(\theta - \alpha) = \cos\theta\cos\alpha + \sin\theta\sin\alpha$$

を用いると

$$y = \sin\theta + p\cos\theta = \sqrt{\boxed{キ}}\cos(\theta - \alpha)$$

と表すことができる。ただし，$\alpha$ は

$$\sin\alpha = \frac{\boxed{ク}}{\sqrt{\boxed{キ}}} \ , \ \cos\alpha = \frac{\boxed{ケ}}{\sqrt{\boxed{キ}}} \ , \ 0 < \alpha < \frac{\pi}{2}$$

を満たすものとする。このとき，$y$ は $\theta = \boxed{コ}$ で最大値

$$\sqrt{\boxed{サ}}$$ をとる。

(ⅲ) $p < 0$ のとき，$y$ は $\theta = \boxed{シ}$ で最大値 $\boxed{ス}$ をとる。

$\boxed{キ} \sim \boxed{ケ}$，$\boxed{サ}$，$\boxed{ス}$ の解答群（同じものを繰り返し選んでもよい。）

| | | |
|---|---|---|
| ⓪ $-1$ | ① $1$ | ② $-p$ |
| ③ $p$ | ④ $1-p$ | ⑤ $1+p$ |
| ⑥ $-p^2$ | ⑦ $p^2$ | ⑧ $1-p^2$ |
| ⑨ $1+p^2$ | ⓐ $(1-p)^2$ | ⓑ $(1+p)^2$ |

$\boxed{コ}$，$\boxed{シ}$ の解答群（同じものを繰り返し選んでもよい。）

| | | |
|---|---|---|
| ⓪ $0$ | ① $\alpha$ | ② $\dfrac{\pi}{2}$ |

# 第2問 (必答問題) (配点 15)

二つの関数 $f(x) = \dfrac{2^x + 2^{-x}}{2}$，$g(x) = \dfrac{2^x - 2^{-x}}{2}$ について考える。

(1) $f(0) = \boxed{\text{ア}}$，$g(0) = \boxed{\text{イ}}$ である。また，$f(x)$ は相加平均と相乗平均の関係から，$x = \boxed{\text{ウ}}$ で最小値 $\boxed{\text{エ}}$ をとる。

$g(x) = -2$ となる $x$ の値は $\log_2\left(\sqrt{\boxed{\text{オ}}} - \boxed{\text{カ}}\right)$ である。

(2) 次の①～④は，$x$ にどのような値を代入してもつねに成り立つ。

$f(-x) = \boxed{\text{キ}}$ ............................ ①

$g(-x) = \boxed{\text{ク}}$ ............................ ②

$\{f(x)\}^2 - \{g(x)\}^2 = \boxed{\text{ケ}}$ ............................ ③

$g(2x) = \boxed{\text{コ}}\, f(x)g(x)$ ............................ ④

$\boxed{\text{キ}}$，$\boxed{\text{ク}}$ の解答群（同じものを繰り返し選んでもよい。）

| | | | |
|---|---|---|---|
| ⓪ $f(x)$ | ① $-f(x)$ | ② $g(x)$ | ③ $-g(x)$ |

（数学Ⅱ，数学B，数学C第2問は次ページに続く。）

(3) 花子さんと太郎さんは，$f(x)$ と $g(x)$ の性質について話している。

太郎さんが考えた式

$$f(\alpha - \beta) = f(\alpha)g(\beta) + g(\alpha)f(\beta) \quad \cdots\cdots\cdots\cdots\cdots \text{(A)}$$

$$f(\alpha + \beta) = f(\alpha)f(\beta) + g(\alpha)g(\beta) \quad \cdots\cdots\cdots\cdots\cdots \text{(B)}$$

$$g(\alpha - \beta) = f(\alpha)f(\beta) + g(\alpha)g(\beta) \quad \cdots\cdots\cdots\cdots\cdots \text{(C)}$$

$$g(\alpha + \beta) = f(\alpha)g(\beta) - g(\alpha)f(\beta) \quad \cdots\cdots\cdots\cdots\cdots \text{(D)}$$

(1)，(2)で示されたことのいくつかを利用すると，式(A)～(D)のうち，$\boxed{\text{サ}}$ 以外の三つは成り立たないことがわかる。$\boxed{\text{サ}}$ は左辺と右辺をそれぞれ計算することによって成り立つことが確かめられる。

$\boxed{\text{サ}}$ の解答群

| ⓪ (A) | ① (B) | ② (C) | ③ (D) |
|---|---|---|---|

# 第3問 （必答問題） （配点 22）

(1) 座標平面上で，次の二つの2次関数のグラフについて考える。

$$y = 3x^2 + 2x + 3 \qquad \cdots\cdots\cdots\cdots\cdots\cdots ①$$

$$y = 2x^2 + 2x + 3 \qquad \cdots\cdots\cdots\cdots\cdots\cdots ②$$

①，②の2次関数のグラフには次の**共通点**がある。

> ┌─ 共通点 ──────────────
> $y$ 軸との交点における接線の方程式は $y = \boxed{\text{ア}}\, x + \boxed{\text{イ}}$ である。

次の⓪〜⑤の2次関数のグラフのうち，$y$ 軸との交点における接線の方程式が $y = \boxed{\text{ア}}\, x + \boxed{\text{イ}}$ となるものは $\boxed{\text{ウ}}$ である。

$\boxed{\text{ウ}}$ の解答群

⓪ $y = 3x^2 - 2x - 3$  ① $y = -3x^2 + 2x - 3$

② $y = 2x^2 + 2x - 3$  ③ $y = 2x^2 - 2x + 3$

④ $y = -x^2 + 2x + 3$  ⑤ $y = -x^2 - 2x + 3$

$a$，$b$，$c$ を 0 でない実数とする。

曲線 $y = ax^2 + bx + c$ 上の点 $\left(0, \boxed{\text{エ}}\right)$ における接線を $\ell$ とすると，その方程式は $y = \boxed{\text{オ}}\, x + \boxed{\text{カ}}$ である。

（数学II，数学B，数学C第3問は次ページに続く。）

接線 $\ell$ と $x$ 軸との交点の $x$ 座標は $\dfrac{\boxed{キク}}{\boxed{ケ}}$ である。

$a$, $b$, $c$ が正の実数であるとき，曲線 $y = ax^2 + bx + c$ と接線 $\ell$ および直線

$x = \dfrac{\boxed{キク}}{\boxed{ケ}}$ で囲まれた図形の面積を $S$ とすると

$$S = \dfrac{ac^{\boxed{コ}}}{\boxed{サ}\,b^{\boxed{シ}}} \qquad\qquad \cdots\cdots\cdots\cdots\cdots\cdots\cdots ③$$

である。

③において，$a = 1$ とし，$S$ の値が一定となるように正の実数 $b$，$c$ の値を変化させる。このとき，$b$ と $c$ の関係を表すグラフの概形は $\boxed{ス}$ である。

$\boxed{ス}$ については，最も適当なものを，次の ⓪〜⑤ のうちから一つ選べ。

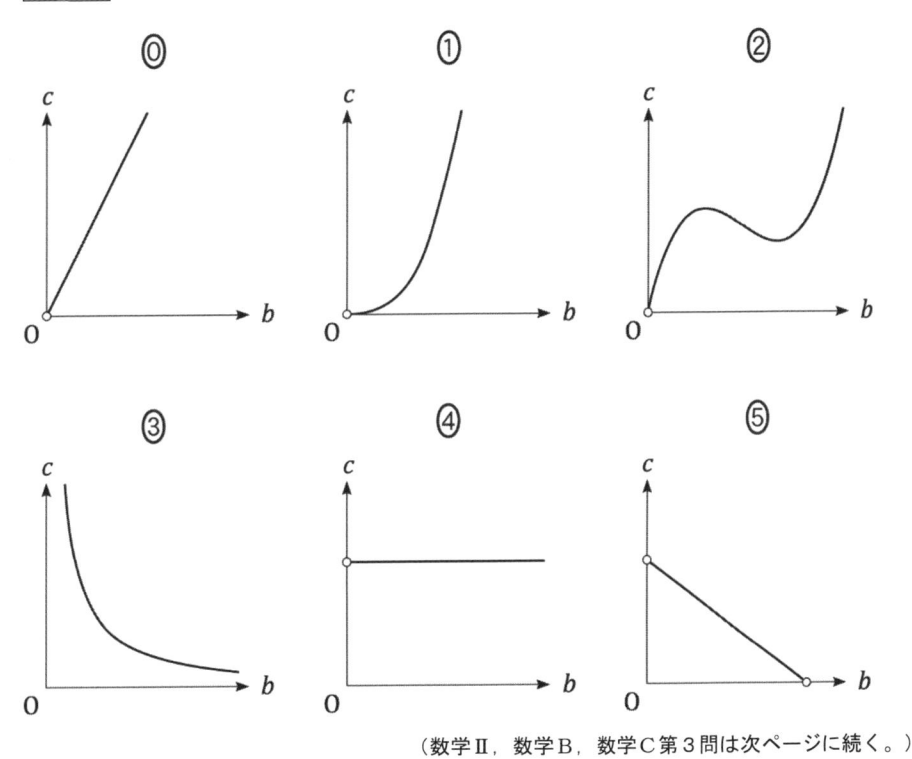

（数学Ⅱ，数学Ｂ，数学Ｃ第３問は次ページに続く。）

⑵ $a$, $b$, $c$, $d$ を 0 でない実数とする。

$f(x) = ax^3 + bx^2 + cx + d$ とする。このとき, 関数 $y = f(x)$ のグラフと $y$ 軸との交点における接線の方程式は $y = \boxed{\text{セ}}\, x + \boxed{\text{ソ}}$ となる。

次に, $g(x) = \boxed{\text{セ}}\, x + \boxed{\text{ソ}}$ とし, $f(x) - g(x)$ について考える。

$y = f(x)$ のグラフと $y = g(x)$ のグラフの共有点の $x$ 座標は $\dfrac{\boxed{\text{タチ}}}{\boxed{\text{ツ}}}$ と

$\boxed{\text{テ}}$ である。また, $x$ が $\dfrac{\boxed{\text{タチ}}}{\boxed{\text{ツ}}}$ と $\boxed{\text{テ}}$ の間を動くとき, $|f(x) - g(x)|$

の値が最大となるのは, $x = \dfrac{\boxed{\text{トナニ}}}{\boxed{\text{ヌネ}}}$ のときである。

（下書き用紙）

数学Ⅱ，数学Ｂ，数学Ｃの試験問題は次に続く。

# 第４問 （選択問題） （配点 16）

初項 3，公差 $p$ の等差数列を $\{a_n\}$ とし，初項 3，公比 $r$ の等比数列を $\{b_n\}$ とする。ただし，$p \neq 0$ かつ $r \neq 0$ とする。さらに，これらの数列が次を満たすとする。

$$a_n b_{n+1} - 2a_{n+1}b_n + 3b_{n+1} = 0 \quad (n = 1,\ 2,\ 3,\ \cdots) \qquad \cdots\cdots \text{①}$$

(1) $p$ と $r$ の値を求めよう。自然数 $n$ について，$a_n$，$a_{n+1}$，$b_n$ はそれぞれ

$$a_n = \boxed{\ \text{ア}\ } + (n-1)p \qquad \cdots\cdots\cdots \text{②}$$

$$a_{n+1} = \boxed{\ \text{ア}\ } + np \qquad \cdots\cdots\cdots \text{③}$$

$$b_n = \boxed{\ \text{イ}\ } r^{n-1}$$

と表される。$r \neq 0$ により，すべての自然数 $n$ について，$b_n \neq 0$ となる。

$\dfrac{b_{n+1}}{b_n} = r$ であることから，①の両辺を $b_n$ で割ることにより

$$\boxed{\ \text{ウ}\ } a_{n+1} = r\left(a_n + \boxed{\ \text{エ}\ }\right) \qquad \cdots\cdots\cdots \text{④}$$

が成り立つことがわかる。④に②と③を代入すると

$$\left(r - \boxed{\ \text{オ}\ }\right)pn = r\left(p - \boxed{\ \text{カ}\ }\right) + \boxed{\ \text{キ}\ } \qquad \cdots\cdots\cdots \text{⑤}$$

となる。⑤がすべての $n$ で成り立つことおよび $p \neq 0$ により，$r = \boxed{\ \text{オ}\ }$ を得る。さらに，このことから，$p = \boxed{\ \text{ク}\ }$ を得る。

以上から，すべての自然数 $n$ について，$a_n$ と $b_n$ が正であることもわかる。

（数学Ⅱ，数学Ｂ，数学Ｃ第４問は次ページに続く。）

(2) 数列 $\{a_n\}$ に対して，初項 3 の数列 $\{c_n\}$ が次を満たすとする。

$$a_n c_{n+1} - 4a_{n+1}c_n + 3c_{n+1} = 0 \quad (n = 1,\ 2,\ 3,\ \cdots) \qquad \cdots\cdots\cdots\ ⑥$$

$a_n$ が正であることから，⑥を変形して，$c_{n+1} = \dfrac{\boxed{\text{ケ}}\ a_{n+1}}{a_n + \boxed{\text{コ}}}\ c_n$ を得る。

さらに，$p = \boxed{\ \text{ク}\ }$ であることから，数列 $\{c_n\}$ は $\boxed{\ \text{サ}\ }$ ことがわかる。

$\boxed{\ \text{サ}\ }$ の解答群

| | |
|---|---|
| ⓪ | すべての項が同じ値をとる数列である |
| ① | 公差が 0 でない等差数列である |
| ② | 公比が 1 より大きい等比数列である |
| ③ | 公比が 1 より小さい等比数列である |
| ④ | 等差数列でも等比数列でもない |

(3) $q,\ u$ は定数で，$q \neq 0$ とする。数列 $\{b_n\}$ に対して，初項 3 の数列 $\{d_n\}$ が次を満たすとする。

$$d_n b_{n+1} - q d_{n+1} b_n + u b_{n+1} = 0 \quad (n = 1,\ 2,\ 3,\ \cdots) \qquad \cdots\cdots\cdots\ ⑦$$

$r = \boxed{\ \text{オ}\ }$ であることから，⑦を変形して，$d_{n+1} = \dfrac{\boxed{\ \text{シ}\ }}{q}\ (d_n + u)$ を得る。したがって，数列 $\{d_n\}$ が，公比が 0 より大きく 1 より小さい等比数列となるための必要十分条件は，$q > \boxed{\ \text{ス}\ }$ かつ $u = \boxed{\ \text{セ}\ }$ である。

# 第5問 (選択問題) （配点 16）

以下の問題を解答するにあたっては，必要に応じて 15 ページの正規分布表を用いてもよい。

花子さんは，マイクロプラスチックと呼ばれる小さなプラスチック片（以下，MP）による海洋中や大気中の汚染が，環境問題となっていることを知った。花子さんたち 49 人は，面積が 50 a（アール）の砂浜の表面にあるMPの個数を調べるため，それぞれが無作為に選んだ 20 cm 四方の区画の表面から深さ 3 cm までをすくい，MP の個数を研究所で数えてもらうことにした。そして，この砂浜の 1 区画あたりのMPの個数を確率変数 $X$ として考えることにした。

このとき，$X$ の母平均を $m$，母標準偏差を $\sigma$ とし，標本 49 区画の 1 区画あたりの MP の個数の平均値を表す確率変数を $\overline{X}$ とする。

花子さんたちが調べた 49 区画では，平均値が 16，標準偏差が 2 であった。

⑴ 砂浜全体に含まれる MP の全個数 $M$ を推定することにする。

花子さんは，次の**方針**で $M$ を推定することとした。

> ── 方針 ─────────────────────
> 砂浜全体には 20 cm四方の区画が 125000 個分あり，$M = 125000 \times m$ なので，$M$ を $W = 125000 \times \overline{X}$ で推定する。

確率変数 $\overline{X}$ は，標本の大きさ 49 が十分に大きいので，平均 $\boxed{\phantom{ア}ア\phantom{ア}}$，標準偏差 $\boxed{\phantom{イ}イ\phantom{イ}}$ の正規分布に近似的に従う。

そこで，**方針**に基づいて考えると，確率変数 $W$ は平均 $\boxed{\phantom{ウ}ウ\phantom{ウ}}$，標準偏差 $\boxed{\phantom{エ}エ\phantom{エ}}$ の正規分布に近似的に従うことがわかる。

このとき，$X$ の母標準偏差 $\sigma$ は標本の標準偏差と同じ $\sigma = 2$ と仮定すると，$M$ に対する信頼度 95% の信頼区間は

$$\boxed{\phantom{オカキ}オカキ\phantom{オカキ}} \times 10^4 \leqq M \leqq \boxed{\phantom{クケコ}クケコ\phantom{クケコ}} \times 10^4$$

となる。

（数学II，数学B，数学C第5問は次ページに続く。）

ア の解答群

| | | | | | | | | | |
|---|---|---|---|---|---|---|---|---|---|
| ⓪ | $m$ | ① | $4m$ | ② | $7m$ | ③ | $16m$ | ④ | $49m$ |
| ⑤ | $X$ | ⑥ | $4X$ | ⑦ | $7X$ | ⑧ | $16X$ | ⑨ | $49X$ |

イ の解答群

| | | | | | | | | | |
|---|---|---|---|---|---|---|---|---|---|
| ⓪ | $\sigma$ | ① | $2\sigma$ | ② | $4\sigma$ | ③ | $7\sigma$ | ④ | $49\sigma$ |
| ⑤ | $\dfrac{\sigma}{2}$ | ⑥ | $\dfrac{\sigma}{4}$ | ⑦ | $\dfrac{\sigma}{7}$ | ⑧ | $\dfrac{\sigma}{49}$ | | |

ウ の解答群

| | | | | | | | |
|---|---|---|---|---|---|---|---|
| ⓪ | $\dfrac{16}{49}m$ | ① | $\dfrac{4}{7}m$ | ② | $49m$ | ③ | $\dfrac{125000}{49}m$ |
| ④ | $125000m$ | ⑤ | $\dfrac{16}{49}\overline{X}$ | ⑥ | $\dfrac{4}{7}\overline{X}$ | ⑦ | $49\overline{X}$ |
| ⑧ | $\dfrac{125000}{49}\overline{X}$ | ⑨ | $125000\overline{X}$ | | | | | |

エ の解答群

| | | | | | | | |
|---|---|---|---|---|---|---|---|
| ⓪ | $\dfrac{\sigma}{49}$ | ① | $\dfrac{\sigma}{7}$ | ② | $49\sigma$ | ③ | $\dfrac{125000}{49}\sigma$ |
| ④ | $\dfrac{31250}{7}\sigma$ | ⑤ | $\dfrac{125000}{7}\sigma$ | ⑥ | $31250\sigma$ | ⑦ | $62500\sigma$ |
| ⑧ | $125000\sigma$ | ⑨ | $250000\sigma$ | | | | | |

（数学Ⅱ，数学Ｂ，数学Ｃ第５問は次ページに続く。）

(2) 研究所が昨年調査したときには，1区画あたりの MP の個数の母平均が15，母標準偏差が 2 であった。今年の母平均 $m$ が昨年とは異なるといえるかを，有意水準 5% で仮説検定をする。ただし，母標準偏差は今年も $\sigma = 2$ とする。

まず，帰無仮説は「今年の母平均は $\boxed{\text{サ}}$」であり，対立仮説は「今年の母平均は $\boxed{\text{シ}}$」である。

次に，帰無仮説が正しいとすると，$\overline{X}$ は平均 $\boxed{\text{ス}}$，標準偏差 $\boxed{\text{セ}}$ の正規分布に近似的に従うため，確率変数 $Z = \dfrac{\overline{X} - \boxed{\text{ス}}}{\boxed{\text{セ}}}$ は標準正規分布に近似的に従う。

花子さんたちの調査結果から求めた $Z$ の値を $z$ とすると，標準正規分布において確率 $P(Z \leqq -|z|)$ と確率 $P(Z \geqq |z|)$ の和は0.05よりも $\boxed{\text{ソ}}$ ので，有意水準5%で今年の母平均 $m$ は昨年と $\boxed{\text{タ}}$。

$\boxed{\text{サ}}$，$\boxed{\text{シ}}$ の解答群（同じものを繰り返し選んでもよい。）

| | |
|---|---|
| ⓪ $\overline{X}$ である | ① $m$ である |
| ② 15 である | ③ 16 である |
| ④ $\overline{X}$ ではない | ⑤ $m$ ではない |
| ⑥ 15 ではない | ⑦ 16 ではない |

$\boxed{\text{ス}}$，$\boxed{\text{セ}}$ の解答群（同じものを繰り返し選んでもよい。）

| | | | | |
|---|---|---|---|---|
| ⓪ $\dfrac{4}{49}$ | ① $\dfrac{2}{7}$ | ② $\dfrac{16}{49}$ | ③ $\dfrac{4}{7}$ | ④ 2 |
| ⑤ $\dfrac{15}{7}$ | ⑥ 4 | ⑦ 15 | ⑧ 16 | |

$\boxed{\text{ソ}}$ の解答群

| | |
|---|---|
| ⓪ 大きい | ① 小さい |

$\boxed{\text{タ}}$ の解答群

| | |
|---|---|
| ⓪ 異なるといえる | ① 異なるとはいえない |

（数学Ⅱ，数学Ｂ，数学Ｃ第５問は次ページに続く。）

# 正　規　分　布　表

　次の表は，標準正規分布の分布曲線における右図の
灰色部分の面積の値をまとめたものである。

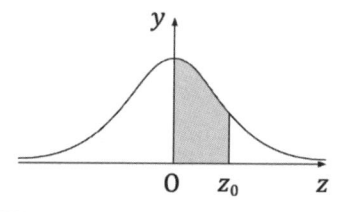

| $z_0$ | 0.00 | 0.01 | 0.02 | 0.03 | 0.04 | 0.05 | 0.06 | 0.07 | 0.08 | 0.09 |
|---|---|---|---|---|---|---|---|---|---|---|
| 0.0 | 0.0000 | 0.0040 | 0.0080 | 0.0120 | 0.0160 | 0.0199 | 0.0239 | 0.0279 | 0.0319 | 0.0359 |
| 0.1 | 0.0398 | 0.0438 | 0.0478 | 0.0517 | 0.0557 | 0.0596 | 0.0636 | 0.0675 | 0.0714 | 0.0753 |
| 0.2 | 0.0793 | 0.0832 | 0.0871 | 0.0910 | 0.0948 | 0.0987 | 0.1026 | 0.1064 | 0.1103 | 0.1141 |
| 0.3 | 0.1179 | 0.1217 | 0.1255 | 0.1293 | 0.1331 | 0.1368 | 0.1406 | 0.1443 | 0.1480 | 0.1517 |
| 0.4 | 0.1554 | 0.1591 | 0.1628 | 0.1664 | 0.1700 | 0.1736 | 0.1772 | 0.1808 | 0.1844 | 0.1879 |
| 0.5 | 0.1915 | 0.1950 | 0.1985 | 0.2019 | 0.2054 | 0.2088 | 0.2123 | 0.2157 | 0.2190 | 0.2224 |
| 0.6 | 0.2257 | 0.2291 | 0.2324 | 0.2357 | 0.2389 | 0.2422 | 0.2454 | 0.2486 | 0.2517 | 0.2549 |
| 0.7 | 0.2580 | 0.2611 | 0.2642 | 0.2673 | 0.2704 | 0.2734 | 0.2764 | 0.2794 | 0.2823 | 0.2852 |
| 0.8 | 0.2881 | 0.2910 | 0.2939 | 0.2967 | 0.2995 | 0.3023 | 0.3051 | 0.3078 | 0.3106 | 0.3133 |
| 0.9 | 0.3159 | 0.3186 | 0.3212 | 0.3238 | 0.3264 | 0.3289 | 0.3315 | 0.3340 | 0.3365 | 0.3389 |
| 1.0 | 0.3413 | 0.3438 | 0.3461 | 0.3485 | 0.3508 | 0.3531 | 0.3554 | 0.3577 | 0.3599 | 0.3621 |
| 1.1 | 0.3643 | 0.3665 | 0.3686 | 0.3708 | 0.3729 | 0.3749 | 0.3770 | 0.3790 | 0.3810 | 0.3830 |
| 1.2 | 0.3849 | 0.3869 | 0.3888 | 0.3907 | 0.3925 | 0.3944 | 0.3962 | 0.3980 | 0.3997 | 0.4015 |
| 1.3 | 0.4032 | 0.4049 | 0.4066 | 0.4082 | 0.4099 | 0.4115 | 0.4131 | 0.4147 | 0.4162 | 0.4177 |
| 1.4 | 0.4192 | 0.4207 | 0.4222 | 0.4236 | 0.4251 | 0.4265 | 0.4279 | 0.4292 | 0.4306 | 0.4319 |
| 1.5 | 0.4332 | 0.4345 | 0.4357 | 0.4370 | 0.4382 | 0.4394 | 0.4406 | 0.4418 | 0.4429 | 0.4441 |
| 1.6 | 0.4452 | 0.4463 | 0.4474 | 0.4484 | 0.4495 | 0.4505 | 0.4515 | 0.4525 | 0.4535 | 0.4545 |
| 1.7 | 0.4554 | 0.4564 | 0.4573 | 0.4582 | 0.4591 | 0.4599 | 0.4608 | 0.4616 | 0.4625 | 0.4633 |
| 1.8 | 0.4641 | 0.4649 | 0.4656 | 0.4664 | 0.4671 | 0.4678 | 0.4686 | 0.4693 | 0.4699 | 0.4706 |
| 1.9 | 0.4713 | 0.4719 | 0.4726 | 0.4732 | 0.4738 | 0.4744 | 0.4750 | 0.4756 | 0.4761 | 0.4767 |
| 2.0 | 0.4772 | 0.4778 | 0.4783 | 0.4788 | 0.4793 | 0.4798 | 0.4803 | 0.4808 | 0.4812 | 0.4817 |
| 2.1 | 0.4821 | 0.4826 | 0.4830 | 0.4834 | 0.4838 | 0.4842 | 0.4846 | 0.4850 | 0.4854 | 0.4857 |
| 2.2 | 0.4861 | 0.4864 | 0.4868 | 0.4871 | 0.4875 | 0.4878 | 0.4881 | 0.4884 | 0.4887 | 0.4890 |
| 2.3 | 0.4893 | 0.4896 | 0.4898 | 0.4901 | 0.4904 | 0.4906 | 0.4909 | 0.4911 | 0.4913 | 0.4916 |
| 2.4 | 0.4918 | 0.4920 | 0.4922 | 0.4925 | 0.4927 | 0.4929 | 0.4931 | 0.4932 | 0.4934 | 0.4936 |
| 2.5 | 0.4938 | 0.4940 | 0.4941 | 0.4943 | 0.4945 | 0.4946 | 0.4948 | 0.4949 | 0.4951 | 0.4952 |
| 2.6 | 0.4953 | 0.4955 | 0.4956 | 0.4957 | 0.4959 | 0.4960 | 0.4961 | 0.4962 | 0.4963 | 0.4964 |
| 2.7 | 0.4965 | 0.4966 | 0.4967 | 0.4968 | 0.4969 | 0.4970 | 0.4971 | 0.4972 | 0.4973 | 0.4974 |
| 2.8 | 0.4974 | 0.4975 | 0.4976 | 0.4977 | 0.4977 | 0.4978 | 0.4979 | 0.4979 | 0.4980 | 0.4981 |
| 2.9 | 0.4981 | 0.4982 | 0.4982 | 0.4983 | 0.4984 | 0.4984 | 0.4985 | 0.4985 | 0.4986 | 0.4986 |
| 3.0 | 0.4987 | 0.4987 | 0.4987 | 0.4988 | 0.4988 | 0.4989 | 0.4989 | 0.4989 | 0.4990 | 0.4990 |
| 3.1 | 0.4990 | 0.4991 | 0.4991 | 0.4991 | 0.4992 | 0.4992 | 0.4992 | 0.4992 | 0.4993 | 0.4993 |
| 3.2 | 0.4993 | 0.4993 | 0.4994 | 0.4994 | 0.4994 | 0.4994 | 0.4994 | 0.4995 | 0.4995 | 0.4995 |
| 3.3 | 0.4995 | 0.4995 | 0.4995 | 0.4996 | 0.4996 | 0.4996 | 0.4996 | 0.4996 | 0.4996 | 0.4997 |
| 3.4 | 0.4997 | 0.4997 | 0.4997 | 0.4997 | 0.4997 | 0.4997 | 0.4997 | 0.4997 | 0.4997 | 0.4998 |
| 3.5 | 0.4998 | 0.4998 | 0.4998 | 0.4998 | 0.4998 | 0.4998 | 0.4998 | 0.4998 | 0.4998 | 0.4998 |

## 第６問 （選択問題） （配点 16）

１辺の長さが１の正五角形の対角線の長さを $a$ とする。

(1) １辺の長さが１の正五角形 $OA_1B_1C_1A_2$ を考える。

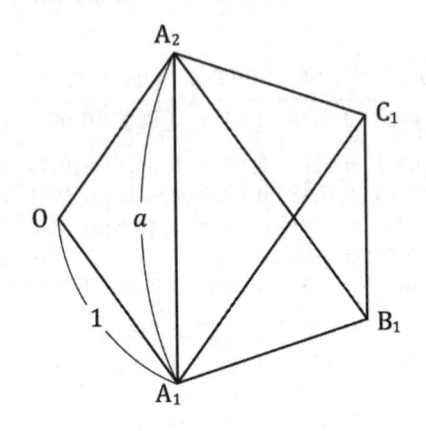

正五角形の性質から $\overrightarrow{A_1A_2}$ と $\overrightarrow{B_1C_1}$ は平行であり，ここでは

$$\overrightarrow{A_1A_2} = \boxed{\ \text{ア}\ } \ \overrightarrow{B_1C_1}$$

であるから

$$\overrightarrow{B_1C_1} = \frac{1}{\boxed{\ \text{ア}\ }} \overrightarrow{A_1A_2} = \frac{1}{\boxed{\ \text{ア}\ }} \left( \overrightarrow{OA_2} - \overrightarrow{OA_1} \right)$$

また，$\overrightarrow{OA_1}$ と $\overrightarrow{A_2B_1}$ は平行で，さらに，$\overrightarrow{OA_2}$ と $\overrightarrow{A_1C_1}$ も平行であることから

$$\begin{aligned}
\overrightarrow{B_1C_1} &= \overrightarrow{B_1A_2} + \overrightarrow{A_2O} + \overrightarrow{OA_1} + \overrightarrow{A_1C_1} \\
&= -\boxed{\ \text{ア}\ } \overrightarrow{OA_1} - \overrightarrow{OA_2} + \overrightarrow{OA_1} + \boxed{\ \text{ア}\ } \overrightarrow{OA_2} \\
&= \left( \boxed{\ \text{イ}\ } - \boxed{\ \text{ウ}\ } \right) \left( \overrightarrow{OA_2} - \overrightarrow{OA_1} \right)
\end{aligned}$$

となる。したがって

$$\frac{1}{\boxed{\ \text{ア}\ }} = \boxed{\ \text{イ}\ } - \boxed{\ \text{ウ}\ }$$

が成り立つ。$a > 0$ に注意してこれを解くと，$a = \dfrac{1 + \sqrt{5}}{2}$ を得る。

（数学Ⅱ，数学Ｂ，数学Ｃ第６問は次ページに続く。）

(2) 下の図のような，1 辺の長さが 1 の正十二面体を考える。正十二面体とは，どの面もすべて合同な正五角形であり，どの頂点にも三つの面が集まっているへこみのない多面体のことである。

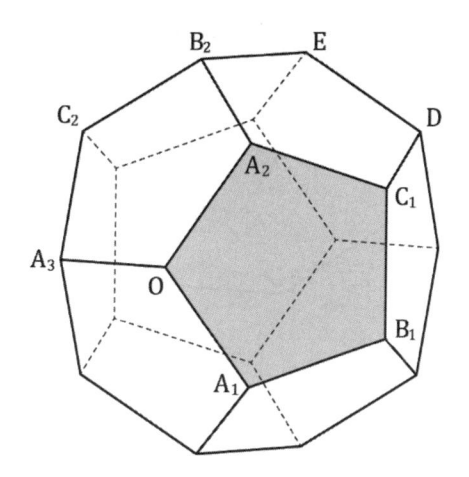

面$OA_1B_1C_1A_2$に着目する。$\overrightarrow{OA_1}$と$\overrightarrow{A_2B_1}$が平行であることから

$$\overrightarrow{OB_1} = \overrightarrow{OA_2} + \overrightarrow{A_2B_1} = \overrightarrow{OA_2} + \boxed{\ \text{ア}\ }\,\overrightarrow{OA_1}$$

である。また

$$\overrightarrow{OA_1} \cdot \overrightarrow{OA_2} = \frac{\boxed{\ \text{エ}\ } - \sqrt{\boxed{\ \text{オ}\ }}}{\boxed{\ \text{カ}\ }}$$

である。

ただし，$\boxed{\ \text{エ}\ } \sim \boxed{\ \text{カ}\ }$ は，文字 $a$ を用いない形で答えること。

（数学Ⅱ，数学Ｂ，数学Ｃ第６問は次ページに続く。）

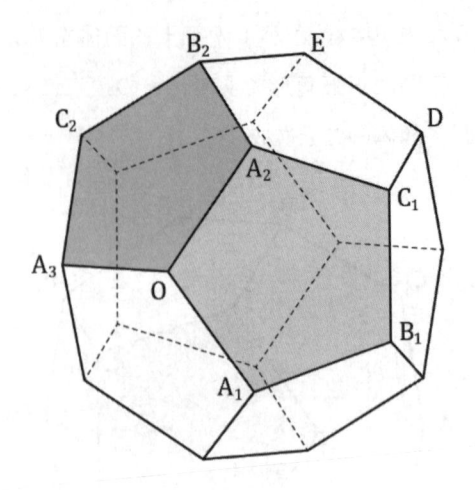

次に，面$OA_2B_2C_2A_3$に着目すると

$$\overrightarrow{OB_2} = \overrightarrow{OA_3} + \boxed{\ \ \text{ア}\ \ }\overrightarrow{OA_2}$$

である。さらに

$$\overrightarrow{OA_2} \cdot \overrightarrow{OA_3} = \overrightarrow{OA_3} \cdot \overrightarrow{OA_1} = \frac{\boxed{\ \text{エ}\ } - \sqrt{\boxed{\ \text{オ}\ }}}{\boxed{\ \text{カ}\ }}$$

が成り立つことがわかる。ゆえに

$$\overrightarrow{OA_1} \cdot \overrightarrow{OB_2} = \boxed{\ \ \boxed{\text{キ}}\ \ }, \quad \overrightarrow{OB_1} \cdot \overrightarrow{OB_2} = \boxed{\ \ \boxed{\text{ク}}\ \ }$$

である。

$\boxed{\text{キ}}$，$\boxed{\text{ク}}$ の解答群（同じものを繰り返し選んでもよい。）

| | | | |
|---|---|---|---|
| ⓪ $0$ | ① $1$ | ② $-1$ | ③ $\dfrac{1+\sqrt{5}}{2}$ |
| ④ $\dfrac{1-\sqrt{5}}{2}$ | ⑤ $\dfrac{-1+\sqrt{5}}{2}$ | ⑥ $\dfrac{-1-\sqrt{5}}{2}$ | ⑦ $-\dfrac{1}{2}$ |
| ⑧ $\dfrac{-1+\sqrt{5}}{4}$ | ⑨ $\dfrac{-1-\sqrt{5}}{4}$ | | |

（数学Ⅱ，数学B，数学C第6問は次ページに続く。）

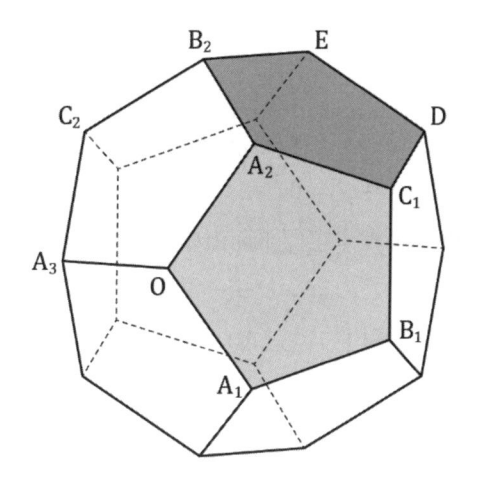

　最後に，面 $A_2C_1DEB_2$ に着目する。

$$\overrightarrow{B_2D} = \boxed{\ \ ア\ \ }\ \overrightarrow{A_2C_1} = \overrightarrow{OB_1}$$

であることに注意すると，4点 O，$B_1$，D，$B_2$ は同一平面上にあり，四角形 $OB_1DB_2$ は $\boxed{\ \ ケ\ \ }$ ことがわかる。

$\boxed{\ \ ケ\ \ }$ の解答群

&#9450;　正方形である

&#9312;　正方形ではないが，長方形である

&#9313;　正方形ではないが，ひし形である

&#9314;　長方形でもひし形でもないが，平行四辺形である

&#9315;　平行四辺形ではないが，台形である

&#9316;　台形でない

ただし，少なくとも一組の対辺が平行な四角形を台形という。

# 第7問 （選択問題） （配点 16）

〔1〕 $a$, $b$, $c$, $d$, $f$ を実数とし，$x$, $y$ の方程式

$$ax^2 + by^2 + cx + dy + f = 0$$

について，この方程式が表す座標平面上の図形をコンピュータソフトを用いて表示させる。ただし，このコンピュータソフトでは $a$, $b$, $c$, $d$, $f$ の値は十分に広い範囲で変化させられるものとする。

$a$, $b$, $c$, $d$, $f$ の値を $a = 2$, $b = 1$, $c = -8$, $d = -4$, $f = 0$ とすると図1のように楕円が表示された。

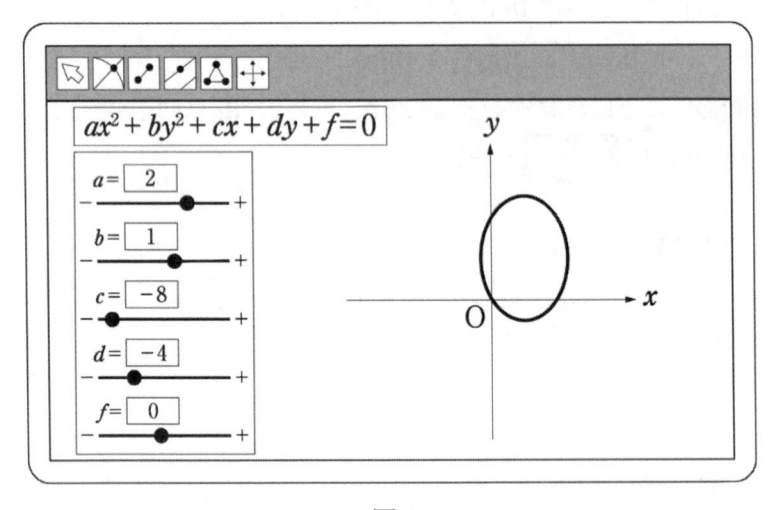

図1

（数学Ⅱ，数学B，数学C第7問は次ページに続く。）

方程式 $ax^2 + by^2 + cx + dy + f = 0$ の $a$, $c$, $d$, $f$ の値は変えずに，$b$ の値だけを $b \geqq 0$ の範囲で変化させたとき，座標平面上には ｜ ア ｜。

｜ ア ｜ の解答群

⓪ つねに楕円のみが現れ，円は現れない

① 楕円，円が現れ，他の図形は現れない

② 楕円，円，放物線が現れ，他の図形は現れない

③ 楕円，円，双曲線が現れ，他の図形は現れない

④ 楕円，円，双曲線，放物線が現れ，他の図形は現れない

⑤ 楕円，円，双曲線，放物線が現れ，また他の図形が現れることもある

（数学Ⅱ，数学Ｂ，数学Ｃ第 7 問は次ページに続く。）

〔2〕 太郎さんと花子さんは，複素数 $w$ を一つ決めて，$w$，$w^2$，$w^3$，…によって複素数平面上に表されるそれぞれの点 $A_1$，$A_2$，$A_3$，…を表示させたときの様子をコンピュータソフトを用いて観察している。ただし，点 $w$ は実軸より上にあるとする。つまり，$w$ の偏角を $\arg w$ とするとき，$w \neq 0$ かつ $0 < \arg w < \pi$ を満たすとする。

図1，図2，図3は，$w$ の値を変えて点 $A_1$，$A_2$，$A_3$，…，$A_{20}$ を表示させたものである。ただし，観察しやすくするために，図1，図2，図3の間では，表示範囲を変えている。

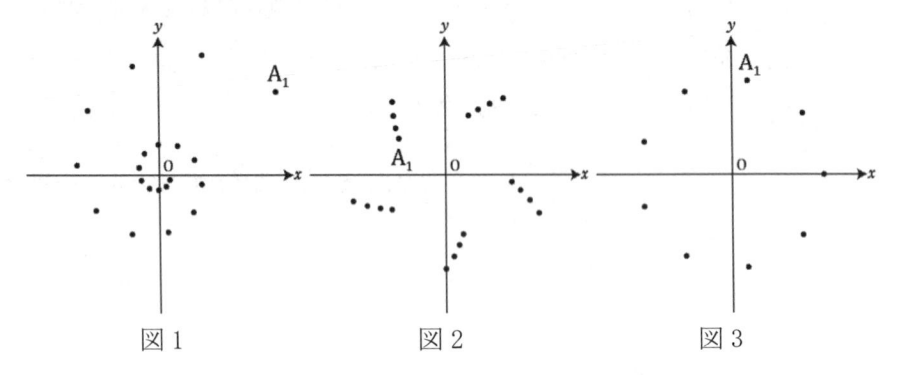

図1　　　　　　　図2　　　　　　　図3

太郎：$w$ の値によって，$A_1$ から $A_{20}$ までの点の様子もずいぶんいろいろなパターンがあるね。あれ，図3は点が 20 個ないよ。

花子：ためしに $A_{30}$ まで表示させても図3は変化しないね。同じところを何度も通っていくんだと思う。

太郎：図3に対して，$A_1$，$A_2$，$A_3$，…と線分で結んで点をたどってみると図4のようになったよ。なるほど，$A_1$ に戻ってきているね。

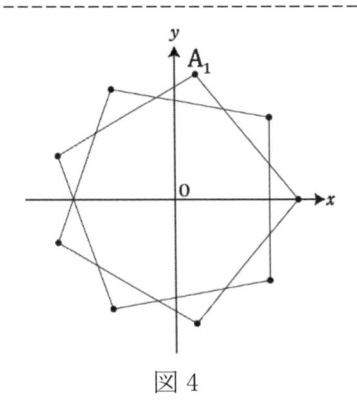

図4

（数学Ⅱ，数学B，数学C第7問は次ページに続く。）

図4をもとに，太郎さんは，$A_1$，$A_2$，$A_3$，$\cdots$と点をとっていって再び$A_1$に戻る場合に，点を順に線分で結んでできる図形について一般に考えることにした。すなわち，$A_1$と$A_n$が重なるような$n$があるとき，線分$A_1A_2$，$A_2A_3$，$\cdots$，$A_{n-1}A_n$をかいてできる図形について考える。このとき，$w = w^n$に着目すると $|w| = $ $\boxed{\text{イ}}$ であることがわかる。また，次のことが成り立つ。

- $1 \leqq k \leqq n-1$ に対して$A_kA_{k+1} = $ $\boxed{\boxed{\text{ウ}}}$ であり，つねに一定である。
- $2 \leqq k \leqq n-1$ に対して$\angle A_{k+1}A_kA_{k-1} = $ $\boxed{\boxed{\text{エ}}}$ であり，つねに一定である。

　ただし，$\angle A_{k+1}A_kA_{k-1}$は，線分$A_kA_{k+1}$を線分$A_kA_{k-1}$に重なるまで回転させた角とする。

　花子さんは，$n = 25$ のとき，すなわち，$A_1$と$A_{25}$が重なるとき，$A_1$から$A_{25}$までを順に線分で結んでできる図形が，正多角形になる場合を考えた。このような$w$の値は全部で $\boxed{\text{オ}}$ 個である。また，このような正多角形についてどの場合であっても，それぞれの正多角形に内接する円上の点を$z$とすると，$z$はつねに $\boxed{\boxed{\text{カ}}}$ を満たす。

$\boxed{\text{ウ}}$ の解答群

$\textcircled{0}$ $|w + 1|$　　$\textcircled{1}$ $|w - 1|$　　　$\textcircled{2}$ $|w| + 1$　　$\textcircled{3}$ $|w| - 1$

$\boxed{\text{エ}}$ の解答群

$\textcircled{0}$ $\arg w$　　$\textcircled{1}$ $\arg(-w)$　　　$\textcircled{2}$ $\arg \dfrac{1}{w}$　　$\textcircled{3}$ $\arg\left(-\dfrac{1}{w}\right)$

$\boxed{\text{カ}}$ の解答群

$\textcircled{0}$ $|z| = 1$　　　　　　$\textcircled{1}$ $|z - w| = 1$　　　$\textcircled{2}$ $|z| = |w + 1|$

$\textcircled{3}$ $|z| = |w - 1|$　　　$\textcircled{4}$ $|z - w| = |w + 1|$　$\textcircled{5}$ $|z - w| = |w - 1|$

$\textcircled{6}$ $|z| = \dfrac{|w + 1|}{2}$　　$\textcircled{7}$ $|z| = \dfrac{|w - 1|}{2}$

# 2024 本試

$$\binom{100点}{60分}$$

## 〔数学II・B〕

**注 意 事 項**

1　数学解答用紙（2024 本試）をキリトリ線より切り離し，試験開始の準備をしなさい。

2　時間を計り，上記の解答時間内で解答しなさい。

　ただし，納得のいくまで時間をかけて解答するという利用法でもかまいません。

3　第1問，第2問は必答。第3問〜第5問から2問選択。計4問を解答しなさい。

4　「解答用紙には解答欄以外に受験番号欄，氏名欄，試験場コード欄，解答科目欄があります。解答科目欄は解答する科目を一つ選び，科目名の下の◯にマークしなさい。その他の欄は自分自身で本番を想定し，正しく記入し，マークしなさい。

5　解答は解答用紙の解答欄にマークしなさい。

6　選択問題については，解答する問題を決めたあと，その問題番号の解答欄に解答しなさい。ただし，指定された問題数をこえて解答してはいけません。

7　問題の余白は適宜利用してよいが，どのページも切り離してはいけません。

## 第1問　(必答問題) (配点　30)

〔1〕

(1) $k > 0$，$k \neq 1$とする。関数$y = \log_k x$と$y = \log_2 kx$のグラフについて考えよう。

(i) $y = \log_3 x$のグラフは点$\left(27,\ \boxed{\text{ア}}\ \right)$を通る。また，$y = \log_2 \dfrac{x}{5}$のグラフは点$\left(\boxed{\text{イウ}},\ 1\right)$を通る。

(ii) $y = \log_k x$のグラフは，$k$の値によらず定点$\left(\boxed{\text{エ}},\ \boxed{\text{オ}}\right)$を通る。

(iii) $k = 2$，$3$，$4$のとき

$y = \log_k x$のグラフの概形は$\boxed{\text{カ}}$

$y = \log_2 kx$のグラフの概形は$\boxed{\text{キ}}$

である。

(数学Ⅱ・数学B第1問は次ページに続く。)

カ , キ については，最も適当なものを，次の⓪〜⑤のうちから一つずつ選べ。ただし，同じものを繰り返し選んでもよい。

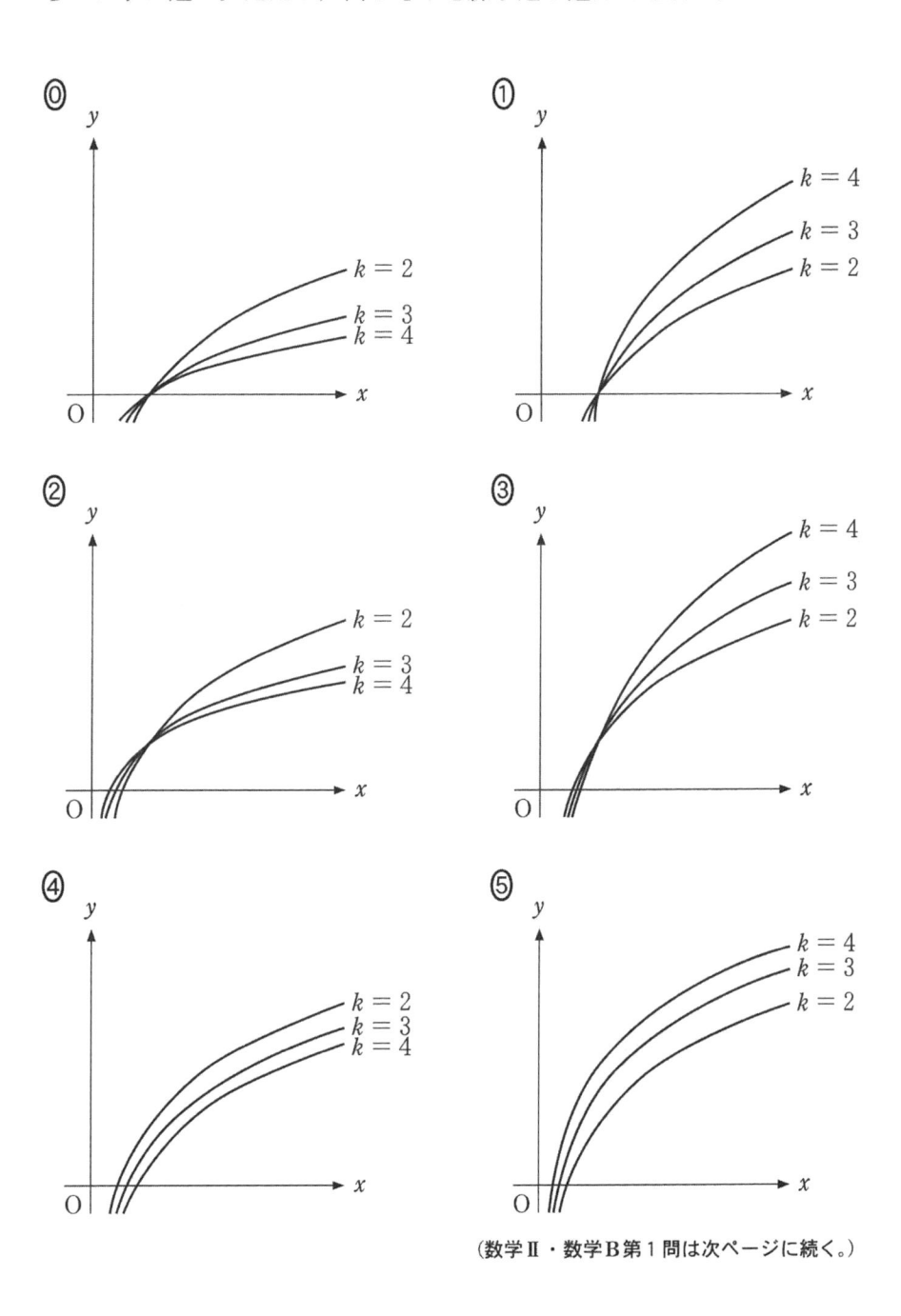

（数学Ⅱ・数学B第1問は次ページに続く。）

(2) $x > 0$，$x \neq 1$，$y > 0$ とする。$\log_x y$ について考えよう。

(i) 座標平面において，方程式 $\log_x y = 2$ の表す図形を図示すると，$\boxed{\text{ク}}$ の $x > 0$，$x \neq 1$，$y > 0$ の部分となる。

$\boxed{\text{ク}}$ については，最も適当なものを，次の ⓪ ～ ⑤ のうちから一つ選べ。

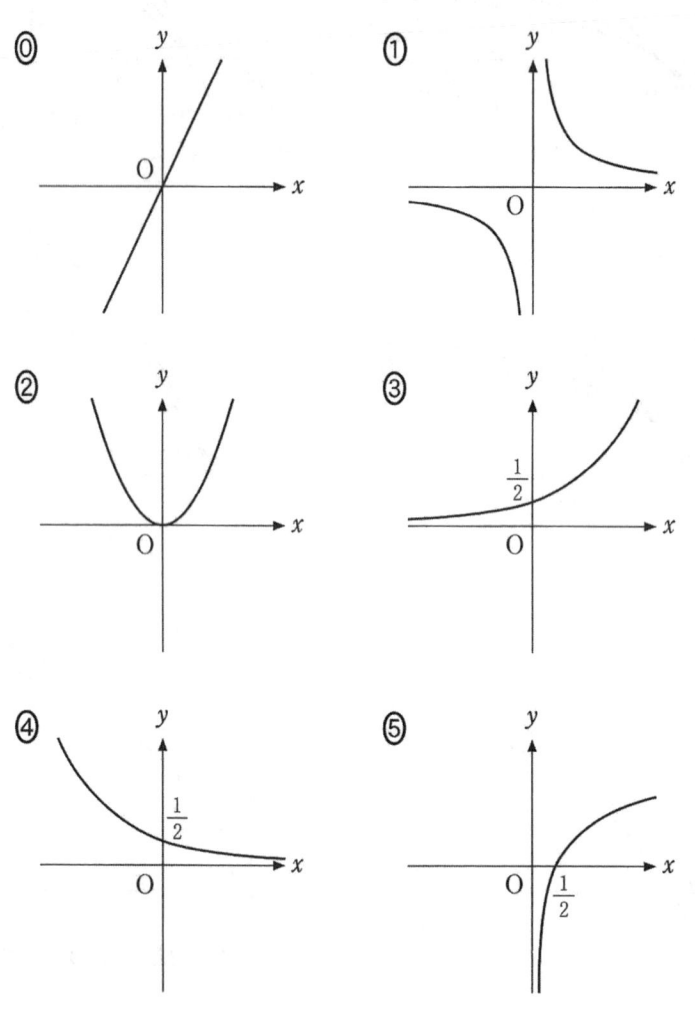

（数学Ⅱ・数学B第1問は次ページに続く。）

(ii) 座標平面において，不等式 $0 < \log_x y < 1$ の表す領域を図示すると，
$\boxed{\text{ケ}}$ の斜線部分となる。ただし，境界（境界線）は含まない。

$\boxed{\text{ケ}}$ については，最も適当なものを，次の⓪〜⑤のうちから一つ選べ。

⓪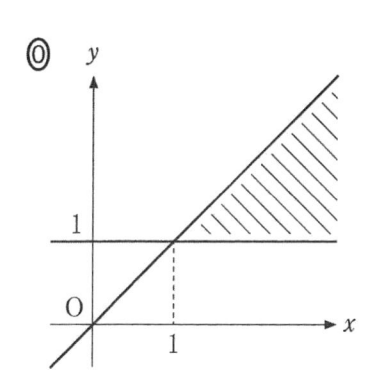

①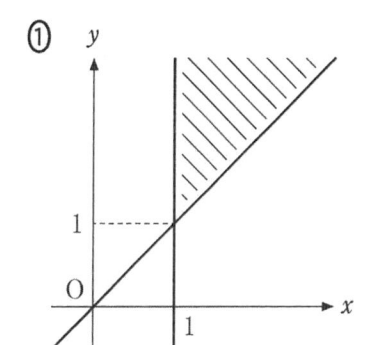

②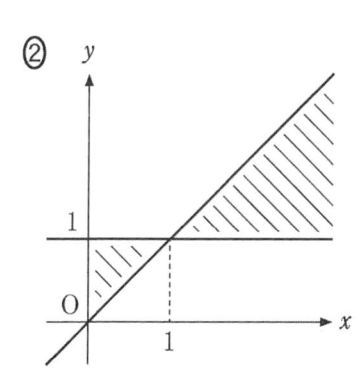

③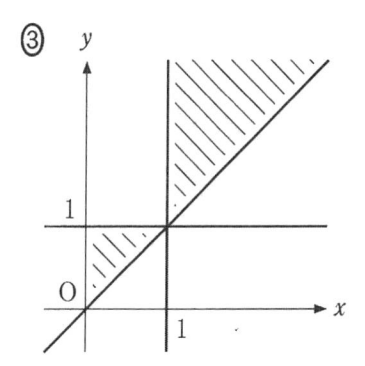

④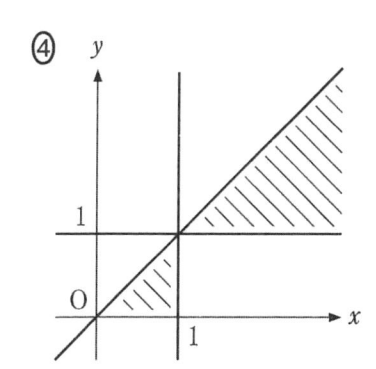

⑤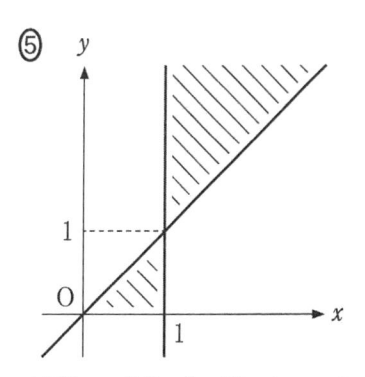

（数学Ⅱ・数学B第1問は次ページに続く。）

〔2〕 $S(x)$ を $x$ の 2 次式とする。$x$ の整式 $P(x)$ を $S(x)$ で割ったときの商を $T(x)$，余りを $U(x)$ とする。ただし，$S(x)$ と $P(x)$ の係数は実数であるとする。

(1) $P(x) = 2x^3 + 7x^2 + 10x + 5$，$S(x) = x^2 + 4x + 7$ の場合を考える。

方程式 $S(x) = 0$ の解は $x = \boxed{コサ} \pm \sqrt{\boxed{シ}}\, i$ である。

また，$T(x) = \boxed{ス}\, x - \boxed{セ}$，$U(x) = \boxed{ソタ}$ である。

（数学Ⅱ・数学B第1問は次ページに続く。）

(2) 方程式 $S(x) = 0$ は異なる二つの解 $\alpha$, $\beta$ をもつとする。このとき

$$P(x) \text{ を } S(x) \text{ で割った余りが定数になる}$$

ことと同値な条件を考える。

(i) 余りが定数になるときを考えてみよう。

仮定から，定数 $k$ を用いて $U(x) = k$ とおける。このとき，$\boxed{\text{チ}}$。

したがって，余りが定数になるとき，$\boxed{\text{ツ}}$ が成り立つ。

$\boxed{\text{チ}}$ については，最も適当なものを，次の ⓪〜③ のうちから一つ選べ。

---

⓪　$P(\alpha) = P(\beta) = k$ が成り立つことから，$P(x) = S(x)T(x) + k$ となることが導かれる。また，$P(\alpha) = P(\beta) = k$ が成り立つことから，$S(\alpha) = S(\beta) = 0$ となることが導かれる

①　$P(x) = S(x)T(x) + k$ かつ $P(\alpha) = P(\beta) = k$ が成り立つことから，$S(\alpha) = S(\beta) = 0$ となることが導かれる

②　$S(\alpha) = S(\beta) = 0$ が成り立つことから，$P(x) = S(x)T(x) + k$ となることが導かれる。また，$S(\alpha) = S(\beta) = 0$ が成り立つことから，$P(\alpha) = P(\beta) = k$ となることが導かれる

③　$P(x) = S(x)T(x) + k$ かつ $S(\alpha) = S(\beta) = 0$ が成り立つことから，$P(\alpha) = P(\beta) = k$ となることが導かれる

---

$\boxed{\text{ツ}}$ の解答群

---

| | |
|---|---|
| ⓪　$T(\alpha) = T(\beta)$ | ①　$P(\alpha) = P(\beta)$ |
| ②　$T(\alpha) \neq T(\beta)$ | ③　$P(\alpha) \neq P(\beta)$ |

---

（数学Ⅱ・数学B第1問は次ページに続く。）

(ii) 逆に $\boxed{\text{ツ}}$ が成り立つとき，余りが定数になるかを調べよう。

$S(x)$ が 2 次式であるから，$m$, $n$ を定数として $U(x) = mx + n$ とおける。$P(x)$ を $S(x)$, $T(x)$, $m$, $n$ を用いて表すと，$P(x) = \boxed{\text{テ}}$ となる。この等式の $x$ に $\alpha$, $\beta$ をそれぞれ代入すると $\boxed{\text{ト}}$ となるので，$\boxed{\text{ツ}}$ と $\alpha \neq \beta$ より $\boxed{\text{ナ}}$ となる。以上から余りが定数になることがわかる。

$\boxed{\text{テ}}$ の解答群

| | |
|---|---|
| ⓪ $(mx + n)S(x)T(x)$ | ① $S(x)T(x) + mx + n$ |
| ② $(mx + n)S(x) + T(x)$ | ③ $(mx + n)T(x) + S(x)$ |

$\boxed{\text{ト}}$ の解答群

⓪ $P(\alpha) = T(\alpha)$　かつ　$P(\beta) = T(\beta)$

① $P(\alpha) = m\alpha + n$　かつ　$P(\beta) = m\beta + n$

② $P(\alpha) = (m\alpha + n)T(\alpha)$　かつ　$P(\beta) = (m\beta + n)T(\beta)$

③ $P(\alpha) = P(\beta) = 0$

④ $P(\alpha) \neq 0$　かつ　$P(\beta) \neq 0$

$\boxed{\text{ナ}}$ の解答群

| | |
|---|---|
| ⓪ $m \neq 0$ | ① $m \neq 0$　かつ　$n = 0$ |
| ② $m \neq 0$　かつ　$n \neq 0$ | ③ $m = 0$ |
| ④ $m = n = 0$ | ⑤ $m = 0$　かつ　$n \neq 0$ |
| ⑥ $n = 0$ | ⑦ $n \neq 0$ |

（数学Ⅱ・数学B第1問は次ページに続く。）

(i), (ii)の考察から，方程式 $S(x) = 0$ が異なる二つの解 $\alpha$, $\beta$ をもつとき，$P(x)$ を $S(x)$ で割った余りが定数になることと $\boxed{\text{ツ}}$ であることは同値である。

(3) $p$ を定数とし，$P(x) = x^{10} - 2x^9 - px^2 - 5x$，$S(x) = x^2 - x - 2$ の場合を考える。$P(x)$ を $S(x)$ で割った余りが定数になるとき，$p = \boxed{\text{ニヌ}}$ となり，その余りは $\boxed{\text{ネノ}}$ となる。

# 第2問 （必答問題）（配点 30）

$m$ を $m > 1$ を満たす定数とし，$f(x) = 3(x-1)(x-m)$ とする。また，$S(x) = \displaystyle\int_0^x f(t)\,dt$ とする。関数 $y = f(x)$ と $y = S(x)$ のグラフの関係について考えてみよう。

(1) $m = 2$ のとき，すなわち，$f(x) = 3(x-1)(x-2)$ のときを考える。

(i) $f'(x) = 0$ となる $x$ の値は $x = \dfrac{\boxed{\text{ア}}}{\boxed{\text{イ}}}$ である。

(ii) $S(x)$ を計算すると

$$S(x) = \int_0^x f(t)\,dt$$

$$= \int_0^x \left( 3t^2 - \boxed{\text{ウ}}\,t + \boxed{\text{エ}} \right) dt$$

$$= x^3 - \dfrac{\boxed{\text{オ}}}{\boxed{\text{カ}}}\,x^2 + \boxed{\text{キ}}\,x$$

であるから

$x = \boxed{\text{ク}}$ のとき，$S(x)$ は極大値 $\dfrac{\boxed{\text{ケ}}}{\boxed{\text{コ}}}$ をとり

$x = \boxed{\text{サ}}$ のとき，$S(x)$ は極小値 $\boxed{\text{シ}}$ をとることがわかる。

（数学Ⅱ・数学B第2問は次ページに続く。）

(iii) $f(3)$と一致するものとして，次の⓪～④のうち，正しいものは $\boxed{\text{ス}}$ である。

$\boxed{\text{ス}}$ の解答群

---

⓪ $S(3)$

① 2点$(2, S(2))$，$(4, S(4))$を通る直線の傾き

② 2点$(0, 0)$，$(3, S(3))$を通る直線の傾き

③ 関数 $y = S(x)$ のグラフ上の点$(3, S(3))$における接線の傾き

④ 関数 $y = f(x)$ のグラフ上の点$(3, f(3))$における接線の傾き

---

（数学Ⅱ・数学B第2問は次ページに続く。）

(2)　$0 \leqq x \leqq 1$ の範囲で，関数 $y = f(x)$ のグラフと $x$ 軸および $y$ 軸で囲まれた図形の面積を $S_1$，　$1 \leqq x \leqq m$ の範囲で，関数 $y = f(x)$ のグラフと $x$ 軸で囲まれた図形の面積を $S_2$ とする。このとき，$S_1 = \boxed{\text{セ}}$，$S_2 = \boxed{\text{ソ}}$ である。

$S_1 = S_2$ となるのは $\boxed{\text{タ}} = 0$ のときであるから，$S_1 = S_2$ が成り立つような $f(x)$ に対する関数 $y = S(x)$ のグラフの概形は $\boxed{\text{チ}}$ である。また，$S_1 > S_2$ が成り立つような $f(x)$ に対する関数 $y = S(x)$ のグラフの概形は $\boxed{\text{ツ}}$ である。

$\boxed{\text{セ}}$，　$\boxed{\text{ソ}}$ の解答群（同じものを繰り返し選んでもよい。）

| | | |
|---|---|---|
| ⓪ $\displaystyle\int_0^1 f(x)\,dx$ | ① $\displaystyle\int_0^m f(x)\,dx$ | ② $\displaystyle\int_1^m f(x)\,dx$ |
| ③ $\displaystyle\int_0^1 \{-f(x)\}\,dx$ | ④ $\displaystyle\int_0^m \{-f(x)\}\,dx$ | ⑤ $\displaystyle\int_1^m \{-f(x)\}\,dx$ |

$\boxed{\text{タ}}$ の解答群

| | |
|---|---|
| ⓪ $\displaystyle\int_0^1 f(x)\,dx$ | ① $\displaystyle\int_0^m f(x)\,dx$ |
| ② $\displaystyle\int_1^m f(x)\,dx$ | ③ $\displaystyle\int_0^1 f(x)\,dx - \int_0^m f(x)\,dx$ |
| ④ $\displaystyle\int_0^1 f(x)\,dx - \int_1^m f(x)\,dx$ | ⑤ $\displaystyle\int_0^1 f(x)\,dx + \int_0^m f(x)\,dx$ |
| ⑥ $\displaystyle\int_0^m f(x)\,dx + \int_1^m f(x)\,dx$ | |

（数学Ⅱ・数学B第2問は次ページに続く。）

$\boxed{\text{チ}}$，$\boxed{\text{ツ}}$ については，最も適当なものを，次の⓪〜⑤のうちから一つずつ選べ。ただし，同じものを繰り返し選んでもよい。

⓪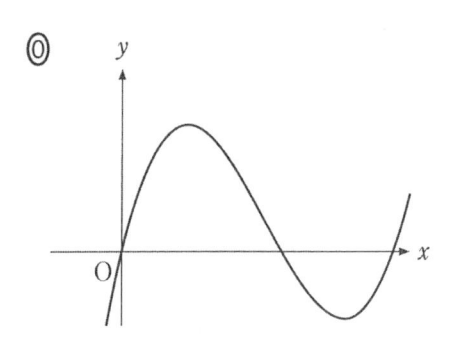

①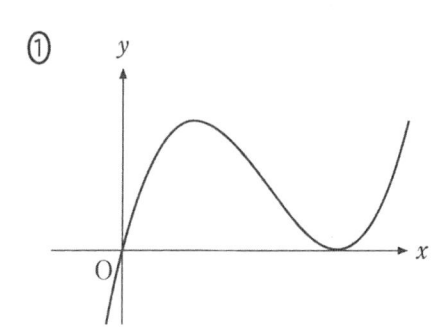

②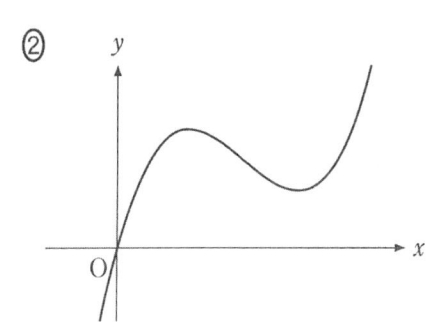

③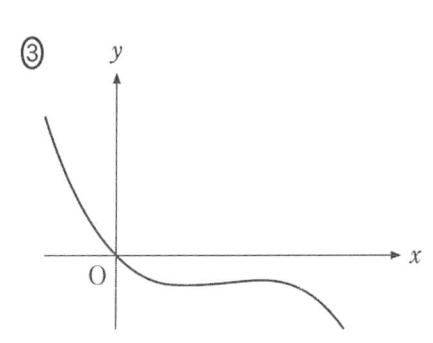

④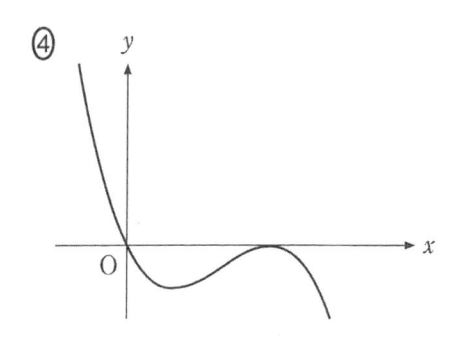

⑤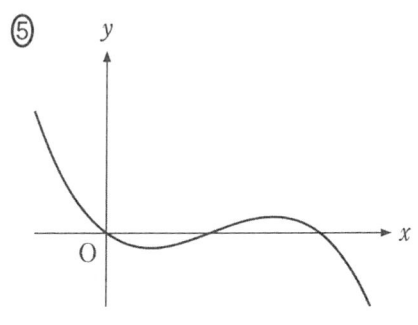

（数学Ⅱ・数学B第2問は次ページに続く。）

(3) 関数 $y = f(x)$ のグラフの特徴から関数 $y = S(x)$ のグラフの特徴を考えてみよう。

関数 $y = f(x)$ のグラフは直線 $x = \boxed{\text{テ}}$ に関して対称であるから，すべての正の実数 $p$ に対して

$$\int_{1-p}^{1} f(x)\,dx = \int_{m}^{\boxed{\text{ト}}} f(x)\,dx \qquad \cdots\cdots\cdots\cdots\cdots ①$$

が成り立ち，$M = \boxed{\text{テ}}$ とおくと $0 < q \leqq M - 1$ であるすべての実数 $q$ に対して

$$\int_{M-q}^{M} \{-f(x)\}\,dx = \int_{M}^{\boxed{\text{ナ}}} \{-f(x)\}\,dx \qquad \cdots\cdots\cdots\cdots\cdots ②$$

が成り立つことがわかる。すべての実数 $\alpha,\ \beta$ に対して

$$\int_{\alpha}^{\beta} f(x)\,dx = S(\beta) - S(\alpha)$$

が成り立つことに注意すれば，① と ② はそれぞれ

$$S(1 - p) + S\left(\boxed{\text{ト}}\right) = \boxed{\text{ニ}}$$

$$2\,S(M) = \boxed{\text{ヌ}}$$

となる。

　以上から，すべての正の実数 $p$ に対して，2点 $(1 - p,\ S(1 - p))$，$\left(\boxed{\text{ト}},\ S\left(\boxed{\text{ト}}\right)\right)$ を結ぶ線分の中点についての記述として，後の ⓪〜⑤ のうち，最も適当なものは $\boxed{\text{ネ}}$ である。

(数学Ⅱ・数学B第2問は次ページに続く。)

⓪ $m$       ① $\dfrac{m}{2}$       ② $m+1$       ③ $\dfrac{m+1}{2}$

ト の解答群

⓪ $1-p$       ① $p$       ② $1+p$
③ $m-p$       ④ $m+p$

ナ の解答群

⓪ $M-q$       ① $M$       ② $M+q$
③ $M+m-q$       ④ $M+m$       ⑤ $M+m+q$

ニ の解答群

⓪ $S(1)+S(m)$       ① $S(1)+S(p)$       ② $S(1)-S(m)$
③ $S(1)-S(p)$       ④ $S(p)-S(m)$       ⑤ $S(m)-S(p)$

ヌ の解答群

⓪ $S(M-q)+S(M+m-q)$       ① $S(M-q)+S(M+m)$
② $S(M-q)+S(M)$       ③ $2S(M-q)$
④ $S(M+q)+S(M-q)$       ⑤ $S(M+m+q)+S(M-q)$

ネ の解答群

⓪ $x$ 座標は $p$ の値によらず一つに定まり，$y$ 座標は $p$ の値により変わる。
① $x$ 座標は $p$ の値により変わり，$y$ 座標は $p$ の値によらず一つに定まる。
② 中点は $p$ の値によらず一つに定まり，関数 $y=S(x)$ のグラフ上にある。
③ 中点は $p$ の値によらず一つに定まり，関数 $y=f(x)$ のグラフ上にある。
④ 中点は $p$ の値によって動くが，つねに関数 $y=S(x)$ のグラフ上にある。
⑤ 中点は $p$ の値によって動くが，つねに関数 $y=f(x)$ のグラフ上にある。

## 第 3 問 （選択問題）（配点 20）

以下の問題を解答するにあたっては，必要に応じて 21 ページの正規分布表を用いてもよい。また，ここでの**晴れ**の定義については，気象庁の天気概況の「快晴」または「晴」とする。

(1) 太郎さんは，自分が住んでいる地域において，日曜日に**晴れ**となる確率を考えている。

**晴れ**の場合は 1，**晴れ**以外の場合は 0 の値をとる確率変数を $X$ と定義する。また，$X = 1$ である確率を $p$ とすると，その確率分布は表 1 のようになる。

表　1

| $X$ | 0 | 1 | 計 |
|:---:|:---:|:---:|:---:|
| 確　率 | $1-p$ | $p$ | 1 |

この確率変数 $X$ の平均（期待値）を $m$ とすると

$$m = \boxed{\phantom{ア}\ \text{ア}\ }$$

となる。

太郎さんは，ある期間における連続した $n$ 週の日曜日の天気を，表 1 の確率分布をもつ母集団から無作為に抽出した大きさ $n$ の標本とみなし，それらの $X$ を確率変数 $X_1$，$X_2$，$\cdots$，$X_n$ で表すことにした。そして，その標本平均 $\overline{X}$ を利用して，母平均 $m$ を推定しようと考えた。実際に $n = 300$ として**晴れ**の日数を調べたところ，表 2 のようになった。

表　2

| 天　気 | 日　数 |
|:---:|:---:|
| **晴れ** | 75 |
| **晴れ以外** | 225 |
| 計 | 300 |

（数学Ⅱ・数学 B 第 3 問は次ページに続く。）

母標準偏差を $\sigma$ とすると，$n = 300$ は十分に大きいので，標本平均 $\overline{X}$ は近似的に正規分布 $N\left(m,\ \boxed{\ \ \text{イ}\ \ }\right)$ に従う。

一般に，母標準偏差 $\sigma$ がわからないとき，標本の大きさ $n$ が大きければ，$\sigma$ の代わりに標本の標準偏差 $S$ を用いてもよいことが知られている。$S$ は

$$S = \sqrt{\frac{1}{n}\{(X_1 - \overline{X})^2 + (X_2 - \overline{X})^2 + \cdots + (X_n - \overline{X})^2\}}$$

$$= \sqrt{\frac{1}{n}(X_1{}^2 + X_2{}^2 + \cdots + X_n{}^2) - \boxed{\ \ \text{ウ}\ \ }}$$

で計算できる。ここで，$X_1{}^2 = X_1,\ X_2{}^2 = X_2,\ \cdots,\ X_n{}^2 = X_n$ であることに着目し，右辺を整理すると，$S = \sqrt{\boxed{\ \ \text{エ}\ \ }}$ と表されることがわかる。

よって，表 2 より，大きさ $n = 300$ の標本から求められる母平均 $m$ に対する信頼度 95 % の信頼区間は $\boxed{\ \ \text{オ}\ \ }$ となる。

$\boxed{\ \text{ア}\ }$ の解答群

| | | | |
|---|---|---|---|
| ⓪ $p$ | ① $p^2$ | ② $1 - p$ | ③ $(1 - p)^2$ |

$\boxed{\ \text{イ}\ }$ の解答群

| | | | | |
|---|---|---|---|---|
| ⓪ $\sigma$ | ① $\sigma^2$ | ② $\dfrac{\sigma}{n}$ | ③ $\dfrac{\sigma^2}{n}$ | ④ $\dfrac{\sigma}{\sqrt{n}}$ |

$\boxed{\ \text{ウ}\ }$，$\boxed{\ \text{エ}\ }$ の解答群（同じものを繰り返し選んでもよい。）

| | | | |
|---|---|---|---|
| ⓪ $\overline{X}$ | ① $(\overline{X})^2$ | ② $\overline{X}(1 - \overline{X})$ | ③ $1 - \overline{X}$ |

$\boxed{\ \text{オ}\ }$ については，最も適当なものを，次の ⓪〜⑤ のうちから一つ選べ。

| | |
|---|---|
| ⓪ $0.201 \leqq m \leqq 0.299$ | ① $0.209 \leqq m \leqq 0.291$ |
| ② $0.225 \leqq m \leqq 0.250$ | ③ $0.225 \leqq m \leqq 0.275$ |
| ④ $0.247 \leqq m \leqq 0.253$ | ⑤ $0.250 \leqq m \leqq 0.275$ |

（数学 II・数学 B 第 3 問は次ページに続く。）

(2) ある期間において，「ちょうど 3 週続けて日曜日の天気が**晴れ**になること」がどのくらいの頻度で起こり得るのかを考察しよう。以下では，連続する $k$ 週の日曜日の天気について，(1)の太郎さんが考えた確率変数のうち $X_1$, $X_2$, $\cdots$, $X_k$ を用いて調べる。ただし，$k$ は 3 以上 300 以下の自然数とする。

　$X_1$, $X_2$, $\cdots$, $X_k$ の値を順に並べたときの 0 と 1 からなる列において，「ちょうど三つ続けて 1 が現れる部分」を A とし，A の個数を確率変数 $U_k$ で表す。例えば，$k = 20$ とし，$X_1$, $X_2$, $\cdots$, $X_{20}$ の値を順に並べたとき

$$1, 1, 1, 1, 0, \underset{\text{A}}{\underline{1, 1, 1}}, 0, 0, 1, 1, 1, 1, 1, 0, 0, \underset{\text{A}}{\underline{1, 1, 1}}$$

であったとする。この例では，下線部分は A を示しており，1 が四つ以上続く部分は A とはみなさないので，$U_{20} = 2$ となる。

　$k = 4$ のとき，$X_1$, $X_2$, $X_3$, $X_4$ のとり得る値と，それに対応した $U_4$ の値を書き出すと，表 3 のようになる。

表　3

| $X_1$ | $X_2$ | $X_3$ | $X_4$ | $U_4$ |
|---|---|---|---|---|
| 0 | 0 | 0 | 0 | 0 |
| 1 | 0 | 0 | 0 | 0 |
| 0 | 1 | 0 | 0 | 0 |
| 0 | 0 | 1 | 0 | 0 |
| 0 | 0 | 0 | 1 | 0 |
| 1 | 1 | 0 | 0 | 0 |
| 1 | 0 | 1 | 0 | 0 |
| 1 | 0 | 0 | 1 | 0 |
| 0 | 1 | 1 | 0 | 0 |
| 0 | 1 | 0 | 1 | 0 |
| 0 | 0 | 1 | 1 | 0 |
| 1 | 1 | 1 | 0 | 1 |
| 1 | 1 | 0 | 1 | 0 |
| 1 | 0 | 1 | 1 | 0 |
| 0 | 1 | 1 | 1 | 1 |
| 1 | 1 | 1 | 1 | 0 |

（数学Ⅱ・数学B第3問は次ページに続く。）

ここで，$U_k$ の期待値を求めてみよう。(1)における $p$ の値を $p = \dfrac{1}{4}$ とする。

$k = 4$ のとき，$U_4$ の期待値は

$$E(U_4) = \frac{\boxed{\text{カ}}}{128}$$

となる。$k = 5$ のとき，$U_5$ の期待値は

$$E(U_5) = \frac{\boxed{\text{キク}}}{1024}$$

となる。

4 以上の $k$ について，$k$ と $E(U_k)$ の関係を詳しく調べると，座標平面上の点 $(4, E(U_4))$，$(5, E(U_5))$，$\cdots$，$(300, E(U_{300}))$ は一つの直線上にあることがわかる。この事実によって

$$E(U_{300}) = \frac{\boxed{\text{ケコ}}}{\boxed{\text{サ}}}$$

となる。

（数学Ⅱ・数学B第3問は 21 ページに続く。）

（下 書 き 用 紙）

数学Ⅱ・数学Bの試験問題は次に続く。

# 正　規　分　布　表

　次の表は，標準正規分布の分布曲線における右図の灰色部分の面積の値をまとめたものである。

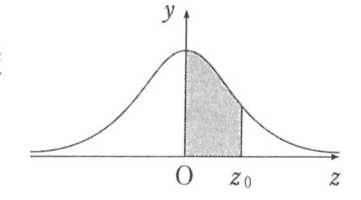

| $z_0$ | 0.00 | 0.01 | 0.02 | 0.03 | 0.04 | 0.05 | 0.06 | 0.07 | 0.08 | 0.09 |
|---|---|---|---|---|---|---|---|---|---|---|
| 0.0 | 0.0000 | 0.0040 | 0.0080 | 0.0120 | 0.0160 | 0.0199 | 0.0239 | 0.0279 | 0.0319 | 0.0359 |
| 0.1 | 0.0398 | 0.0438 | 0.0478 | 0.0517 | 0.0557 | 0.0596 | 0.0636 | 0.0675 | 0.0714 | 0.0753 |
| 0.2 | 0.0793 | 0.0832 | 0.0871 | 0.0910 | 0.0948 | 0.0987 | 0.1026 | 0.1064 | 0.1103 | 0.1141 |
| 0.3 | 0.1179 | 0.1217 | 0.1255 | 0.1293 | 0.1331 | 0.1368 | 0.1406 | 0.1443 | 0.1480 | 0.1517 |
| 0.4 | 0.1554 | 0.1591 | 0.1628 | 0.1664 | 0.1700 | 0.1736 | 0.1772 | 0.1808 | 0.1844 | 0.1879 |
| 0.5 | 0.1915 | 0.1950 | 0.1985 | 0.2019 | 0.2054 | 0.2088 | 0.2123 | 0.2157 | 0.2190 | 0.2224 |
| 0.6 | 0.2257 | 0.2291 | 0.2324 | 0.2357 | 0.2389 | 0.2422 | 0.2454 | 0.2486 | 0.2517 | 0.2549 |
| 0.7 | 0.2580 | 0.2611 | 0.2642 | 0.2673 | 0.2704 | 0.2734 | 0.2764 | 0.2794 | 0.2823 | 0.2852 |
| 0.8 | 0.2881 | 0.2910 | 0.2939 | 0.2967 | 0.2995 | 0.3023 | 0.3051 | 0.3078 | 0.3106 | 0.3133 |
| 0.9 | 0.3159 | 0.3186 | 0.3212 | 0.3238 | 0.3264 | 0.3289 | 0.3315 | 0.3340 | 0.3365 | 0.3389 |
| 1.0 | 0.3413 | 0.3438 | 0.3461 | 0.3485 | 0.3508 | 0.3531 | 0.3554 | 0.3577 | 0.3599 | 0.3621 |
| 1.1 | 0.3643 | 0.3665 | 0.3686 | 0.3708 | 0.3729 | 0.3749 | 0.3770 | 0.3790 | 0.3810 | 0.3830 |
| 1.2 | 0.3849 | 0.3869 | 0.3888 | 0.3907 | 0.3925 | 0.3944 | 0.3962 | 0.3980 | 0.3997 | 0.4015 |
| 1.3 | 0.4032 | 0.4049 | 0.4066 | 0.4082 | 0.4099 | 0.4115 | 0.4131 | 0.4147 | 0.4162 | 0.4177 |
| 1.4 | 0.4192 | 0.4207 | 0.4222 | 0.4236 | 0.4251 | 0.4265 | 0.4279 | 0.4292 | 0.4306 | 0.4319 |
| 1.5 | 0.4332 | 0.4345 | 0.4357 | 0.4370 | 0.4382 | 0.4394 | 0.4406 | 0.4418 | 0.4429 | 0.4441 |
| 1.6 | 0.4452 | 0.4463 | 0.4474 | 0.4484 | 0.4495 | 0.4505 | 0.4515 | 0.4525 | 0.4535 | 0.4545 |
| 1.7 | 0.4554 | 0.4564 | 0.4573 | 0.4582 | 0.4591 | 0.4599 | 0.4608 | 0.4616 | 0.4625 | 0.4633 |
| 1.8 | 0.4641 | 0.4649 | 0.4656 | 0.4664 | 0.4671 | 0.4678 | 0.4686 | 0.4693 | 0.4699 | 0.4706 |
| 1.9 | 0.4713 | 0.4719 | 0.4726 | 0.4732 | 0.4738 | 0.4744 | 0.4750 | 0.4756 | 0.4761 | 0.4767 |
| 2.0 | 0.4772 | 0.4778 | 0.4783 | 0.4788 | 0.4793 | 0.4798 | 0.4803 | 0.4808 | 0.4812 | 0.4817 |
| 2.1 | 0.4821 | 0.4826 | 0.4830 | 0.4834 | 0.4838 | 0.4842 | 0.4846 | 0.4850 | 0.4854 | 0.4857 |
| 2.2 | 0.4861 | 0.4864 | 0.4868 | 0.4871 | 0.4875 | 0.4878 | 0.4881 | 0.4884 | 0.4887 | 0.4890 |
| 2.3 | 0.4893 | 0.4896 | 0.4898 | 0.4901 | 0.4904 | 0.4906 | 0.4909 | 0.4911 | 0.4913 | 0.4916 |
| 2.4 | 0.4918 | 0.4920 | 0.4922 | 0.4925 | 0.4927 | 0.4929 | 0.4931 | 0.4932 | 0.4934 | 0.4936 |
| 2.5 | 0.4938 | 0.4940 | 0.4941 | 0.4943 | 0.4945 | 0.4946 | 0.4948 | 0.4949 | 0.4951 | 0.4952 |
| 2.6 | 0.4953 | 0.4955 | 0.4956 | 0.4957 | 0.4959 | 0.4960 | 0.4961 | 0.4962 | 0.4963 | 0.4964 |
| 2.7 | 0.4965 | 0.4966 | 0.4967 | 0.4968 | 0.4969 | 0.4970 | 0.4971 | 0.4972 | 0.4973 | 0.4974 |
| 2.8 | 0.4974 | 0.4975 | 0.4976 | 0.4977 | 0.4977 | 0.4978 | 0.4979 | 0.4979 | 0.4980 | 0.4981 |
| 2.9 | 0.4981 | 0.4982 | 0.4982 | 0.4983 | 0.4984 | 0.4984 | 0.4985 | 0.4985 | 0.4986 | 0.4986 |
| 3.0 | 0.4987 | 0.4987 | 0.4987 | 0.4988 | 0.4988 | 0.4989 | 0.4989 | 0.4989 | 0.4990 | 0.4990 |

## 第 4 問 （選択問題）（配点 20）

(1) 数列 $\{a_n\}$ が

$$a_{n+1} - a_n = 14 \quad (n = 1, 2, 3, \cdots)$$

を満たすとする。

$a_1 = 10$ のとき，$a_2 = \boxed{\text{アイ}}$，$a_3 = \boxed{\text{ウエ}}$ である。

数列 $\{a_n\}$ の一般項は，初項 $a_1$ を用いて

$$a_n = a_1 + \boxed{\text{オカ}} \, (n - 1)$$

と表すことができる。

(2) 数列 $\{b_n\}$ が

$$2\,b_{n+1} - b_n + 3 = 0 \quad (n = 1, 2, 3, \cdots)$$

を満たすとする。

数列 $\{b_n\}$ の一般項は，初項 $b_1$ を用いて

$$b_n = \left(b_1 + \boxed{\text{キ}}\right) \left(\frac{\boxed{\text{ク}}}{\boxed{\text{ケ}}}\right)^{n-1} - \boxed{\text{コ}}$$

と表すことができる。

（数学 II・数学 B 第 4 問は次ページに続く。）

(3) 太郎さんは

$$(c_n + 3)(2c_{n+1} - c_n + 3) = 0 \quad (n = 1, 2, 3, \cdots) \cdots\cdots ①$$

を満たす数列 $\{c_n\}$ について調べることにした。

(i)

- 数列 $\{c_n\}$ が ① を満たし，$c_1 = 5$ のとき，$c_2 = \boxed{サ}$ である。

- 数列 $\{c_n\}$ が ① を満たし，$c_3 = -3$ のとき，$c_2 = \boxed{シス}$，$c_1 = \boxed{セソ}$ である。

(ii) 太郎さんは，数列 $\{c_n\}$ が ① を満たし，$c_3 = -3$ となる場合について考えている。

$c_3 = -3$ のとき，$c_4$ がどのような値でも

$$(c_3 + 3)(2c_4 - c_3 + 3) = 0$$

が成り立つ。

- 数列 $\{c_n\}$ が ① を満たし，$c_3 = -3$，$c_4 = 5$ のとき

$$c_1 = \boxed{セソ}, \quad c_2 = \boxed{シス}, \quad c_3 = -3, \quad c_4 = 5, \quad c_5 = \boxed{タ}$$

である。

- 数列 $\{c_n\}$ が ① を満たし，$c_3 = -3$，$c_4 = 83$ のとき

$$c_1 = \boxed{セソ}, \quad c_2 = \boxed{シス}, \quad c_3 = -3, \quad c_4 = 83, \quad c_5 = \boxed{チツ}$$

である。

（数学Ⅱ・数学B第４問は次ページに続く。）

(iii) 太郎さんは(i)と(ii)から，$c_n = -3$ となることがあるかどうかに着目し，次の**命題 A** が成り立つのではないかと考えた。

**命題 A**　数列 $\{c_n\}$ が ① を満たし，$c_1 \neq -3$ であるとする。このとき，すべての自然数 $n$ について $c_n \neq -3$ である。

　　**命題 A** が真であることを証明するには，**命題 A** の仮定を満たす数列 $\{c_n\}$ について，$\boxed{\phantom{テ}\text{テ}\phantom{テ}}$ を示せばよい。

　　実際，このようにして**命題 A** が真であることを証明できる。

　　$\boxed{\phantom{テ}\text{テ}\phantom{テ}}$ については，最も適当なものを，次の ⓪ ～ ④ のうちから一つ選べ。

⓪　$c_2 \neq -3$ かつ $c_3 \neq -3$ であること

①　$c_{100} \neq -3$ かつ $c_{200} \neq -3$ であること

②　$c_{100} \neq -3$ ならば $c_{101} \neq -3$ であること

③　$n = k$ のとき $c_n \neq -3$ が成り立つと仮定すると，$n = k+1$ のときも $c_n \neq -3$ が成り立つこと

④　$n = k$ のとき $c_n = -3$ が成り立つと仮定すると，$n = k+1$ のときも $c_n = -3$ が成り立つこと

（数学Ⅱ・数学 B 第 4 問は次ページに続く。）

(iv) 次の (I), (II), (III) は，数列 $\{c_n\}$ に関する命題である。

(I) $c_1 = 3$ かつ $c_{100} = -3$ であり，かつ ① を満たす数列 $\{c_n\}$ がある。

(II) $c_1 = -3$ かつ $c_{100} = -3$ であり，かつ ① を満たす数列 $\{c_n\}$ がある。

(III) $c_1 = -3$ かつ $c_{100} = 3$ であり，かつ ① を満たす数列 $\{c_n\}$ がある。

(I), (II), (III) の真偽の組合せとして正しいものは $\boxed{\text{ト}}$ である。

$\boxed{\text{ト}}$ の解答群

| | ⓪ | ① | ② | ③ | ④ | ⑤ | ⑥ | ⑦ |
|---|---|---|---|---|---|---|---|---|
| (I) | 真 | 真 | 真 | 真 | 偽 | 偽 | 偽 | 偽 |
| (II) | 真 | 真 | 偽 | 偽 | 真 | 真 | 偽 | 偽 |
| (III) | 真 | 偽 | 真 | 偽 | 真 | 偽 | 真 | 偽 |

## 第 5 問 （選択問題）（配点 20）

点 O を原点とする座標空間に 4 点 A$(2, 7, -1)$，B$(3, 6, 0)$，C$(-8, 10, -3)$，D$(-9, 8, -4)$ がある。A，B を通る直線を $\ell_1$ とし，C，D を通る直線を $\ell_2$ とする。

(1)

$$\overrightarrow{AB} = \left( \boxed{\text{ア}}, \boxed{\text{イウ}}, \boxed{\text{エ}} \right)$$

であり，$\overrightarrow{AB} \cdot \overrightarrow{CD} = \boxed{\text{オ}}$ である。

(2) 花子さんと太郎さんは，点 P が $\ell_1$ 上を動くとき，$\left|\overrightarrow{OP}\right|$ が最小となる P の位置について考えている。

P が $\ell_1$ 上にあるので，$\overrightarrow{AP} = s\overrightarrow{AB}$ を満たす実数 $s$ があり，$\overrightarrow{OP} = \boxed{\text{カ}}$ が成り立つ。

$\left|\overrightarrow{OP}\right|$ が最小となる $s$ の値を求めれば P の位置が求まる。このことについて，花子さんと太郎さんが話をしている。

---

花子：$\left|\overrightarrow{OP}\right|^2$ が最小となる $s$ の値を求めればよいね。

太郎：$\left|\overrightarrow{OP}\right|$ が最小となるときの直線 OP と $\ell_1$ の関係に着目してもよさそうだよ。

---

（数学Ⅱ・数学B第 5 問は次ページに続く。）

$\left| \overrightarrow{\mathrm{OP}} \right|^2 = \boxed{\text{キ}}\, s^2 - \boxed{\text{クケ}}\, s + \boxed{\text{コサ}}$ である。

また, $\left| \overrightarrow{\mathrm{OP}} \right|$ が最小となるとき, 直線 OP と $\ell_1$ の関係に着目すると $\boxed{\text{シ}}$ が成り立つことがわかる。

花子さんの考え方でも, 太郎さんの考え方でも, $s = \boxed{\text{ス}}$ のとき $\left| \overrightarrow{\mathrm{OP}} \right|$ が最小となることがわかる。

$\boxed{\text{カ}}$ の解答群

⓪ $s\overrightarrow{\mathrm{AB}}$　　　　　　　① $s\overrightarrow{\mathrm{OB}}$

② $\overrightarrow{\mathrm{OA}} + s\overrightarrow{\mathrm{AB}}$　　　　　③ $(1 - 2s)\overrightarrow{\mathrm{OA}} + s\overrightarrow{\mathrm{OB}}$

④ $(1 - s)\overrightarrow{\mathrm{OA}} + s\overrightarrow{\mathrm{AB}}$

$\boxed{\text{シ}}$ の解答群

⓪ $\overrightarrow{\mathrm{OP}} \cdot \overrightarrow{\mathrm{AB}} > 0$　　　　　① $\overrightarrow{\mathrm{OP}} \cdot \overrightarrow{\mathrm{AB}} = 0$

② $\overrightarrow{\mathrm{OP}} \cdot \overrightarrow{\mathrm{AB}} < 0$　　　　　③ $\left| \overrightarrow{\mathrm{OP}} \right| = \left| \overrightarrow{\mathrm{AB}} \right|$

④ $\overrightarrow{\mathrm{OP}} \cdot \overrightarrow{\mathrm{AB}} = \overrightarrow{\mathrm{OB}} \cdot \overrightarrow{\mathrm{AP}}$　　　⑤ $\overrightarrow{\mathrm{OB}} \cdot \overrightarrow{\mathrm{AP}} = 0$

⑥ $\overrightarrow{\mathrm{OP}} \cdot \overrightarrow{\mathrm{AB}} = \left| \overrightarrow{\mathrm{OP}} \right| \left| \overrightarrow{\mathrm{AB}} \right|$

（数学Ⅱ・数学B第5問は次ページに続く。）

(3) 点 P が $\ell_1$ 上を動き，点 Q が $\ell_2$ 上を動くとする。このとき，線分 PQ の長さが最小になる P の座標は $\left(\boxed{セソ},\ \boxed{タチ},\ \boxed{ツテ}\right)$，Q の座標は $\left(\boxed{トナ},\ \boxed{ニヌ},\ \boxed{ネノ}\right)$ である。

# 2023 本試

$\left(\begin{matrix}100点\\60分\end{matrix}\right)$

## 〔数学Ⅱ・B〕

### 注 意 事 項

1 数学解答用紙（2023 本試）をキリトリ線より切り離し，試験開始の準備をしなさい。

2 時間を計り，上記の解答時間内で解答しなさい。

ただし，納得のいくまで時間をかけて解答するという利用法でもかまいません。

3 第1問，第2問は必答。第3問〜第5問から2問選択。計4問を解答しなさい。

4 「**解答用紙には解答欄以外に受験番号欄，氏名欄，試験場コード欄，解答科目欄
があります。解答科目欄は解答する科目を一つ選び，科目名の下の◯にマークしな
さい。その他の欄**は自分自身で本番を想定し，**正しく記入し，マークしなさい。**

5 解答は解答用紙の解答欄にマークしなさい。

6 選択問題については，解答する問題を決めたあと，その問題番号の解答欄に解答
しなさい。ただし，**指定された問題数をこえて解答してはいけません。**

7 問題の余白は適宜利用してよいが，どのページも切り離してはいけません。

# 第1問 （必答問題）（配点 30）

〔1〕 三角関数の値の大小関係について考えよう。

(1) $x = \dfrac{\pi}{6}$ のとき $\sin x$ $\boxed{\ \text{ア}\ }$ $\sin 2x$ であり，$x = \dfrac{2}{3}\pi$ のとき

$\sin x$ $\boxed{\ \text{イ}\ }$ $\sin 2x$ である。

$\boxed{\ \text{ア}\ }$，$\boxed{\ \text{イ}\ }$ の解答群（同じものを繰り返し選んでもよい。）

| | | |
|---|---|---|
| ⓪ $<$ | ① $=$ | ② $>$ |

（数学Ⅱ・数学Ｂ第1問は次ページに続く。）

(2) $\sin x$ と $\sin 2x$ の値の大小関係を詳しく調べよう。

$$\sin 2x - \sin x = \sin x \left( \boxed{\text{ウ}} \cos x - \boxed{\text{エ}} \right)$$

であるから，$\sin 2x - \sin x > 0$ が成り立つことは

$$\lceil \sin x > 0 \quad \text{かつ} \quad \boxed{\text{ウ}} \cos x - \boxed{\text{エ}} > 0 \rfloor \quad \cdots\cdots\cdots\cdots ①$$

または

$$\lceil \sin x < 0 \quad \text{かつ} \quad \boxed{\text{ウ}} \cos x - \boxed{\text{エ}} < 0 \rfloor \quad \cdots\cdots\cdots\cdots ②$$

が成り立つことと同値である。$0 \leqq x \leqq 2\pi$ のとき，① が成り立つような $x$ の値の範囲は

$$0 < x < \frac{\pi}{\boxed{\text{オ}}}$$

であり，② が成り立つような $x$ の値の範囲は

$$\pi < x < \frac{\boxed{\text{カ}}}{\boxed{\text{キ}}}\pi$$

である。よって，$0 \leqq x \leqq 2\pi$ のとき，$\sin 2x > \sin x$ が成り立つような $x$ の値の範囲は

$$0 < x < \frac{\pi}{\boxed{\text{オ}}}, \quad \pi < x < \frac{\boxed{\text{カ}}}{\boxed{\text{キ}}}\pi$$

である。

（数学Ⅱ・数学B第1問は次ページに続く。）

(3) $\sin 3x$ と $\sin 4x$ の値の大小関係を調べよう。

三角関数の加法定理を用いると，等式

$$\sin(\alpha + \beta) - \sin(\alpha - \beta) = 2\cos\alpha\sin\beta \qquad \cdots\cdots\cdots\cdots ③$$

が得られる。$\alpha + \beta = 4x$，$\alpha - \beta = 3x$ を満たす $\alpha$，$\beta$ に対して ③ を用いることにより，$\sin 4x - \sin 3x > 0$ が成り立つことは

$$\lceil \cos\boxed{\text{ク}} > 0 \quad \text{かつ} \quad \sin\boxed{\text{ケ}} > 0 \rfloor \qquad \cdots\cdots\cdots\cdots ④$$

または

$$\lceil \cos\boxed{\text{ク}} < 0 \quad \text{かつ} \quad \sin\boxed{\text{ケ}} < 0 \rfloor \qquad \cdots\cdots\cdots\cdots ⑤$$

が成り立つことと同値であることがわかる。

$0 \leqq x \leqq \pi$ のとき，④，⑤ により，$\sin 4x > \sin 3x$ が成り立つような $x$ の値の範囲は

$$0 < x < \frac{\pi}{\boxed{\text{コ}}}, \qquad \frac{\boxed{\text{サ}}}{\boxed{\text{シ}}}\pi < x < \frac{\boxed{\text{ス}}}{\boxed{\text{セ}}}\pi$$

である。

$\boxed{\text{ク}}$，$\boxed{\text{ケ}}$ の解答群（同じものを繰り返し選んでもよい。）

| | | | |
|---|---|---|---|
| ⓪ $0$ | ① $x$ | ② $2x$ | ③ $3x$ |
| ④ $4x$ | ⑤ $5x$ | ⑥ $6x$ | ⑦ $\dfrac{x}{2}$ |
| ⑧ $\dfrac{3}{2}x$ | ⑨ $\dfrac{5}{2}x$ | ⓐ $\dfrac{7}{2}x$ | ⓑ $\dfrac{9}{2}x$ |

（数学Ⅱ・数学B第1問は次ページに続く。）

⑷ ⑵, ⑶の考察から，$0 \leqq x \leqq \pi$ のとき，$\sin 3x > \sin 4x > \sin 2x$ が成り立つような $x$ の値の範囲は

$$\frac{\pi}{\boxed{コ}} < x < \frac{\pi}{\boxed{ソ}}, \quad \frac{\boxed{ス}}{\boxed{セ}}\pi < x < \frac{\boxed{タ}}{\boxed{チ}}\pi$$

であることがわかる。

（数学Ⅱ・数学B第1問は次ページに続く。）

〔2〕

(1) $a > 0$, $a \neq 1$, $b > 0$ のとき, $\log_a b = x$ とおくと, $\boxed{\text{ツ}}$ が成り立つ。

$\boxed{\text{ツ}}$ の解答群

| | |
|---|---|
| ⓪ $x^a = b$ | ① $x^b = a$ |
| ② $a^x = b$ | ③ $b^x = a$ |
| ④ $a^b = x$ | ⑤ $b^a = x$ |

(2) 様々な対数の値が有理数か無理数かについて考えよう。

(i) $\log_5 25 = \boxed{\text{テ}}$, $\log_9 27 = \dfrac{\boxed{\text{ト}}}{\boxed{\text{ナ}}}$ であり, どちらも有理数である。

(ii) $\log_2 3$ が有理数と無理数のどちらであるかを考えよう。

$\log_2 3$ が有理数であると仮定すると, $\log_2 3 > 0$ であるので, 二つの自然数 $p$, $q$ を用いて $\log_2 3 = \dfrac{p}{q}$ と表すことができる。このとき, (1)により $\log_2 3 = \dfrac{p}{q}$ は $\boxed{\text{二}}$ と変形できる。いま, 2 は偶数であり 3 は奇数であるので, $\boxed{\text{二}}$ を満たす自然数 $p$, $q$ は存在しない。

したがって, $\log_2 3$ は無理数であることがわかる。

(iii) $a$, $b$ を 2 以上の自然数とするとき, (ii)と同様に考えると,「$\boxed{\text{ヌ}}$ ならば $\log_a b$ はつねに無理数である」ことがわかる。

(数学Ⅱ・数学B第1問は次ページに続く。)

⓪ $p^2 = 3q^2$　　① $q^2 = p^3$　　② $2^q = 3^p$

③ $p^3 = 2q^3$　　④ $p^2 = q^3$　　⑤ $2^p = 3^q$

ヌ の解答群

⓪ $a$ が偶数

① $b$ が偶数

② $a$ が奇数

③ $b$ が奇数

④ $a$ と $b$ がともに偶数，または $a$ と $b$ がともに奇数

⑤ $a$ と $b$ のいずれか一方が偶数で，もう一方が奇数

# 第2問 （必答問題）（配点 30）

〔1〕

(1) $k$ を正の定数とし，次の3次関数を考える。

$$f(x) = x^2(k - x)$$

$y = f(x)$ のグラフと $x$ 軸との共有点の座標は $(0, 0)$ と $\left(\boxed{\phantom{ア}}, 0\right)$ である。

$f(x)$ の導関数 $f'(x)$ は

$$f'(x) = \boxed{\phantom{イウ}}\, x^2 + \boxed{\phantom{エ}}\, kx$$

である。

$x = \boxed{\phantom{オ}}$ のとき，$f(x)$ は極小値 $\boxed{\phantom{カ}}$ をとる。

$x = \boxed{\phantom{キ}}$ のとき，$f(x)$ は極大値 $\boxed{\phantom{ク}}$ をとる。

また，$0 < x < k$ の範囲において $x = \boxed{\phantom{キ}}$ のとき $f(x)$ は最大となることがわかる。

$\boxed{\phantom{ア}}$，$\boxed{\phantom{オ}} \sim \boxed{\phantom{ク}}$ の解答群（同じものを繰り返し選んでもよい。）

| | | | |
|---|---|---|---|
| ⓪ $0$ | ① $\dfrac{1}{3}k$ | ② $\dfrac{1}{2}k$ | ③ $\dfrac{2}{3}k$ |
| ④ $k$ | ⑤ $\dfrac{3}{2}k$ | ⑥ $-4k^2$ | ⑦ $\dfrac{1}{8}k^2$ |
| ⑧ $\dfrac{2}{27}k^3$ | ⑨ $\dfrac{4}{27}k^3$ | ⓐ $\dfrac{4}{9}k^3$ | ⓑ $4k^3$ |

（数学Ⅱ・数学B第2問は次ページに続く。）

(2) 後の図のように底面が半径9の円で高さが15の円錐に内接する円柱を考える。円柱の底面の半径と体積をそれぞれ $x$, $V$ とする。$V$ を $x$ の式で表すと

$$V = \frac{\boxed{\text{ケ}}}{\boxed{\text{コ}}}\pi x^2\left(\boxed{\text{サ}} - x\right) \quad (0 < x < 9)$$

である。(1)の考察より，$x = \boxed{\text{シ}}$ のとき $V$ は最大となることがわかる。$V$ の最大値は $\boxed{\text{スセソ}}\,\pi$ である。

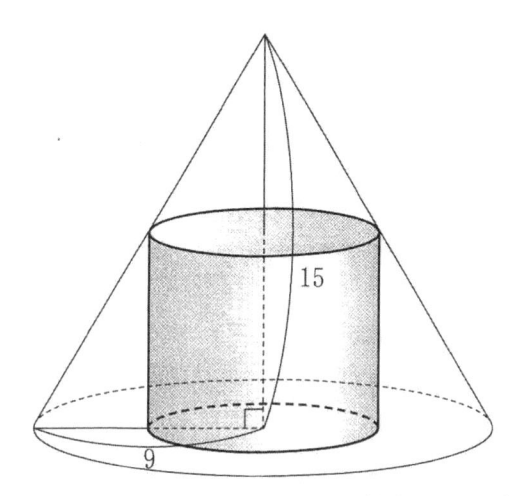

（数学Ⅱ・数学B第2問は次ページに続く。）

〔2〕

(1) 定積分 $\int_0^{30}\left(\dfrac{1}{5}x+3\right)dx$ の値は $\boxed{\text{タチツ}}$ である。

また，関数 $\dfrac{1}{100}x^2-\dfrac{1}{6}x+5$ の不定積分は

$$\int\left(\dfrac{1}{100}x^2-\dfrac{1}{6}x+5\right)dx=\dfrac{1}{\boxed{\text{テトナ}}}x^3-\dfrac{1}{\boxed{\text{ニヌ}}}x^2+\boxed{\text{ネ}}\,x+C$$

である。ただし，$C$ は積分定数とする。

(2) ある地域では，毎年 3 月頃「ソメイヨシノ（桜の種類）の開花予想日」が話題になる。太郎さんと花子さんは，開花日時を予想する方法の一つに，2 月に入ってからの気温を時間の関数とみて，その関数を積分した値をもとにする方法があることを知った。ソメイヨシノの開花日時を予想するために，二人は図 1 の 6 時間ごとの気温の折れ線グラフを見ながら，次のように考えることにした。

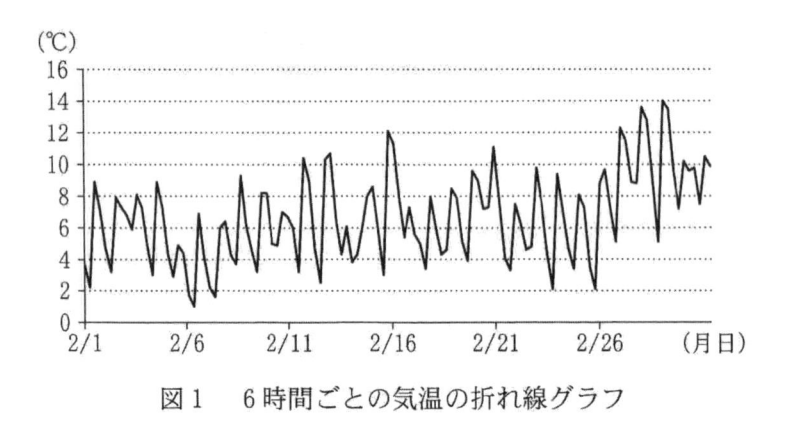

図 1　6 時間ごとの気温の折れ線グラフ

$x$ の値の範囲を 0 以上の実数全体として，2 月 1 日午前 0 時から $24x$ 時間経った時点を $x$ 日後とする。（例えば，10.3 日後は 2 月 11 日午前 7 時 12 分を表す。）また，$x$ 日後の気温を $y\,℃$ とする。このとき，$y$ は $x$ の関数であり，これを $y=f(x)$ とおく。ただし，$y$ は負にはならないものとする。

（数学Ⅱ・数学B 第 2 問は次ページに続く。）

気温を表す関数 $f(x)$ を用いて二人はソメイヨシノの開花日時を次の**設定**で考えることにした。

---
**設定**

正の実数 $t$ に対して，$f(x)$ を 0 から $t$ まで積分した値を $S(t)$ とする。すなわち，$S(t) = \displaystyle\int_0^t f(x)\,dx$ とする。この $S(t)$ が 400 に到達したとき，ソメイヨシノが開花する。

---

**設定**のもと，太郎さんは気温を表す関数 $y = f(x)$ のグラフを図 2 のように直線とみなしてソメイヨシノの開花日時を考えることにした。

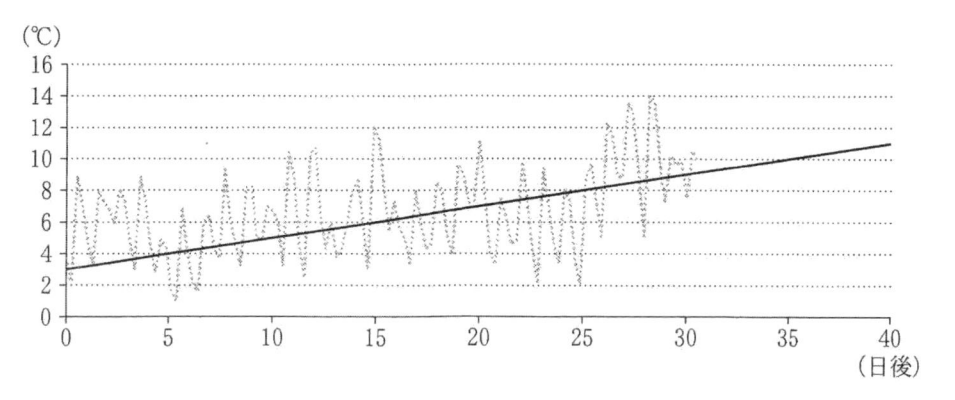

図 2　図 1 のグラフと，太郎さんが直線とみなした $y = f(x)$ のグラフ

(i)　太郎さんは

$$f(x) = \frac{1}{5}x + 3 \quad (x \geqq 0)$$

として考えた。このとき，ソメイヨシノの開花日時は 2 月に入ってから ⬚ノ⬚ となる。

⬚ノ⬚ の解答群

| | | |
|---|---|---|
| ⓪　30 日後 | ①　35 日後 | ②　40 日後 |
| ③　45 日後 | ④　50 日後 | ⑤　55 日後 |
| ⑥　60 日後 | ⑦　65 日後 | |

（数学Ⅱ・数学B第 2 問は次ページに続く。）

(ii) 太郎さんと花子さんは，2月に入ってから30日後以降の気温について話をしている。

---

太郎：1次関数を用いてソメイヨシノの開花日時を求めてみたよ。

花子：気温の上がり方から考えて，2月に入ってから30日後以降の気温を表す関数が2次関数の場合も考えてみようか。

---

花子さんは気温を表す関数$f(x)$を，$0 \leqq x \leqq 30$のときは太郎さんと同じように

$$f(x) = \frac{1}{5}x + 3 \qquad\qquad \cdots\cdots\cdots\cdots\cdots\cdots ①$$

とし，$x \geqq 30$のときは

$$f(x) = \frac{1}{100}x^2 - \frac{1}{6}x + 5 \qquad\qquad \cdots\cdots\cdots\cdots\cdots\cdots ②$$

として考えた。なお，$x = 30$のとき①の右辺の値と②の右辺の値は一致する。花子さんの考えた式を用いて，ソメイヨシノの開花日時を考えよう。(1)より

$$\int_0^{30} \left( \frac{1}{5}x + 3 \right) dx = \boxed{\text{タチツ}}$$

であり

$$\int_{30}^{40} \left( \frac{1}{100}x^2 - \frac{1}{6}x + 5 \right) dx = 115$$

となることがわかる。

また，$x \geqq 30$の範囲において$f(x)$は増加する。よって

$$\int_{30}^{40} f(x)\,dx \quad \boxed{\text{ハ}} \quad \int_{40}^{50} f(x)\,dx$$

であることがわかる。以上より，ソメイヨシノの開花日時は2月に入ってから $\boxed{\text{ヒ}}$ となる。

（数学II・数学B第2問は次ページに続く。）

ハ の解答群

| ⓪ | $<$ | ① | $=$ | ② | $>$ |
|---|---|---|---|---|---|

ヒ の解答群

⓪ 30 日後より前

① 30 日後

② 30 日後より後，かつ 40 日後より前

③ 40 日後

④ 40 日後より後，かつ 50 日後より前

⑤ 50 日後

⑥ 50 日後より後，かつ 60 日後より前

⑦ 60 日後

⑧ 60 日後より後

**第3問** (選択問題) (配点 20)

以下の問題を解答するにあたっては，必要に応じて19ページの正規分布表を用いてもよい。

(1) ある生産地で生産されるピーマン全体を母集団とし，この母集団におけるピーマン1個の重さ(単位はg)を表す確率変数を$X$とする。$m$と$\sigma$を正の実数とし，$X$は正規分布$N(m, \sigma^2)$に従うとする。

(i) この母集団から1個のピーマンを無作為に抽出したとき，重さが$m$ g以上である確率$P(X \geqq m)$は

$$P(X \geqq m) = P\left(\frac{X - m}{\sigma} \geqq \boxed{\ ア\ }\right) = \frac{\boxed{\ イ\ }}{\boxed{\ ウ\ }}$$

である。

(ii) 母集団から無作為に抽出された大きさ$n$の標本$X_1, X_2, \cdots, X_n$の標本平均を$\overline{X}$とする。$\overline{X}$の平均(期待値)と標準偏差はそれぞれ

$$E(\overline{X}) = \boxed{\ エ\ }, \quad \sigma(\overline{X}) = \boxed{\ オ\ }$$

となる。

$n = 400$，標本平均が30.0 g，標本の標準偏差が3.6 gのとき，$m$の信頼度90％の信頼区間を次の**方針**で求めよう。

┌─ **方針** ──────────────────────────

　$Z$を標準正規分布$N(0, 1)$に従う確率変数として，$P(-z_0 \leqq Z \leqq z_0) = 0.901$となる$z_0$を正規分布表から求める。この$z_0$を用いると$m$の信頼度90.1％の信頼区間が求められるが，これを信頼度90％の信頼区間とみなして考える。

└────────────────────────────────

**方針**において，$z_0 = \boxed{\ カ\ }.\boxed{\ キク\ }$である。

(数学Ⅱ・数学B第3問は次ページに続く。)

一般に，標本の大きさ $n$ が大きいときには，母標準偏差の代わりに，標本の標準偏差を用いてよいことが知られている。$n = 400$ は十分に大きいので，**方針**に基づくと，$m$ の信頼度 90 % の信頼区間は ケ となる。

エ ， オ の解答群(同じものを繰り返し選んでもよい。)

| | | | |
|---|---|---|---|
| ⓪ $\sigma$ | ① $\sigma^2$ | ② $\dfrac{\sigma}{\sqrt{n}}$ | ③ $\dfrac{\sigma^2}{n}$ |
| ④ $m$ | ⑤ $2m$ | ⑥ $m^2$ | ⑦ $\sqrt{m}$ |
| ⑧ $\dfrac{\sigma}{n}$ | ⑨ $n\sigma$ | ⓐ $nm$ | ⓑ $\dfrac{m}{n}$ |

ケ については，最も適当なものを，次の⓪～⑤のうちから一つ選べ。

| | | |
|---|---|---|
| ⓪ $28.6 \leqq m \leqq 31.4$ | ① $28.7 \leqq m \leqq 31.3$ | ② $28.9 \leqq m \leqq 31.1$ |
| ③ $29.6 \leqq m \leqq 30.4$ | ④ $29.7 \leqq m \leqq 30.3$ | ⑤ $29.9 \leqq m \leqq 30.1$ |

(数学Ⅱ・数学B第3問は次ページに続く。)

⑵ (1)の確率変数 $X$ において，$m = 30.0$，$\sigma = 3.6$ とした母集団から無作為に ピーマンを 1 個ずつ抽出し，ピーマン 2 個を 1 組にしたものを袋に入れていく。 このようにしてピーマン 2 個を 1 組にしたものを 25 袋作る。その際，1 袋ずつ の重さの分散を小さくするために，次の**ピーマン分類法**を考える。

---

**┌─ ピーマン分類法 ─────────────────────**

　無作為に抽出したいくつかのピーマンについて，重さが $30.0\,\mathrm{g}$ 以下のと きを S サイズ，$30.0\,\mathrm{g}$ を超えるときは L サイズと分類する。そして，分類 されたピーマンから S サイズと L サイズのピーマンを一つずつ選び，ピー マン 2 個を 1 組とした袋を作る。

---

⒤　ピーマンを無作為に 50 個抽出したとき，**ピーマン分類法**で 25 袋作ることが できる確率 $p_0$ を考えよう。無作為に 1 個抽出したピーマンが S サイズである

確率は $\dfrac{\boxed{コ}}{\boxed{サ}}$ である。ピーマンを無作為に 50 個抽出したときの S サイズ

のピーマンの個数を表す確率変数を $U_0$ とすると，$U_0$ は二項分布

$B\left(50,\ \dfrac{\boxed{コ}}{\boxed{サ}}\right)$ に従うので

$$p_0 = {}_{50}\mathrm{C}_{\boxed{シス}} \times \left(\dfrac{\boxed{コ}}{\boxed{サ}}\right)^{\boxed{シス}} \times \left(1 - \dfrac{\boxed{コ}}{\boxed{サ}}\right)^{50-\boxed{シス}}$$

となる。

　$p_0$ を計算すると，$p_0 = 0.1122\cdots$ となることから，ピーマンを無作為に 50 個抽出したとき，25 袋作ることができる確率は 0.11 程度とわかる。

⒥　**ピーマン分類法**で 25 袋作ることができる確率が 0.95 以上となるようなピー マンの個数を考えよう。

（数学Ⅱ・数学 B 第 3 問は次ページに続く。）

$k$ を自然数とし，ピーマンを無作為に $(50 + k)$ 個抽出したとき，Sサイズのピーマンの個数を表す確率変数を $U_k$ とすると，$U_k$ は二項分布 $B\left(50 + k, \dfrac{\boxed{コ}}{\boxed{サ}}\right)$ に従う。

$(50 + k)$ は十分に大きいので，$U_k$ は近似的に正規分布 $N\left(\boxed{セ}, \boxed{ソ}\right)$ に従い，$Y = \dfrac{U_k - \boxed{セ}}{\sqrt{\boxed{ソ}}}$ とすると，$Y$ は近似的に標準正規分布 $N(0, 1)$ に従う。

よって，**ピーマン分類法**で，25 袋作ることができる確率を $p_k$ とすると

$$p_k = P(25 \leqq U_k \leqq 25 + k) = P\left(-\dfrac{\boxed{タ}}{\sqrt{50 + k}} \leqq Y \leqq \dfrac{\boxed{タ}}{\sqrt{50 + k}}\right)$$

となる。

$\boxed{タ} = \alpha$，$\sqrt{50 + k} = \beta$ とおく。

$p_k \geqq 0.95$ になるような $\dfrac{\alpha}{\beta}$ について，正規分布表から $\dfrac{\alpha}{\beta} \geqq 1.96$ を満たせばよいことがわかる。ここでは

$$\dfrac{\alpha}{\beta} \geqq 2 \qquad \cdots\cdots\cdots\cdots\cdots\cdots ①$$

を満たす自然数 $k$ を考えることとする。① の両辺は正であるから，$\alpha^2 \geqq 4\beta^2$ を満たす最小の $k$ を $k_0$ とすると，$k_0 = \boxed{チツ}$ であることがわかる。ただし，$\boxed{チツ}$ の計算においては，$\sqrt{51} = 7.14$ を用いてもよい。

したがって，少なくとも $\left(50 + \boxed{チツ}\right)$ 個のピーマンを抽出しておけば，**ピーマン分類法**で 25 袋作ることができる確率は 0.95 以上となる。

$\boxed{セ} \sim \boxed{タ}$ の解答群（同じものを繰り返し選んでもよい。）

| | | | |
|---|---|---|---|
| ⓪ $k$ | ① $2k$ | ② $3k$ | ③ $\dfrac{50 + k}{2}$ |
| ④ $\dfrac{25 + k}{2}$ | ⑤ $25 + k$ | ⑥ $\dfrac{\sqrt{50 + k}}{2}$ | ⑦ $\dfrac{50 + k}{4}$ |

（数学Ⅱ・数学B 第3問は 19 ページに続く。）

（下 書 き 用 紙）

数学Ⅱ・数学Ｂの試験問題は次に続く。

# 正 規 分 布 表

次の表は，標準正規分布の分布曲線における右図の灰色部分の面積の値をまとめたものである。

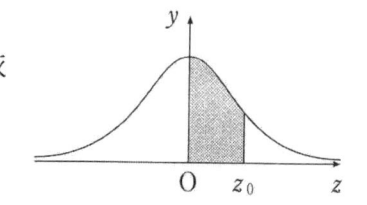

| $z_0$ | 0.00 | 0.01 | 0.02 | 0.03 | 0.04 | 0.05 | 0.06 | 0.07 | 0.08 | 0.09 |
|---|---|---|---|---|---|---|---|---|---|---|
| 0.0 | 0.0000 | 0.0040 | 0.0080 | 0.0120 | 0.0160 | 0.0199 | 0.0239 | 0.0279 | 0.0319 | 0.0359 |
| 0.1 | 0.0398 | 0.0438 | 0.0478 | 0.0517 | 0.0557 | 0.0596 | 0.0636 | 0.0675 | 0.0714 | 0.0753 |
| 0.2 | 0.0793 | 0.0832 | 0.0871 | 0.0910 | 0.0948 | 0.0987 | 0.1026 | 0.1064 | 0.1103 | 0.1141 |
| 0.3 | 0.1179 | 0.1217 | 0.1255 | 0.1293 | 0.1331 | 0.1368 | 0.1406 | 0.1443 | 0.1480 | 0.1517 |
| 0.4 | 0.1554 | 0.1591 | 0.1628 | 0.1664 | 0.1700 | 0.1736 | 0.1772 | 0.1808 | 0.1844 | 0.1879 |
| 0.5 | 0.1915 | 0.1950 | 0.1985 | 0.2019 | 0.2054 | 0.2088 | 0.2123 | 0.2157 | 0.2190 | 0.2224 |
| 0.6 | 0.2257 | 0.2291 | 0.2324 | 0.2357 | 0.2389 | 0.2422 | 0.2454 | 0.2486 | 0.2517 | 0.2549 |
| 0.7 | 0.2580 | 0.2611 | 0.2642 | 0.2673 | 0.2704 | 0.2734 | 0.2764 | 0.2794 | 0.2823 | 0.2852 |
| 0.8 | 0.2881 | 0.2910 | 0.2939 | 0.2967 | 0.2995 | 0.3023 | 0.3051 | 0.3078 | 0.3106 | 0.3133 |
| 0.9 | 0.3159 | 0.3186 | 0.3212 | 0.3238 | 0.3264 | 0.3289 | 0.3315 | 0.3340 | 0.3365 | 0.3389 |
| 1.0 | 0.3413 | 0.3438 | 0.3461 | 0.3485 | 0.3508 | 0.3531 | 0.3554 | 0.3577 | 0.3599 | 0.3621 |
| 1.1 | 0.3643 | 0.3665 | 0.3686 | 0.3708 | 0.3729 | 0.3749 | 0.3770 | 0.3790 | 0.3810 | 0.3830 |
| 1.2 | 0.3849 | 0.3869 | 0.3888 | 0.3907 | 0.3925 | 0.3944 | 0.3962 | 0.3980 | 0.3997 | 0.4015 |
| 1.3 | 0.4032 | 0.4049 | 0.4066 | 0.4082 | 0.4099 | 0.4115 | 0.4131 | 0.4147 | 0.4162 | 0.4177 |
| 1.4 | 0.4192 | 0.4207 | 0.4222 | 0.4236 | 0.4251 | 0.4265 | 0.4279 | 0.4292 | 0.4306 | 0.4319 |
| 1.5 | 0.4332 | 0.4345 | 0.4357 | 0.4370 | 0.4382 | 0.4394 | 0.4406 | 0.4418 | 0.4429 | 0.4441 |
| 1.6 | 0.4452 | 0.4463 | 0.4474 | 0.4484 | 0.4495 | 0.4505 | 0.4515 | 0.4525 | 0.4535 | 0.4545 |
| 1.7 | 0.4554 | 0.4564 | 0.4573 | 0.4582 | 0.4591 | 0.4599 | 0.4608 | 0.4616 | 0.4625 | 0.4633 |
| 1.8 | 0.4641 | 0.4649 | 0.4656 | 0.4664 | 0.4671 | 0.4678 | 0.4686 | 0.4693 | 0.4699 | 0.4706 |
| 1.9 | 0.4713 | 0.4719 | 0.4726 | 0.4732 | 0.4738 | 0.4744 | 0.4750 | 0.4756 | 0.4761 | 0.4767 |
| 2.0 | 0.4772 | 0.4778 | 0.4783 | 0.4788 | 0.4793 | 0.4798 | 0.4803 | 0.4808 | 0.4812 | 0.4817 |
| 2.1 | 0.4821 | 0.4826 | 0.4830 | 0.4834 | 0.4838 | 0.4842 | 0.4846 | 0.4850 | 0.4854 | 0.4857 |
| 2.2 | 0.4861 | 0.4864 | 0.4868 | 0.4871 | 0.4875 | 0.4878 | 0.4881 | 0.4884 | 0.4887 | 0.4890 |
| 2.3 | 0.4893 | 0.4896 | 0.4898 | 0.4901 | 0.4904 | 0.4906 | 0.4909 | 0.4911 | 0.4913 | 0.4916 |
| 2.4 | 0.4918 | 0.4920 | 0.4922 | 0.4925 | 0.4927 | 0.4929 | 0.4931 | 0.4932 | 0.4934 | 0.4936 |
| 2.5 | 0.4938 | 0.4940 | 0.4941 | 0.4943 | 0.4945 | 0.4946 | 0.4948 | 0.4949 | 0.4951 | 0.4952 |
| 2.6 | 0.4953 | 0.4955 | 0.4956 | 0.4957 | 0.4959 | 0.4960 | 0.4961 | 0.4962 | 0.4963 | 0.4964 |
| 2.7 | 0.4965 | 0.4966 | 0.4967 | 0.4968 | 0.4969 | 0.4970 | 0.4971 | 0.4972 | 0.4973 | 0.4974 |
| 2.8 | 0.4974 | 0.4975 | 0.4976 | 0.4977 | 0.4977 | 0.4978 | 0.4979 | 0.4979 | 0.4980 | 0.4981 |
| 2.9 | 0.4981 | 0.4982 | 0.4982 | 0.4983 | 0.4984 | 0.4984 | 0.4985 | 0.4985 | 0.4986 | 0.4986 |
| 3.0 | 0.4987 | 0.4987 | 0.4987 | 0.4988 | 0.4988 | 0.4989 | 0.4989 | 0.4989 | 0.4990 | 0.4990 |

## 第4問 （選択問題）（配点 20）

　花子さんは，毎年の初めに預金口座に一定額の入金をすることにした。この入金を始める前における花子さんの預金は10万円である。ここで，預金とは預金口座にあるお金の額のことである。預金には年利1％で利息がつき，ある年の初めの預金が$x$万円であれば，その年の終わりには預金は$1.01x$万円となる。次の年の初めには$1.01x$万円に入金額を加えたものが預金となる。

　毎年の初めの入金額を$p$万円とし，$n$年目の初めの預金を$a_n$万円とおく。ただし，$p > 0$とし，$n$は自然数とする。

　例えば，$a_1 = 10 + p$，$a_2 = 1.01(10 + p) + p$である。

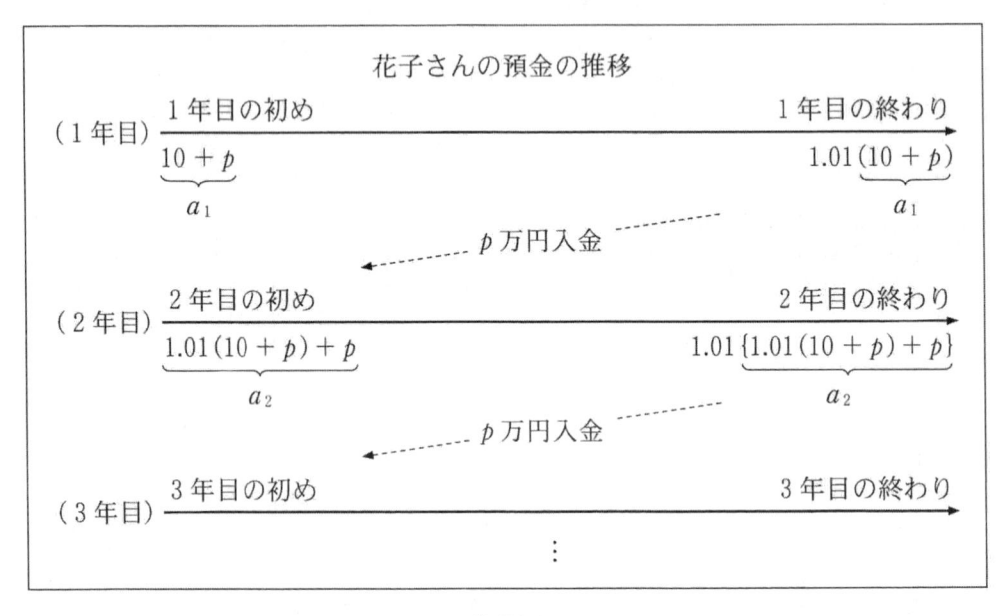

参考図

（数学Ⅱ・数学B第4問は次ページに続く。）

(1) $a_n$ を求めるために二つの方針で考える。

---
**方針1**

$n$ 年目の初めの預金と $(n+1)$ 年目の初めの預金との関係に着目して考える。

---

3年目の初めの預金 $a_3$ 万円について，$a_3 = \boxed{\text{ア}}$ である。すべての自然数 $n$ について

$$a_{n+1} = \boxed{\text{イ}} \, a_n + \boxed{\text{ウ}}$$

が成り立つ。これは

$$a_{n+1} + \boxed{\text{エ}} = \boxed{\text{オ}} \left( a_n + \boxed{\text{エ}} \right)$$

と変形でき，$a_n$ を求めることができる。

$\boxed{\text{ア}}$ の解答群

⓪ $1.01\{1.01(10+p)+p\}$ ① $1.01\{1.01(10+p)+1.01p\}$

② $1.01\{1.01(10+p)+p\}+p$ ③ $1.01\{1.01(10+p)+p\}+1.01p$

④ $1.01(10+p)+1.01p$ ⑤ $1.01(10+1.01p)+1.01p$

$\boxed{\text{イ}} \sim \boxed{\text{オ}}$ の解答群(同じものを繰り返し選んでもよい。)

⓪ $1.01$   ① $1.01^{n-1}$   ② $1.01^n$

③ $p$   ④ $100p$   ⑤ $np$

⑥ $100np$   ⑦ $1.01^{n-1} \times 100p$   ⑧ $1.01^n \times 100p$

(数学Ⅱ・数学B第4問は次ページに続く。)

もともと預金口座にあった 10 万円と毎年の初めに入金した $p$ 万円について，$n$ 年目の初めにそれぞれがいくらになるかに着目して考える。

　もともと預金口座にあった 10 万円は，2 年目の初めには $10 \times 1.01$ 万円になり，3 年目の初めには $10 \times 1.01^2$ 万円になる。同様に考えると $n$ 年目の初めには $10 \times 1.01^{n-1}$ 万円になる。

- 1 年目の初めに入金した $p$ 万円は，$n$ 年目の初めには $p \times 1.01^{\boxed{カ}}$ 万円になる。

- 2 年目の初めに入金した $p$ 万円は，$n$ 年目の初めには $p \times 1.01^{\boxed{キ}}$ 万円になる。

$\vdots$

- $n$ 年目の初めに入金した $p$ 万円は，$n$ 年目の初めには $p$ 万円のままである。

　これより

$$a_n = 10 \times 1.01^{n-1} + p \times 1.01^{\boxed{カ}} + p \times 1.01^{\boxed{キ}} + \cdots + p$$

$$= 10 \times 1.01^{n-1} + p \sum_{k=1}^{n} 1.01^{\boxed{ク}}$$

となることがわかる。ここで，$\displaystyle\sum_{k=1}^{n} 1.01^{\boxed{ク}} = \boxed{\textbf{ケ}}$ となるので，$a_n$ を求めることができる。

$\boxed{カ}$，$\boxed{キ}$ の解答群（同じものを繰り返し選んでもよい。）

| ⓪ $n+1$ | ① $n$ | ② $n-1$ | ③ $n-2$ |
|---|---|---|---|

$\boxed{ク}$ の解答群

| ⓪ $k+1$ | ① $k$ | ② $k-1$ | ③ $k-2$ |
|---|---|---|---|

$\boxed{ケ}$ の解答群

| | |
|---|---|
| ⓪ $100 \times 1.01^n$ | ① $100(1.01^n - 1)$ |
| ② $100(1.01^{n-1} - 1)$ | ③ $n + 1.01^{n-1} - 1$ |
| ④ $0.01(101n - 1)$ | ⑤ $\dfrac{n \times 1.01^{n-1}}{2}$ |

（数学Ⅱ・数学B第 4 問は次ページに続く。）

(2) 花子さんは，10 年目の終わりの預金が 30 万円以上になるための入金額について考えた。

10 年目の終わりの預金が 30 万円以上であることを不等式を用いて表すと

$\boxed{コ} \geqq 30$ となる。この不等式を $p$ について解くと

$$p \geqq \frac{\boxed{サシ} - \boxed{スセ} \times 1.01^{10}}{101\left(1.01^{10} - 1\right)}$$

となる。したがって，毎年の初めの入金額が例えば 18000 円であれば，10 年目の終わりの預金が 30 万円以上になることがわかる。

$\boxed{コ}$ の解答群

⓪ $a_{10}$       ① $a_{10} + p$       ② $a_{10} - p$

③ $1.01\, a_{10}$       ④ $1.01\, a_{10} + p$       ⑤ $1.01\, a_{10} - p$

（数学Ⅱ・数学B 第 4 問は次ページに続く。）

(3)　1 年目の入金を始める前における花子さんの預金が 10 万円ではなく，13 万円の場合を考える。すべての自然数 $n$ に対して，この場合の $n$ 年目の初めの預金は $a_n$ 万円よりも　$\boxed{\text{ソ}}$　万円多い。なお，年利は 1 ％であり，毎年の初めの入金額は $p$ 万円のままである。

$\boxed{\text{ソ}}$　の解答群

| | | |
|---|---|---|
| ⓪　$3$ | ①　$13$ | ②　$3(n-1)$ |
| ③　$3n$ | ④　$13(n-1)$ | ⑤　$13n$ |
| ⑥　$3^n$ | ⑦　$3+1.01(n-1)$ | ⑧　$3 \times 1.01^{n-1}$ |
| ⑨　$3 \times 1.01^n$ | ⓐ　$13 \times 1.01^{n-1}$ | ⓑ　$13 \times 1.01^n$ |

（下 書 き 用 紙）

数学Ⅱ・数学Ｂの試験問題は次に続く。

第3問～第5問は、いずれか2問を選択し、解答しなさい。

## 第5問 （選択問題）（配点 20）

三角錐 PABC において、辺 BC の中点を M とおく。また、$\angle PAB = \angle PAC$ とし、この角度を $\theta$ とおく。ただし、$0° < \theta < 90°$ とする。

(1) $\overrightarrow{AM}$ は

$$\overrightarrow{AM} = \frac{\boxed{ア}}{\boxed{イ}}\overrightarrow{AB} + \frac{\boxed{ウ}}{\boxed{エ}}\overrightarrow{AC}$$

と表せる。また

$$\frac{\overrightarrow{AP}\cdot\overrightarrow{AB}}{|\overrightarrow{AP}||\overrightarrow{AB}|} = \frac{\overrightarrow{AP}\cdot\overrightarrow{AC}}{|\overrightarrow{AP}||\overrightarrow{AC}|} = \boxed{オ} \quad\cdots\cdots\cdots① $$

である。

$\boxed{オ}$ の解答群

⓪ $\sin\theta$    ① $\cos\theta$    ② $\tan\theta$

③ $\dfrac{1}{\sin\theta}$    ④ $\dfrac{1}{\cos\theta}$    ⑤ $\dfrac{1}{\tan\theta}$

⑥ $\sin\angle BPC$    ⑦ $\cos\angle BPC$    ⑧ $\tan\angle BPC$

(2) $\theta = 45°$ とし、さらに

$$|\overrightarrow{AP}| = 3\sqrt{2},\quad |\overrightarrow{AB}| = |\overrightarrow{PB}| = 3,\quad |\overrightarrow{AC}| = |\overrightarrow{PC}| = 3$$

が成り立つ場合を考える。このとき

$$\overrightarrow{AP}\cdot\overrightarrow{AB} = \overrightarrow{AP}\cdot\overrightarrow{AC} = \boxed{カ}$$

である。さらに、直線 AM 上の点 D が $\angle APD = 90°$ を満たしているとする。このとき、$\overrightarrow{AD} = \boxed{キ}\overrightarrow{AM}$ である。

（数学Ⅱ・数学B 第5問は次ページに続く。）

— 2023本 - 26 —

(3)

$$\overrightarrow{AQ} = \boxed{\ \ キ\ \ }\overrightarrow{AM}$$

で定まる点を Q とおく。$\overrightarrow{PA}$ と $\overrightarrow{PQ}$ が垂直である三角錐 PABC はどのようなものかについて考えよう。例えば⑵の場合では，点 Q は点 D と一致し，$\overrightarrow{PA}$ と $\overrightarrow{PQ}$ は垂直である。

(i) $\overrightarrow{PA}$ と $\overrightarrow{PQ}$ が垂直であるとき，$\overrightarrow{PQ}$ を $\overrightarrow{AB}$, $\overrightarrow{AC}$, $\overrightarrow{AP}$ を用いて表して考えると，$\boxed{\ \ ク\ \ }$ が成り立つ。さらに①に注意すると，$\boxed{\ \ ク\ \ }$ から $\boxed{\ \ ケ\ \ }$ が成り立つことがわかる。

　　したがって，$\overrightarrow{PA}$ と $\overrightarrow{PQ}$ が垂直であれば，$\boxed{\ \ ケ\ \ }$ が成り立つ。逆に，$\boxed{\ \ ケ\ \ }$ が成り立てば，$\overrightarrow{PA}$ と $\overrightarrow{PQ}$ は垂直である。

$\boxed{\ \ ク\ \ }$ の解答群

⓪ $\overrightarrow{AP} \cdot \overrightarrow{AB} + \overrightarrow{AP} \cdot \overrightarrow{AC} = \overrightarrow{AP} \cdot \overrightarrow{AP}$

① $\overrightarrow{AP} \cdot \overrightarrow{AB} + \overrightarrow{AP} \cdot \overrightarrow{AC} = -\overrightarrow{AP} \cdot \overrightarrow{AP}$

② $\overrightarrow{AP} \cdot \overrightarrow{AB} + \overrightarrow{AP} \cdot \overrightarrow{AC} = \overrightarrow{AB} \cdot \overrightarrow{AC}$

③ $\overrightarrow{AP} \cdot \overrightarrow{AB} + \overrightarrow{AP} \cdot \overrightarrow{AC} = -\overrightarrow{AB} \cdot \overrightarrow{AC}$

④ $\overrightarrow{AP} \cdot \overrightarrow{AB} + \overrightarrow{AP} \cdot \overrightarrow{AC} = 0$

⑤ $\overrightarrow{AP} \cdot \overrightarrow{AB} - \overrightarrow{AP} \cdot \overrightarrow{AC} = 0$

$\boxed{\ \ ケ\ \ }$ の解答群

⓪ $|\overrightarrow{AB}| + |\overrightarrow{AC}| = \sqrt{2}\,|\overrightarrow{BC}|$

① $|\overrightarrow{AB}| + |\overrightarrow{AC}| = 2\,|\overrightarrow{BC}|$

② $|\overrightarrow{AB}|\sin\theta + |\overrightarrow{AC}|\sin\theta = |\overrightarrow{AP}|$

③ $|\overrightarrow{AB}|\cos\theta + |\overrightarrow{AC}|\cos\theta = |\overrightarrow{AP}|$

④ $|\overrightarrow{AB}|\sin\theta = |\overrightarrow{AC}|\sin\theta = 2\,|\overrightarrow{AP}|$

⑤ $|\overrightarrow{AB}|\cos\theta = |\overrightarrow{AC}|\cos\theta = 2\,|\overrightarrow{AP}|$

(ii) $k$ を正の実数とし

$$k\overrightarrow{AP} \cdot \overrightarrow{AB} = \overrightarrow{AP} \cdot \overrightarrow{AC}$$

が成り立つとする。このとき，$\boxed{\text{コ}}$ が成り立つ。

　また，点 B から直線 AP に下ろした垂線と直線 AP との交点を B′ とし，同様に点 C から直線 AP に下ろした垂線と直線 AP との交点を C′ とする。

　このとき，$\overrightarrow{PA}$ と $\overrightarrow{PQ}$ が垂直であることは，$\boxed{\text{サ}}$ であることと同値である。特に $k = 1$ のとき，$\overrightarrow{PA}$ と $\overrightarrow{PQ}$ が垂直であることは，$\boxed{\text{シ}}$ であることと同値である。


$\boxed{\text{コ}}$ の解答群

| | | |
|---|---|---|
| ⓪ $k\lvert\overrightarrow{AB}\rvert = \lvert\overrightarrow{AC}\rvert$ | | ① $\lvert\overrightarrow{AB}\rvert = k\lvert\overrightarrow{AC}\rvert$ |
| ② $k\lvert\overrightarrow{AP}\rvert = \sqrt{2}\,\lvert\overrightarrow{AB}\rvert$ | | ③ $k\lvert\overrightarrow{AP}\rvert = \sqrt{2}\,\lvert\overrightarrow{AC}\rvert$ |


$\boxed{\text{サ}}$ の解答群

⓪　B′ と C′ がともに線分 AP の中点

①　B′ と C′ が線分 AP をそれぞれ $(k+1):1$ と $1:(k+1)$ に内分する点

②　B′ と C′ が線分 AP をそれぞれ $1:(k+1)$ と $(k+1):1$ に内分する点

③　B′ と C′ が線分 AP をそれぞれ $k:1$ と $1:k$ に内分する点

④　B′ と C′ が線分 AP をそれぞれ $1:k$ と $k:1$ に内分する点

⑤　B′ と C′ がともに線分 AP を $k:1$ に内分する点

⑥　B′ と C′ がともに線分 AP を $1:k$ に内分する点

（数学Ⅱ・数学B 第 5 問は次ページに続く。）

⓪ $\triangle$PAB と $\triangle$PAC がともに正三角形

① $\triangle$PAB と $\triangle$PAC がそれぞれ $\angle$PBA $=$ 90°，$\angle$PCA $=$ 90° を満たす
直角二等辺三角形

② $\triangle$PAB と $\triangle$PAC がそれぞれ BP $=$ BA，CP $=$ CA を満たす二等辺三
角形

③ $\triangle$PAB と $\triangle$PAC が合同

④ AP $=$ BC

毎月の効率的な実戦演習で本番までに共通テストを攻略できる！

# 専科 共通テスト攻略演習

―――――― 7教科17科目セット　教材を毎月1回お届け ――――――

セットで1カ月あたり **3,910** 円 (税込) ※「12カ月一括払い」の講座料金

**セット内容**

英語(リーディング)/ 英語(リスニング)/ 数学I、数学A / 数学II、数学B、数学C / 国語 / 化学基礎 / 生物基礎 /
地学基礎 / 物理 / 化学 / 生物 / 歴史総合、世界史探究 / 歴史総合、日本史探究 / 地理総合、地理探究 /
公共、倫理 / 公共、政治・経済 / 情報I

※答案の提出や添削指導はありません。
※学習には「Z会学習アプリ」を使用するため、対応OSのスマートフォンやタブレット、パソコンなどの端末が必要です。

※「共通テスト攻略演習」は1月までの講座です。

---

## POINT 1　共通テストに即した問題に取り組み、万全の対策ができる！

2024年度の共通テストでは、英語・リーディングで読解量（語数）が増えるなど、これまで以上に速読即解力や情報
処理力が必要とされました。新指導要領で学んだ高校生が受験する2025年度の試験は、この傾向がより強まることが予
想されます。

本講座では、毎月お届けする教材で、共通テスト型の問題に取り組んでいきます。傾向の変化に対応できるようになると
ともに、「自分で考え、答えを出す力」を伸ばし、万全の対策ができます。

### 新設「情報I」にも対応！

国公立大志望者の多くは、共通テストで「情報I」が必
須となります。本講座では、「情報I」の対応教材も用意
しているため、万全な対策が可能です。

### 8月…基本問題　12月・1月…本番形式の問題

※3～7月、9～11月は、大学入試センターから公開された「試作問題」や、
「情報I」の内容とつながりの深い「情報関係基礎」の過去問の解説を、
「Z会学習アプリ」で提供します。
※「情報I」の取り扱いについては各大学の要項をご確認ください。

---

## POINT 2　月60分の実戦演習で、効率的な時短演習を！

全科目を毎月バランスよく継続的に取り組めるよう工夫された内容と分量で、本科の講座と併用しやすく、着実に得点力
を伸ばせます。

### 1. 教材に取り組む

本講座の問題演習は、1科目あたり月60分（英語のリスニングと理科基礎、情報Iは月30分）。無理なく自分のペー
スで学習を進められます。

### 2. 自己採点する／復習する

問題を解いたらすぐに自己採点して結果を確認。わかりやすい解説で効率よく復習できます。

英語、数学、国語は、毎月の出題に即した「ポイント映像」を視聴できます。1授業10分程度なので、スキマ時間
を活用できます。共通テストならではの攻略ポイントや、各月に押さえておきたい内容を厳選した映像授業で、さらに
理解を深められます。

---

## POINT 3　戦略的なカリキュラムで、得点力アップ！

本講座は、本番での得意科目9割突破へ向けて、
毎月着実にレベルアップできるカリキュラム。基礎
固めから最終仕上げまで段階的な対策で、万全の
態勢で本番に臨めます。

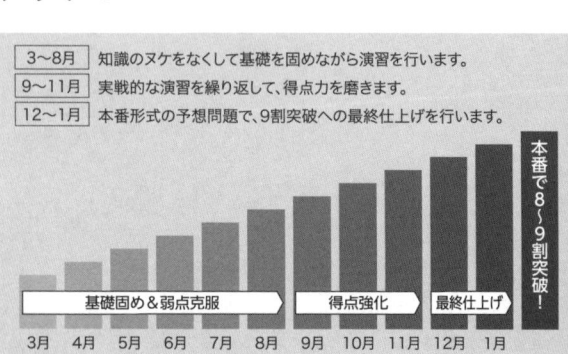

| 3～8月 | 知識のヌケをなくして基礎を固めながら演習を行います。 |
| 9～11月 | 実戦的な演習を繰り返して、得点力を磨きます。 |
| 12～1月 | 本番形式の予想問題で、9割突破への最終仕上げを行います。 |

基礎固め＆弱点克服　得点強化　最終仕上げ

本番で8～9割突破！

3月　4月　5月　6月　7月　8月　9月　10月　11月　12月　1月

# 必要な科目を全部対策できる 7教科17科目セット

※12月・1月は、共通テスト本番に即した学習時間（解答時間）となります。
※2023年度の「共通テスト攻略演習」と一部同じ内容があります。

## 英語（リーディング）
**学習時間（問題演習） 60分×月1回\***

|  |  |
|---|---|
| 3月 | 情報の検索 |
| 4月 | 情報の整理 |
| 5月 | 情報の検索・整理 |
| 6月 | 概要・要点の把握① |
| 7月 | 概要・要点の把握② |
| 8月 | テーマ・分野別演習のまとめ |
| 9月 | 速読速解力を磨く① |
| 10月 | 速読速解力を磨く② |
| 11月 | 速読速解力を磨く③ |
| 12月 | 直前演習1 |
| 1月 | 直前演習2 |

## 英語（リスニング）
**学習時間（問題演習） 30分×月1回\***

|  |  |
|---|---|
| 3月 | 情報の聞き取り① |
| 4月 | 情報の聞き取り② |
| 5月 | 情報の比較・判断など |
| 6月 | 概要・要点の把握① |
| 7月 | 概要・要点の把握② |
| 8月 | テーマ・分野別演習のまとめ |
| 9月 | 多めの語数で集中力を磨く |
| 10月 | 速めの速度で聞き取る |
| 11月 | 1回聞きで聞き取る |
| 12月 | 直前演習1 |
| 1月 | 直前演習2 |

## 数学Ⅰ、数学A
**学習時間（問題演習） 60分×月1回\***

|  |  |
|---|---|
| 3月 | 2次関数 |
| 4月 | 数と式 |
| 5月 | データの分析 |
| 6月 | 図形と計量，図形の性質 |
| 7月 | 場合の数と確率 |
| 8月 | テーマ・分野別演習のまとめ |
| 9月 | 日常の事象～もとの事象の意味を考える～ |
| 10月 | 数学の事象～一般化と発展～ |
| 11月 | 数学の事象～批判的考察～ |
| 12月 | 直前演習1 |
| 1月 | 直前演習2 |

## 数学Ⅱ、数学B、数学C
**学習時間（問題演習） 60分×月1回\***

|  |  |
|---|---|
| 3月 | 三角関数，指数・対数関数 |
| 4月 | 微分・積分，図形と方程式 |
| 5月 | 数列 |
| 6月 | ベクトル |
| 7月 | 平面上の曲線・複素数平面, 統計的な推測 |
| 8月 | テーマ・分野別演習のまとめ |
| 9月 | 日常の事象～もとの事象の意味を考える～ |
| 10月 | 数学の事象～一般化と発展～ |
| 11月 | 数学の事象～批判的考察～ |
| 12月 | 直前演習1 |
| 1月 | 直前演習2 |

## 国語
**学習時間（問題演習） 60分×月1回\***

|  |  |
|---|---|
| 3月 | 評論 |
| 4月 | 文学的文章 |
| 5月 | 古文 |
| 6月 | 漢文 |
| 7月 | テーマ・分野別演習のまとめ1 |
| 8月 | テーマ・分野別演習のまとめ2 |
| 9月 | 図表から情報を読み取る |
| 10月 | 複数の文章を対比する |
| 11月 | 読み取った内容をまとめる |
| 12月 | 直前演習1 |
| 1月 | 直前演習2 |

## 化学基礎
**学習時間（問題演習） 30分×月1回\***

|  |  |
|---|---|
| 3月 | 物質の構成(物質の構成, 原子の構造) |
| 4月 | 物質の構成(化学結合, 結晶) |
| 5月 | 物質量 |
| 6月 | 酸と塩基 |
| 7月 | 酸化還元反応 |
| 8月 | テーマ・分野別演習のまとめ |
| 9月 | 解法強化～計算～ |
| 10月 | 知識強化1～文章の正誤判断～ |
| 11月 | 知識強化2～組合せの正誤判断～ |
| 12月 | 直前演習1 |
| 1月 | 直前演習2 |

## 生物基礎
**学習時間（問題演習） 30分×月1回\***

|  |  |
|---|---|
| 3月 | 生物の特徴1 |
| 4月 | 生物の特徴2 |
| 5月 | ヒトの体の調節1 |
| 6月 | ヒトの体の調節2 |
| 7月 | 生物の多様性と生態系 |
| 8月 | テーマ・分野別演習のまとめ |
| 9月 | 知識強化 |
| 10月 | 実験強化 |
| 11月 | 考察力強化 |
| 12月 | 直前演習1 |
| 1月 | 直前演習2 |

## 地学基礎
**学習時間（問題演習） 30分×月1回\***

|  |  |
|---|---|
| 3月 | 地球のすがた |
| 4月 | 活動する地球 |
| 5月 | 大気と海洋 |
| 6月 | 移り変わる地球 |
| 7月 | 宇宙の構成，地球の環境 |
| 8月 | テーマ・分野別演習のまとめ |
| 9月 | 資料問題に強くなる1～図・グラフの理解～ |
| 10月 | 資料問題に強くなる2～図・グラフの活用～ |
| 11月 | 知識活用・考察問題に強くなる～探究活動～ |
| 12月 | 直前演習1 |
| 1月 | 直前演習2 |

## 物理
**学習時間（問題演習） 60分×月1回\***

|  |  |
|---|---|
| 3月 | 力学(放物運動, 剛体, 運動量と力積, 円運動) |
| 4月 | 力学(単振動, 慣性力),熱力学 |
| 5月 | 波動(波の伝わり方, レンズ) |
| 6月 | 波動(干渉), 電磁気(静電場, コンデンサー) |
| 7月 | 電磁気(回路, 電流と磁場, 電磁誘導), 原子 |
| 8月 | テーマ・分野別演習のまとめ |
| 9月 | 解法強化～図・グラフ, 小問対策～ |
| 10月 | 考察力強化1～実験・考察対策～ |
| 11月 | 考察力強化2～実験・考察問題対策～ |
| 12月 | 直前演習1 |
| 1月 | 直前演習2 |

## 化学
**学習時間（問題演習） 60分×月1回\***

|  |  |
|---|---|
| 3月 | 結晶，気体，熱 |
| 4月 | 溶液，電気分解 |
| 5月 | 化学平衡 |
| 6月 | 無機物質 |
| 7月 | 有機化合物 |
| 8月 | テーマ・分野別演習のまとめ |
| 9月 | 解法強化～計算～ |
| 10月 | 知識強化～正誤判断～ |
| 11月 | 読解・考察力強化 |
| 12月 | 直前演習1 |
| 1月 | 直前演習2 |

## 生物
**学習時間（問題演習） 60分×月1回\***

|  |  |
|---|---|
| 3月 | 生物の進化 |
| 4月 | 生命現象と物質 |
| 5月 | 遺伝情報の発現と発生 |
| 6月 | 生物の環境応答 |
| 7月 | 生態と環境 |
| 8月 | テーマ・分野別演習のまとめ |
| 9月 | 考察力強化1～考察とその基礎知識～ |
| 10月 | 考察力強化2～データの読解・計算～ |
| 11月 | 分野融合問題対応力強化 |
| 12月 | 直前演習1 |
| 1月 | 直前演習2 |

## 歴史総合、世界史探究
**学習時間（問題演習） 60分×月1回\***

|  |  |
|---|---|
| 3月 | 古代の世界 |
| 4月 | 中世～近世初期の世界 |
| 5月 | 近世の世界 |
| 6月 | 近・現代の世界1 |
| 7月 | 近・現代の世界2 |
| 8月 | テーマ・分野別演習のまとめ |
| 9月 | 能力別強化1～諸地域の結びつきの理解～ |
| 10月 | 能力別強化2～情報処理・分析の演習～ |
| 11月 | 能力別強化3～史料読解の演習～ |
| 12月 | 直前演習1 |
| 1月 | 直前演習2 |

## 歴史総合、日本史探究
**学習時間（問題演習） 60分×月1回\***

|  |  |
|---|---|
| 3月 | 古代 |
| 4月 | 中世 |
| 5月 | 近世 |
| 6月 | 近代(江戸後期～明治期) |
| 7月 | 近・現代(大正期～現代) |
| 8月 | テーマ・分野別演習のまとめ |
| 9月 | 能力別強化1～事象の比較・関連～ |
| 10月 | 能力別強化2～事象の推移／資料読解～ |
| 11月 | 能力別強化3～多面的・多角的考察～ |
| 12月 | 直前演習1 |
| 1月 | 直前演習2 |

## 地理総合、地理探究
**学習時間（問題演習） 60分×月1回\***

|  |  |
|---|---|
| 3月 | 地図／地域調査／地形 |
| 4月 | 気候／農林水産業 |
| 5月 | 鉱工業／現代社会の諸課題 |
| 6月 | グローバル化する世界／都市・村落 |
| 7月 | 民族・領土問題／地誌 |
| 8月 | テーマ・分野別演習のまとめ |
| 9月 | 能力別強化1～資料の読解～ |
| 10月 | 能力別強化2～地誌～ |
| 11月 | 能力別強化3～地形図の読図～ |
| 12月 | 直前演習1 |
| 1月 | 直前演習2 |

## 公共、倫理
**学習時間（問題演習） 60分×月1回\***

|  |  |
|---|---|
| 3月 | 青年期の課題／源流思想1 |
| 4月 | 源流思想2 |
| 5月 | 日本の思想 |
| 6月 | 近・現代の思想1 |
| 7月 | 近・現代の思想2／現代社会の諸課題 |
| 8月 | テーマ・分野別演習のまとめ |
| 9月 | 分野別強化1～源流思想・日本思想～ |
| 10月 | 分野別強化2～西洋思想・現代思想～ |
| 11月 | 分野別強化3～青年期・現代社会の諸課題～ |
| 12月 | 直前演習1 |
| 1月 | 直前演習2 |

## 公共、政治・経済
**学習時間（問題演習） 60分×月1回\***

|  |  |
|---|---|
| 3月 | 政治1 |
| 4月 | 政治2 |
| 5月 | 経済 |
| 6月 | 国際政治・国際経済 |
| 7月 | 現代社会の諸課題 |
| 8月 | テーマ・分野別演習のまとめ |
| 9月 | 分野別強化1～政治～ |
| 10月 | 分野別強化2～経済～ |
| 11月 | 分野別強化3～国際政治・国際経済～ |
| 12月 | 直前演習1 |
| 1月 | 直前演習2 |

## 情報Ⅰ
**学習時間（問題演習） 30分×月1回\***

|  |  |
|---|---|
| 3月 | |
| 4月 | ※情報Iの共通テスト対策に役立つコンテンツを「Z会学習アプリ」で提供。 |
| 5月 | |
| 6月 | |
| 7月 | |
| 8月 | 演習問題 |
| 9月 | ※情報Iの共通テスト対策に役立つコンテンツを「Z会学習アプリ」で提供。 |
| 10月 | |
| 11月 | |
| 2月 | 直前演習1 |
| 1月 | 直前演習2 |

---

Z会の通信教育「共通テスト攻略演習」のお申し込みはWebで

**Web**　Z会　共通テスト攻略演習　検索

https://www.zkai.co.jp/juken/lineup-ktest-kouryaku-s/

# 共通テスト対策 おすすめ書籍

## ❶ 基本事項からおさえ、知識・理解を万全に　問題集・参考書タイプ

### ハイスコア！共通テスト攻略

Z会編集部 編／A5判／リスニング音声はWeb対応
定価：数学II・B・C、化学基礎、生物基礎、地学基礎 1,320円（税込）
それ以外 1,210円（税込）

全9冊

| | | | |
|---|---|---|---|
| 英語リーディング | 数学I・A | 国語 現代文 | 化学基礎 |
| 英語リスニング | 数学II・B・C | 国語 古文・漢文 | 生物基礎 |
| | | | 地学基礎 |

**ここがイイ！**

新課程入試に対応！

**こう使おう！**
- 例題・類題と、丁寧な解説を通じて戦略を知る
- ハイスコアを取るための思考力・判断力を磨く

## ❷ 過去問5回分＋試作問題で実力を知る　過去問タイプ

### 共通テスト 過去問 英数国

Z会編集部 編／A5判／定価 1,870円（税込）
リスニング音声はWeb対応

収録科目
英語リーディング｜英語リスニング
数学I・A｜数学II・B｜国語

収録内容
| | | |
|---|---|---|
| 2024年本試 | 2023年本試 | 2022年本試 |
| 試作問題 | 2023年追試 | 2022年追試 |

→ 2025年度からの試験の問題作成の方向性を示すものとして大学入試センターから公表されたものです

英数国 各6回 計30回分掲載！

※表紙デザインは変更する場合があります。

**ここがイイ！**

3教科5科目の過去問がこの1冊に！

**こう使おう！**
- 共通テストの出題傾向・難易度をしっかり把握する
- 目標と実力の差を分析し、早期から対策する

## ❸ 実戦演習を積んでテスト形式に慣れる　模試タイプ

### 共通テスト 実戦模試

Z会編集部編／B5判
リスニング音声はWeb対応
解答用のマークシート付
※1 定価 各1,540円（税込）
※2 定価 各1,210円（税込）
※3 定価 各 880円（税込）
※4 定価 各 660円（税込）

全13冊

| | | | | |
|---|---|---|---|---|
| 英語リーディング※1 | 数学I・A※1 | 化学基礎※2 | 物理※1 | 歴史総合、日本史探究※3 |
| 英語リスニング※1 | 数学II・B・C※1 | 生物基礎※2 | 化学※1 | 歴史総合、世界史探究※3 |
| | 国語※1 | | 生物※1 | 地理総合、地理探究※4 |

※表紙デザインは変更する場合があります。

**ここがイイ！**

オリジナル模試は、答案にスマホをかざすだけで「自動採点」ができる！
得点に応じて、大問ごとにアドバイスメッセージも！

**こう使おう！**
- 予想模試で難易度・形式に慣れる
- 解答解説もよく読み、共通テスト対策に必要な重要事項をおさえる

## ❹ 本番直前に全教科模試でリハーサル　模試タイプ

### 共通テスト 予想問題パック

Z会編集部編／B5箱入／定価 1,650円（税込）
リスニング音声はWeb対応

収録科目（7教科17科目を1パックにまとめた1回分の模試形式）

英語リーディング｜英語リスニング｜数学I・A｜数学II・B・C｜国語｜物理｜化学｜化学基礎
生物｜生物基礎｜地学基礎｜歴史総合、世界史探究｜歴史総合、日本史探究｜地理総合、地理探究
公共、倫理｜公共、政治・経済｜情報I

※表紙デザインは変更する場合があります。

**ここがイイ！**
- ☑ 答案にスマホをかざすだけで「自動採点」ができ、時短で便利！
- ☑ 全国平均点やランキングもわかる

**こう使おう！**
- 予想模試で難易度・形式に慣れる
- 解答解説もよく読み、共通テスト対策に必要な重要事項をおさえる

---

書籍の詳細閲覧・ご購入が可能です　Z会の本 検索　　https://www.zkai.co.jp/book

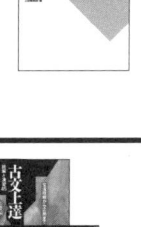

書籍のアンケートにご協力ください

抽選で**図書カード**を
プレゼント！

Ｚ会の「個人情報の取り扱いについて」はＺ会
Webサイト(https://www.zkai.co.jp/home/policy/)
に掲載しておりますのでご覧ください。

2025 年用　共通テスト実戦模試

④数学Ⅱ・B・C

初版第 1 刷発行…2024 年 7 月 1 日

編者…………Ｚ会編集部
発行人………藤井孝昭
発行…………Ｚ会

〒411-0033　静岡県三島市文教町1-9-11
【販売部門：書籍の乱丁・落丁・返品・交換・注文】
TEL 055-976-9095
【書籍の内容に関するお問い合わせ】
https://www.zkai.co.jp/books/contact/
【ホームページ】
https://www.zkai.co.jp/books/

装丁…………犬飼奈央
印刷・製本…株式会社 リーブルテック

ISBN978-4-86531-616-2 C7341

注意事項1 問題番号 4 5 6 7 の解答欄は，この用紙の第2面にあります。

マーク例

| 良い例 | 悪い例 |
|--------|--------|
| ● | ◌⊗◖◐ |

534

## 受験番号欄

| 千位 | 百位 | 十位 | 一位 | 英字 |
|------|------|------|------|------|

A B C H K M R U X Y Z

| フリガナ | |
|---------|--|
| 氏 名 | |

| 試験場コード | 十万位 | 万位 | 千位 | 百位 | 十位 | 一位 |
|------------|--------|------|------|------|------|------|

**1** 解 答 欄 — 0 1 2 3 4 5 6 7 8 9

ア イ ウ エ オ カ キ ク ケ コ サ シ ス セ ソ タ チ ツ テ ト ナ ニ ヌ ネ ノ ハ ヒ フ ヘ ホ

**2** 解 答 欄 — 0 1 2 3 4 5 6 7 8 9

ア イ ウ エ オ カ キ ク ケ コ サ シ ス セ ソ タ チ ツ テ ト ナ ニ ヌ ネ ノ ハ ヒ フ ヘ ホ

**3** 解 答 欄 — 0 1 2 3 4 5 6 7 8 9

ア イ ウ エ オ カ キ ク ケ コ サ シ ス セ ソ タ チ ツ テ ト ナ ニ ヌ ネ ノ ハ ヒ フ ヘ ホ

注意事項1　問題番号 1 2 3 の解答欄は，この用紙の第 1 面にあります。

535

**4** 解答欄

| | − 0 1 2 3 4 5 6 7 8 9 |
| アイウエオカキクケコサシスセソタチツテトナニヌネノハヒフヘホ | (bubbles −0123456789) |

**5** 解答欄

| | − 0 1 2 3 4 5 6 7 8 9 |
| アイウエオカキクケコサシスセソタチツテトナニヌネノハヒフヘホ | (bubbles −0123456789) |

**6** 解答欄

| | − 0 1 2 3 4 5 6 7 8 9 |
| アイウエオカキクケコサシスセソタチツテトナニヌネノハヒフヘホ | (bubbles −0123456789) |

**7** 解答欄

| | − 0 1 2 3 4 5 6 7 8 9 |
| アイウエオカキクケコサシスセソタチツテトナニヌネノハヒフヘホ | (bubbles −0123456789) |

# 数 学 ② 模 試 第 2 回 解 答 用 紙 第 1 面

マーク例

| 良い例 | 悪い例 |
|---|---|
| ● | ◌ ⊗ ◖ 0 |

536

## 受験番号欄

| 千位 | 百位 | 十位 | 一位 | 英字 |
|---|---|---|---|---|

A
B
C
H
K
M
R
U
X
Y
Z

| フリガナ | |
|---|---|
| 氏 名 | |

| 試験場 | 十万位 | 万位 | 千位 | 百位 | 十位 | 一位 |
|---|---|---|---|---|---|---|
| コード | | | | | | |

**1** 解答欄 — 0 1 2 3 4 5 6 7 8 9
ア イ ウ エ オ カ キ ク ケ コ サ シ ス セ ソ タ チ ツ テ ト ナ ニ ヌ ネ ノ ハ ヒ フ ヘ ホ

**2** 解答欄 — 0 1 2 3 4 5 6 7 8 9
ア イ ウ エ オ カ キ ク ケ コ サ シ ス セ ソ タ チ ツ テ ト ナ ニ ヌ ネ ノ ハ ヒ フ ヘ ホ

**3** 解答欄 — 0 1 2 3 4 5 6 7 8 9
ア イ ウ エ オ カ キ ク ケ コ サ シ ス セ ソ タ チ ツ テ ト ナ ニ ヌ ネ ノ ハ ヒ フ ヘ ホ

537

# 数学② 模試 第2回 解答用紙 第2面

注意事項1　問題番号 1 2 3 の解答欄は，この用紙の第1面にあります。

**4**

| | 解 | 答 | | | | | | | | 欄 | |
|---|---|---|---|---|---|---|---|---|---|---|---|
| | − | 0 | 1 | 2 | 3 | 4 | 5 | 6 | 7 | 8 | 9 |
| ア | ⊖ | ⓪ | ① | ② | ③ | ④ | ⑤ | ⑥ | ⑦ | ⑧ | ⑨ |
| イ | ⊖ | ⓪ | ① | ② | ③ | ④ | ⑤ | ⑥ | ⑦ | ⑧ | ⑨ |
| ウ | ⊖ | ⓪ | ① | ② | ③ | ④ | ⑤ | ⑥ | ⑦ | ⑧ | ⑨ |
| エ | ⊖ | ⓪ | ① | ② | ③ | ④ | ⑤ | ⑥ | ⑦ | ⑧ | ⑨ |
| オ | ⊖ | ⓪ | ① | ② | ③ | ④ | ⑤ | ⑥ | ⑦ | ⑧ | ⑨ |
| カ | ⊖ | ⓪ | ① | ② | ③ | ④ | ⑤ | ⑥ | ⑦ | ⑧ | ⑨ |
| キ | ⊖ | ⓪ | ① | ② | ③ | ④ | ⑤ | ⑥ | ⑦ | ⑧ | ⑨ |
| ク | ⊖ | ⓪ | ① | ② | ③ | ④ | ⑤ | ⑥ | ⑦ | ⑧ | ⑨ |
| ケ | ⊖ | ⓪ | ① | ② | ③ | ④ | ⑤ | ⑥ | ⑦ | ⑧ | ⑨ |
| コ | ⊖ | ⓪ | ① | ② | ③ | ④ | ⑤ | ⑥ | ⑦ | ⑧ | ⑨ |
| サ | ⊖ | ⓪ | ① | ② | ③ | ④ | ⑤ | ⑥ | ⑦ | ⑧ | ⑨ |
| シ | ⊖ | ⓪ | ① | ② | ③ | ④ | ⑤ | ⑥ | ⑦ | ⑧ | ⑨ |
| ス | ⊖ | ⓪ | ① | ② | ③ | ④ | ⑤ | ⑥ | ⑦ | ⑧ | ⑨ |
| セ | ⊖ | ⓪ | ① | ② | ③ | ④ | ⑤ | ⑥ | ⑦ | ⑧ | ⑨ |
| ソ | ⊖ | ⓪ | ① | ② | ③ | ④ | ⑤ | ⑥ | ⑦ | ⑧ | ⑨ |
| タ | ⊖ | ⓪ | ① | ② | ③ | ④ | ⑤ | ⑥ | ⑦ | ⑧ | ⑨ |
| チ | ⊖ | ⓪ | ① | ② | ③ | ④ | ⑤ | ⑥ | ⑦ | ⑧ | ⑨ |
| ツ | ⊖ | ⓪ | ① | ② | ③ | ④ | ⑤ | ⑥ | ⑦ | ⑧ | ⑨ |
| テ | ⊖ | ⓪ | ① | ② | ③ | ④ | ⑤ | ⑥ | ⑦ | ⑧ | ⑨ |
| ト | ⊖ | ⓪ | ① | ② | ③ | ④ | ⑤ | ⑥ | ⑦ | ⑧ | ⑨ |
| ナ | ⊖ | ⓪ | ① | ② | ③ | ④ | ⑤ | ⑥ | ⑦ | ⑧ | ⑨ |
| ニ | ⊖ | ⓪ | ① | ② | ③ | ④ | ⑤ | ⑥ | ⑦ | ⑧ | ⑨ |
| ヌ | ⊖ | ⓪ | ① | ② | ③ | ④ | ⑤ | ⑥ | ⑦ | ⑧ | ⑨ |
| ネ | ⊖ | ⓪ | ① | ② | ③ | ④ | ⑤ | ⑥ | ⑦ | ⑧ | ⑨ |
| ノ | ⊖ | ⓪ | ① | ② | ③ | ④ | ⑤ | ⑥ | ⑦ | ⑧ | ⑨ |
| ハ | ⊖ | ⓪ | ① | ② | ③ | ④ | ⑤ | ⑥ | ⑦ | ⑧ | ⑨ |
| ヒ | ⊖ | ⓪ | ① | ② | ③ | ④ | ⑤ | ⑥ | ⑦ | ⑧ | ⑨ |
| フ | ⊖ | ⓪ | ① | ② | ③ | ④ | ⑤ | ⑥ | ⑦ | ⑧ | ⑨ |
| ヘ | ⊖ | ⓪ | ① | ② | ③ | ④ | ⑤ | ⑥ | ⑦ | ⑧ | ⑨ |
| ホ | ⊖ | ⓪ | ① | ② | ③ | ④ | ⑤ | ⑥ | ⑦ | ⑧ | ⑨ |

**5**

| | 解 | 答 | | | | | | | | 欄 | |
|---|---|---|---|---|---|---|---|---|---|---|---|
| | − | 0 | 1 | 2 | 3 | 4 | 5 | 6 | 7 | 8 | 9 |
| ア | ⊖ | ⓪ | ① | ② | ③ | ④ | ⑤ | ⑥ | ⑦ | ⑧ | ⑨ |
| イ | ⊖ | ⓪ | ① | ② | ③ | ④ | ⑤ | ⑥ | ⑦ | ⑧ | ⑨ |
| ウ | ⊖ | ⓪ | ① | ② | ③ | ④ | ⑤ | ⑥ | ⑦ | ⑧ | ⑨ |
| エ | ⊖ | ⓪ | ① | ② | ③ | ④ | ⑤ | ⑥ | ⑦ | ⑧ | ⑨ |
| オ | ⊖ | ⓪ | ① | ② | ③ | ④ | ⑤ | ⑥ | ⑦ | ⑧ | ⑨ |
| カ | ⊖ | ⓪ | ① | ② | ③ | ④ | ⑤ | ⑥ | ⑦ | ⑧ | ⑨ |
| キ | ⊖ | ⓪ | ① | ② | ③ | ④ | ⑤ | ⑥ | ⑦ | ⑧ | ⑨ |
| ク | ⊖ | ⓪ | ① | ② | ③ | ④ | ⑤ | ⑥ | ⑦ | ⑧ | ⑨ |
| ケ | ⊖ | ⓪ | ① | ② | ③ | ④ | ⑤ | ⑥ | ⑦ | ⑧ | ⑨ |
| コ | ⊖ | ⓪ | ① | ② | ③ | ④ | ⑤ | ⑥ | ⑦ | ⑧ | ⑨ |
| サ | ⊖ | ⓪ | ① | ② | ③ | ④ | ⑤ | ⑥ | ⑦ | ⑧ | ⑨ |
| シ | ⊖ | ⓪ | ① | ② | ③ | ④ | ⑤ | ⑥ | ⑦ | ⑧ | ⑨ |
| ス | ⊖ | ⓪ | ① | ② | ③ | ④ | ⑤ | ⑥ | ⑦ | ⑧ | ⑨ |
| セ | ⊖ | ⓪ | ① | ② | ③ | ④ | ⑤ | ⑥ | ⑦ | ⑧ | ⑨ |
| ソ | ⊖ | ⓪ | ① | ② | ③ | ④ | ⑤ | ⑥ | ⑦ | ⑧ | ⑨ |
| タ | ⊖ | ⓪ | ① | ② | ③ | ④ | ⑤ | ⑥ | ⑦ | ⑧ | ⑨ |
| チ | ⊖ | ⓪ | ① | ② | ③ | ④ | ⑤ | ⑥ | ⑦ | ⑧ | ⑨ |
| ツ | ⊖ | ⓪ | ① | ② | ③ | ④ | ⑤ | ⑥ | ⑦ | ⑧ | ⑨ |
| テ | ⊖ | ⓪ | ① | ② | ③ | ④ | ⑤ | ⑥ | ⑦ | ⑧ | ⑨ |
| ト | ⊖ | ⓪ | ① | ② | ③ | ④ | ⑤ | ⑥ | ⑦ | ⑧ | ⑨ |
| ナ | ⊖ | ⓪ | ① | ② | ③ | ④ | ⑤ | ⑥ | ⑦ | ⑧ | ⑨ |
| ニ | ⊖ | ⓪ | ① | ② | ③ | ④ | ⑤ | ⑥ | ⑦ | ⑧ | ⑨ |
| ヌ | ⊖ | ⓪ | ① | ② | ③ | ④ | ⑤ | ⑥ | ⑦ | ⑧ | ⑨ |
| ネ | ⊖ | ⓪ | ① | ② | ③ | ④ | ⑤ | ⑥ | ⑦ | ⑧ | ⑨ |
| ノ | ⊖ | ⓪ | ① | ② | ③ | ④ | ⑤ | ⑥ | ⑦ | ⑧ | ⑨ |
| ハ | ⊖ | ⓪ | ① | ② | ③ | ④ | ⑤ | ⑥ | ⑦ | ⑧ | ⑨ |
| ヒ | ⊖ | ⓪ | ① | ② | ③ | ④ | ⑤ | ⑥ | ⑦ | ⑧ | ⑨ |
| フ | ⊖ | ⓪ | ① | ② | ③ | ④ | ⑤ | ⑥ | ⑦ | ⑧ | ⑨ |
| ヘ | ⊖ | ⓪ | ① | ② | ③ | ④ | ⑤ | ⑥ | ⑦ | ⑧ | ⑨ |
| ホ | ⊖ | ⓪ | ① | ② | ③ | ④ | ⑤ | ⑥ | ⑦ | ⑧ | ⑨ |

**6**

| | 解 | 答 | | | | | | | | 欄 | |
|---|---|---|---|---|---|---|---|---|---|---|---|
| | − | 0 | 1 | 2 | 3 | 4 | 5 | 6 | 7 | 8 | 9 |
| ア | ⊖ | ⓪ | ① | ② | ③ | ④ | ⑤ | ⑥ | ⑦ | ⑧ | ⑨ |
| イ | ⊖ | ⓪ | ① | ② | ③ | ④ | ⑤ | ⑥ | ⑦ | ⑧ | ⑨ |
| ウ | ⊖ | ⓪ | ① | ② | ③ | ④ | ⑤ | ⑥ | ⑦ | ⑧ | ⑨ |
| エ | ⊖ | ⓪ | ① | ② | ③ | ④ | ⑤ | ⑥ | ⑦ | ⑧ | ⑨ |
| オ | ⊖ | ⓪ | ① | ② | ③ | ④ | ⑤ | ⑥ | ⑦ | ⑧ | ⑨ |
| カ | ⊖ | ⓪ | ① | ② | ③ | ④ | ⑤ | ⑥ | ⑦ | ⑧ | ⑨ |
| キ | ⊖ | ⓪ | ① | ② | ③ | ④ | ⑤ | ⑥ | ⑦ | ⑧ | ⑨ |
| ク | ⊖ | ⓪ | ① | ② | ③ | ④ | ⑤ | ⑥ | ⑦ | ⑧ | ⑨ |
| ケ | ⊖ | ⓪ | ① | ② | ③ | ④ | ⑤ | ⑥ | ⑦ | ⑧ | ⑨ |
| コ | ⊖ | ⓪ | ① | ② | ③ | ④ | ⑤ | ⑥ | ⑦ | ⑧ | ⑨ |
| サ | ⊖ | ⓪ | ① | ② | ③ | ④ | ⑤ | ⑥ | ⑦ | ⑧ | ⑨ |
| シ | ⊖ | ⓪ | ① | ② | ③ | ④ | ⑤ | ⑥ | ⑦ | ⑧ | ⑨ |
| ス | ⊖ | ⓪ | ① | ② | ③ | ④ | ⑤ | ⑥ | ⑦ | ⑧ | ⑨ |
| セ | ⊖ | ⓪ | ① | ② | ③ | ④ | ⑤ | ⑥ | ⑦ | ⑧ | ⑨ |
| ソ | ⊖ | ⓪ | ① | ② | ③ | ④ | ⑤ | ⑥ | ⑦ | ⑧ | ⑨ |
| タ | ⊖ | ⓪ | ① | ② | ③ | ④ | ⑤ | ⑥ | ⑦ | ⑧ | ⑨ |
| チ | ⊖ | ⓪ | ① | ② | ③ | ④ | ⑤ | ⑥ | ⑦ | ⑧ | ⑨ |
| ツ | ⊖ | ⓪ | ① | ② | ③ | ④ | ⑤ | ⑥ | ⑦ | ⑧ | ⑨ |
| テ | ⊖ | ⓪ | ① | ② | ③ | ④ | ⑤ | ⑥ | ⑦ | ⑧ | ⑨ |
| ト | ⊖ | ⓪ | ① | ② | ③ | ④ | ⑤ | ⑥ | ⑦ | ⑧ | ⑨ |
| ナ | ⊖ | ⓪ | ① | ② | ③ | ④ | ⑤ | ⑥ | ⑦ | ⑧ | ⑨ |
| ニ | ⊖ | ⓪ | ① | ② | ③ | ④ | ⑤ | ⑥ | ⑦ | ⑧ | ⑨ |
| ヌ | ⊖ | ⓪ | ① | ② | ③ | ④ | ⑤ | ⑥ | ⑦ | ⑧ | ⑨ |
| ネ | ⊖ | ⓪ | ① | ② | ③ | ④ | ⑤ | ⑥ | ⑦ | ⑧ | ⑨ |
| ノ | ⊖ | ⓪ | ① | ② | ③ | ④ | ⑤ | ⑥ | ⑦ | ⑧ | ⑨ |
| ハ | ⊖ | ⓪ | ① | ② | ③ | ④ | ⑤ | ⑥ | ⑦ | ⑧ | ⑨ |
| ヒ | ⊖ | ⓪ | ① | ② | ③ | ④ | ⑤ | ⑥ | ⑦ | ⑧ | ⑨ |
| フ | ⊖ | ⓪ | ① | ② | ③ | ④ | ⑤ | ⑥ | ⑦ | ⑧ | ⑨ |
| ヘ | ⊖ | ⓪ | ① | ② | ③ | ④ | ⑤ | ⑥ | ⑦ | ⑧ | ⑨ |
| ホ | ⊖ | ⓪ | ① | ② | ③ | ④ | ⑤ | ⑥ | ⑦ | ⑧ | ⑨ |

**7**

| | 解 | 答 | | | | | | | | 欄 | |
|---|---|---|---|---|---|---|---|---|---|---|---|
| | − | 0 | 1 | 2 | 3 | 4 | 5 | 6 | 7 | 8 | 9 |
| ア | ⊖ | ⓪ | ① | ② | ③ | ④ | ⑤ | ⑥ | ⑦ | ⑧ | ⑨ |
| イ | ⊖ | ⓪ | ① | ② | ③ | ④ | ⑤ | ⑥ | ⑦ | ⑧ | ⑨ |
| ウ | ⊖ | ⓪ | ① | ② | ③ | ④ | ⑤ | ⑥ | ⑦ | ⑧ | ⑨ |
| エ | ⊖ | ⓪ | ① | ② | ③ | ④ | ⑤ | ⑥ | ⑦ | ⑧ | ⑨ |
| オ | ⊖ | ⓪ | ① | ② | ③ | ④ | ⑤ | ⑥ | ⑦ | ⑧ | ⑨ |
| カ | ⊖ | ⓪ | ① | ② | ③ | ④ | ⑤ | ⑥ | ⑦ | ⑧ | ⑨ |
| キ | ⊖ | ⓪ | ① | ② | ③ | ④ | ⑤ | ⑥ | ⑦ | ⑧ | ⑨ |
| ク | ⊖ | ⓪ | ① | ② | ③ | ④ | ⑤ | ⑥ | ⑦ | ⑧ | ⑨ |
| ケ | ⊖ | ⓪ | ① | ② | ③ | ④ | ⑤ | ⑥ | ⑦ | ⑧ | ⑨ |
| コ | ⊖ | ⓪ | ① | ② | ③ | ④ | ⑤ | ⑥ | ⑦ | ⑧ | ⑨ |
| サ | ⊖ | ⓪ | ① | ② | ③ | ④ | ⑤ | ⑥ | ⑦ | ⑧ | ⑨ |
| シ | ⊖ | ⓪ | ① | ② | ③ | ④ | ⑤ | ⑥ | ⑦ | ⑧ | ⑨ |
| ス | ⊖ | ⓪ | ① | ② | ③ | ④ | ⑤ | ⑥ | ⑦ | ⑧ | ⑨ |
| セ | ⊖ | ⓪ | ① | ② | ③ | ④ | ⑤ | ⑥ | ⑦ | ⑧ | ⑨ |
| ソ | ⊖ | ⓪ | ① | ② | ③ | ④ | ⑤ | ⑥ | ⑦ | ⑧ | ⑨ |
| タ | ⊖ | ⓪ | ① | ② | ③ | ④ | ⑤ | ⑥ | ⑦ | ⑧ | ⑨ |
| チ | ⊖ | ⓪ | ① | ② | ③ | ④ | ⑤ | ⑥ | ⑦ | ⑧ | ⑨ |
| ツ | ⊖ | ⓪ | ① | ② | ③ | ④ | ⑤ | ⑥ | ⑦ | ⑧ | ⑨ |
| テ | ⊖ | ⓪ | ① | ② | ③ | ④ | ⑤ | ⑥ | ⑦ | ⑧ | ⑨ |
| ト | ⊖ | ⓪ | ① | ② | ③ | ④ | ⑤ | ⑥ | ⑦ | ⑧ | ⑨ |
| ナ | ⊖ | ⓪ | ① | ② | ③ | ④ | ⑤ | ⑥ | ⑦ | ⑧ | ⑨ |
| ニ | ⊖ | ⓪ | ① | ② | ③ | ④ | ⑤ | ⑥ | ⑦ | ⑧ | ⑨ |
| ヌ | ⊖ | ⓪ | ① | ② | ③ | ④ | ⑤ | ⑥ | ⑦ | ⑧ | ⑨ |
| ネ | ⊖ | ⓪ | ① | ② | ③ | ④ | ⑤ | ⑥ | ⑦ | ⑧ | ⑨ |
| ノ | ⊖ | ⓪ | ① | ② | ③ | ④ | ⑤ | ⑥ | ⑦ | ⑧ | ⑨ |
| ハ | ⊖ | ⓪ | ① | ② | ③ | ④ | ⑤ | ⑥ | ⑦ | ⑧ | ⑨ |
| ヒ | ⊖ | ⓪ | ① | ② | ③ | ④ | ⑤ | ⑥ | ⑦ | ⑧ | ⑨ |
| フ | ⊖ | ⓪ | ① | ② | ③ | ④ | ⑤ | ⑥ | ⑦ | ⑧ | ⑨ |
| ヘ | ⊖ | ⓪ | ① | ② | ③ | ④ | ⑤ | ⑥ | ⑦ | ⑧ | ⑨ |
| ホ | ⊖ | ⓪ | ① | ② | ③ | ④ | ⑤ | ⑥ | ⑦ | ⑧ | ⑨ |

# 数学② 模試 第3回 解答用紙 第1面

注意事項1　問題番号 4 5 6 7 の解答欄は，この用紙の第2面にあります。

マーク例

| 良い例 | 悪い例 |
|---|---|
| ● | ⊙ ⊗ ◐ 0 |

538

| 受験番号欄 | | | | |
|---|---|---|---|---|
| 千位 | 百位 | 十位 | 一位 | 英字 |
| | | | | |
| − | 0 | 0 | 0 | A |
| 1 | 1 | 1 | 1 | B |
| 2 | 2 | 2 | 2 | C |
| 3 | 3 | 3 | 3 | H |
| 4 | 4 | 4 | 4 | K |
| 5 | 5 | 5 | 5 | M |
| 6 | 6 | 6 | 6 | R |
| 7 | 7 | 7 | 7 | U |
| 8 | 8 | 8 | 8 | X |
| 9 | 9 | 9 | 9 | Y |
| − | − | − | − | Z |

| フリガナ | |
|---|---|
| 氏名 | |

| 試験場コード | 十万位 | 万位 | 千位 | 百位 | 十位 | 一位 |
|---|---|---|---|---|---|---|
| | | | | | | |

## 1

| | 解答欄 | | | | | | | | | | |
|---|---|---|---|---|---|---|---|---|---|---|---|
| | − | 0 | 1 | 2 | 3 | 4 | 5 | 6 | 7 | 8 | 9 |
| ア | − | 0 | 1 | 2 | 3 | 4 | 5 | 6 | 7 | 8 | 9 |
| イ | − | 0 | 1 | 2 | 3 | 4 | 5 | 6 | 7 | 8 | 9 |
| ウ | − | 0 | 1 | 2 | 3 | 4 | 5 | 6 | 7 | 8 | 9 |
| エ | − | 0 | 1 | 2 | 3 | 4 | 5 | 6 | 7 | 8 | 9 |
| オ | − | 0 | 1 | 2 | 3 | 4 | 5 | 6 | 7 | 8 | 9 |
| カ | − | 0 | 1 | 2 | 3 | 4 | 5 | 6 | 7 | 8 | 9 |
| キ | − | 0 | 1 | 2 | 3 | 4 | 5 | 6 | 7 | 8 | 9 |
| ク | − | 0 | 1 | 2 | 3 | 4 | 5 | 6 | 7 | 8 | 9 |
| ケ | − | 0 | 1 | 2 | 3 | 4 | 5 | 6 | 7 | 8 | 9 |
| コ | − | 0 | 1 | 2 | 3 | 4 | 5 | 6 | 7 | 8 | 9 |
| サ | − | 0 | 1 | 2 | 3 | 4 | 5 | 6 | 7 | 8 | 9 |
| シ | − | 0 | 1 | 2 | 3 | 4 | 5 | 6 | 7 | 8 | 9 |
| ス | − | 0 | 1 | 2 | 3 | 4 | 5 | 6 | 7 | 8 | 9 |
| セ | − | 0 | 1 | 2 | 3 | 4 | 5 | 6 | 7 | 8 | 9 |
| ソ | − | 0 | 1 | 2 | 3 | 4 | 5 | 6 | 7 | 8 | 9 |
| タ | − | 0 | 1 | 2 | 3 | 4 | 5 | 6 | 7 | 8 | 9 |
| チ | − | 0 | 1 | 2 | 3 | 4 | 5 | 6 | 7 | 8 | 9 |
| ツ | − | 0 | 1 | 2 | 3 | 4 | 5 | 6 | 7 | 8 | 9 |
| テ | − | 0 | 1 | 2 | 3 | 4 | 5 | 6 | 7 | 8 | 9 |
| ト | − | 0 | 1 | 2 | 3 | 4 | 5 | 6 | 7 | 8 | 9 |
| ナ | − | 0 | 1 | 2 | 3 | 4 | 5 | 6 | 7 | 8 | 9 |
| ニ | − | 0 | 1 | 2 | 3 | 4 | 5 | 6 | 7 | 8 | 9 |
| ヌ | − | 0 | 1 | 2 | 3 | 4 | 5 | 6 | 7 | 8 | 9 |
| ネ | − | 0 | 1 | 2 | 3 | 4 | 5 | 6 | 7 | 8 | 9 |
| ノ | − | 0 | 1 | 2 | 3 | 4 | 5 | 6 | 7 | 8 | 9 |
| ハ | − | 0 | 1 | 2 | 3 | 4 | 5 | 6 | 7 | 8 | 9 |
| ヒ | − | 0 | 1 | 2 | 3 | 4 | 5 | 6 | 7 | 8 | 9 |
| フ | − | 0 | 1 | 2 | 3 | 4 | 5 | 6 | 7 | 8 | 9 |
| ヘ | − | 0 | 1 | 2 | 3 | 4 | 5 | 6 | 7 | 8 | 9 |
| ホ | − | 0 | 1 | 2 | 3 | 4 | 5 | 6 | 7 | 8 | 9 |

## 2

| | 解答欄 | | | | | | | | | | |
|---|---|---|---|---|---|---|---|---|---|---|---|
| | − | 0 | 1 | 2 | 3 | 4 | 5 | 6 | 7 | 8 | 9 |
| ア | − | 0 | 1 | 2 | 3 | 4 | 5 | 6 | 7 | 8 | 9 |
| イ | − | 0 | 1 | 2 | 3 | 4 | 5 | 6 | 7 | 8 | 9 |
| ウ | − | 0 | 1 | 2 | 3 | 4 | 5 | 6 | 7 | 8 | 9 |
| エ | − | 0 | 1 | 2 | 3 | 4 | 5 | 6 | 7 | 8 | 9 |
| オ | − | 0 | 1 | 2 | 3 | 4 | 5 | 6 | 7 | 8 | 9 |
| カ | − | 0 | 1 | 2 | 3 | 4 | 5 | 6 | 7 | 8 | 9 |
| キ | − | 0 | 1 | 2 | 3 | 4 | 5 | 6 | 7 | 8 | 9 |
| ク | − | 0 | 1 | 2 | 3 | 4 | 5 | 6 | 7 | 8 | 9 |
| ケ | − | 0 | 1 | 2 | 3 | 4 | 5 | 6 | 7 | 8 | 9 |
| コ | − | 0 | 1 | 2 | 3 | 4 | 5 | 6 | 7 | 8 | 9 |
| サ | − | 0 | 1 | 2 | 3 | 4 | 5 | 6 | 7 | 8 | 9 |
| シ | − | 0 | 1 | 2 | 3 | 4 | 5 | 6 | 7 | 8 | 9 |
| ス | − | 0 | 1 | 2 | 3 | 4 | 5 | 6 | 7 | 8 | 9 |
| セ | − | 0 | 1 | 2 | 3 | 4 | 5 | 6 | 7 | 8 | 9 |
| ソ | − | 0 | 1 | 2 | 3 | 4 | 5 | 6 | 7 | 8 | 9 |
| タ | − | 0 | 1 | 2 | 3 | 4 | 5 | 6 | 7 | 8 | 9 |
| チ | − | 0 | 1 | 2 | 3 | 4 | 5 | 6 | 7 | 8 | 9 |
| ツ | − | 0 | 1 | 2 | 3 | 4 | 5 | 6 | 7 | 8 | 9 |
| テ | − | 0 | 1 | 2 | 3 | 4 | 5 | 6 | 7 | 8 | 9 |
| ト | − | 0 | 1 | 2 | 3 | 4 | 5 | 6 | 7 | 8 | 9 |
| ナ | − | 0 | 1 | 2 | 3 | 4 | 5 | 6 | 7 | 8 | 9 |
| ニ | − | 0 | 1 | 2 | 3 | 4 | 5 | 6 | 7 | 8 | 9 |
| ヌ | − | 0 | 1 | 2 | 3 | 4 | 5 | 6 | 7 | 8 | 9 |
| ネ | − | 0 | 1 | 2 | 3 | 4 | 5 | 6 | 7 | 8 | 9 |
| ノ | − | 0 | 1 | 2 | 3 | 4 | 5 | 6 | 7 | 8 | 9 |
| ハ | − | 0 | 1 | 2 | 3 | 4 | 5 | 6 | 7 | 8 | 9 |
| ヒ | − | 0 | 1 | 2 | 3 | 4 | 5 | 6 | 7 | 8 | 9 |
| フ | − | 0 | 1 | 2 | 3 | 4 | 5 | 6 | 7 | 8 | 9 |
| ヘ | − | 0 | 1 | 2 | 3 | 4 | 5 | 6 | 7 | 8 | 9 |
| ホ | − | 0 | 1 | 2 | 3 | 4 | 5 | 6 | 7 | 8 | 9 |

## 3

| | 解答欄 | | | | | | | | | | |
|---|---|---|---|---|---|---|---|---|---|---|---|
| | − | 0 | 1 | 2 | 3 | 4 | 5 | 6 | 7 | 8 | 9 |
| ア | − | 0 | 1 | 2 | 3 | 4 | 5 | 6 | 7 | 8 | 9 |
| イ | − | 0 | 1 | 2 | 3 | 4 | 5 | 6 | 7 | 8 | 9 |
| ウ | − | 0 | 1 | 2 | 3 | 4 | 5 | 6 | 7 | 8 | 9 |
| エ | − | 0 | 1 | 2 | 3 | 4 | 5 | 6 | 7 | 8 | 9 |
| オ | − | 0 | 1 | 2 | 3 | 4 | 5 | 6 | 7 | 8 | 9 |
| カ | − | 0 | 1 | 2 | 3 | 4 | 5 | 6 | 7 | 8 | 9 |
| キ | − | 0 | 1 | 2 | 3 | 4 | 5 | 6 | 7 | 8 | 9 |
| ク | − | 0 | 1 | 2 | 3 | 4 | 5 | 6 | 7 | 8 | 9 |
| ケ | − | 0 | 1 | 2 | 3 | 4 | 5 | 6 | 7 | 8 | 9 |
| コ | − | 0 | 1 | 2 | 3 | 4 | 5 | 6 | 7 | 8 | 9 |
| サ | − | 0 | 1 | 2 | 3 | 4 | 5 | 6 | 7 | 8 | 9 |
| シ | − | 0 | 1 | 2 | 3 | 4 | 5 | 6 | 7 | 8 | 9 |
| ス | − | 0 | 1 | 2 | 3 | 4 | 5 | 6 | 7 | 8 | 9 |
| セ | − | 0 | 1 | 2 | 3 | 4 | 5 | 6 | 7 | 8 | 9 |
| ソ | − | 0 | 1 | 2 | 3 | 4 | 5 | 6 | 7 | 8 | 9 |
| タ | − | 0 | 1 | 2 | 3 | 4 | 5 | 6 | 7 | 8 | 9 |
| チ | − | 0 | 1 | 2 | 3 | 4 | 5 | 6 | 7 | 8 | 9 |
| ツ | − | 0 | 1 | 2 | 3 | 4 | 5 | 6 | 7 | 8 | 9 |
| テ | − | 0 | 1 | 2 | 3 | 4 | 5 | 6 | 7 | 8 | 9 |
| ト | − | 0 | 1 | 2 | 3 | 4 | 5 | 6 | 7 | 8 | 9 |
| ナ | − | 0 | 1 | 2 | 3 | 4 | 5 | 6 | 7 | 8 | 9 |
| ニ | − | 0 | 1 | 2 | 3 | 4 | 5 | 6 | 7 | 8 | 9 |
| ヌ | − | 0 | 1 | 2 | 3 | 4 | 5 | 6 | 7 | 8 | 9 |
| ネ | − | 0 | 1 | 2 | 3 | 4 | 5 | 6 | 7 | 8 | 9 |
| ノ | − | 0 | 1 | 2 | 3 | 4 | 5 | 6 | 7 | 8 | 9 |
| ハ | − | 0 | 1 | 2 | 3 | 4 | 5 | 6 | 7 | 8 | 9 |
| ヒ | − | 0 | 1 | 2 | 3 | 4 | 5 | 6 | 7 | 8 | 9 |
| フ | − | 0 | 1 | 2 | 3 | 4 | 5 | 6 | 7 | 8 | 9 |
| ヘ | − | 0 | 1 | 2 | 3 | 4 | 5 | 6 | 7 | 8 | 9 |
| ホ | − | 0 | 1 | 2 | 3 | 4 | 5 | 6 | 7 | 8 | 9 |

数学 ② 模試 第 3 回 解答用紙 第 2 面

注意事項1

問題番号 1 2 3 の解答欄は、この用紙の第 1 面にあります。

| 4 | 解答欄 |
|---|---|
| ア | −0123456789 |
| イ | −0123456789 |
| ウ | −0123456789 |
| エ | −0123456789 |
| オ | −0123456789 |
| カ | −0123456789 |
| キ | −0123456789 |
| ク | −0123456789 |
| ケ | −0123456789 |
| コ | −0123456789 |
| サ | −0123456789 |
| シ | −0123456789 |
| ス | −0123456789 |
| セ | −0123456789 |
| ソ | −0123456789 |
| タ | −0123456789 |
| チ | −0123456789 |
| ツ | −0123456789 |
| テ | −0123456789 |
| ト | −0123456789 |
| ナ | −0123456789 |
| ニ | −0123456789 |
| ヌ | −0123456789 |
| ネ | −0123456789 |
| ノ | −0123456789 |
| ハ | −0123456789 |
| ヒ | −0123456789 |
| フ | −0123456789 |
| ヘ | −0123456789 |
| ホ | −0123456789 |

| 5 | 解答欄 |
|---|---|
| ア | −0123456789 |
| イ | −0123456789 |
| ウ | −0123456789 |
| エ | −0123456789 |
| オ | −0123456789 |
| カ | −0123456789 |
| キ | −0123456789 |
| ク | −0123456789 |
| ケ | −0123456789 |
| コ | −0123456789 |
| サ | −0123456789 |
| シ | −0123456789 |
| ス | −0123456789 |
| セ | −0123456789 |
| ソ | −0123456789 |
| タ | −0123456789 |
| チ | −0123456789 |
| ツ | −0123456789 |
| テ | −0123456789 |
| ト | −0123456789 |
| ナ | −0123456789 |
| ニ | −0123456789 |
| ヌ | −0123456789 |
| ネ | −0123456789 |
| ノ | −0123456789 |
| ハ | −0123456789 |
| ヒ | −0123456789 |
| フ | −0123456789 |
| ヘ | −0123456789 |
| ホ | −0123456789 |

| 6 | 解答欄 |
|---|---|
| ア | −0123456789 |
| イ | −0123456789 |
| ウ | −0123456789 |
| エ | −0123456789 |
| オ | −0123456789 |
| カ | −0123456789 |
| キ | −0123456789 |
| ク | −0123456789 |
| ケ | −0123456789 |
| コ | −0123456789 |
| サ | −0123456789 |
| シ | −0123456789 |
| ス | −0123456789 |
| セ | −0123456789 |
| ソ | −0123456789 |
| タ | −0123456789 |
| チ | −0123456789 |
| ツ | −0123456789 |
| テ | −0123456789 |
| ト | −0123456789 |
| ナ | −0123456789 |
| ニ | −0123456789 |
| ヌ | −0123456789 |
| ネ | −0123456789 |
| ノ | −0123456789 |
| ハ | −0123456789 |
| ヒ | −0123456789 |
| フ | −0123456789 |
| ヘ | −0123456789 |
| ホ | −0123456789 |

| 7 | 解答欄 |
|---|---|
| ア | −0123456789 |
| イ | −0123456789 |
| ウ | −0123456789 |
| エ | −0123456789 |
| オ | −0123456789 |
| カ | −0123456789 |
| キ | −0123456789 |
| ク | −0123456789 |
| ケ | −0123456789 |
| コ | −0123456789 |
| サ | −0123456789 |
| シ | −0123456789 |
| ス | −0123456789 |
| セ | −0123456789 |
| ソ | −0123456789 |
| タ | −0123456789 |
| チ | −0123456789 |
| ツ | −0123456789 |
| テ | −0123456789 |
| ト | −0123456789 |
| ナ | −0123456789 |
| ニ | −0123456789 |
| ヌ | −0123456789 |
| ネ | −0123456789 |
| ノ | −0123456789 |
| ハ | −0123456789 |
| ヒ | −0123456789 |
| フ | −0123456789 |
| ヘ | −0123456789 |
| ホ | −0123456789 |

注意事項1　問題番号 4 5 6 7 の解答欄は, この用紙の第2面にあります。

マーク例

| 良い例 | 悪い例 |
|---|---|
| ● | ◌ ⊗ ◖ O |

540

## 受験番号欄

| 千位 | 百位 | 十位 | 一位 | 英字 |
|---|---|---|---|---|

A B C H K M R U X Y Z

フリガナ

氏名

| 試験場コード | 十万位 | 万位 | 千位 | 百位 | 十位 | 一位 |
|---|---|---|---|---|---|---|

### 1 解答欄

アイウエオカキクケコサシスセソタチツテトナニヌネノハヒフヘホ

各行: − 0 1 2 3 4 5 6 7 8 9

### 2 解答欄

アイウエオカキクケコサシスセソタチツテトナニヌネノハヒフヘホ

各行: − 0 1 2 3 4 5 6 7 8 9

### 3 解答欄

アイウエオカキクケコサシスセソタチツテトナニヌネノハヒフヘホ

各行: − 0 1 2 3 4 5 6 7 8 9

数 学 ② 模 試 第 4 回 解 答 用 紙 第 2 面

注意事項1

問題番号 1 2 3 の解答欄は、この用紙の第1面にあります。

**4** 解答欄

| 記号 | − | 0 | 1 | 2 | 3 | 4 | 5 | 6 | 7 | 8 | 9 |
|---|---|---|---|---|---|---|---|---|---|---|---|
| ア | ⊖ | ⓪ | ① | ② | ③ | ④ | ⑤ | ⑥ | ⑦ | ⑧ | ⑨ |
| イ | ⊖ | ⓪ | ① | ② | ③ | ④ | ⑤ | ⑥ | ⑦ | ⑧ | ⑨ |
| ウ | ⊖ | ⓪ | ① | ② | ③ | ④ | ⑤ | ⑥ | ⑦ | ⑧ | ⑨ |
| エ | ⊖ | ⓪ | ① | ② | ③ | ④ | ⑤ | ⑥ | ⑦ | ⑧ | ⑨ |
| オ | ⊖ | ⓪ | ① | ② | ③ | ④ | ⑤ | ⑥ | ⑦ | ⑧ | ⑨ |
| カ | ⊖ | ⓪ | ① | ② | ③ | ④ | ⑤ | ⑥ | ⑦ | ⑧ | ⑨ |
| キ | ⊖ | ⓪ | ① | ② | ③ | ④ | ⑤ | ⑥ | ⑦ | ⑧ | ⑨ |
| ク | ⊖ | ⓪ | ① | ② | ③ | ④ | ⑤ | ⑥ | ⑦ | ⑧ | ⑨ |
| ケ | ⊖ | ⓪ | ① | ② | ③ | ④ | ⑤ | ⑥ | ⑦ | ⑧ | ⑨ |
| コ | ⊖ | ⓪ | ① | ② | ③ | ④ | ⑤ | ⑥ | ⑦ | ⑧ | ⑨ |
| サ | ⊖ | ⓪ | ① | ② | ③ | ④ | ⑤ | ⑥ | ⑦ | ⑧ | ⑨ |
| シ | ⊖ | ⓪ | ① | ② | ③ | ④ | ⑤ | ⑥ | ⑦ | ⑧ | ⑨ |
| ス | ⊖ | ⓪ | ① | ② | ③ | ④ | ⑤ | ⑥ | ⑦ | ⑧ | ⑨ |
| セ | ⊖ | ⓪ | ① | ② | ③ | ④ | ⑤ | ⑥ | ⑦ | ⑧ | ⑨ |
| ソ | ⊖ | ⓪ | ① | ② | ③ | ④ | ⑤ | ⑥ | ⑦ | ⑧ | ⑨ |
| タ | ⊖ | ⓪ | ① | ② | ③ | ④ | ⑤ | ⑥ | ⑦ | ⑧ | ⑨ |
| チ | ⊖ | ⓪ | ① | ② | ③ | ④ | ⑤ | ⑥ | ⑦ | ⑧ | ⑨ |
| ツ | ⊖ | ⓪ | ① | ② | ③ | ④ | ⑤ | ⑥ | ⑦ | ⑧ | ⑨ |
| テ | ⊖ | ⓪ | ① | ② | ③ | ④ | ⑤ | ⑥ | ⑦ | ⑧ | ⑨ |
| ト | ⊖ | ⓪ | ① | ② | ③ | ④ | ⑤ | ⑥ | ⑦ | ⑧ | ⑨ |
| ナ | ⊖ | ⓪ | ① | ② | ③ | ④ | ⑤ | ⑥ | ⑦ | ⑧ | ⑨ |
| ニ | ⊖ | ⓪ | ① | ② | ③ | ④ | ⑤ | ⑥ | ⑦ | ⑧ | ⑨ |
| ヌ | ⊖ | ⓪ | ① | ② | ③ | ④ | ⑤ | ⑥ | ⑦ | ⑧ | ⑨ |
| ネ | ⊖ | ⓪ | ① | ② | ③ | ④ | ⑤ | ⑥ | ⑦ | ⑧ | ⑨ |
| ノ | ⊖ | ⓪ | ① | ② | ③ | ④ | ⑤ | ⑥ | ⑦ | ⑧ | ⑨ |
| ハ | ⊖ | ⓪ | ① | ② | ③ | ④ | ⑤ | ⑥ | ⑦ | ⑧ | ⑨ |
| ヒ | ⊖ | ⓪ | ① | ② | ③ | ④ | ⑤ | ⑥ | ⑦ | ⑧ | ⑨ |
| フ | ⊖ | ⓪ | ① | ② | ③ | ④ | ⑤ | ⑥ | ⑦ | ⑧ | ⑨ |
| ヘ | ⊖ | ⓪ | ① | ② | ③ | ④ | ⑤ | ⑥ | ⑦ | ⑧ | ⑨ |
| ホ | ⊖ | ⓪ | ① | ② | ③ | ④ | ⑤ | ⑥ | ⑦ | ⑧ | ⑨ |

**5** 解答欄

| 記号 | − | 0 | 1 | 2 | 3 | 4 | 5 | 6 | 7 | 8 | 9 |
|---|---|---|---|---|---|---|---|---|---|---|---|
| ア | ⊖ | ⓪ | ① | ② | ③ | ④ | ⑤ | ⑥ | ⑦ | ⑧ | ⑨ |
| イ | ⊖ | ⓪ | ① | ② | ③ | ④ | ⑤ | ⑥ | ⑦ | ⑧ | ⑨ |
| ウ | ⊖ | ⓪ | ① | ② | ③ | ④ | ⑤ | ⑥ | ⑦ | ⑧ | ⑨ |
| エ | ⊖ | ⓪ | ① | ② | ③ | ④ | ⑤ | ⑥ | ⑦ | ⑧ | ⑨ |
| オ | ⊖ | ⓪ | ① | ② | ③ | ④ | ⑤ | ⑥ | ⑦ | ⑧ | ⑨ |
| カ | ⊖ | ⓪ | ① | ② | ③ | ④ | ⑤ | ⑥ | ⑦ | ⑧ | ⑨ |
| キ | ⊖ | ⓪ | ① | ② | ③ | ④ | ⑤ | ⑥ | ⑦ | ⑧ | ⑨ |
| ク | ⊖ | ⓪ | ① | ② | ③ | ④ | ⑤ | ⑥ | ⑦ | ⑧ | ⑨ |
| ケ | ⊖ | ⓪ | ① | ② | ③ | ④ | ⑤ | ⑥ | ⑦ | ⑧ | ⑨ |
| コ | ⊖ | ⓪ | ① | ② | ③ | ④ | ⑤ | ⑥ | ⑦ | ⑧ | ⑨ |
| サ | ⊖ | ⓪ | ① | ② | ③ | ④ | ⑤ | ⑥ | ⑦ | ⑧ | ⑨ |
| シ | ⊖ | ⓪ | ① | ② | ③ | ④ | ⑤ | ⑥ | ⑦ | ⑧ | ⑨ |
| ス | ⊖ | ⓪ | ① | ② | ③ | ④ | ⑤ | ⑥ | ⑦ | ⑧ | ⑨ |
| セ | ⊖ | ⓪ | ① | ② | ③ | ④ | ⑤ | ⑥ | ⑦ | ⑧ | ⑨ |
| ソ | ⊖ | ⓪ | ① | ② | ③ | ④ | ⑤ | ⑥ | ⑦ | ⑧ | ⑨ |
| タ | ⊖ | ⓪ | ① | ② | ③ | ④ | ⑤ | ⑥ | ⑦ | ⑧ | ⑨ |
| チ | ⊖ | ⓪ | ① | ② | ③ | ④ | ⑤ | ⑥ | ⑦ | ⑧ | ⑨ |
| ツ | ⊖ | ⓪ | ① | ② | ③ | ④ | ⑤ | ⑥ | ⑦ | ⑧ | ⑨ |
| テ | ⊖ | ⓪ | ① | ② | ③ | ④ | ⑤ | ⑥ | ⑦ | ⑧ | ⑨ |
| ト | ⊖ | ⓪ | ① | ② | ③ | ④ | ⑤ | ⑥ | ⑦ | ⑧ | ⑨ |
| ナ | ⊖ | ⓪ | ① | ② | ③ | ④ | ⑤ | ⑥ | ⑦ | ⑧ | ⑨ |
| ニ | ⊖ | ⓪ | ① | ② | ③ | ④ | ⑤ | ⑥ | ⑦ | ⑧ | ⑨ |
| ヌ | ⊖ | ⓪ | ① | ② | ③ | ④ | ⑤ | ⑥ | ⑦ | ⑧ | ⑨ |
| ネ | ⊖ | ⓪ | ① | ② | ③ | ④ | ⑤ | ⑥ | ⑦ | ⑧ | ⑨ |
| ノ | ⊖ | ⓪ | ① | ② | ③ | ④ | ⑤ | ⑥ | ⑦ | ⑧ | ⑨ |
| ハ | ⊖ | ⓪ | ① | ② | ③ | ④ | ⑤ | ⑥ | ⑦ | ⑧ | ⑨ |
| ヒ | ⊖ | ⓪ | ① | ② | ③ | ④ | ⑤ | ⑥ | ⑦ | ⑧ | ⑨ |
| フ | ⊖ | ⓪ | ① | ② | ③ | ④ | ⑤ | ⑥ | ⑦ | ⑧ | ⑨ |
| ヘ | ⊖ | ⓪ | ① | ② | ③ | ④ | ⑤ | ⑥ | ⑦ | ⑧ | ⑨ |
| ホ | ⊖ | ⓪ | ① | ② | ③ | ④ | ⑤ | ⑥ | ⑦ | ⑧ | ⑨ |

**6** 解答欄

| 記号 | − | 0 | 1 | 2 | 3 | 4 | 5 | 6 | 7 | 8 | 9 |
|---|---|---|---|---|---|---|---|---|---|---|---|
| ア | ⊖ | ⓪ | ① | ② | ③ | ④ | ⑤ | ⑥ | ⑦ | ⑧ | ⑨ |
| イ | ⊖ | ⓪ | ① | ② | ③ | ④ | ⑤ | ⑥ | ⑦ | ⑧ | ⑨ |
| ウ | ⊖ | ⓪ | ① | ② | ③ | ④ | ⑤ | ⑥ | ⑦ | ⑧ | ⑨ |
| エ | ⊖ | ⓪ | ① | ② | ③ | ④ | ⑤ | ⑥ | ⑦ | ⑧ | ⑨ |
| オ | ⊖ | ⓪ | ① | ② | ③ | ④ | ⑤ | ⑥ | ⑦ | ⑧ | ⑨ |
| カ | ⊖ | ⓪ | ① | ② | ③ | ④ | ⑤ | ⑥ | ⑦ | ⑧ | ⑨ |
| キ | ⊖ | ⓪ | ① | ② | ③ | ④ | ⑤ | ⑥ | ⑦ | ⑧ | ⑨ |
| ク | ⊖ | ⓪ | ① | ② | ③ | ④ | ⑤ | ⑥ | ⑦ | ⑧ | ⑨ |
| ケ | ⊖ | ⓪ | ① | ② | ③ | ④ | ⑤ | ⑥ | ⑦ | ⑧ | ⑨ |
| コ | ⊖ | ⓪ | ① | ② | ③ | ④ | ⑤ | ⑥ | ⑦ | ⑧ | ⑨ |
| サ | ⊖ | ⓪ | ① | ② | ③ | ④ | ⑤ | ⑥ | ⑦ | ⑧ | ⑨ |
| シ | ⊖ | ⓪ | ① | ② | ③ | ④ | ⑤ | ⑥ | ⑦ | ⑧ | ⑨ |
| ス | ⊖ | ⓪ | ① | ② | ③ | ④ | ⑤ | ⑥ | ⑦ | ⑧ | ⑨ |
| セ | ⊖ | ⓪ | ① | ② | ③ | ④ | ⑤ | ⑥ | ⑦ | ⑧ | ⑨ |
| ソ | ⊖ | ⓪ | ① | ② | ③ | ④ | ⑤ | ⑥ | ⑦ | ⑧ | ⑨ |
| タ | ⊖ | ⓪ | ① | ② | ③ | ④ | ⑤ | ⑥ | ⑦ | ⑧ | ⑨ |
| チ | ⊖ | ⓪ | ① | ② | ③ | ④ | ⑤ | ⑥ | ⑦ | ⑧ | ⑨ |
| ツ | ⊖ | ⓪ | ① | ② | ③ | ④ | ⑤ | ⑥ | ⑦ | ⑧ | ⑨ |
| テ | ⊖ | ⓪ | ① | ② | ③ | ④ | ⑤ | ⑥ | ⑦ | ⑧ | ⑨ |
| ト | ⊖ | ⓪ | ① | ② | ③ | ④ | ⑤ | ⑥ | ⑦ | ⑧ | ⑨ |
| ナ | ⊖ | ⓪ | ① | ② | ③ | ④ | ⑤ | ⑥ | ⑦ | ⑧ | ⑨ |
| ニ | ⊖ | ⓪ | ① | ② | ③ | ④ | ⑤ | ⑥ | ⑦ | ⑧ | ⑨ |
| ヌ | ⊖ | ⓪ | ① | ② | ③ | ④ | ⑤ | ⑥ | ⑦ | ⑧ | ⑨ |
| ネ | ⊖ | ⓪ | ① | ② | ③ | ④ | ⑤ | ⑥ | ⑦ | ⑧ | ⑨ |
| ノ | ⊖ | ⓪ | ① | ② | ③ | ④ | ⑤ | ⑥ | ⑦ | ⑧ | ⑨ |
| ハ | ⊖ | ⓪ | ① | ② | ③ | ④ | ⑤ | ⑥ | ⑦ | ⑧ | ⑨ |
| ヒ | ⊖ | ⓪ | ① | ② | ③ | ④ | ⑤ | ⑥ | ⑦ | ⑧ | ⑨ |
| フ | ⊖ | ⓪ | ① | ② | ③ | ④ | ⑤ | ⑥ | ⑦ | ⑧ | ⑨ |
| ヘ | ⊖ | ⓪ | ① | ② | ③ | ④ | ⑤ | ⑥ | ⑦ | ⑧ | ⑨ |
| ホ | ⊖ | ⓪ | ① | ② | ③ | ④ | ⑤ | ⑥ | ⑦ | ⑧ | ⑨ |

**7** 解答欄

| 記号 | − | 0 | 1 | 2 | 3 | 4 | 5 | 6 | 7 | 8 | 9 |
|---|---|---|---|---|---|---|---|---|---|---|---|
| ア | ⊖ | ⓪ | ① | ② | ③ | ④ | ⑤ | ⑥ | ⑦ | ⑧ | ⑨ |
| イ | ⊖ | ⓪ | ① | ② | ③ | ④ | ⑤ | ⑥ | ⑦ | ⑧ | ⑨ |
| ウ | ⊖ | ⓪ | ① | ② | ③ | ④ | ⑤ | ⑥ | ⑦ | ⑧ | ⑨ |
| エ | ⊖ | ⓪ | ① | ② | ③ | ④ | ⑤ | ⑥ | ⑦ | ⑧ | ⑨ |
| オ | ⊖ | ⓪ | ① | ② | ③ | ④ | ⑤ | ⑥ | ⑦ | ⑧ | ⑨ |
| カ | ⊖ | ⓪ | ① | ② | ③ | ④ | ⑤ | ⑥ | ⑦ | ⑧ | ⑨ |
| キ | ⊖ | ⓪ | ① | ② | ③ | ④ | ⑤ | ⑥ | ⑦ | ⑧ | ⑨ |
| ク | ⊖ | ⓪ | ① | ② | ③ | ④ | ⑤ | ⑥ | ⑦ | ⑧ | ⑨ |
| ケ | ⊖ | ⓪ | ① | ② | ③ | ④ | ⑤ | ⑥ | ⑦ | ⑧ | ⑨ |
| コ | ⊖ | ⓪ | ① | ② | ③ | ④ | ⑤ | ⑥ | ⑦ | ⑧ | ⑨ |
| サ | ⊖ | ⓪ | ① | ② | ③ | ④ | ⑤ | ⑥ | ⑦ | ⑧ | ⑨ |
| シ | ⊖ | ⓪ | ① | ② | ③ | ④ | ⑤ | ⑥ | ⑦ | ⑧ | ⑨ |
| ス | ⊖ | ⓪ | ① | ② | ③ | ④ | ⑤ | ⑥ | ⑦ | ⑧ | ⑨ |
| セ | ⊖ | ⓪ | ① | ② | ③ | ④ | ⑤ | ⑥ | ⑦ | ⑧ | ⑨ |
| ソ | ⊖ | ⓪ | ① | ② | ③ | ④ | ⑤ | ⑥ | ⑦ | ⑧ | ⑨ |
| タ | ⊖ | ⓪ | ① | ② | ③ | ④ | ⑤ | ⑥ | ⑦ | ⑧ | ⑨ |
| チ | ⊖ | ⓪ | ① | ② | ③ | ④ | ⑤ | ⑥ | ⑦ | ⑧ | ⑨ |
| ツ | ⊖ | ⓪ | ① | ② | ③ | ④ | ⑤ | ⑥ | ⑦ | ⑧ | ⑨ |
| テ | ⊖ | ⓪ | ① | ② | ③ | ④ | ⑤ | ⑥ | ⑦ | ⑧ | ⑨ |
| ト | ⊖ | ⓪ | ① | ② | ③ | ④ | ⑤ | ⑥ | ⑦ | ⑧ | ⑨ |
| ナ | ⊖ | ⓪ | ① | ② | ③ | ④ | ⑤ | ⑥ | ⑦ | ⑧ | ⑨ |
| ニ | ⊖ | ⓪ | ① | ② | ③ | ④ | ⑤ | ⑥ | ⑦ | ⑧ | ⑨ |
| ヌ | ⊖ | ⓪ | ① | ② | ③ | ④ | ⑤ | ⑥ | ⑦ | ⑧ | ⑨ |
| ネ | ⊖ | ⓪ | ① | ② | ③ | ④ | ⑤ | ⑥ | ⑦ | ⑧ | ⑨ |
| ノ | ⊖ | ⓪ | ① | ② | ③ | ④ | ⑤ | ⑥ | ⑦ | ⑧ | ⑨ |
| ハ | ⊖ | ⓪ | ① | ② | ③ | ④ | ⑤ | ⑥ | ⑦ | ⑧ | ⑨ |
| ヒ | ⊖ | ⓪ | ① | ② | ③ | ④ | ⑤ | ⑥ | ⑦ | ⑧ | ⑨ |
| フ | ⊖ | ⓪ | ① | ② | ③ | ④ | ⑤ | ⑥ | ⑦ | ⑧ | ⑨ |
| ヘ | ⊖ | ⓪ | ① | ② | ③ | ④ | ⑤ | ⑥ | ⑦ | ⑧ | ⑨ |
| ホ | ⊖ | ⓪ | ① | ② | ③ | ④ | ⑤ | ⑥ | ⑦ | ⑧ | ⑨ |

マーク例

| 良い例 | 悪い例 |
|---|---|
| ● | ⊙ ⊗ ◖ 0 |

542

注意事項1　問題番号 4 5 6 7 の解答欄は，この用紙の第2面にあります。

## 受験番号欄

| 千位 | 百位 | 十位 | 一位 | 英字 |
|---|---|---|---|---|

A B C H K M R U X Y Z

| フリガナ | |
|---|---|
| 氏 名 | |

| 試験場 | 十万位 | 万位 | 千位 | 百位 | 十位 | 一位 |
|---|---|---|---|---|---|---|
| コード | | | | | | |

**1 解 答 欄**
− 0 1 2 3 4 5 6 7 8 9
ア イ ウ エ オ カ キ ク ケ コ サ シ ス セ ソ タ チ ツ テ ト ナ ニ ヌ ネ ノ ハ ヒ フ ヘ ホ

**2 解 答 欄**
− 0 1 2 3 4 5 6 7 8 9
ア イ ウ エ オ カ キ ク ケ コ サ シ ス セ ソ タ チ ツ テ ト ナ ニ ヌ ネ ノ ハ ヒ フ ヘ ホ

**3 解 答 欄**
− 0 1 2 3 4 5 6 7 8 9
ア イ ウ エ オ カ キ ク ケ コ サ シ ス セ ソ タ チ ツ テ ト ナ ニ ヌ ネ ノ ハ ヒ フ ヘ ホ

数 学 ② 模 試　第 5 回　解 答 用 紙　第 2 面

注意事項1　問題番号 1 2 3 の解答欄は、この用紙の第1面にあります。

**4** 解答欄

| 記号 | − | 0 | 1 | 2 | 3 | 4 | 5 | 6 | 7 | 8 | 9 |
|---|---|---|---|---|---|---|---|---|---|---|---|
| ア | ○ | ○ | ○ | ○ | ○ | ○ | ○ | ○ | ○ | ○ | ○ |
| イ | ○ | ○ | ○ | ○ | ○ | ○ | ○ | ○ | ○ | ○ | ○ |
| ウ | ○ | ○ | ○ | ○ | ○ | ○ | ○ | ○ | ○ | ○ | ○ |
| エ | ○ | ○ | ○ | ○ | ○ | ○ | ○ | ○ | ○ | ○ | ○ |
| オ | ○ | ○ | ○ | ○ | ○ | ○ | ○ | ○ | ○ | ○ | ○ |
| カ | ○ | ○ | ○ | ○ | ○ | ○ | ○ | ○ | ○ | ○ | ○ |
| キ | ○ | ○ | ○ | ○ | ○ | ○ | ○ | ○ | ○ | ○ | ○ |
| ク | ○ | ○ | ○ | ○ | ○ | ○ | ○ | ○ | ○ | ○ | ○ |
| ケ | ○ | ○ | ○ | ○ | ○ | ○ | ○ | ○ | ○ | ○ | ○ |
| コ | ○ | ○ | ○ | ○ | ○ | ○ | ○ | ○ | ○ | ○ | ○ |
| サ | ○ | ○ | ○ | ○ | ○ | ○ | ○ | ○ | ○ | ○ | ○ |
| シ | ○ | ○ | ○ | ○ | ○ | ○ | ○ | ○ | ○ | ○ | ○ |
| ス | ○ | ○ | ○ | ○ | ○ | ○ | ○ | ○ | ○ | ○ | ○ |
| セ | ○ | ○ | ○ | ○ | ○ | ○ | ○ | ○ | ○ | ○ | ○ |
| ソ | ○ | ○ | ○ | ○ | ○ | ○ | ○ | ○ | ○ | ○ | ○ |
| タ | ○ | ○ | ○ | ○ | ○ | ○ | ○ | ○ | ○ | ○ | ○ |
| チ | ○ | ○ | ○ | ○ | ○ | ○ | ○ | ○ | ○ | ○ | ○ |
| ツ | ○ | ○ | ○ | ○ | ○ | ○ | ○ | ○ | ○ | ○ | ○ |
| テ | ○ | ○ | ○ | ○ | ○ | ○ | ○ | ○ | ○ | ○ | ○ |
| ト | ○ | ○ | ○ | ○ | ○ | ○ | ○ | ○ | ○ | ○ | ○ |
| ナ | ○ | ○ | ○ | ○ | ○ | ○ | ○ | ○ | ○ | ○ | ○ |
| ニ | ○ | ○ | ○ | ○ | ○ | ○ | ○ | ○ | ○ | ○ | ○ |
| ヌ | ○ | ○ | ○ | ○ | ○ | ○ | ○ | ○ | ○ | ○ | ○ |
| ネ | ○ | ○ | ○ | ○ | ○ | ○ | ○ | ○ | ○ | ○ | ○ |
| ノ | ○ | ○ | ○ | ○ | ○ | ○ | ○ | ○ | ○ | ○ | ○ |
| ハ | ○ | ○ | ○ | ○ | ○ | ○ | ○ | ○ | ○ | ○ | ○ |
| ヒ | ○ | ○ | ○ | ○ | ○ | ○ | ○ | ○ | ○ | ○ | ○ |
| フ | ○ | ○ | ○ | ○ | ○ | ○ | ○ | ○ | ○ | ○ | ○ |
| ヘ | ○ | ○ | ○ | ○ | ○ | ○ | ○ | ○ | ○ | ○ | ○ |
| ホ | ○ | ○ | ○ | ○ | ○ | ○ | ○ | ○ | ○ | ○ | ○ |

**5** 解答欄（記号 ア〜ホ、選択肢 −, 0, 1, 2, 3, 4, 5, 6, 7, 8, 9）

**6** 解答欄（記号 ア〜ホ、選択肢 −, 0, 1, 2, 3, 4, 5, 6, 7, 8, 9）

**7** 解答欄（記号 ア〜ホ、選択肢 −, 0, 1, 2, 3, 4, 5, 6, 7, 8, 9）

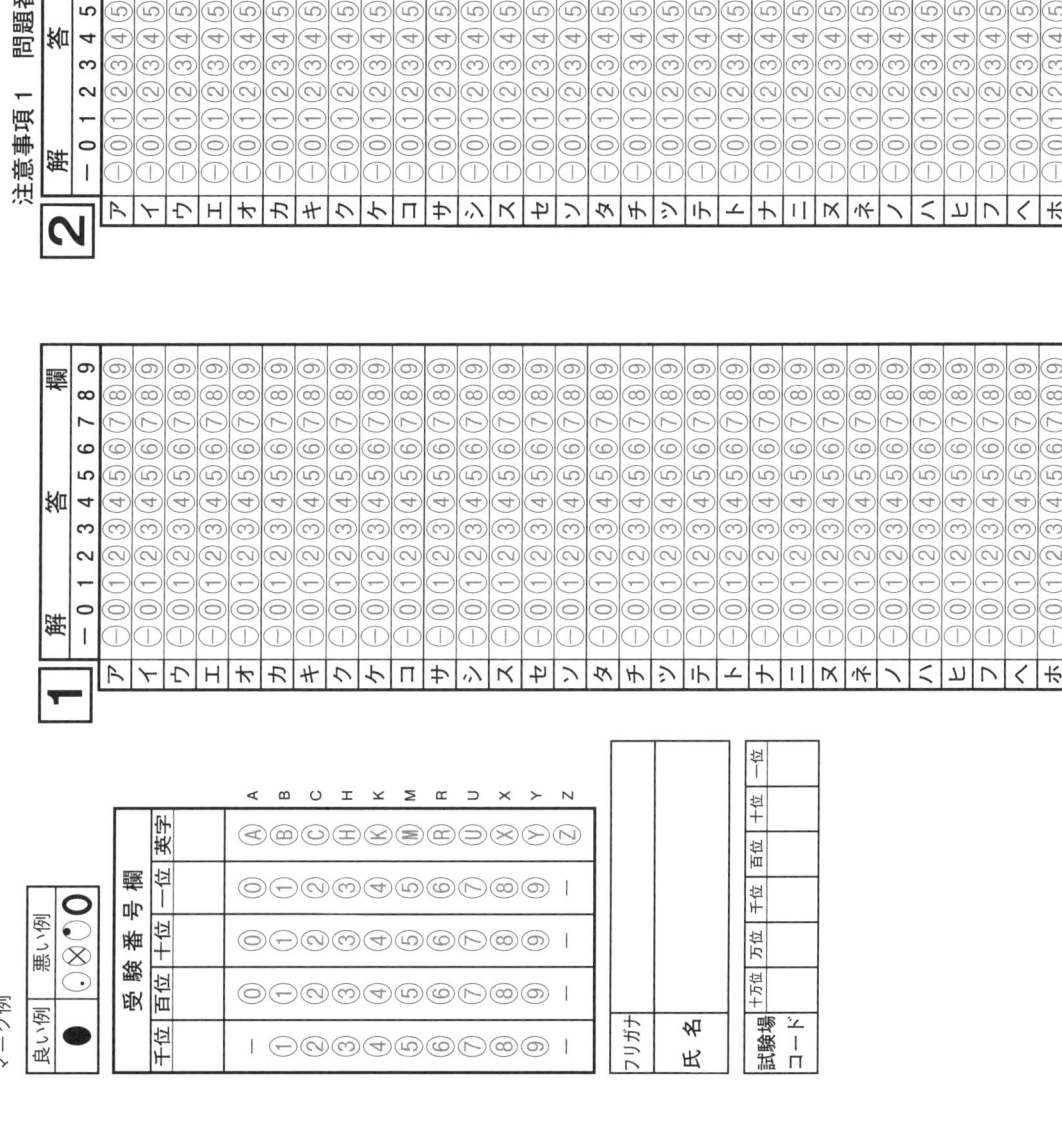

数 学 ②　試 作 問 題 解 答 用 紙　第 2 面

注意事項 1　問題番号 ① ② ③ の解答欄は，この用紙の第 1 面にあります。

| 4 | 解答欄 |
| 5 | 解答欄 |
| 6 | 解答欄 |
| 7 | 解答欄 |

（各解答欄：ア イ ウ エ オ カ キ ク ケ コ サ シ ス セ ソ タ チ ツ テ ト ナ ニ ヌ ネ ノ ハ ヒ フ ヘ ホ　マーク：− 0 1 2 3 4 5 6 7 8 9（6・7は a も含む））

数 学 ② 2024 本 試 解 答 用 紙 第 1 面

注意事項 1　問題番号 ④ ⑤ の解答欄は、この用紙の第2面にあります。

**1**　解答欄（ア〜ホ） 解 −0123456789abcd 答欄

**2**　解答欄（ア〜ホ） 解 −0123456789abcd 答欄

**3**　解答欄（ア〜ホ） 解 −0123456789abcd 答欄

解答科目欄
情報関係基礎 ◯
簿記・会計 ◯
数学Ⅱ・B ◯
数学Ⅱ ◯

受験番号欄
千位 百位 十位 一位 英字
A B C H K M R U X Y Z

フリガナ
氏名

試験場コード
十万位 万位 千位 百位 十位 一位

※過去問は自動採点に対応していません。

数 学 ② 2024 本 試 解 答 用 紙 第 2 面

注意事項1 問題番号 1 2 3 の解答欄は、この用紙の第1面にあります。

**4**

| 解答欄 |
| --- |
| ア |
| イ |
| ウ |
| エ |
| オ |
| カ |
| キ |
| ク |
| ケ |
| コ |
| サ |
| シ |
| ス |
| セ |
| ソ |
| タ |
| チ |
| ツ |
| テ |
| ト |
| ナ |
| ニ |
| ヌ |
| ネ |
| ノ |
| ハ |
| ヒ |
| フ |
| ヘ |
| ホ |

**5**

| 解答欄 |
| --- |
| ア |
| イ |
| ウ |
| エ |
| オ |
| カ |
| キ |
| ク |
| ケ |
| コ |
| サ |
| シ |
| ス |
| セ |
| ソ |
| タ |
| チ |
| ツ |
| テ |
| ト |
| ナ |
| ニ |
| ヌ |
| ネ |
| ノ |
| ハ |
| ヒ |
| フ |
| ヘ |
| ホ |

※過去問は自動採点に対応していません。

# 数学② 2023 本試 解答用紙 第1面

注意事項1　問題番号 4 5 の解答欄は，この用紙の第 2 面にあります。

マーク例

| 良い例 | 悪い例 |
|---|---|
| ● | ⊙ ⊗ ◐ O |

| 解答科目欄 | | | |
|---|---|---|---|
| 数学Ⅱ | 数学Ⅱ・数学B | 簿記・会計 | 情報関係基礎 |
| ○ | ○ | ○ | ○ |

| 受験番号欄 | | | | | |
|---|---|---|---|---|---|
| 千位 | 百位 | 十位 | 一位 | 英字 | |
| | | | | | |
| − | 0 | 0 | 0 | A | A |
| 1 | 1 | 1 | 1 | B | B |
| 2 | 2 | 2 | 2 | C | C |
| 3 | 3 | 3 | 3 | H | H |
| 4 | 4 | 4 | 4 | K | K |
| 5 | 5 | 5 | 5 | M | M |
| 6 | 6 | 6 | 6 | R | R |
| 7 | 7 | 7 | 7 | U | U |
| 8 | 8 | 8 | 8 | X | X |
| 9 | 9 | 9 | 9 | Y | Y |
| − | − | − | − | Z | Z |

| フリガナ | |
|---|---|
| 氏名 | |

| 試験場コード | 十万位 | 万位 | 千位 | 百位 | 十位 | 一位 |
|---|---|---|---|---|---|---|
| | | | | | | |

**1**

| 解答欄 | − | 0 | 1 | 2 | 3 | 4 | 5 | 6 | 7 | 8 | 9 | a | b | c | d |
|---|---|---|---|---|---|---|---|---|---|---|---|---|---|---|---|
| ア | − | 0 | 1 | 2 | 3 | 4 | 5 | 6 | 7 | 8 | 9 | a | b | c | d |
| イ | − | 0 | 1 | 2 | 3 | 4 | 5 | 6 | 7 | 8 | 9 | a | b | c | d |
| ウ | − | 0 | 1 | 2 | 3 | 4 | 5 | 6 | 7 | 8 | 9 | a | b | c | d |
| エ | − | 0 | 1 | 2 | 3 | 4 | 5 | 6 | 7 | 8 | 9 | a | b | c | d |
| オ | − | 0 | 1 | 2 | 3 | 4 | 5 | 6 | 7 | 8 | 9 | a | b | c | d |
| カ | − | 0 | 1 | 2 | 3 | 4 | 5 | 6 | 7 | 8 | 9 | a | b | c | d |
| キ | − | 0 | 1 | 2 | 3 | 4 | 5 | 6 | 7 | 8 | 9 | a | b | c | d |
| ク | − | 0 | 1 | 2 | 3 | 4 | 5 | 6 | 7 | 8 | 9 | a | b | c | d |
| ケ | − | 0 | 1 | 2 | 3 | 4 | 5 | 6 | 7 | 8 | 9 | a | b | c | d |
| コ | − | 0 | 1 | 2 | 3 | 4 | 5 | 6 | 7 | 8 | 9 | a | b | c | d |
| サ | − | 0 | 1 | 2 | 3 | 4 | 5 | 6 | 7 | 8 | 9 | a | b | c | d |
| シ | − | 0 | 1 | 2 | 3 | 4 | 5 | 6 | 7 | 8 | 9 | a | b | c | d |
| ス | − | 0 | 1 | 2 | 3 | 4 | 5 | 6 | 7 | 8 | 9 | a | b | c | d |
| セ | − | 0 | 1 | 2 | 3 | 4 | 5 | 6 | 7 | 8 | 9 | a | b | c | d |
| ソ | − | 0 | 1 | 2 | 3 | 4 | 5 | 6 | 7 | 8 | 9 | a | b | c | d |
| タ | − | 0 | 1 | 2 | 3 | 4 | 5 | 6 | 7 | 8 | 9 | a | b | c | d |
| チ | − | 0 | 1 | 2 | 3 | 4 | 5 | 6 | 7 | 8 | 9 | a | b | c | d |
| ツ | − | 0 | 1 | 2 | 3 | 4 | 5 | 6 | 7 | 8 | 9 | a | b | c | d |
| テ | − | 0 | 1 | 2 | 3 | 4 | 5 | 6 | 7 | 8 | 9 | a | b | c | d |
| ト | − | 0 | 1 | 2 | 3 | 4 | 5 | 6 | 7 | 8 | 9 | a | b | c | d |
| ナ | − | 0 | 1 | 2 | 3 | 4 | 5 | 6 | 7 | 8 | 9 | a | b | c | d |
| ニ | − | 0 | 1 | 2 | 3 | 4 | 5 | 6 | 7 | 8 | 9 | a | b | c | d |
| ヌ | − | 0 | 1 | 2 | 3 | 4 | 5 | 6 | 7 | 8 | 9 | a | b | c | d |
| ネ | − | 0 | 1 | 2 | 3 | 4 | 5 | 6 | 7 | 8 | 9 | a | b | c | d |
| ノ | − | 0 | 1 | 2 | 3 | 4 | 5 | 6 | 7 | 8 | 9 | a | b | c | d |
| ハ | − | 0 | 1 | 2 | 3 | 4 | 5 | 6 | 7 | 8 | 9 | a | b | c | d |
| ヒ | − | 0 | 1 | 2 | 3 | 4 | 5 | 6 | 7 | 8 | 9 | a | b | c | d |
| フ | − | 0 | 1 | 2 | 3 | 4 | 5 | 6 | 7 | 8 | 9 | a | b | c | d |
| ヘ | − | 0 | 1 | 2 | 3 | 4 | 5 | 6 | 7 | 8 | 9 | a | b | c | d |
| ホ | − | 0 | 1 | 2 | 3 | 4 | 5 | 6 | 7 | 8 | 9 | a | b | c | d |

**2**

| 解答欄 | − | 0 | 1 | 2 | 3 | 4 | 5 | 6 | 7 | 8 | 9 | a | b | c | d |
|---|---|---|---|---|---|---|---|---|---|---|---|---|---|---|---|
| ア | − | 0 | 1 | 2 | 3 | 4 | 5 | 6 | 7 | 8 | 9 | a | b | c | d |
| イ | − | 0 | 1 | 2 | 3 | 4 | 5 | 6 | 7 | 8 | 9 | a | b | c | d |
| ウ | − | 0 | 1 | 2 | 3 | 4 | 5 | 6 | 7 | 8 | 9 | a | b | c | d |
| エ | − | 0 | 1 | 2 | 3 | 4 | 5 | 6 | 7 | 8 | 9 | a | b | c | d |
| オ | − | 0 | 1 | 2 | 3 | 4 | 5 | 6 | 7 | 8 | 9 | a | b | c | d |
| カ | − | 0 | 1 | 2 | 3 | 4 | 5 | 6 | 7 | 8 | 9 | a | b | c | d |
| キ | − | 0 | 1 | 2 | 3 | 4 | 5 | 6 | 7 | 8 | 9 | a | b | c | d |
| ク | − | 0 | 1 | 2 | 3 | 4 | 5 | 6 | 7 | 8 | 9 | a | b | c | d |
| ケ | − | 0 | 1 | 2 | 3 | 4 | 5 | 6 | 7 | 8 | 9 | a | b | c | d |
| コ | − | 0 | 1 | 2 | 3 | 4 | 5 | 6 | 7 | 8 | 9 | a | b | c | d |
| サ | − | 0 | 1 | 2 | 3 | 4 | 5 | 6 | 7 | 8 | 9 | a | b | c | d |
| シ | − | 0 | 1 | 2 | 3 | 4 | 5 | 6 | 7 | 8 | 9 | a | b | c | d |
| ス | − | 0 | 1 | 2 | 3 | 4 | 5 | 6 | 7 | 8 | 9 | a | b | c | d |
| セ | − | 0 | 1 | 2 | 3 | 4 | 5 | 6 | 7 | 8 | 9 | a | b | c | d |
| ソ | − | 0 | 1 | 2 | 3 | 4 | 5 | 6 | 7 | 8 | 9 | a | b | c | d |
| タ | − | 0 | 1 | 2 | 3 | 4 | 5 | 6 | 7 | 8 | 9 | a | b | c | d |
| チ | − | 0 | 1 | 2 | 3 | 4 | 5 | 6 | 7 | 8 | 9 | a | b | c | d |
| ツ | − | 0 | 1 | 2 | 3 | 4 | 5 | 6 | 7 | 8 | 9 | a | b | c | d |
| テ | − | 0 | 1 | 2 | 3 | 4 | 5 | 6 | 7 | 8 | 9 | a | b | c | d |
| ト | − | 0 | 1 | 2 | 3 | 4 | 5 | 6 | 7 | 8 | 9 | a | b | c | d |
| ナ | − | 0 | 1 | 2 | 3 | 4 | 5 | 6 | 7 | 8 | 9 | a | b | c | d |
| ニ | − | 0 | 1 | 2 | 3 | 4 | 5 | 6 | 7 | 8 | 9 | a | b | c | d |
| ヌ | − | 0 | 1 | 2 | 3 | 4 | 5 | 6 | 7 | 8 | 9 | a | b | c | d |
| ネ | − | 0 | 1 | 2 | 3 | 4 | 5 | 6 | 7 | 8 | 9 | a | b | c | d |
| ノ | − | 0 | 1 | 2 | 3 | 4 | 5 | 6 | 7 | 8 | 9 | a | b | c | d |
| ハ | − | 0 | 1 | 2 | 3 | 4 | 5 | 6 | 7 | 8 | 9 | a | b | c | d |
| ヒ | − | 0 | 1 | 2 | 3 | 4 | 5 | 6 | 7 | 8 | 9 | a | b | c | d |
| フ | − | 0 | 1 | 2 | 3 | 4 | 5 | 6 | 7 | 8 | 9 | a | b | c | d |
| ヘ | − | 0 | 1 | 2 | 3 | 4 | 5 | 6 | 7 | 8 | 9 | a | b | c | d |
| ホ | − | 0 | 1 | 2 | 3 | 4 | 5 | 6 | 7 | 8 | 9 | a | b | c | d |

**3**

| 解答欄 | − | 0 | 1 | 2 | 3 | 4 | 5 | 6 | 7 | 8 | 9 | a | b | c | d |
|---|---|---|---|---|---|---|---|---|---|---|---|---|---|---|---|
| ア | − | 0 | 1 | 2 | 3 | 4 | 5 | 6 | 7 | 8 | 9 | a | b | c | d |
| イ | − | 0 | 1 | 2 | 3 | 4 | 5 | 6 | 7 | 8 | 9 | a | b | c | d |
| ウ | − | 0 | 1 | 2 | 3 | 4 | 5 | 6 | 7 | 8 | 9 | a | b | c | d |
| エ | − | 0 | 1 | 2 | 3 | 4 | 5 | 6 | 7 | 8 | 9 | a | b | c | d |
| オ | − | 0 | 1 | 2 | 3 | 4 | 5 | 6 | 7 | 8 | 9 | a | b | c | d |
| カ | − | 0 | 1 | 2 | 3 | 4 | 5 | 6 | 7 | 8 | 9 | a | b | c | d |
| キ | − | 0 | 1 | 2 | 3 | 4 | 5 | 6 | 7 | 8 | 9 | a | b | c | d |
| ク | − | 0 | 1 | 2 | 3 | 4 | 5 | 6 | 7 | 8 | 9 | a | b | c | d |
| ケ | − | 0 | 1 | 2 | 3 | 4 | 5 | 6 | 7 | 8 | 9 | a | b | c | d |
| コ | − | 0 | 1 | 2 | 3 | 4 | 5 | 6 | 7 | 8 | 9 | a | b | c | d |
| サ | − | 0 | 1 | 2 | 3 | 4 | 5 | 6 | 7 | 8 | 9 | a | b | c | d |
| シ | − | 0 | 1 | 2 | 3 | 4 | 5 | 6 | 7 | 8 | 9 | a | b | c | d |
| ス | − | 0 | 1 | 2 | 3 | 4 | 5 | 6 | 7 | 8 | 9 | a | b | c | d |
| セ | − | 0 | 1 | 2 | 3 | 4 | 5 | 6 | 7 | 8 | 9 | a | b | c | d |
| ソ | − | 0 | 1 | 2 | 3 | 4 | 5 | 6 | 7 | 8 | 9 | a | b | c | d |
| タ | − | 0 | 1 | 2 | 3 | 4 | 5 | 6 | 7 | 8 | 9 | a | b | c | d |
| チ | − | 0 | 1 | 2 | 3 | 4 | 5 | 6 | 7 | 8 | 9 | a | b | c | d |
| ツ | − | 0 | 1 | 2 | 3 | 4 | 5 | 6 | 7 | 8 | 9 | a | b | c | d |
| テ | − | 0 | 1 | 2 | 3 | 4 | 5 | 6 | 7 | 8 | 9 | a | b | c | d |
| ト | − | 0 | 1 | 2 | 3 | 4 | 5 | 6 | 7 | 8 | 9 | a | b | c | d |
| ナ | − | 0 | 1 | 2 | 3 | 4 | 5 | 6 | 7 | 8 | 9 | a | b | c | d |
| ニ | − | 0 | 1 | 2 | 3 | 4 | 5 | 6 | 7 | 8 | 9 | a | b | c | d |
| ヌ | − | 0 | 1 | 2 | 3 | 4 | 5 | 6 | 7 | 8 | 9 | a | b | c | d |
| ネ | − | 0 | 1 | 2 | 3 | 4 | 5 | 6 | 7 | 8 | 9 | a | b | c | d |
| ノ | − | 0 | 1 | 2 | 3 | 4 | 5 | 6 | 7 | 8 | 9 | a | b | c | d |
| ハ | − | 0 | 1 | 2 | 3 | 4 | 5 | 6 | 7 | 8 | 9 | a | b | c | d |
| ヒ | − | 0 | 1 | 2 | 3 | 4 | 5 | 6 | 7 | 8 | 9 | a | b | c | d |
| フ | − | 0 | 1 | 2 | 3 | 4 | 5 | 6 | 7 | 8 | 9 | a | b | c | d |
| ヘ | − | 0 | 1 | 2 | 3 | 4 | 5 | 6 | 7 | 8 | 9 | a | b | c | d |
| ホ | − | 0 | 1 | 2 | 3 | 4 | 5 | 6 | 7 | 8 | 9 | a | b | c | d |

数 学 ② 2023 本 試 解 答 用 紙 第 2 面

注意事項1 問題番号 1 2 3 の解答欄は，この用紙の第1面にあります。

**4**

| 解 答 欄 |
|---|
| ア |
| イ |
| ウ |
| エ |
| オ |
| カ |
| キ |
| ク |
| ケ |
| コ |
| サ |
| シ |
| ス |
| セ |
| ソ |
| タ |
| チ |
| ツ |
| テ |
| ト |
| ナ |
| ニ |
| ヌ |
| ネ |
| ノ |
| ハ |
| ヒ |
| フ |
| ヘ |
| ホ |

**5**

| 解 答 欄 |
|---|
| ア |
| イ |
| ウ |
| エ |
| オ |
| カ |
| キ |
| ク |
| ケ |
| コ |
| サ |
| シ |
| ス |
| セ |
| ソ |
| タ |
| チ |
| ツ |
| テ |
| ト |
| ナ |
| ニ |
| ヌ |
| ネ |
| ノ |
| ハ |
| ヒ |
| フ |
| ヘ |
| ホ |

2025 年用

# 共通テスト実戦模試

## ④ 数学II・B・C

# 解答・解説編

Ｚ会編集部 編

**共通テスト書籍のアンケートにご協力ください**

ご回答いただいた方の中から、抽選で毎月 50 名様に「図書カード 500 円分」をプレゼント！

※当選者の発表は賞品の発送をもって代えさせていただきます。

## 学習診断サイトのご案内[1]

『実戦模試』シリーズ（試作問題・過去問を除く）では, 以下のことができます。

- マークシートをスマホで撮影して自動採点
- 自分の得点と, 本サイト登録者平均点との比較
- 登録者のランキング表示（総合・志望大別）
- Z会編集部からの直前対策用アドバイス

**手順**

①本書を解いて, 以下のサイトにアクセス（スマホ・PC 対応）

| Z会共通テスト学習診断 | 検索 |

二次元コード →

**https://service.zkai.co.jp/books/k-test/**

②購入者パスワード **４９３６３** を入力し, ログイン

③必要事項を入力（志望校・ニックネーム・ログインパスワード）[2]

④スマホ・タブレットでマークシートを撮影 →**自動採点**[3], **アドバイス Get！**

※1 学習診断サイトは 2025 年 5 月 30 日まで利用できます。

※2 ID・パスワードは次回ログイン時に必要になりますので, 必ず記録して保管してください。

※3 スマホ・タブレットをお持ちでない場合は事前に自己採点をお願いします。

---

# 目次

# 模試 第1回
# 解　答

| 問題番号(配点) | 解　答　記　号 | 正　解 | 配点 | 自己採点 |
|---|---|---|---|---|
| **第1問**(15) | $\boxed{ア}\boxed{イ}$ m | **13**m | 3 | |
| | $h = \boxed{ウ}\boxed{エ} - \boxed{オ}\boxed{カ} \cos \dfrac{\pi}{\boxed{キ}\boxed{ク}} x$ | $h = 13 - 10\cos\dfrac{\pi}{12}x$ | 3 | |
| | $\dfrac{\sqrt{\boxed{ケ}} - \sqrt{\boxed{コ}}}{\boxed{サ}}$ | $\dfrac{\sqrt{2} - \sqrt{6}}{4}$ | 3 | |
| | $\dfrac{\boxed{シ}}{\boxed{ス}}$ | $\dfrac{1}{2}$ | 2 | |
| | $\boxed{セ}$ 分後 | **4**分後 | 2 | |
| | $\boxed{ソ}\boxed{タ}$ 分後 | **20**分後 | 2 | |
| **第2問**(15) | $y = 2^{x+\boxed{ア}} + \boxed{イ}$ | $y = 2^{x+1} + 1$ | 2 | |
| | $y = \log_2\left(x + \boxed{ウ}\right) + \boxed{エ}$ | $y = \log_2(x+1) + 1$ | 2 | |
| | $\boxed{オ}\boxed{カ}$, $\boxed{キ}$ | $-1,\ 1$ | 2 | |
| | $\boxed{ク}\boxed{ケ}$, $\boxed{コ}$ | $-1,\ 1$ | 2 | |
| | $\boxed{サ}$ | ⓪ | 2 | |
| | $\boxed{シ}$ | ② | 2 | |
| | $\boxed{ス}$ | ⑤ | 3 | |
| **第3問**(22) | $y = \left(\boxed{ア}t^2 - \boxed{イ}\right)x - \boxed{ウ}t^3$ | $y = (3t^2 - 1)x - 2t^3$ | 2 | |
| | $\boxed{エ}$ | ④ | 2 | |
| | $\boxed{オ}$ 本 | **2**本 | 1 | |
| | $a = \boxed{カ}\boxed{キ}t^3 + \boxed{ク}t^2 - \boxed{ケ}$ | $a = -2t^3 + 3t^2 - 1$ | 2 | |
| | $\boxed{コ}$ | ② | 2 | |
| | $\boxed{サ}$ 本 | **1**本 | 1 | |
| | $\boxed{シ}$ 本 | **3**本 | 1 | |
| | $2t^3 - \boxed{ス}bt^2 + b + \boxed{セ} = 0$ | $2t^3 - 3bt^2 + b + 6 = 0$ | 3 | |
| | $b > \boxed{ソ}$ | $b > 2$ | 2 | |
| | $\boxed{タ}$, $\boxed{チ}$ | ②, ⑤※ | 3 | |
| | $\boxed{ツ}$ | ⑧ | 3 | |

| 問題番号<br>(配点) | 解答記号 | 正解 | 配点 | 自己採点 |
|---|---|---|---|---|
| **第4問**<br>(16) | ( ア , イ ) | (1, 4) | 2 | |
| | ウ , $a_{n+1} - \beta a_n =$ エオ | ⓪, $a_{n+1} - \beta a_n = 21$ | 各1 | |
| | カ , $a_{n+1} - \beta a_n =$ キ · ク $^{ケ}$ | ②, $a_{n+1} - \beta a_n = 3 \cdot 4^{①}$ | 各1 | |
| | $a_n =$ コ $^{サ}$ − シ | $a_n = 4^{①} - 7$ | 2 | |
| | ( ス , セ , ソタ ), ( チ , ツ , テト ) | (1, 3, −2), (2, 2, −1) | 各1 | |
| | $a_{n+2} - q a_{n+1} - r a_n =$ ナニ | $a_{n+2} - q a_{n+1} - r a_n = 11$ | 2 | |
| | ヌ $^{ネ}$ | $2^{③}$ | 2 | |
| | $a_n =$ ノ $^{ハ}$ − ヒフ $n +$ ヘ | $a_n = 2^{③} - 11n + 4$ | 2 | |
| **第5問**<br>(16) | ア | ③ | 2 | |
| | 平均（期待値）は イウ , 標準偏差は エ . オ | 平均（期待値）は **64**, 標準偏差は **4.8** | 各2 | |
| | カ キ | ②, ③ | 3 | |
| | 平均（期待値） クケコ , 標準偏差 サシ | 平均（期待値）**400**, 標準偏差 **12** | 各2 | |
| | ス , セ | ⓪, ① | 3 | |
| **第6問**<br>(16) | $\overrightarrow{OA} + \overrightarrow{OB} -$ ア $\overrightarrow{OP}$ | $\overrightarrow{OA} + \overrightarrow{OB} - 2\overrightarrow{OP}$ | 2 | |
| | イ , ウ | ②, 3 | 2 | |
| | エ | ⓪ | 2 | |
| | 半径 オ | 半径 **3** | 1 | |
| | $\left| \overrightarrow{AQ} - \dfrac{\overrightarrow{AB}}{カ} \right| =$ キ | $\left| \overrightarrow{AQ} - \dfrac{\overrightarrow{AB}}{3} \right| = 2$ | 2 | |
| | ク | ① | 2 | |
| | 半径 ケ | 半径 **2** | 1 | |
| | 1 : コ , 1 : サ | 1 : 2, 1 : 1 | 各1 | |
| | 半径 シ | 半径 **1** | 2 | |
| **第7問**<br>(16) | ア | **4** | 1 | |
| | $\dfrac{イ}{\sqrt{ウ}}$ | $\dfrac{2}{\sqrt{3}}$ | 1 | |
| | エ | ② | 2 | |
| | オ , カ | ⓪, ⑧※ | 2 | |
| | キ | **0** | 2 | |
| | ( ク $- i)z - ($ ケ $+ i)\bar{z} -$ コ $i = 0$ | $(2-i)z - (2+i)\bar{z} - 2i = 0$ | 3 | |
| | サ | **0** | 2 | |
| | ( シ $- i)z + ($ ス $+ i)\bar{z} -$ セ $= 0$ | $(2-i)z + (2+i)\bar{z} - 6 = 0$ | 3 | |

（注）第1問, 第2問, 第3問は必答。第4問～第7問のうちから3問選択。計6問を解答。
　　なお, 上記以外のものについても得点を与えることがある。正解欄に※があるものは, 解答の順序は問わない。

| 第1問<br>小計 | | 第2問<br>小計 | | 第3問<br>小計 | | 第4問<br>小計 | | 第5問<br>小計 | | 第6問<br>小計 | | 第7問<br>小計 | | | 合計点 | /100 |
|---|---|---|---|---|---|---|---|---|---|---|---|---|---|---|---|---|

# 第1問

(1) 観覧車は 24 分で 1 周するから，1 分間に回転
する角度は
$$\frac{2\pi}{24} = \frac{\pi}{12}$$
6 分間に回転する角度は
$$\frac{\pi}{12} \times 6 = \frac{\pi}{2}$$
であるから，乗りカゴの地上からの高さは
$$10 + 3 = \mathbf{13} \ (\mathbf{m})$$

◀原点 O を観覧車の回転の中心，点 $(0, -10)$ を乗り場とする座標平面で考える。

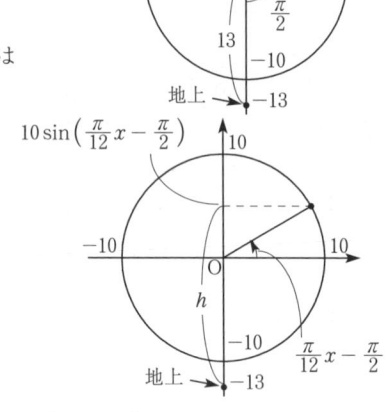

(2) 乗りカゴの地上からの高さ $h$（m）は
$$h = 10 \sin\left(\frac{\pi}{12}x - \frac{\pi}{2}\right) + 13$$
$$= \mathbf{13 - 10\cos\frac{\pi}{12}x}$$

(3) 三角関数の加法定理より
$$\cos\frac{17}{12}\pi = \cos\left(\frac{2}{3}\pi + \frac{3}{4}\pi\right)$$
$$= \cos\frac{2}{3}\pi\cos\frac{3}{4}\pi - \sin\frac{2}{3}\pi\sin\frac{3}{4}\pi$$
$$= \left(-\frac{1}{2}\right)\cdot\left(-\frac{\sqrt{2}}{2}\right) - \frac{\sqrt{3}}{2}\cdot\frac{\sqrt{2}}{2}$$
$$= \frac{\sqrt{2}-\sqrt{6}}{4}$$

◀ $\cos(\alpha + \beta)$
$= \cos\alpha\cos\beta - \sin\alpha\sin\beta$

(4) $h = 8$ より
$$13 - 10\cos\frac{\pi}{12}x = 8$$
$$\mathbf{\cos\frac{\pi}{12}x = \frac{1}{2}}$$
よって
$$\frac{\pi}{12}x = \frac{\pi}{3} + 2n\pi, \ \frac{5}{3}\pi + 2n\pi \quad (n は 0 以上の整数)$$
であるから，1 周する間にちょうど真横に見えるのは
$$\frac{\pi}{12}x = \frac{\pi}{3}, \ \frac{5}{3}\pi$$
より
$$x = 4, \ 20$$
のときであり，乗りカゴが乗り場を出発してから，**4 分後と 20 分後** である。

◀ $0 < \frac{\pi}{12}x < 2\pi$ の範囲で考える。

# 第2問

(1) 図 1 の実線は，$y = 2^x$ のグラフを $x$ 軸方向に $p$，$y$ 軸方向に $q$ だけ平行移動したグラフであるとすると，式は，$y = 2^{x-p} + q$ と表すことができ，2 点 $(-1, 2)$，$(0, 3)$ を通るから
$$\begin{cases} 2 = 2^{-1-p} + q & \cdots\cdots\cdots\cdots\cdots\cdots\cdots\cdots\cdots① \\ 3 = 2^{-p} + q & \cdots\cdots\cdots\cdots\cdots\cdots\cdots② \end{cases}$$
②－① より
$$1 = 2^{-p} - 2^{-1-p}$$
$$2^{-p}(1 - 2^{-1}) = 1$$
$$\frac{1}{2}\cdot 2^{-p} = 1$$

$2^{-p}=2$

よって

$p=-1$

①より

$2=2^0+q$

よって

$q=1$

であるから，図 1 の実線のグラフの式は

$\boldsymbol{y=2^{x+1}+1}$

図 2 の実線は，$y=\log_2 x$ のグラフを $x$ 軸方向に $r$，$y$ 軸方向に $s$ だけ平行移動したグラフであるとすると，式は，$y=\log_2(x-r)+s$ と表すことができ，2 点 (3, 3)，(0, 1) を通るから

$$\begin{cases} 3=\log_2(3-r)+s & \cdots\cdots ③ \\ 1=\log_2(-r)+s & \cdots\cdots ④ \end{cases}$$

③ − ④ より

$2=\log_2(3-r)-\log_2(-r)$

$\log_2 \dfrac{3-r}{-r}=2$

$\dfrac{3-r}{-r}=2^2$

$3-r=-4r$

よって

$r=-1$

④より

$\log_2 1+s=1$

よって

$s=1$

であるから，図 2 の実線のグラフの式は

$\boldsymbol{y=\log_2(x+1)+1}$

また，$p=-1$，$q=1$ より，図 1 の実線は，$y=2^x$ のグラフを $x$ 軸方向に **−1**，$y$ 軸方向に **1** だけ平行移動したグラフであり，$r=-1$，$s=1$ より，図 2 の実線は，$y=\log_2 x$ のグラフを $x$ 軸方向に **−1**，$y$ 軸方向に **1** だけ平行移動したグラフである。

◀②より
$3=2^1+q$
としてもよい。

◀③より
$\log_2 4+s=3$
としてもよい。

(2) $y=2^x$ のグラフと $y=\log_2 x$ のグラフは，直線 $\boldsymbol{y=x}$ に関して対称である。

⇨ ⓪

図 1 の実線のグラフは，$y=2^x$ のグラフを $x$ 軸方向に −1，$y$ 軸方向に 1 だけ平行移動したグラフで，図 2 の実線のグラフは，$y=\log_2 x$ のグラフを $x$ 軸方向に −1，$y$ 軸方向に 1 だけ平行移動したグラフであるから，図 1 の実線のグラフと図 2 の実線のグラフは，直線 $y=x$ を $x$ 軸方向に −1，$y$ 軸方向に 1 だけ平行移動した直線すなわち

$y-1=x-(-1)$

より，直線 $\boldsymbol{y=x+2}$ に関して対称である。

⇨ ②

◀一般に，$y=\log_a x$ のグラフと $y=a^x$ のグラフは，直線 $y=x$ に関して対称である。

(3)(i) $y=4^{x+1}-2$ と $y=\log_4(x+1)-2$ のグラフは，ともに $y=4^x$ と $y=\log_4 x$ のグラフを $x$ 軸方向に −1，$y$ 軸方向に −2 だけ平行移動したものであるから，直線 $y=x$ を $x$ 軸方向に −1，$y$ 軸方向に −2 だけ平行移動した直線すなわち

$y-(-2)=x-(-1)$

◀(2)の考察をもとに，グラフの平行移動について考えていく。

より
$$y = x - 1$$
に関して対称であるから，$y = x + 2$ に関しては対称ではない。

(ii) $y = 2^{x-1} + 3$ と $y = \log_2(x-1) + 3$ のグラフは，ともに $y = 2^x$ と $y = \log_2 x$ のグラフを $x$ 軸方向に 1，$y$ 軸方向に 3 だけ平行移動したものであるから，直線 $y = x$ を $x$ 軸方向に 1，$y$ 軸方向に 3 だけ平行移動した直線すなわち
$$y - 3 = x - 1$$
より
$$y = x + 2$$
に関して対称である。

(iii) $\quad y = \dfrac{\log_3(x+2)}{2} = \log_3(x+2)^{\frac{1}{2}} = \dfrac{\log_9(x+2)^{\frac{1}{2}}}{\log_9 3}$
$$\qquad = \log_9(x+2)$$

◀ $\log_9 3 = \log_9 9^{\frac{1}{2}} = \dfrac{1}{2}$

より，$y = 9^{x+2}$ と $y = \dfrac{\log_3(x+2)}{2}$ のグラフは，直線 $y = x$ を $x$ 軸方向に $-2$ だけ平行移動した直線すなわち
$$y = x + 2$$
に関して対称である。

以上より，直線 $y = x + 2$ に関して対称であるのは，(ii)と(iii)である。 ⇨ ⑤

# 第3問

$f'(x) = 3x^2 - 1$ より，曲線 $C$ 上の点 $(t,\ f(t))$ における接線の方程式は
$$y = (3t^2 - 1)(x - t) + t^3 - t$$
すなわち
$$\boldsymbol{y = (3t^2 - 1)x - 2t^3} \quad \cdots\cdots\cdots\cdots\cdots\cdots\cdots\cdots\cdots ①$$

(1) ①が点 $A(1,\ -1)$ を通ることより
$$-1 = (3t^2 - 1) \cdot 1 - 2t^3$$
$$\boldsymbol{2t^3 - 3t^2 = 0} \qquad\qquad\qquad\qquad\qquad ⇨ ④$$
$$t^2(2t - 3) = 0$$
よって
$$t = 0,\ \frac{3}{2}$$
であるから，点 $A(1,\ -1)$ を通る接線は
$$y = -x,\ y = \frac{23}{4}x - \frac{27}{4}$$
の **2本** である。

(2) ①が点 $A(1,\ a)$ を通るとき
$$\boldsymbol{a = -2t^3 + 3t^2 - 1} \quad \cdots\cdots\cdots\cdots\cdots\cdots\cdots (*)$$
であり，$g(t) = -2t^3 + 3t^2 - 1$ とおくと
$$g'(t) = -6t^2 + 6t = -6t(t-1)$$
より，$g(t)$ の増減は右の表のようになる。

| $t$ | | $0$ | | $1$ | |
|---|---|---|---|---|---|
| $g'(t)$ | $-$ | $0$ | $+$ | $0$ | $-$ |
| $g(t)$ | ↘ | $-1$ | ↗ | $0$ | ↘ |

したがって，$u = g(t)$ のグラフの概形は ② である。

$(*)$ の方程式の解の個数は，右の図の直線 $u = a$ と曲線 $u = g(t)$ の共有点の個数と一致するので，接線の本数は
$$a = -2 \text{ のとき，} \textbf{1本}$$
$$a = -\frac{1}{2} \text{ のとき，} \textbf{3本}$$

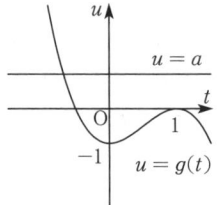

◀方程式の解の個数をグラフの共有点の個数に読み替えて考える。

(3) ①が点 A$(b, 6)$ を通るとき
$$6 = (3t^2 - 1)b - 2t^3$$
より
$$\mathbf{2t^3 - 3bt^2 + b + 6 = 0}$$
であり，$h(t) = 2t^3 - 3bt^2 + b + 6$ とおくと
$$h'(t) = 6t^2 - 6bt = 6t(t - b)$$
よって，$b > 0$ より $h(t)$ の増減は次の表のようになる。

| $t$ | | $0$ | | $b$ | |
|---|---|---|---|---|---|
| $h'(t)$ | $+$ | $0$ | $-$ | $0$ | $+$ |
| $h(t)$ | ↗ | $b+6$ | ↘ | $-b^3 + b + 6$ | ↗ |

◀$b > 0$ より。
◀方程式 $h(t) = 0$ が異なる三つの実数解をもつときを考える。

$b + 6 > 0$ であるから，接線の本数が 3 本になるのは
$$-b^3 + b + 6 < 0$$
$$(b - 2)(b^2 + 2b + 3) > 0$$
のときである。ここで
$$b^2 + 2b + 3 = (b + 1)^2 + 2 > 0$$
であるから
$$b - 2 > 0$$
より，求める $b$ の値の範囲は
$$\mathbf{b > 2}$$

(4) 接線が点 A$(b, a)$ を通るとき
$$a = (3t^2 - 1)b - 2t^3$$
より
$$2t^3 - 3bt^2 + a + b = 0$$
であり，$k(t) = 2t^3 - 3bt^2 + a + b$ とおくと
$$k'(t) = 6t^2 - 6bt = 6t(t - b)$$
$$= h'(t)$$
であるから，$b > 0$ のとき，接線の本数が 3 本になるのは
$$k(0) > 0 \text{ かつ } k(b) < 0$$
$$a + b > 0 \text{ かつ } -b^3 + a + b < 0$$
すなわち

◀$k'(t) = h'(t)$ より，(3)の考察が利用できる。

$$\boldsymbol{a > -b \text{ かつ } a < b^3 - b} \qquad \Rightarrow ②, ⑤$$
を満たすときである。

また，$b = 0$ のとき，$k'(t) = 6t^2 \geqq 0$ より，接線の本数が 3 本になることはなく，$b < 0$ のとき，接線の本数が 3 本になるのは
$$k(0) < 0 \text{ かつ } k(b) > 0$$
$$a + b < 0 \text{ かつ } -b^3 + a + b > 0$$
すなわち

◀$k(t)$ は単調増加であり，方程式 $k(t) = 0$ は実数解をただ一つもつ。

$$a < -b \text{ かつ } a > b^3 - b$$
を満たすときである。

よって，接線の本数が 3 本であるときの点 A の存在範囲は
$$x > 0 \text{ のとき，} y > -x \text{ かつ } y < x^3 - x$$
$$x = 0 \text{ のとき，存在しない}$$
$$x < 0 \text{ のとき，} y < -x \text{ かつ } y > x^3 - x$$
であるから，最も適当なものは ⑧ である。 $\qquad \Rightarrow ⑧$

# 第4問

(1) $a_{n+2} = (\alpha + \beta)a_{n+1} - \alpha\beta a_n$ より

$$\begin{cases} \alpha + \beta = 5 \\ \alpha\beta = 4 \end{cases}$$

$\beta$ を消去すると

$$\alpha(5 - \alpha) = 4$$
$$(\alpha - 1)(\alpha - 4) = 0$$
$$\alpha = 1,\ 4$$

よって，求める $\alpha$，$\beta$ の組は

$$(\boldsymbol{\alpha},\ \boldsymbol{\beta}) = (\boldsymbol{1},\ \boldsymbol{4}),\ (4,\ 1)$$

(i) $(\alpha,\ \beta) = (1,\ 4)$ のとき

$$a_{n+2} - 4a_{n+1} = a_{n+1} - 4a_n$$

$b_n = a_{n+1} - 4a_n$ とおくと

$$b_{n+1} = b_n$$

となるから，数列 $\{b_n\}$ はすべての項が同じ値からなる数列である。　⇨ ⓪

◀ $b_1 = b_2 = \cdots = b_n$

$$b_1 = a_2 - 4a_1 = 9 - 4 \cdot (-3) = 21$$

であるから

$$b_n = 21$$

ゆえに

$$\boldsymbol{a_{n+1} - 4a_n = 21} \quad \cdots\cdots\cdots\cdots\cdots\cdots\cdots\cdots\cdots\cdots ①$$

(ii) $(\alpha p,\ \beta) = (4,\ 1)$ のとき

$$a_{n+2} - a_{n+1} = 4(a_{n+1} - a_n)$$

$c_n = a_{n+1} - a_n$ とおくと

$$c_{n+1} = 4c_n$$

となり

$$c_1 = a_2 - a_1 = 9 - (-3) = 12$$

であるから，数列 $\{c_n\}$ は公比が **1 より大きい等比数列**である。　⇨ ②

よって

$$c_n = 12 \cdot 4^{n-1} = 3 \cdot 4^n$$

◀ 数列 $\{c_n\}$ は初項 12, 公比 4 の等比数列である。

ゆえに

$$\boldsymbol{a_{n+1} - a_n = 3 \cdot 4^n} \quad \cdots\cdots\cdots\cdots\cdots\cdots\cdots\cdots\cdots ②$$
$$⇨ ①$$

② － ① より

$$3a_n = 3 \cdot 4^n - 21$$

ゆえに

$$\boldsymbol{a_n = 4^n - 7} \qquad\qquad\qquad ⇨ ①$$

(2) $a_{n+3} - qa_{n+2} - ra_{n+1} = p(a_{n+2} - qa_{n+1} - ra_n)$ は

$$a_{n+3} = (p + q)a_{n+2} - (pq - r)a_{n+1} - pra_n$$

であるから

$$\begin{cases} p + q = 4 \\ pq - r = 5 \\ pr = -2 \end{cases}$$

第1式と第2式より $q$ を消去すると

$$p(4 - p) - r = 5$$

$$r = -p^2 + 4p - 5$$

この式と第3式より $r$ を消去すると

$$p(-p^2 + 4p - 5) = -2$$
$$p^3 - 4p^2 + 5p - 2 = 0$$
$$(p-1)^2(p-2) = 0$$
$$p = 1,\ 2$$

よって，求める $p,\ q,\ r$ の組は

$$\boldsymbol{(p,\ q,\ r) = (1,\ 3,\ -2),\ (2,\ 2,\ -1)}$$

(i) $(p,\ q,\ r) = (1,\ 3,\ -2)$ のとき

$$a_{n+3} - 3a_{n+2} + 2a_{n+1} = a_{n+2} - 3a_{n+1} + 2a_n$$

$d_n = a_{n+2} - 3a_{n+1} + 2a_n$ とおくと

$$d_{n+1} = d_n$$

となるから，数列 $\{d_n\}$ はすべての項が同じ値からなる数列である。

$$d_1 = a_3 - 3a_2 + 2a_1 = 3 - 3 \cdot (-2) + 2 \cdot 1$$
$$= 11$$

であるから

$$d_n = 11$$

ゆえに

$$\boldsymbol{a_{n+2} - 3a_{n+1} + 2a_n = 11} \quad \cdots\cdots\cdots\cdots \text{③}$$

(ii) $(p,\ q,\ r) = (2,\ 2,\ -1)$ のとき

$$a_{n+3} - 2a_{n+2} + a_{n+1} = 2(a_{n+2} - 2a_{n+1} + a_n)$$

$e_n = a_{n+2} - 2a_{n+1} + a_n$ とおくと

$$e_{n+1} = 2e_n$$

となるから，数列 $\{e_n\}$ は公比が $2$ の等比数列である。

$$e_1 = a_3 - 2a_2 + a_1 = 3 - 2(-2) + 1$$
$$= 8$$

であるから

$$e_n = 8 \cdot 2^{n-1} = 2^{n+2}$$

ゆえに

$$\boldsymbol{a_{n+2} - 2a_{n+1} + a_n = 2^{n+2}} \quad \cdots\cdots\cdots\cdots \text{④}$$
$$\Rightarrow \text{③}$$

よって，④−③ より

$$a_{n+1} - a_n = 2^{n+2} - 11$$

であるから，$n \geqq 2$ のとき

$$a_n = a_1 + \sum_{k=1}^{n-1}(a_{k+1} - a_k)$$
$$= 1 + \sum_{k=1}^{n-1}(2^{k+2} - 11)$$
$$= 1 + \frac{2^3(2^{n-1} - 1)}{2 - 1} - 11(n-1)$$
$$= 2^{n+2} - 11n + 4$$

これは $n = 1$ のときも満たすから

$$\boldsymbol{a_n = 2^{n+2} - 11n + 4} \qquad\qquad \Rightarrow \text{③}$$

(1) A試験所において種子の発芽率（母比率）が 0.64 のとき，100 個の無作為標本における確率変数 $X$ は **二項分布 $B(100, 0.64)$** に従う。　⇨ ③

また，$X$ の平均（期待値）は

$$100 \cdot 0.64 = \mathbf{64}$$

であり，標準偏差は

$$\sqrt{100 \cdot 0.64 \cdot (1 - 0.64)} = \sqrt{100 \cdot \frac{64}{100} \cdot \frac{36}{100}} = \sqrt{\frac{8^2 \cdot 6^2}{10^2}} = \mathbf{4.8}$$

である。

◀二項分布 $B(n, p)$ に従う確率変数 $X$ の平均（期待値）$m$ は $m = np$ である。

◀二項分布 $B(n, p)$ に従う確率変数 $X$ の分散 $\sigma^2$ は $\sigma^2 = np(1-p)$ である。

(2) もとの種子の発芽率から上がっているかを検定するので，片側検定であり，帰無仮説は「$\boldsymbol{p = 0.64}$」，対立仮説は「$\boldsymbol{p > 0.64}$」である。　⇨ ②，③

帰無仮説「$p = 0.64$」が正しいとすると，発芽した種子の個数を表す確率変数 $Y$ は二項分布 $B(625, 0.64)$ に従う。この確率分布について，$Y$ の平均（期待値）は

$$625 \cdot 0.64 = 400$$

であり，$Y$ の分散は

$$625 \cdot 0.64 \cdot (1 - 0.64) = 25^2 \cdot \frac{8^2}{10^2} \cdot \frac{6^2}{10^2} = \left(\frac{25 \cdot 8 \cdot 6}{10^2}\right)^2 = 12^2$$

である。標本の大きさ 625 は十分大きいので，$Y$ は平均（期待値）**400**，標準偏差 **12** の正規分布に近似的に従う。すなわち，確率変数

$$Z = \frac{Y - 400}{12}$$

は標準正規分布に近似的に従う。

ここで，A試験所の実験によると，420 個が発芽しているので

$$z = \frac{420 - 400}{12} = \frac{5}{3} \fallingdotseq 1.67$$

である。正規分布表より

$$P(Z \geq |z|) = P(Z \geq 1.67) = P(Z \geq 0) - P(0 \leq Z \leq 1.67)$$
$$= 0.5 - 0.4525 = 0.0475$$

◀仮説検定において，正しいかどうかを判断したい主張を対立仮説といい，対立仮説に反する仮定として立てた主張を帰無仮説という。

である。これは 0.025 より **大きい** ので，有意水準 2.5% で A試験所の品種改良によって種子の発芽率が **上がった**とは**判断できない**。　⇨ ⓪，①

(1) $\overrightarrow{PA} + \overrightarrow{PB}$ の始点を O にそろえると

$$\overrightarrow{PA} + \overrightarrow{PB} = \overrightarrow{OA} - \overrightarrow{OP} + \overrightarrow{OB} - \overrightarrow{OP}$$
$$= \overrightarrow{OA} + \overrightarrow{OB} - 2\overrightarrow{OP}$$

であるから，$|\overrightarrow{PA} + \overrightarrow{PB}| = 6$ より

$$|\overrightarrow{OA} + \overrightarrow{OB} - 2\overrightarrow{OP}| = 6$$

よって

$$\left|\overrightarrow{OP} - \frac{\overrightarrow{OA} + \overrightarrow{OB}}{2}\right| = 3 \qquad\qquad ⇨ ②$$

と変形できる。

したがって，点 P の軌跡は，$\overrightarrow{OX} = \dfrac{\overrightarrow{OA} + \overrightarrow{OB}}{2}$ で表される点 X を中心とする半径 **3** の円である。　⇨ ⓪

◀点 $C(\vec{c})$ を中心とし，半径が $r$ である円 $C$ の周上の点を $P(\vec{p})$ とすると
$$|\vec{p} - \vec{c}| = r$$
である。

(2)　$2\overrightarrow{QA}+\overrightarrow{QB}$ の始点を A にそろえると

$$2\overrightarrow{QA}+\overrightarrow{QB}=-2\overrightarrow{AQ}+\overrightarrow{AB}-\overrightarrow{AQ}$$
$$=-3\overrightarrow{AQ}+\overrightarrow{AB}$$

$|2\overrightarrow{QA}+\overrightarrow{QB}|=6$ より

$$|-3\overrightarrow{AQ}+\overrightarrow{AB}|=6$$

よって

$$\left|\overrightarrow{AQ}-\frac{\overrightarrow{AB}}{3}\right|=2$$

線分 AB を $1:2$ に内分する点を S とおくと

$$|\overrightarrow{AQ}-\overrightarrow{AS}|=2$$

より

$$|\overrightarrow{SQ}|=2$$

であるから，点 Q の軌跡は，**線分 AB を $1:2$ に内分する点を中心とする半径 2 の円**である。　　　　$\Rightarrow$ ①

(3)　$3\overrightarrow{RA}+2\overrightarrow{RB}+\overrightarrow{RC}$ の始点を A にそろえると

◀(2)の考察をもとに，始点を A にそろえることから始める。

$$3\overrightarrow{RA}+2\overrightarrow{RB}+\overrightarrow{RC}=-3\overrightarrow{AR}+2\left(\overrightarrow{AB}-\overrightarrow{AR}\right)+\overrightarrow{AC}-\overrightarrow{AR}$$
$$=-6\overrightarrow{AR}+2\overrightarrow{AB}+\overrightarrow{AC}$$

であるから，$|3\overrightarrow{RA}+2\overrightarrow{RB}+\overrightarrow{RC}|=6$ より

$$|-6\overrightarrow{AR}+2\overrightarrow{AB}+\overrightarrow{AC}|=6$$

よって

$$\left|\overrightarrow{AR}-\frac{2\overrightarrow{AB}+\overrightarrow{AC}}{6}\right|=1$$

さらに

$$\frac{2\overrightarrow{AB}+\overrightarrow{AC}}{6}=\frac{1}{2}\cdot\frac{2\overrightarrow{AB}+\overrightarrow{AC}}{1+2}$$

と変形できるから，$\triangle$ABC の辺 BC を $1:2$ に内分する点 D と頂点 A を結ぶ線分 AD を $1:1$ に内分する点 E に対して

$$|\overrightarrow{AR}-\overrightarrow{AE}|=1$$

より

$$|\overrightarrow{ER}|=1$$

したがって，点 R の軌跡は，点 E を中心とする，半径 1 の円である。

# 第7問

〔1〕

(1)　$\sqrt{4-3}=1$ より，楕円 $E$ の焦点は

$$(\pm1,\ 0)$$

また，$E$ は点 $(2,\ 0)$ を通るので，この点と各焦点との距離の和を考えると

$$|2-1|+|2-(-1)|=4$$

◀楕円 $\dfrac{x^2}{a^2}+\dfrac{y^2}{b^2}=1$ $(a>b>0)$ の焦点は $(\pm\sqrt{a^2-b^2},\ 0)$

◀楕円は異なる 2 点（二つの焦点）からの距離の和が一定である点の軌跡であるから，ある 1 点についてのみ調べればよい。なお，一般に （距離の和）＝（長軸の長さ）である。

(2)　楕円 $E$ を実線で，円 $x^2+y^2=4$ を破線で重ねてかくと，右の図のようになる。

　　$y$ 軸方向に拡大するとき，$(0,\ \sqrt{3})$ と $(0,\ 2)$ が対応することに注意すると，楕円 $E$ を $y$ 軸方向に

$$\frac{2}{\sqrt{3}}\text{ 倍に拡大}$$

すると円 $x^2+y^2=4$ となる。

　　動径が $\theta$ となる，円 $x^2+y^2=4$ 上の点を Q とすると

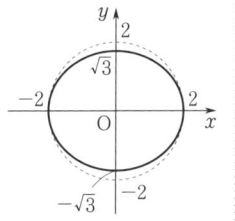

◀楕円は円を一定方向に拡大・縮小した図形であるから，ある 1 点についてのみ調べればよい。

$Q(2\cos\theta,\ 2\sin\theta)$

である。すると，PとQは $x$ 座標が等しく，Qの $y$ 座標はPの $y$ 座標より大きいので，2点P，Qの位置関係は右の図のようになるので

$\qquad\qquad\theta > \varphi$ $\qquad\qquad\qquad$ ⇨ ②

がわかる。

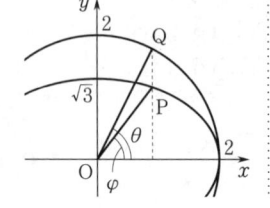

〔2〕

(1) 点Pが直線AB上にあるとき，P≠Aであれば，点Bは，点Aを点Pのまわりに $0$ または $\pi$ だけ回転し，Pからの距離を適当に実数倍した点である。

$\qquad\qquad\qquad\qquad\qquad\qquad$ ⇨ ⓪，⑧

◀0だけ回転

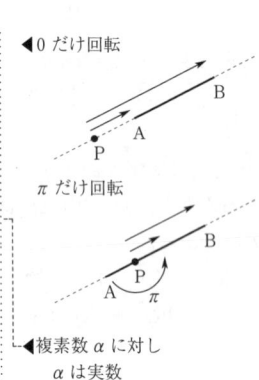

よって，$\arg\dfrac{3+2i-z}{1+i-z}$ は $0$ または $\pi$，すなわち $\dfrac{3+2i-z}{1+i-z}$ は実数なので

$$\frac{3+2i-z}{1+i-z} - \overline{\left(\frac{3+2i-z}{1+i-z}\right)} = 0$$

これを整理すると

$$\frac{3+2i-z}{1+i-z} - \frac{3-2i-\bar z}{1-i-\bar z} = 0$$

$$(3+2i-z)(1-i-\bar z) - (3-2i-\bar z)(1+i-z) = 0$$

$$(2-i)z - (2+i)\bar z - 2i = 0 \quad\cdots\cdots\cdots\cdots ①$$

◀複素数 $\alpha$ に対し $\alpha$ は実数 $\iff \alpha - \bar\alpha = 0$

が得られ，これは P＝A すなわち $z=1+i$ のときも成り立つ。

また，点Pは点Bを点Aのまわりに $0$ または $\pi$ だけ回転し，Aからの距離を適当に実数倍した点であると考えれば，$\dfrac{z-(1+i)}{3+2i-(1+i)}$ は実数であるから

$$\frac{z-(1+i)}{3+2i-(1+i)} - \overline{\left(\frac{z-(1+i)}{3+2i-(1+i)}\right)} = 0$$

が成り立ち，これを整理しても ① が得られる。

(2) 点Pが，点Aを通り直線ABに垂直な直線上を動くとき，P≠Aとすれば，点Pは点Bを点Aのまわりに $\dfrac{\pi}{2}$ または $\dfrac{3}{2}\pi$ だけ回転し，Aからの距離を適当に実数倍した点である。

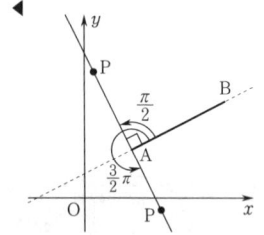

したがって，$\arg\dfrac{z-(1+i)}{3+2i-(1+i)}$ は $\dfrac{\pi}{2}$ または $\dfrac{3}{2}\pi$ であるから，$\dfrac{z-(1+i)}{3+2i-(1+i)}$ は純虚数なので

$$\frac{z-(1+i)}{3+2i-(1+i)} + \overline{\left(\frac{z-(1+i)}{3+2i-(1+i)}\right)} = 0$$

これを整理すると

$$\frac{z-1-i}{2+i} + \frac{\bar z-1+i}{2-i} = 0$$

$$(z-1-i)(2-i) + (\bar z-1+i)(2+i) = 0$$

$$(2-i)z + (2+i)\bar z - 6 = 0$$

◀複素数 $\alpha$ に対し $\alpha$ は純虚数 $\iff \alpha + \bar\alpha = 0$

が得られ，これは P＝A すなわち $z=1+i$ のときも成り立つ。

**別解**

点Aに関して点Bと対称な点をCとすると，C$(-1)$ であり，点Pの軌跡は線分BCの垂直二等分線であるから

$\qquad |z-(3+2i)| = |z-(-1)|$

これを整理することでも答えを得られる。

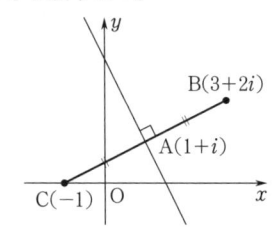

MEMO

# 模試 第2回
## 解　　答

| 問題番号（配点） | 解　答　記　号 | 正　解 | 配点 | 自己採点 |
|---|---|---|---|---|
| **第1問**（15） | ア , イ , ウ | ⑥, ⑦, ① | 各1 | |
| | $y =$ エ , $y =$ オ | $y = 4$, $y = 3$ | 各2 | |
| | カ | ⓪ | 1 | |
| | キ 個, ク 個 | 6個, 2個 | 2 | |
| | ケコサシ 円 | 9000 円 | 1 | |
| | ス , セ | ②, ⓪ | 各2 | |
| **第2問**（15） | ア , イ | ①, ③ | 各1 | |
| | ウ , エ | ①, ③※ | 2 | |
| | オ | ③ | 2 | |
| | カキ $\left(\sin x - \dfrac{ク}{ケ}\right)^2 + \dfrac{コ}{サ}$ | $-2\left(\sin x - \dfrac{1}{2}\right)^2 + \dfrac{3}{2}$ | 3 | |
| | 最大値は $\dfrac{シ}{ス}$ | 最大値は $\dfrac{3}{2}$ | 2 | |
| | 最小値は セソ | 最小値は $-3$ | 2 | |
| | タ | ⓪ | 2 | |
| **第3問**（22） | $a =$ アイ ウ | $a = -6$ ⓪ | 1 | |
| | $b =$ エ オ | $b = 9$ ① | 1 | |
| | $c =$ カ | $c = 0$ | 1 | |
| | キ $\alpha$ | $4\alpha$ | 2 | |
| | $S_1 = \dfrac{クケ}{コ}\alpha^{サ}$ | $S_1 = \dfrac{27}{4}\alpha^4$ | 2 | |
| | シ | ⓪ | 2 | |
| | $\left(\ ス\ \alpha,\ \ セ\ \alpha^{ソ}\right)$ | $(2\alpha,\ 2\alpha^3)$ | 2 | |
| | タ , チ | ④, ⑦ | 各2 | |
| | $\left(\ ツ\ r + \ テ\ \alpha,\ \right.$ $\left.\ ト\ r^3 + \ ナ\ \alpha r^2 - \ ニ\ \alpha^2 r + \ ヌ\ \alpha^3\right)$ | $(-r + 4\alpha,\ -r^3 + 6\alpha r^2 - 9\alpha^2 r + 4\alpha^3)$ | 2 | |
| | ネ | ⓪ | 3 | |
| | ノ | ⓪ | 2 | |

| 問題番号<br>(配点) | 解 答 記 号 | 正 解 | 配点 | 自己採点 |
|---|---|---|---|---|
| 第4問<br>(16) | $\boxed{ア}$, $\boxed{イ}$ | ①, 9 | 各1 | |
| | $\boxed{ウ}$ | ② | 2 | |
| | $S_n = \dfrac{\boxed{エ}}{\boxed{オ}}\left(3^n - \boxed{カ}\right)$ | $S_n = \dfrac{3}{2}(3^n - 1)$ | 3 | |
| | $x = \dfrac{\boxed{キ}}{\boxed{ク}}$, $\boxed{ケ}$, $\boxed{コ}$ | $x = \dfrac{1}{2}$, ②, 1 | 各1 | |
| | $t_n = \left(n - \dfrac{\boxed{サ}}{\boxed{シ}}\right)\cdot 3^n$ | $t_n = \left(n - \dfrac{3}{2}\right)\cdot 3^n$ | 3 | |
| | $\left(n - \dfrac{\boxed{ス}}{\boxed{セ}}\right)\cdot 3^{\boxed{ソ}} + \dfrac{\boxed{タ}}{\boxed{チ}}$ | $\left(n - \dfrac{1}{2}\right)\cdot 3^{②} + \dfrac{3}{2}$ | 3 | |
| 第5問<br>(16) | $\dfrac{\boxed{ア}}{\boxed{イ}}$ | $\dfrac{1}{4}$ | 2 | |
| | $\boxed{ウ}$ 人以上, $\dfrac{\boxed{エ}}{\boxed{オカ}}$ | 4 人以上, $\dfrac{3}{16}$ | 1, 2 | |
| | $\dfrac{\boxed{キ}}{\boxed{ク}}$, $\boxed{ケ}$, $\boxed{コ}$ | $\dfrac{1}{2}$, ①, ⑤ | 3 | |
| | $p_{36} = \boxed{サ}.\boxed{シス}$, $p_{324} = \boxed{セ}.\boxed{ソタ}$, $\boxed{チ}$ | $p_{36} = 0.66$, $p_{324} = 0.55$, ② | 各2 | |
| | $n \geqq \boxed{ツテ}$ | $n \geqq 78$ | 2 | |
| 第6問<br>(16) | $\dfrac{1}{\boxed{ア}}\vec{a}$, $\dfrac{1}{\boxed{イ}}\vec{a} + \dfrac{\boxed{ウ}}{\boxed{エ}}\vec{b}$, $\dfrac{1}{\boxed{オ}}\vec{b} + \dfrac{\boxed{カ}}{\boxed{キ}}\vec{c}$ | $\dfrac{1}{3}\vec{a}$, $\dfrac{1}{4}\vec{a} + \dfrac{3}{4}\vec{b}$, $\dfrac{1}{3}\vec{b} + \dfrac{2}{3}\vec{c}$ | 各1 | |
| | $\dfrac{\boxed{ク} - x - \boxed{ケ}y}{12}\vec{a} + \dfrac{\boxed{コ}x + \boxed{サ}y}{12}\vec{b} + \dfrac{\boxed{シ}y}{\boxed{ス}}\vec{c}$ | $\dfrac{4 - x - 4y}{12}\vec{a} + \dfrac{9x + 4y}{12}\vec{b} + \dfrac{2y}{3}\vec{c}$ | 3 | |
| | $x = \dfrac{\boxed{セソ}}{\boxed{タ}}$, $y = \dfrac{\boxed{チ}}{\boxed{ツ}}$ | $x = \dfrac{-1}{2}$, $y = \dfrac{9}{8}$ | 2 | |
| | $\boxed{テ}$ : 1 | 3 : 1 | 2 | |
| | $s = \boxed{ト}$, $t = \dfrac{\boxed{ナ}}{\boxed{ニ}}$, $\boxed{ヌ}$ | $s = 4$, $t = \dfrac{9}{8}$, ⑥ | 各2 | |
| 第7問<br>(16) | $\boxed{ア}$, $\boxed{イ}$, $\boxed{ウ}$, $\boxed{エ}$ | ⑦, ⓪, ①, ① | 各1 | |
| | $|z - \boxed{オ}| = \boxed{カ}$ | $|z - 1| = 2$ | 2 | |
| | $\boxed{キ}$, $\boxed{ク}$ | ①, ④ | 2 | |
| | $\boxed{ケ}$, $\boxed{コ}$ | ⑥, ③ | 1 | |
| | $\boxed{サ}$, $\boxed{シ}$ | ⑥, ⑧ | 2 | |
| | $\boxed{ス}$, $\boxed{セ}$ | ⑤, ⓪ | 1 | |
| | $\boxed{ソ}$, $\boxed{タ}$ | ⑤, ④ | 1 | |
| | $\boxed{チ}$, $\boxed{ツ}$ | ⑤, ③ | 1 | |
| | $\boxed{テ}$, $\boxed{ト}$ | ⑧, ⓪ | 2 | |

(注) 第1問, 第2問, 第3問は必答。第4問～第7問のうちから3問選択。計6問を解答。
　なお, 上記以外のものについても得点を与えることがある。正解欄に※があるものは, 解答の順序は問わない。

| 第1問<br>小計 | 第2問<br>小計 | 第3問<br>小計 | 第4問<br>小計 | 第5問<br>小計 | 第6問<br>小計 | 第7問<br>小計 | 合計点 | |
|---|---|---|---|---|---|---|---|---|
| | | | | | | | | /100 |

(1) 黒い塗料について，業者 X のセットを $x$ 個，業者 Y のセットを $y$ 個購入したときの量は $(300x + 100y)$mL であり，1200mL 必要であるから

$$300x + 100y \geqq 1200 \qquad \Rightarrow ⑥$$

白い塗料について，業者 X のセットを $x$ 個，業者 Y のセットを $y$ 個購入したときの量は $(300x + 200y)$mL であり，2000mL 必要であるから

$$300x + 200y \geqq 2000 \qquad \Rightarrow ⑦$$

青い塗料について，業者 X のセットを $x$ 個，業者 Y のセットを $y$ 個購入したときの量は $(100x + 200y)$mL であり，1000mL 必要であるから

$$100x + 200y \geqq 1000 \qquad \Rightarrow ①$$

(2) (1)より，黒い塗料について

$$y \geqq -3x + 12$$

◀ $300x + 100y \geqq 1200$ より。

白い塗料について

$$y \geqq -\frac{3}{2}x + 10$$

◀ $300x + 200y \geqq 2000$ より。

青い塗料について

$$y \geqq -\frac{1}{2}x + 5$$

◀ $100x + 200y \geqq 1000$ より。

$x = 4$ のとき，「$y \geqq 0$ かつ $y \geqq 4$ かつ $y \geqq 3$」であるから，$y$ の最小値は

$$y = 4$$

$x = 5$ のとき，「$y \geqq -3$ かつ $y \geqq \dfrac{5}{2}$」であるから，$y$ の最小値は

$$y = 3$$

(3) 送料を除いたときの費用は，業者 X のセットを $x$ 個，業者 Y のセットを $y$ 個購入するので

$$1000x + 1500y \ (円) \qquad \Rightarrow ⓪$$

ここで，$1000x + 1500y = k$ とおくと

$$y = -\frac{2}{3}x + \frac{k}{1500} \quad \cdots\cdots\cdots\cdots\cdots\cdots\cdots\cdots (*)$$

であるから，$(*)$ の直線が(1)で求めた条件をすべて満たす領域を通過するときに，$(*)$ の直線が通る点の座標 $(x, y)$ とそのときの $k$ の値を考えればよい。

◀(1)で求めた条件は，(2)の考察より

$$y \geqq -3x + 12$$

かつ

$$y \geqq -\frac{3}{2}x + 10$$

かつ

$$y \geqq -\frac{1}{2}x + 5$$

である。

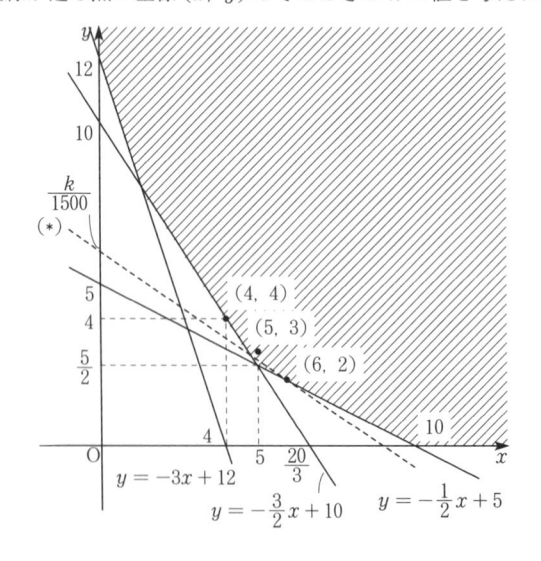

直線の傾きについて，$-\dfrac{3}{2} < -\dfrac{2}{3} < -\dfrac{1}{2}$ であることと，$x$，$y$ が 0 以上の整数であることに注意すると，図より，($*$) の直線が点 $(6, 2)$ を通るときに，$k$ は最小値をとり

$$2 = -\frac{2}{3} \cdot 6 + \frac{k}{1500}$$

◀($*$) に $x = 6$，$y = 2$ を代入して $k$ の値を求める。

すなわち

$$k = 9000$$

となるので，送料を除いたときの費用が最も安くなるのは

> 業者 X のセットを **6 個**，
> 業者 Y のセットを **2 個**

購入するときであり，このときの費用は

> **9000** 円

(4) 業者 X の送料を $X$（円），業者 Y の送料を $Y$（円）とする。

業者 X のみを利用する場合，$y = 0$ より(1)の不等式は

$$300x \geqq 1200 \text{ すなわち } x \geqq 4$$
$$300x \geqq 2000 \text{ すなわち } x \geqq \frac{20}{3}$$
$$100x \geqq 1000 \text{ すなわち } x \geqq 10$$

であるから，三つの条件をすべて満たす $x$ の最小値は

$$x = 10$$

◀$4 < \dfrac{20}{3} < 10$ より。

よって，業者 X のみを利用する場合の費用の最小値は

$$1000 \cdot 10 + X = 10000 + X \text{（円）}$$

同様に，業者 Y のみを利用する場合，三つの条件をすべて満たす $y$ の最小値は

$$y = 12$$

◀　$y \geqq 12$
かつ
$y \geqq 10$
かつ
$y \geqq 5$

よって，業者 Y のみを利用する場合の費用の最小値は

$$1500 \cdot 12 + Y = 18000 + Y \text{（円）}$$

業者 X と業者 Y の両方を利用する場合の費用の最小値は，(3)より

$$9000 + X + Y \text{（円）}$$

である。

◀$10000 + X$，$18000 + Y$，$9000 + X + Y$ に $X = 900$，$Y = 900$ を代入して値の大小を比較する。

したがって，(i)で費用が最も安いのは

> **業者 X と業者 Y の両方を使って購入する** ⇨ ②

(ii)で費用が最も安いのは

> **業者 X だけを使って購入する** ⇨ ⓪

である。

◀$10000 + X$，$18000 + Y$，$9000 + X + Y$ に $X = 3000$，$Y = 1500$ を代入して値の大小を比較する。

# 第2問

(1) $\cos x$ の周期は $2\pi$ であるから，$\cos 2x$ の周期は

> $\pi$ ⇨ ①

$\sin x$ の周期は $2\pi$ であるから，$2\sin x$ の周期は

> $2\pi$ ⇨ ③

ここで

$$\cos 2x = \cos 2(x + \pi) = \cos 2(x + 2\pi)$$
$$2\sin x = 2\sin(x + 2\pi)$$

より，すべての実数 $x$ に対して

$$\cos 2x + 2\sin x = \cos 2(x + 2\pi) + 2\sin(x + 2\pi)$$

が成り立つので，$\cos 2x + 2\sin x$ の周期は $2\pi$ 以下である。

◀ここでは $\cos 2x + 2\sin x$ の周期が「$2\pi$ 以下」かつ「$2\pi$ 以上」であることを示す方針で $\cos 2x + 2\sin x$ の周期を求める。

また，$0 \leqq x < 2\pi$ において $\cos 2x + 2\sin x = 1$ となる $x$ の値は

$$\cos 2x + 2\sin x = 1$$
$$(1 - 2\sin^2 x) + 2\sin x = 1$$
$$2\sin^2 x - 2\sin x = 0$$
$$\sin x(\sin x - 1) = 0$$
$$\sin x = 0 \text{ または } \sin x = 1$$

より

$$\boldsymbol{x = 0,\ \frac{\pi}{2},\ \pi}$$ ⇨ ①，③

であり，$x$ をすべての実数としたときに $\cos 2x + 2\sin x = 1$ となる $x$ の値は

$$x = n\pi \text{ または } x = 2n'\pi + \frac{\pi}{2} \quad (n,\ n' \text{ は整数})$$

であるから，$\cos 2x + 2\sin x$ の周期は $2\pi$ 以上である。

よって，$\cos 2x + 2\sin x$ の周期は $\boldsymbol{2\pi}$ である。 ⇨ ③

◀周期が $2\pi$ 未満でない（すなわち $2\pi$ 以上である）ことを示すために，具体的な値（ここでは $\cos 2x + 2\sin x = 1$）に着目する。

◀2 倍角の公式より $\cos 2x = 1 - 2\sin^2 x$

◀$x = 2n'\pi + \frac{\pi}{2}$ に着目すると，$\cos 2x + 2\sin x$ の周期は $2\pi$ 以上といえる。

(2)
$$\cos 2x + 2\sin x = -2\sin^2 x + 2\sin x + 1$$
$$= \boldsymbol{-2\left(\sin x - \frac{1}{2}\right)^2 + \frac{3}{2}}$$

であり，$-1 \leqq \sin x \leqq 1$ であるから

最大値は $\boldsymbol{\frac{3}{2}}$ $\left(\sin x = \frac{1}{2} \text{のとき}\right)$

最小値は $\boldsymbol{-3}$ ($\sin x = -1$ のとき)

(3) (1)，(2)の結果から，周期や最大値・最小値をもとにグラフが正しくかかれているものを考える。

周期が $2\pi$ のグラフは ⓪，②，④ であり，このうち，(2)で求めた最大値 $\frac{3}{2}$ と最小値 $-3$ をとるグラフは ⓪ である。

# 第3問

(1) $f(0) = 0$ より

$$\boldsymbol{c = 0}$$

$f'(x) = 3x^2 + 2ax + b$ において，$f'(\alpha) = 0$ より

$$3\alpha^2 + 2a\alpha + b = 0 \quad \cdots\cdots ①$$

$f'(3\alpha) = 0$ より

$$27\alpha^2 + 6a\alpha + b = 0 \quad \cdots\cdots ②$$

①，②より

$$\boldsymbol{a = -6\alpha}$$ ⇨ ⓪

$$\boldsymbol{b = 9\alpha^2}$$ ⇨ ①

(2) (1)の考察より，$f(x) = x^3 - 6\alpha x^2 + 9\alpha^2 x$ であり

$$f(3\alpha) = 27\alpha^3 - 6\alpha \cdot 9\alpha^2 + 9\alpha^2 \cdot 3\alpha = 0$$

および，$f(x)$ の $x^3$ の係数が正であることより，$y = f(x)$ のグラフの概形は右の図のようになる。

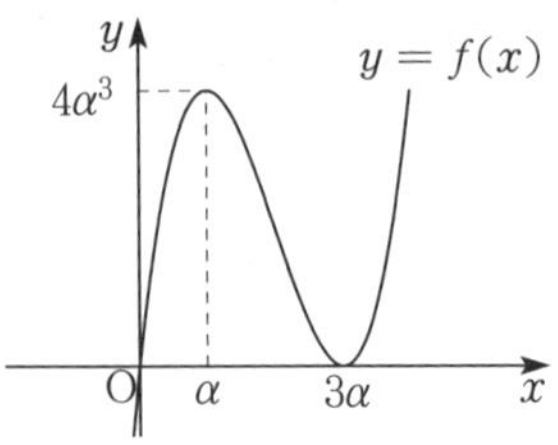


◀ここから $f(x) = x(x - 3\alpha)^2$ として $y = f(x)$ のグラフの概形を調べることもできる。

点 P は $y = f(x)$ が極大値をとる点であるから

$$\ell_1 : y = 4\alpha^3$$

◀接線 $\ell_1$ は $x$ 軸に平行な直線である。

直線 $\ell_1$ と曲線 $y = f(x)$ の共有点の $x$ 座標は

$$x^3 - 6\alpha x^2 + 9\alpha^2 x = 4\alpha^3$$
$$(x - \alpha)^2(x - 4\alpha) = 0$$

より

$$\alpha \text{ と } \boldsymbol{4\alpha}$$

であるから
$$S_1 = \int_{\alpha}^{4\alpha} \{4\alpha^3 - (x^3 - 6\alpha x^2 + 9\alpha^2 x)\}\, dx$$
$$= \int_{\alpha}^{4\alpha} (-x^3 + 6\alpha x^2 - 9\alpha^2 x + 4\alpha^3)\, dx$$
$$= \left[ -\frac{x^4}{4} + 2\alpha x^3 - \frac{9}{2}\alpha^2 x^2 + 4\alpha^3 x \right]_{\alpha}^{4\alpha}$$
$$= \frac{27}{4}\alpha^4$$

点 Q は $y = f(x)$ が極小値をとる点であるから
$$\ell_2 : y = 0$$
直線 $\ell_2$ と曲線 $y = f(x)$ の共有点の $x$ 座標は
$$0 \ \succeq \ 3\alpha$$
であるから
$$S_2 = \int_0^{3\alpha} (x^3 - 6\alpha x^2 + 9\alpha^2 x)\, dx$$
$$= \left[ \frac{x^4}{4} - 2\alpha x^3 + \frac{9}{2}\alpha^2 x^2 \right]_0^{3\alpha}$$
$$= \frac{27}{4}\alpha^4$$

よって
$$S_1 = S_2 \qquad\qquad \Rightarrow \ ⓪$$

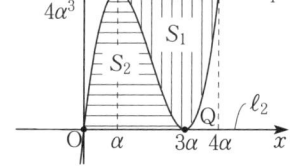

◀ $\displaystyle\int_p^q (x-p)^2(x-q)\,dx$

$= -\dfrac{(q-p)^4}{12}$

を用いて

$S_1$

$= -\displaystyle\int_{\alpha}^{4\alpha} (x-\alpha)^2(x-4\alpha)\,dx$

$= \dfrac{(4\alpha - \alpha)^4}{12}$

$= \dfrac{27}{4}\alpha^4$

のように計算することもできる。

◀接線 $\ell_2$ は $x$ 軸と重なる直線である。

(3) (i) $P(\alpha, 4\alpha^3)$, $Q(3\alpha, 0)$ より線分 PQ の中点 M は
$$M(2\alpha, \ 2\alpha^3)$$
であり,$R(r, \ r^3 - 6\alpha r^2 + 9\alpha^2 r)$ より,点 T の座標を $(X, Y)$ とすると
$$\frac{X + r}{2} = 2\alpha \qquad\qquad \Rightarrow \ ④$$
$$\frac{Y + f(r)}{2} = 2\alpha^3 \qquad\qquad \Rightarrow \ ⑦$$
より
$$X = -r + 4\alpha,$$
$$Y = -r^3 + 6\alpha r^2 - 9\alpha^2 r + 4\alpha^3$$
であるから,T の座標は
$$T(-r + 4\alpha, \ -r^3 + 6\alpha r^2 - 9\alpha^2 r + 4\alpha^3)$$
ここで
$$f(-r + 4\alpha) = (-r + 4\alpha)^3 - 6\alpha(-r + 4\alpha)^2 + 9\alpha^2(-r + 4\alpha)$$
$$= -r^3 + 6\alpha r^2 - 9\alpha^2 r + 4\alpha^3$$
より,点 T は点 R の位置に関係なく曲線 $y = f(x)$ 上の点であり
$$f'(r) = 3r^2 - 12\alpha r + 9\alpha^2$$
と
$$f'(-r + 4\alpha) = 3(-r + 4\alpha)^2 - 12\alpha(-r + 4\alpha) + 9\alpha^2$$
$$= 3r^2 - 12\alpha r + 9\alpha^2$$
より,点 R における接線と点 T における接線の傾きは等しい。 $\Rightarrow \ ⓪$

◀2 点 R, T の位置関係を調べる。

(ii) 曲線 $y = f(x)$ は点 M に関して対称であるから,点 T における接線 $\ell_5$ と曲線 $y = f(x)$ によって囲まれてできる図形は,点 R における接線 $\ell_3$ と曲線 $y = f(x)$ によって囲まれてできる図形を,点 M に関して対称移動させた図形である。

直線 $\ell_5$ と曲線 $y = f(x)$ によって囲まれてできる図形の面積を $S_5$ とし,$\ell_5$ の傾きを $m_5$ とすると

$$S_3 = S_5 \text{ かつ } m_3 = m_5$$

である。

　よって，$m_4$ の値が $m_3$ の値よりも大きくなると，$S_4$ の値も $S_3$ の値よりも大きくなり，$m_4$ の値が $m_3$ の値よりも小さくなると，$S_4$ の値も $S_3$ の値よりも小さくなるので，命題(a)〜(c)はいずれも真である。　　　　⇨ ⓪

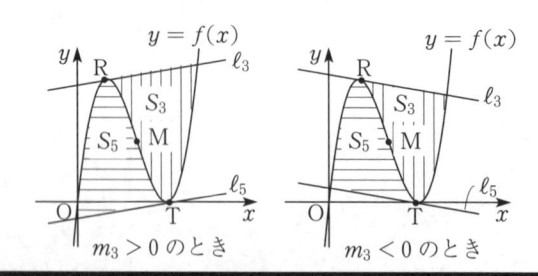

# 第4問

(1) $\dfrac{1}{\sqrt{k+1}+\sqrt{k}}$ の分母・分子にそれぞれ $\sqrt{k+1}-\sqrt{k}$ をかけると

$$\dfrac{1}{\sqrt{k+1}+\sqrt{k}} = \dfrac{\sqrt{k+1}-\sqrt{k}}{(\sqrt{k+1}+\sqrt{k})(\sqrt{k+1}-\sqrt{k})} = \dfrac{\sqrt{k+1}-\sqrt{k}}{(k+1)-k}$$
$$= \sqrt{k+1}-\sqrt{k} \qquad\qquad ⇨ ①$$

となり，分母を有理化して整理できる。したがって

$$\sum_{k=1}^{99} \dfrac{1}{\sqrt{k+1}+\sqrt{k}}$$
$$= \sum_{k=1}^{99} (\sqrt{k+1}-\sqrt{k})$$
$$= (\sqrt{100}-\sqrt{99}) + (\sqrt{99}-\sqrt{98}) + \cdots + (\sqrt{3}-\sqrt{2}) + (\sqrt{2}-\sqrt{1})$$
$$= \sqrt{100}-\sqrt{1}$$
$$= 9$$

(2) 初項 3，公比 3 の等比数列の初項から第 $n$ 項までの和

$$S_n = 3+3^2+\cdots+3^{n-1}+3^n \quad\cdots\cdots\cdots\cdots\cdots ①$$

の両辺に 3 をかけると

$$3S_n = 3^2+3^3+\cdots+3^n+3^{n+1} \quad\cdots\cdots\cdots\cdots ②$$

① − ② より

$$S_n - 3S_n = 3 - 3^{n+1} \qquad\qquad ⇨ ②$$

よって

$$-2S_n = 3 - 3^{n+1}$$
$$S_n = \dfrac{3^{n+1}-3}{2}$$
$$S_n = \dfrac{3}{2}(3^n - 1)$$

また，$x$ を定数とし，$s_n = x \cdot 3^n$ とおき

$$3^n = s_{n+1} - s_n$$

となるならば

$$3^n = x \cdot 3^{n+1} - x \cdot 3^n = 3x \cdot 3^n - x \cdot 3^n = 2x \cdot 3^n$$

より

$$2x = 1 \quad \text{すなわち} \quad x = \dfrac{1}{2}$$

◀(2)の太郎さんの発言にあるように，途中の項が消えることがポイントになる。

であるから，$s_n = \dfrac{1}{2} \cdot 3^n$ とおくと

$$S_n = \sum_{k=1}^{n} (s_{k+1} - s_k) = s_{n+1} - s_1 \qquad \Rightarrow ②$$

$$= \dfrac{1}{2} \cdot 3^{n+1} - \dfrac{1}{2} \cdot 3 = \dfrac{3}{2}(3^n - 1)$$

◀ $x = \dfrac{1}{2}$ より
$$s_n = \dfrac{1}{2} \cdot 3^n$$
であり
$$3^n = \dfrac{1}{2} \cdot 3^{n+1} - \dfrac{1}{2} \cdot 3^n$$
である。

(3) 数列 $\{a_n\}$ を $a_n = 2n \cdot 3^n$ とし，数列 $\{t_n\}$ を
$$t_n = (yn + z) \cdot 3^n \quad (y,\ z \text{ は定数})$$
とする。このとき
$$a_n = t_{n+1} - t_n$$
となるならば
$$2n \cdot 3^n = \{y(n+1) + z\} \cdot 3^{n+1} - (yn + z) \cdot 3^n$$
$$= \{3y(n+1) + 3z - yn - z\} \cdot 3^n$$
$$= (2yn + 3y + 2z) \cdot 3^n$$
したがって
$$2y = 2,\ 3y + 2z = 0$$
すなわち
$$y = 1,\ z = -\dfrac{3}{2}$$
とすればよい。

┈(2)の後半の考察を利用する。
「研究」参照。

◀ $2n$ と $2yn + 3y + 2z$ の 2 式で
係数比較をする。

よって，$t_n = \left(n - \dfrac{3}{2}\right) \cdot 3^n$ とおくと

$$\sum_{k=1}^{n} 2k \cdot 3^k = \sum_{k=1}^{n} (t_{k+1} - t_k) = t_{n+1} - t_1$$
$$= \left\{(n+1) - \dfrac{3}{2}\right\} \cdot 3^{n+1} - \left(1 - \dfrac{3}{2}\right) \cdot 3$$
$$= \left(n - \dfrac{1}{2}\right) \cdot 3^{n+1} + \dfrac{3}{2} \qquad \Rightarrow ②$$

**研究**

本問では

(A) $S_n - S_n \times 3$ より途中の項を消す

(B) $(*)$ を利用する

の 2 通りの方法を紹介している。(3)は，(B)を用いる問題としているが，(A)の考え方を用いて求めることもできる。この場合
$$S = 2 \cdot 3 + 4 \cdot 3^2 + \cdots + 2(n-1) \cdot 3^{n-1} + 2n \cdot 3^n$$
の両辺に 3 をかけて辺々引いても途中の項は消えないが，等比数列の和が現れるので計算することができる。

## 第5問

(1) $n = 2$ のとき，A 案が【可決】されるのは，2 人が「賛成」に投票したときなので，A 案が【可決】される確率は
$$_2C_2 \left(\dfrac{1}{2}\right)^2 \cdot \left(\dfrac{1}{2}\right)^0 = \dfrac{1}{4}$$
$n = 5$ のとき，A 案が【可決】されるのは
$$\dfrac{3}{5} < \dfrac{11}{18} < \dfrac{4}{5}$$
より，「賛成」に投票した人が 4 人以上のときであるから，A 案が【可決】される確率は
$$_5C_5 \left(\dfrac{1}{2}\right)^5 \cdot \left(\dfrac{1}{2}\right)^0 + _5C_4 \left(\dfrac{1}{2}\right)^4 \cdot \left(\dfrac{1}{2}\right)^1 = \dfrac{1}{2^5} + \dfrac{5}{2^5} = \dfrac{3}{16}$$

◀「賛成」が $k$ 人である確率は
$$_5C_k \left(\dfrac{1}{2}\right)^k \cdot \left(\dfrac{1}{2}\right)^{5-k}$$
であり，$k = 4,\ 5$ のときの確率を考えることになる。

(2) 「花子モデル」について，$n$ 人を無作為に選んだ標本における「賛成」に投票する生徒の数が $\dfrac{n}{2}$ 人であると仮定するから，標本比率は $\dfrac{1}{2}$ である。

よって，$n$ が十分に大きいとき，「賛成」に投票した生徒の割合（母比率）に対する 95 %の信頼区間は

$$\dfrac{1}{2} - 1.96 \times \sqrt{\dfrac{\frac{1}{2}\left(1 - \frac{1}{2}\right)}{n}} \leqq p \leqq \dfrac{1}{2} + 1.96 \times \sqrt{\dfrac{\frac{1}{2}\left(1 - \frac{1}{2}\right)}{n}}$$

すなわち

$$\dfrac{1}{2} - 1.96 \times \dfrac{1}{2\sqrt{n}} \leqq p \leqq \dfrac{1}{2} + 1.96 \times \dfrac{1}{2\sqrt{n}} \qquad \Rightarrow ①, ⑤$$

$n = 36$ のとき，「賛成」に投票する生徒の割合（母比率）に対する 95 %の信頼区間は

$$\dfrac{1}{2} - 1.96 \times \dfrac{1}{2\sqrt{36}} \leqq p \leqq \dfrac{1}{2} + 1.96 \times \dfrac{1}{2\sqrt{36}}$$

であり

$$1.96 \times \dfrac{1}{2\sqrt{36}} = 1.96 \times \dfrac{1}{12} = 0.163\cdots$$

より

$$p_{36} = 0.5 + 1.96 \times \dfrac{1}{12} = 0.663\cdots \fallingdotseq \mathbf{0.66}$$

また，$n = 324$ のとき

$$1.96 \times \dfrac{1}{2\sqrt{324}} = 1.96 \times \dfrac{1}{36} = 0.054\cdots$$

より

$$p_{324} = 0.5 + 1.96 \times \dfrac{1}{36} = 0.554\cdots \fallingdotseq \mathbf{0.55}$$

$x_n$ は $n$ の値に関係なく $x_n = \dfrac{11}{18} = 0.611\cdots$ であるから

$$\boldsymbol{p_{36} > x_{36}} \text{ かつ } \boldsymbol{p_{324} < x_{324}} \qquad \Rightarrow ②$$

◀この結果から
$$D_2 = \dfrac{1}{2} + 1.96 \times \dfrac{1}{2\sqrt{n}}$$
である。

(3) $n$ 人を無作為に選んだとき，$n$ は十分に大きいとすると

$$x_n = \dfrac{11}{18}$$

$$p_n = \dfrac{1}{2} + 1.96 \times \dfrac{1}{2\sqrt{n}} = \dfrac{1}{2} + \dfrac{49}{50\sqrt{n}}$$

であるから，$x_n \geqq p_n$ が成り立つのは

$$\dfrac{11}{18} \geqq \dfrac{1}{2} + \dfrac{49}{50\sqrt{n}}$$

$$\dfrac{1}{9} \geqq \dfrac{49}{50\sqrt{n}}$$

$$\sqrt{n} \geqq \dfrac{49 \cdot 9}{50}$$

両辺を 2 乗して計算すると

$$n \geqq \dfrac{49^2 \cdot 9^2}{50^2} = 77.7924$$

より，$\boldsymbol{n \geqq 78}$ のときである。

◀$n$ は整数。

# 第6問

(1) 3 点 P，Q，R はそれぞれ線分 OA を $1:2$，線分 AB を $3:1$，線分 BC を $2:1$ に内分する点であるから，$\overrightarrow{OA} = \vec{a}$，$\overrightarrow{OB} = \vec{b}$，$\overrightarrow{OC} = \vec{c}$ より

$$\overrightarrow{OP} = \dfrac{1}{3}\overrightarrow{OA}$$

$$= \dfrac{1}{3}\vec{a} \quad \cdots\cdots\cdots\cdots ①$$

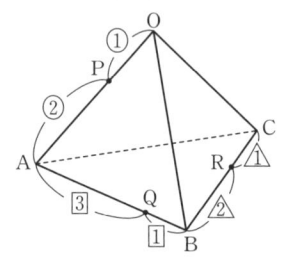

$$\overrightarrow{\mathrm{OQ}} = \frac{1 \cdot \overrightarrow{\mathrm{OA}} + 3\overrightarrow{\mathrm{OB}}}{3+1}$$

$$= \frac{1}{4}\,\overrightarrow{a} + \frac{3}{4}\,\overrightarrow{b} \quad \cdots\cdots\cdots\cdots\cdots\cdots\cdots\cdots\cdots\cdots\cdots ②$$

$$\overrightarrow{\mathrm{OR}} = \frac{1 \cdot \overrightarrow{\mathrm{OB}} + 2\overrightarrow{\mathrm{OC}}}{2+1}$$

$$= \frac{1}{3}\,\overrightarrow{b} + \frac{2}{3}\,\overrightarrow{c} \quad \cdots\cdots\cdots\cdots\cdots\cdots\cdots\cdots\cdots\cdots\cdots ③$$

(i) 点 S は平面 PQR 上の点なので，実数 $x$, $y$ を用いて

$$\overrightarrow{\mathrm{PS}} = x\overrightarrow{\mathrm{PQ}} + y\overrightarrow{\mathrm{PR}}$$

と表せるから，①〜③ より

$$\overrightarrow{\mathrm{OS}} = \overrightarrow{\mathrm{OP}} + \overrightarrow{\mathrm{PS}} = \overrightarrow{\mathrm{OP}} + x\overrightarrow{\mathrm{PQ}} + y\overrightarrow{\mathrm{PR}}$$

$$= \overrightarrow{\mathrm{OP}} + x(\overrightarrow{\mathrm{OQ}} - \overrightarrow{\mathrm{OP}}) + y(\overrightarrow{\mathrm{OR}} - \overrightarrow{\mathrm{OP}})$$

$$= (1 - x - y)\overrightarrow{\mathrm{OP}} + x\overrightarrow{\mathrm{OQ}} + y\overrightarrow{\mathrm{OR}}$$

$$= \frac{1-x-y}{3}\,\overrightarrow{a} + x\left(\frac{1}{4}\,\overrightarrow{a} + \frac{3}{4}\,\overrightarrow{b}\right) + y\left(\frac{1}{3}\,\overrightarrow{b} + \frac{2}{3}\,\overrightarrow{c}\right)$$  ◀ ①〜③ より。

$$= \frac{4-x-4y}{12}\,\overrightarrow{a} + \frac{9x+4y}{12}\,\overrightarrow{b} + \frac{2y}{3}\,\overrightarrow{c}$$

点 S は直線 OC 上の点なので

$$\frac{4-x-4y}{12} = 0 \ \text{かつ} \ \frac{9x+4y}{12} = 0$$  ◀ $k$ を実数とすると $\overrightarrow{\mathrm{OS}} = k\overrightarrow{c}$ で表される。

すなわち

$$x = 4(1-y) \ \text{かつ} \ 9x + 4y = 0$$

であるから

$$x = \frac{-1}{2}, \ y = \frac{9}{8}$$

これより

$$\overrightarrow{\mathrm{OS}} = \frac{2}{3} \cdot \frac{9}{8}\,\overrightarrow{c} = \frac{3}{4}\,\overrightarrow{c}$$

であるから，点 S は線分 OC を **3 : 1** に内分する点である。

(ii) ①，② より

$$\overrightarrow{\mathrm{PQ}} = \frac{1}{4}\,\overrightarrow{a} + \frac{3}{4}\,\overrightarrow{b} - \frac{1}{3}\,\overrightarrow{a}$$

$$= -\frac{1}{12}\,\overrightarrow{a} + \frac{3}{4}\,\overrightarrow{b} \quad \cdots\cdots\cdots\cdots\cdots\cdots\cdots\cdots\cdots ④$$

よって，$\overrightarrow{\mathrm{PQ}} \nparallel \overrightarrow{\mathrm{OB}}$ であり，PQ は平面 OAB 上の直線なので，直線 OB と直線 PQ はある点 T で交わる。したがって，$s$ を実数として，①，④ より

$$\overrightarrow{\mathrm{OT}} = \overrightarrow{\mathrm{OP}} + s\overrightarrow{\mathrm{PQ}} = \frac{1}{3}\,\overrightarrow{a} + s\left(-\frac{1}{12}\,\overrightarrow{a} + \frac{3}{4}\,\overrightarrow{b}\right)$$

$$= \frac{4-s}{12}\,\overrightarrow{a} + \frac{3s}{4}\,\overrightarrow{b}$$

と表せる。点 T は直線 OB 上の点なので

$$\frac{4-s}{12} = 0 \ \text{すなわち} \ \boldsymbol{s = 4}$$

であり

$$\overrightarrow{\mathrm{OT}} = 3\,\overrightarrow{b} \quad \cdots\cdots\cdots\cdots\cdots\cdots\cdots\cdots\cdots\cdots\cdots ⑤$$  ◀ $\overrightarrow{\mathrm{OT}} = \frac{3s}{4}\,\overrightarrow{b}$

となる。

また，点 T は平面 PQR 上にあるので，直線 TR と直線 OC の交点が点 S に他ならないから，$t$ を実数として，③，⑤ より

$$\overrightarrow{\mathrm{OS}} = \overrightarrow{\mathrm{OT}} + t\overrightarrow{\mathrm{TR}} = 3\,\overrightarrow{b} + t\left(\frac{1}{3}\,\overrightarrow{b} + \frac{2}{3}\,\overrightarrow{c} - 3\,\overrightarrow{b}\right)$$

$$= \left(3 - \frac{8}{3}t\right)\overrightarrow{b} + \frac{2}{3}t\,\overrightarrow{c}$$

と表せる。点 S は直線 OC 上の点なので
$$3 - \frac{8}{3}t = 0 \quad \text{すなわち} \quad \boldsymbol{t = \frac{9}{8}}$$
このとき
$$\overrightarrow{\mathrm{OS}} = \frac{2}{3} \cdot \frac{9}{8}\vec{c} = \frac{3}{4}\vec{c}$$
となり，点 S は線分 OC を $3:1$ に内分する点である。

(2) **花子さんが着目したこと**を利用する。

点 P，点 Q は(1)の設定と変わらないので，直線 PQ と直線 OB は
$$\overrightarrow{\mathrm{OT}} = 3\vec{b}$$
で表される点 T で交わる。

また，点 R は線分 BC を $2:1$ に外分する点だから
$$\overrightarrow{\mathrm{OR}} = \frac{(-1)\cdot\overrightarrow{\mathrm{OB}} + 2\overrightarrow{\mathrm{OC}}}{2-1}$$
$$= -\vec{b} + 2\vec{c} \quad\cdots\cdots\cdots\cdots\cdots\cdots\cdots\cdots\cdots ⑥$$
点 T は平面 PQR 上にあるので，直線 TR と直線 OC の交点が点 S に他ならない
から，$u$ を実数として ⑤，⑥ より

◀ $\overrightarrow{\mathrm{TR}} = \overrightarrow{\mathrm{OR}} - \overrightarrow{\mathrm{OT}}$
　　$= -\vec{b} + 2\vec{c} - 3\vec{b}$

$$\overrightarrow{\mathrm{OS}} = \overrightarrow{\mathrm{OT}} + u\overrightarrow{\mathrm{TR}} = 3\vec{b} + u(-\vec{b} + 2\vec{c} - 3\vec{b})$$
$$= (3 - 4u)\vec{b} + 2u\vec{c}$$
点 S は直線 OC 上の点なので
$$3 - 4u = 0 \quad \text{すなわち} \quad u = \frac{3}{4}$$
このとき
$$\overrightarrow{\mathrm{OS}} = 2 \cdot \frac{3}{4}\vec{c} = \frac{3}{2}\vec{c}$$
となるから，点 S は線分 **OC を $3:1$ に外分**する点である。 ⟹ ⑥

# 第7問

(1)(i) $w = \alpha z$ のとき，$w$ の表す点は点 P を **原点を中心として $\arg\alpha$ だけ回転**し，原点からの距離を $|\alpha|$ 倍した点である。 ⟹ ⑦

◀ $\alpha z$ の絶対値は $|\alpha||z|$，偏角は $\arg z + \arg\alpha$ となる。

$w = z + \alpha$ のとき，$w$ の表す点は点 P を $\alpha$ だけ平行移動した点である。 ⟹ ⓪

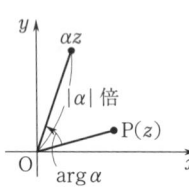

(ii) $z = r(\cos\theta + i\sin\theta)$ であるから
$$w = \frac{1}{z} = z^{-1} = r^{-1}\{\cos(-\theta) + i\sin(-\theta)\}$$
よって，$w$ の絶対値は $r^{-1} = \dfrac{1}{r}$，偏角は $\boldsymbol{-\theta}$ である。 ⟹ ①，①

◀ 整数 $n$ に対して
　$\{r(\cos\theta + i\sin\theta)\}^n$
　$= r^n(\cos n\theta + i\sin n\theta)$

(2) 点 $z$ は点 1 を中心とする半径 2 の円上を動くので
$$|z - 1| = 2 \quad\cdots\cdots\cdots\cdots\cdots\cdots\cdots\cdots\cdots ①$$
まず，**太郎さんの構想**で解く。
$$w = \frac{iz + 1}{z - 1} \quad\cdots\cdots\cdots\cdots\cdots\cdots\cdots\cdots ②$$
$$w(z - 1) = iz + 1$$
$$(w - i)z = w + 1$$
$w = i$ はこの等式を満たさないので，$w \neq i$ のもとで

$$z = \frac{w+1}{w-i} \qquad\qquad \Rightarrow \text{①, ④}$$

これを①に代入して，整理すると
$$\left|\frac{w+1}{w-i} - 1\right| = 2$$
$$|w+1-(w-i)| = 2|w-i|$$
$$|1+i| = 2|w-i|$$
$$|w-i| = \frac{\sqrt{2}}{2}$$

◀ $|1+i| = \sqrt{2}$

よって，点 $w$ は点 $i$ を中心とする半径 $\dfrac{\sqrt{2}}{2}$ の円を描く。 $\Rightarrow$ ⑥, ③

次に，**花子さんの構想**で解く。②の右辺を変形すると
$$\frac{iz+1}{z-1} = \frac{i(z-1)+i+1}{z-1} = i + \frac{1+i}{z-1}$$

であるから
$$w = i + \frac{1+i}{z-1} \qquad\qquad \Rightarrow \text{⑥, ⑧}$$

点 $z$ は点 $1$ を中心とする半径 $2$ の円上を動くので，$z-1$ が表す点は

点 $0$ を中心とする半径 $2$ $\Rightarrow$ ⑤, ⓪

◀「**解答**」の次の図を参照。

の円を描く。よって，$\dfrac{1}{z-1}$ が表す点は

点 $0$ を中心とする半径 $\dfrac{1}{2}$ $\Rightarrow$ ⑤, ④

◀「**解答**」の次の図を参照。

の円を描く。

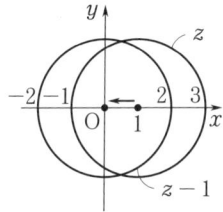

$z$ が表す点の描く図形と
$z-1$ が表す点の描く図形の関係

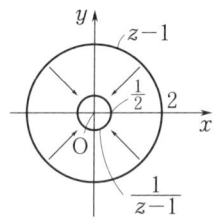

$z-1$ が表す点の描く図形と
$\dfrac{1}{z-1}$ が表す点の描く図形の関係

◀左の図は，(1)(i)の $w = z + \alpha$ で，$\alpha = -1$ とした場合。円上のすべての点が $-1$ だけ平行移動するので，円全体が $-1$ だけ平行移動する。

◀右の図は，(1)(ii)の考え方。$z-1$ が表す円周上の点の絶対値はつねに $2$ であり，$z-1$ の偏角 $\theta$ は $0 \le \theta < 2\pi$ のすべての値をとるから，$\dfrac{1}{z-1}$ が表す円周上の点の絶対値はつねに $\dfrac{1}{2}$ であり，$\dfrac{1}{z-1}$ の偏角 $-\theta$ は $-2\pi < -\theta \le 0$ のすべての値をとる。

つまり，$\dfrac{1+i}{z-1}$ が表す点は

点 $0$ を中心とする半径 $\dfrac{\sqrt{2}}{2}$ $\Rightarrow$ ⑤, ③

の円を描く。したがって，$i + \dfrac{1+i}{z-1}$ が表す点は

点 $i$ を中心とする半径 $\dfrac{\sqrt{2}}{2}$

◀「**解答**」の図を参照。

◀「**解答**」の図を参照。

の円を描き，**太郎さんの構想**で解いた場合と同じ結果を得る。

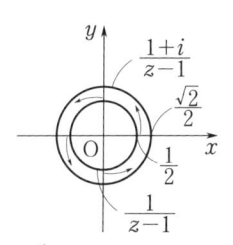

$\dfrac{1}{z-1}$ が表す点の描く図形と
$\dfrac{1+i}{z-1}$ が表す点の描く図形の関係

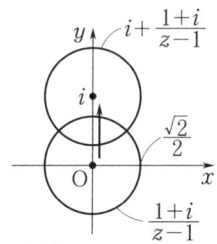

$\dfrac{1+i}{z-1}$ が表す点の描く図形と
$i + \dfrac{1+i}{z-1}$ が表す点の描く図形の関係

◀左の図は，(1)(i)の $w = \alpha z$ で，$\alpha = 1+i$ とした場合。円周上のそれぞれの点の原点からの距離を $|1+i| = \sqrt{2}$（倍）したうえで，原点を中心として $\arg(1+i) = \dfrac{\pi}{4}$ だけ回転させる。

◀右の図は，(1)(i)の $w = z + \alpha$ で，$\alpha = i$ とした場合。

(3)　(2)の**太郎さんの構想**と同じ考え方で求める。$w = \dfrac{iz+1}{iz-1}$ を変形すると

$$w(iz-1) = iz+1$$
$$i(w-1)z = w+1$$

$w=1$ はこの等式を満たさないので，$w \neq 1$ のもとで

$$z = \frac{w+1}{i(w-1)}$$

これを $|z-1| = 2$ に代入すると

◀① より。

$$\left|\frac{w+1}{i(w-1)} - 1\right| = 2$$
$$|w+1-i(w-1)| = 2|i(w-1)|$$
$$|(1-i)w+1+i| = 2|w-1|$$

◀ $|i| = 1$

両辺が正より，両辺を 2 乗して整理すると

$$|(1-i)w+1+i|^2 = 4|w-1|^2$$
$$\{(1-i)w+1+i\}\{(1+i)\overline{w}+1-i\} = 4(w-1)(\overline{w}-1)$$
$$2w\overline{w} - 2iw + 2i\overline{w} + 2 = 4w\overline{w} - 4w - 4\overline{w} + 4$$
$$w\overline{w} - (2-i)w - (2+i)\overline{w} + 1 = 0$$
$$\{w-(2+i)\}\{\overline{w}-(2-i)\} = (2+i)(2-i) - 1$$
$$|w-(2+i)|^2 = 4$$

◀ $\overline{(1-i)w+1+i}$ $= (1+i)\overline{w}+1-i$

◀ $\overline{w}-(2-i) = \overline{w-(2+i)}$

よって，$|w-(2+i)| = 2$ より，点 $w$ は点 **$2+i$** を中心とする半径 **2** の円を描く。

$$\Rightarrow ⑧, ⓪$$

**別解**

　**花子さんの構想**と同じ考え方で解くと，次のようになる。

$w = \dfrac{iz+1}{iz-1}$ を変形すると

$$w = \frac{(iz-1)+2}{iz-1} = 1 + \frac{2}{iz-1}$$

点 $z$ は点 1 を中心とする半径 2 の円を描くので，$iz$ が表す点は
　　点 $i$ を中心とする半径 2
の円を描く。すると，$iz-1$ が表す点は
　　点 $-1+i$ を中心とする半径 2
の円を描く。

◀(1)(i)の $w = \alpha z$ で，$\alpha = i$ とした場合。
$|i| = 1$ であり，円上のそれぞれの点が原点を中心に $\arg i = \dfrac{\pi}{2}$ だけ回転移動するので，円全体が $\dfrac{\pi}{2}$ だけ回転移動する。

◀(1)(i)の $w = z+\alpha$ で，$\alpha = -1$ とした場合。

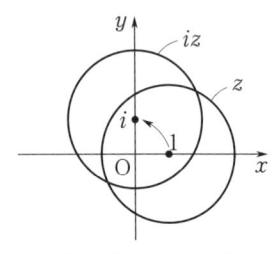

$z$ が表す点の描く図形と
$iz$ が表す点の描く図形の関係

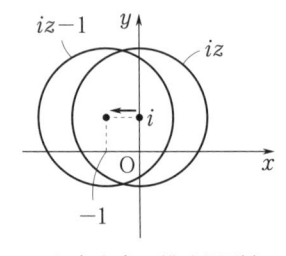

$iz-1$ が表す点の描く図形と
$iz-1$ が表す点の描く図形の関係

　次に，$\dfrac{1}{iz-1}$ が表す点が描く図形について考える。(1)(ii)の変換 $w = \dfrac{1}{z}$ より，原点を通らない円は原点を通らない円に移動するので，$\dfrac{1}{iz-1}$ が表す点が描く図形は円である。

　$iz-1$ が表す点が描く円上の点のうち，軸上にある点は
$$-1 \pm \sqrt{3}, \ (1 \pm \sqrt{3})i$$

◀円は，通過する 3 点（以上）によって定まるので，$\dfrac{1}{iz-1}$ が表す点が描く円上の三つ以上の点を調べようという方針。どの点を用いてもよいが，軸上の点が扱いやすいだろう。

である。これらを用いると，$\dfrac{1}{iz-1}$ が表す点が描く円は次の図のように

$$\frac{1}{-1\pm\sqrt{3}},\quad \frac{1}{(1\pm\sqrt{3})i}$$

を通ることがわかる。

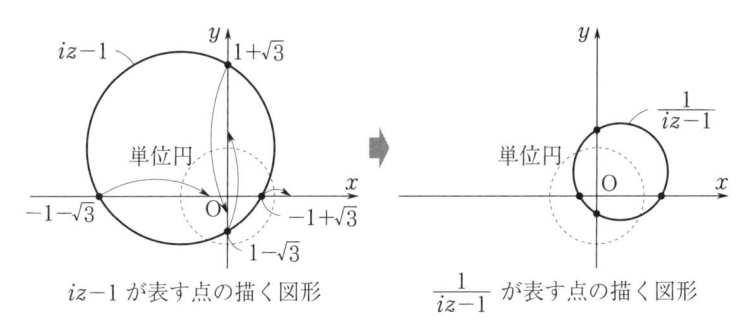

$iz-1$ が表す点の描く図形

$\dfrac{1}{iz-1}$ が表す点の描く図形

◀ 実軸上の点は実軸上の点へ，虚軸上の点は虚軸上の点へ移動する。また，単位円の外側にある点は内側へ，内側にある点は外側へ移動する。

ここで

$$\frac{1}{-1\pm\sqrt{3}}=\frac{1\pm\sqrt{3}}{2},$$
$$\frac{1}{(1\pm\sqrt{3})i}=\frac{1\mp\sqrt{3}}{2}i$$

$$\text{（以上，複号同順）}$$

より，$\dfrac{1}{iz-1}$ が表す点が描く円は右の図のようになるから

$$\text{中心}\ \frac{1}{2}+\frac{1}{2}i,\ \text{半径}\ 1$$

の円である。

さらに，$\dfrac{2}{iz-1}$ が表す点が描く図形は，$\dfrac{1}{iz-1}$ が表す点が描く図形を原点を中心に2倍に相似拡大したものであるから

$$\text{中心}\ \left(\frac{1}{2}+\frac{1}{2}i\right)\cdot 2=1+i,\ \text{半径}\ 1\cdot 2=2$$

の円である。

最後に，$1+\dfrac{2}{iz-1}$ が表す点は

$$\text{中心}\ 2+i,\ \text{半径}\ 2$$

の円を描き，**太郎さんの構想**で考えた場合と同じ結果を得る。

◀ 実軸上の2点 $\dfrac{1\pm\sqrt{3}}{2}$ を結ぶ線分の垂直二等分線は，実部が $\dfrac{1}{2}$ である点の集合であり，虚軸上の2点 $\dfrac{1\mp\sqrt{3}}{2}i$ を結ぶ線分の垂直二等分線は，虚部が $\dfrac{1}{2}$ である点の集合であるから，円の中心はこの2直線の交点である

$$\frac{1}{2}+\frac{1}{2}i$$

となる。

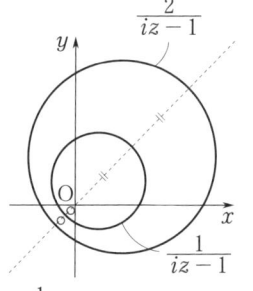

$\dfrac{1}{iz-1}$ が表す点の描く図形と $\dfrac{2}{iz-1}$ が表す点の描く図形の関係

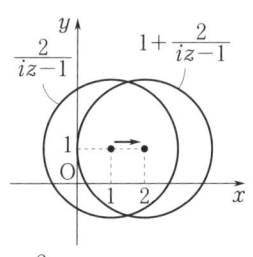

$\dfrac{2}{iz-1}$ が表す点の描く図形と $1+\dfrac{2}{iz-1}$ が表す点の描く図形の関係

◀ 左の図は，(1)(i)の $w=\alpha z$ で，$\alpha=2$ とした場合。

◀ 右の図は，(1)(i)の $w=z+\alpha$ で，$\alpha=1$ とした場合。

# 模試 第3回

# 解　答

| 問題番号（配点） | 解 答 記 号 | 正 解 | 配点 | 自己採点 |
|---|---|---|---|---|
| **第1問**<br>(15) | ア | ③ | 2 | |
| | イ, ウ | ②, ⑥ | 各1 | |
| | エ, オ, カ | ①, ③, ⑤ | 2 | |
| | キ, ク | ③, ⑦ | 各1 | |
| | ケ | ② | 2 | |
| | コ | ④ | 2 | |
| | $\dfrac{\pi}{サ} < \theta < \dfrac{シ}{ス}\pi,\ \dfrac{セ}{ソ}\pi < \theta < \dfrac{タ}{チ}\pi$ | $\dfrac{\pi}{3} < \theta < \dfrac{2}{3}\pi,\ \dfrac{4}{3}\pi < \theta < \dfrac{5}{3}\pi$ | 3 | |
| **第2問**<br>(15) | ア | ⑤ | 1 | |
| | イ | ⑥ | 2 | |
| | ウ $\log_{10} 3.72 -$ エオ $\log_{10} 1.62$ | $5\log_{10} 3.72 - 11\log_{10} 1.62$ | 2 | |
| | カ | ② | 2 | |
| | $\log_{10}$ キ . クケ | $\log_{10} 3.53$ | 2 | |
| | コ | 3 | 3 | |
| | サ | 8 | 3 | |
| **第3問**<br>(22) | $f(1) =$ ア , $f'(1) =$ イ | $f(1) = 1,\ f'(1) = 0$ | 各1 | |
| | $a =$ ウ , $b =$ エオ | $a = 1,\ b = -5$ | 3 | |
| | $f'(x) = ($ カ $x +$ キ $)(x -$ ク $)$ | $f'(x) = (3x + 5)(x - 1)$ | 2 | |
| | ケ , コ | ①, ⓪ | 各2 | |
| | サ $a + b +$ シ $= 0$ | $2a + b + 3 = 0$ | 2 | |
| | $a >$ スセ | $a > -3$ | 3 | |
| | $b >$ ソタ $a,\ c =$ チツ $a -$ テ $b$ | $b > -3a,\ c = -3a - 2b$ | 3 | |
| | $d =$ ト $a + b +$ ナ | $d = 2a + b + 1$ | 3 | |
| **第4問**<br>(16) | $a_2 = \dfrac{ア}{イ}M,\ a_3 = \dfrac{ウ}{エ}M,\ a_4 = \dfrac{オ}{カ}M$ | $a_2 = \dfrac{1}{2}M,\ a_3 = \dfrac{1}{2}M,\ a_4 = \dfrac{5}{8}M$ | 各2 | |
| | $a_{n+2} + \dfrac{キ}{ク}a_{n+1} + \dfrac{ケ}{コ}a_n = M$ | $a_{n+2} + \dfrac{1}{2}a_{n+1} + \dfrac{1}{4}a_n = M$ | 2 | |
| | $a_{n+3} = \dfrac{サ}{シ}a_n + \dfrac{ス}{セ}M$ | $a_{n+3} = \dfrac{1}{8}a_n + \dfrac{1}{2}M$ | 2 | |
| | $a_{3k-2} = \dfrac{ソ}{タ}M\left(\dfrac{チ}{ツ}\right)^{k-1} + \dfrac{テ}{ト}M$ | $a_{3k-2} = \dfrac{3}{7}M\left(\dfrac{1}{8}\right)^{k-1} + \dfrac{4}{7}M$ | 2 | |

— ③ - 1 —

| 問題番号（配点） | 解答記号 | 正解 | 配点 | 自己採点 |
|---|---|---|---|---|
| （第4問） | $b_n = \dfrac{\boxed{ナ}}{\boxed{ニ}} M \left( \dfrac{\boxed{ヌ}}{\boxed{ネ}} \right)^{n-1} + \dfrac{\boxed{ノハ}}{\boxed{ヒ}} M$ | $b_n = \dfrac{2}{7} M \left( \dfrac{1}{8} \right)^{n-1} + \dfrac{12}{7} M$ | 2 | |
| | $\boxed{フ}$ | ③ | 2 | |
| 第5問 (16) | $\dfrac{1}{\boxed{ア}}$ | $\dfrac{1}{5}$ | 2 | |
| | $\boxed{イウエ}$, $\boxed{オ}$ | 100, ① | 2 | |
| | $\boxed{カ}$, $\boxed{キ}$ | ②, ⑤ | 2 | |
| | $\boxed{ク}$ . $\boxed{ケコ}$ | 1.96 | 2 | |
| | 0. $\boxed{サシスセ} \leqq p \leqq 0.$ $\boxed{ソタチツ}$ | $0.1216 \leqq p \leqq 0.2784$ | 2 | |
| | $\boxed{テ}$, $\boxed{ト}$ | ⓪, ① | 2 | |
| | 平均 $\boxed{ナニ}$, 分散 $\dfrac{\boxed{ヌネ}}{\boxed{ノ}}$ | 平均 25, 分散 $\dfrac{75}{4}$ | 2 | |
| | $\boxed{ハ}$, $\boxed{ヒ}$ | ⓪, ① | 2 | |
| 第6問 (16) | $\overrightarrow{AG} = \dfrac{\boxed{ア}}{\boxed{イ}} \overrightarrow{AB} + \dfrac{\boxed{ウ}}{\boxed{エ}} \overrightarrow{AC}$, $\overrightarrow{AB} \cdot \overrightarrow{AC} = \boxed{オ}$ | $\overrightarrow{AG} = \dfrac{1}{3} \overrightarrow{AB} + \dfrac{1}{3} \overrightarrow{AC}$, $\overrightarrow{AB} \cdot \overrightarrow{AC} = 6$ | 各1 | |
| | $\overrightarrow{AH} \cdot \overrightarrow{BC} = -3s + \boxed{カキ} t$ | $\overrightarrow{AH} \cdot \overrightarrow{BC} = -3s + 10t$ | 2 | |
| | $s = \dfrac{\boxed{ク}}{\boxed{ケ}}$, $t = \dfrac{\boxed{コ}}{\boxed{サ}}$ | $s = \dfrac{5}{9}$, $t = \dfrac{1}{6}$ | 2 | |
| | $\overrightarrow{LO} \cdot \overrightarrow{AB} = 9\alpha + 6\beta - \dfrac{\boxed{シ}}{\boxed{ス}}$ | $\overrightarrow{LO} \cdot \overrightarrow{AB} = 9\alpha + 6\beta - \dfrac{9}{2}$ | 2 | |
| | $\alpha = \dfrac{\boxed{セ}}{\boxed{ソ}}$, $\beta = \dfrac{\boxed{タ}}{\boxed{チツ}}$ | $\alpha = \dfrac{2}{9}$, $\beta = \dfrac{5}{12}$ | 2 | |
| | $\boxed{テ}$ | ⓪ | 2 | |
| | $\boxed{ト}$, $\boxed{ナ}$ | ①, ④ | 各2 | |
| 第7問 (16) | B$\left( \boxed{ア}, \boxed{イ} \right)$ | ⑤, ③ | 2 | |
| | C$\left( \boxed{ウ}, \boxed{エ} \right)$ | ⑨, ⑧ | 1 | |
| | A$\left( \boxed{オ}, \boxed{カ} \right)$ | ④, ② | 2 | |
| | $\boxed{キ}$ | ③ | 2 | |
| | $\boxed{ク}$ | ⑦ | 2 | |
| | B$\left( \boxed{ケ}, \boxed{コ} \right)$ | ①, ⑦ | 2 | |
| | C$\left( \boxed{サ}, \boxed{シ} \right)$ | ⑧, ⑨ | 1 | |
| | A$\left( \boxed{ス}, \boxed{セ} \right)$ | ⓪, ⑥ | 2 | |
| | $\boxed{ソ}$ | ③ | 2 | |

（注）第1問，第2問，第3問は必答。第4問～第7問のうちから3問選択。計6問を解答。
　　なお，上記以外のものについても得点を与えることがある。正解欄に※があるものは，解答の順序は問わない。

| 第1問小計 | | 第2問小計 | | 第3問小計 | | 第4問小計 | | 第5問小計 | | 第6問小計 | | 第7問小計 | | | 合計点 | |
|---|---|---|---|---|---|---|---|---|---|---|---|---|---|---|---|---|
| | | | | | | | | | | | | | | | | /100 |

(1) $0 \leqq \theta < \pi$ のとき ⇨ ③

$$S = \frac{1}{2} \cdot 1 \cdot 1 \cdot \sin\theta$$

$$= \frac{1}{2}\sin\theta \qquad ⇨ ②$$

$\pi \leqq \theta < 2\pi$ のとき

$$S = \frac{1}{2} \cdot 1 \cdot 1 \cdot \sin(2\pi - \theta)$$

$$= -\frac{1}{2}\sin\theta \qquad ⇨ ⑥$$

$0 \leqq \theta < \dfrac{\pi}{2},\ \pi \leqq \theta < \dfrac{3}{2}\pi$ のとき ⇨ ①, ③, ⑤

$$T = \frac{1}{2} \cdot 1 \cdot 1 \cdot \sin 2\theta = \frac{1}{2}\sin 2\theta \qquad ⇨ ③$$

$\dfrac{\pi}{2} \leqq \theta < \pi,\ \dfrac{3}{2}\pi \leqq \theta < 2\pi$ のとき

$$T = \frac{1}{2} \cdot 1 \cdot 1 \cdot (-\sin 2\theta) = -\frac{1}{2}\sin 2\theta \qquad ⇨ ⑦$$

◀ $S$
$= \dfrac{1}{2}\mathrm{OA} \cdot \mathrm{OP}\sin\angle\mathrm{AOP}$

◀ $T$
$= \dfrac{1}{2}\mathrm{OA} \cdot \mathrm{OQ}\sin\angle\mathrm{AOQ}$

(2) (1)より，$S$ と $\theta$ の関係を表すグラフの概形は ② である。

また，$T$ と $\theta$ の関係を表すグラフの概形は ④ である。

(3) (2)の二つのグラフを重ねると右の図のように
なる。

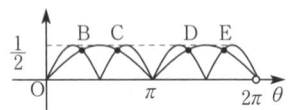

$0 \leqq \theta < \dfrac{\pi}{2}$ において

$$\frac{1}{2}\sin\theta = \frac{1}{2}\sin 2\theta$$

$$\sin\theta = 2\sin\theta\cos\theta$$

$$2\sin\theta\cos\theta - \sin\theta = 0$$

$$\sin\theta(2\cos\theta - 1) = 0$$

$$\theta = 0,\ \frac{\pi}{3}$$

より，点 B は $\theta = \dfrac{\pi}{3}$ を満たす点である。

グラフの対称性や周期から，点 C, D, E はそれぞれ

$$\theta = \frac{2}{3}\pi,\ \frac{4}{3}\pi,\ \frac{5}{3}\pi$$

を満たす点なので，$S > T$ となる $\theta$ の値の範囲は

$$\frac{\pi}{3} < \theta < \frac{2}{3}\pi,\ \frac{4}{3}\pi < \theta < \frac{5}{3}\pi$$

◀2 点 B, C は $\theta = \dfrac{\pi}{2}$ について対称であり，2 点 D, E は $\theta = \dfrac{3}{2}\pi$ について対称である。
また，$S$ の周期は $\pi$ なので，D は $\theta = \dfrac{\pi}{3} + \pi$ を満たす点である。

(1) 常用対数表より

$$\log_{10} 3.72 = 0.5705 \qquad ⇨ ⑤$$

$$\log_{10} 16.2 = \log_{10}(1.62 \cdot 10) = \log_{10} 1.62 + \log_{10} 10 = 0.2095 + 1$$

$$= 1.2095 \qquad ⇨ ⑥$$

(2)
$$\log_{10}(3.72^5 \div 1.62^{11}) = \log_{10} 3.72^5 - \log_{10} 1.62^{11}$$

$$= 5\log_{10} 3.72 - 11\log_{10} 1.62$$

$$= 5 \cdot 0.5705 - 11 \cdot 0.2095$$

$$= 2.8525 - 2.3045$$

$$= 0.5480 \qquad ⇨ ②$$

であり
$$0.5478 < 0.5480 < 0.5490$$
より
$$\log_{10} 3.53 < 0.5480 < \log_{10}(3.53+0.01)$$
すなわち
$$3.53 < 3.72^5 \div 1.62^{11} < 3.54$$
であるから，$3.72^5 \div 1.62^{11}$ を小数で表したときの小数第2位の数字は **3** である。

(3)
$$\log_{10} \sqrt[4]{2} = \frac{1}{4}\log_{10} 2 = \frac{1}{4} \cdot 0.3010$$
$$= 0.07525$$
であり
$$0.0719 < 0.07525 < 0.0755$$
であるから
$$\log_{10} 1.18 < \log_{10}\sqrt[4]{2} < \log_{10} 1.19$$
よって
$$1.18 < \sqrt[4]{2} < 1.19$$
したがって，$\sqrt[4]{2}$ を小数で表したときの小数第2位の数字は **8** である。

◀ 常用対数表を用いて 0.5480 に近い値を調べる。

◀ (2)と同様に，常用対数表を用いて 0.07525 に近い値を調べる。

# 第3問

(1) $f(x)$ が $x=1$ で極小値1をとるので
$$f(1) = 1, \quad f'(1) = 0$$
である。

次に，$f(x) = x^3 + ax^2 + bx + 4$ より
$$f(1) = 1 + a + b + 4 = 1$$
すなわち
$$a + b = -4 \quad \cdots\cdots\cdots\cdots\cdots\cdots\cdots\cdots\cdots\cdots ①$$
$f'(x) = 3x^2 + 2ax + b$ より
$$f'(1) = 3 + 2a + b = 0$$
すなわち
$$2a + b = -3 \quad \cdots\cdots\cdots\cdots\cdots\cdots\cdots\cdots\cdots ②$$
であるから，①，②を連立して解くと
$$a = 1, \quad b = -5$$
である。

$a = 1, \ b = -5$ のとき
$$f'(x) = 3x^2 + 2x - 5$$
$$= (3x + 5)(x - 1) \quad \cdots\cdots\cdots\cdots\cdots\cdots ③$$
である。

$\alpha$ を実数とする。3次関数 $F(x)$ が $x = \alpha$ で極値をもつとき $F'(\alpha) = 0$ であるが，$F'(\alpha) = 0$ であっても $F(x)$ が $x = \alpha$ で極値をもつとは限らないので
$$\text{関数 } F(x) \text{ が } x = \alpha \text{ で極値をもつ} \Longrightarrow F'(\alpha) = 0$$
は成り立つが
$$F'(\alpha) = 0 \Longrightarrow \text{関数 } F(x) \text{ が } x = \alpha \text{ で極値をもつ}$$
は成り立たない。

よって，関数 $F(x)$ が $x = \alpha$ で極値をもつことは $F'(\alpha) = 0$ であるための**十分条件であるが必要条件ではない**。 ⇨ ①

◀ 例えば，$F(x) = x^3$ とすると，$F'(x) = 3x^2$ より $F'(0) = 0$ であるが，$F(x)$ は $x = 0$ で極値はもたない。

そして，③より，$f(x)$ の増減は右の表の
ようになるから，$f(x)$ は $x=1$ で極小値1
をとるが，**極大値1はとらない。** ⇨ **⓪**

| $x$ | | $-\dfrac{5}{3}$ | | $1$ | |
|---|---|---|---|---|---|
| $f'(x)$ | $+$ | $0$ | $-$ | $0$ | $+$ |
| $f(x)$ | ↗ | | ↘ | $1$ | ↗ |

(2)　$g(x)=x^3+ax^2+bx+c$ より
$$g'(x)=3x^2+2ax+b \quad\cdots\cdots④$$
であり，$g(x)$ が $x=1$ で極小値をとることから
$$g'(1)=3+2a+b=0$$
すなわち
$$\boldsymbol{2a+b+3=0} \quad\cdots\cdots⑤$$
が $a$ と $b$ についての関係式である。

　また，⑤より $b=-2a-3$ であるから，④の $b$ を消去すると
$$g'(x)=3x^2+2ax-2a-3$$
$$=\{3x+(2a+3)\}(x-1)$$
である。よって，方程式 $g'(x)=0$ の解は
$$x=-\frac{2a+3}{3},\ 1$$
であり，$g(x)$ は $x=1$ で極小値をとるから
$$-\frac{2a+3}{3}<1$$
すなわち
$$\boldsymbol{a>-3}$$
が $a$ についての関係式である。

◀方程式 $g'(x)=0$ が 1 と 1 より小さい解をもつときを考える。

| $x$ | | $\dfrac{-2a-3}{3}$ | | $1$ | |
|---|---|---|---|---|---|
| $g'(x)$ | $+$ | $0$ | $-$ | $0$ | $+$ |
| $g(x)$ | ↗ | 極大 | ↘ | 極小 | ↗ |

(3)　$h(x)=a\left(x^3+\dfrac{b}{a}x^2+\dfrac{c}{a}x+\dfrac{d}{a}\right)$ において
$$\frac{b}{a}=a',\ \frac{c}{a}=b',\ \frac{d}{a}=c'$$
とおくと
$$h(x)=a(x^3+a'x^2+b'x+c')$$
であるから
$$h'(x)=a(3x^2+2a'x+b')$$
$a>0$ で，関数 $h(x)$ が $x=1$ で極小値をとるとき，(2)の考察より $a'>-3$ であり
$$\frac{b}{a}>-3 \text{ すなわち } b>-3a$$
$a<0$ で，関数 $h(x)$ が $x=1$ で極小値をとるとき，(2)と同様に考えると $a'<-3$ であり
$$\frac{b}{a}<-3 \text{ すなわち } b>-3a$$
であるから，関数 $h(x)$ が $x=1$ で極小値をとるとき，$a$ の正負に関係なく
$$\boldsymbol{b>-3a}$$
　また，$h(1)=1$ より
$$a+b+c+d=1 \quad\cdots\cdots⑥$$
$h'(1)=0$ より
$$3a+2b+c=0 \quad\cdots\cdots⑦$$
であるから，⑦より
$$\boldsymbol{c=-3a-2b} \quad\cdots\cdots⑧$$
⑥，⑧より
$$\boldsymbol{d}=-a-b-c+1=-a-b+3a+2b+1$$
$$=\boldsymbol{2a+b+1}$$

◀(2)の方程式
$$3x^2+2ax+b=0$$
が 1 と 1 より小さい解をもつとき $a>-3$ であることから $a'>-3$ が得られる。

◀　$h'(x)=3ax^2+2bx+c$

(1) 1日で売れる量は $\frac{1}{2}M$ で，2日目，3日目は売れた分の精肉を仕入れるだけでよいから，$a_1 = M$ より

$$a_2 = M - \frac{1}{2}M = \frac{1}{2}M$$

$$a_3 = M - \frac{1}{2}M = \frac{1}{2}M$$

また，3日目の閉店後に1日目に仕入れた精肉は廃棄されているが，2日目，3日目に仕入れた精肉はそれぞれ

$$\left(\frac{1}{2}\right)^2 a_2 = \frac{1}{8}M$$

$$\frac{1}{2}a_3 = \frac{1}{4}M$$

だけ残っているから

$$a_4 = M - \left(\frac{1}{8}M + \frac{1}{4}M\right) = \frac{5}{8}M$$

そして，$(n+2)$ 日目の開店時に用意されている精肉は，$n$ 日目に仕入れた精肉が

$$\left(\frac{1}{2}\right)^2 a_n = \frac{1}{4}a_n$$

$(n+1)$ 日目に仕入れた精肉が

$$\frac{1}{2}a_{n+1}$$

$(n+2)$ 日目に仕入れた精肉が

$$a_{n+2}$$

であり，その量の合計は $M$ であるから

$$a_{n+2} + \frac{1}{2}a_{n+1} + \frac{1}{4}a_n = M \quad \cdots\cdots\cdots\cdots\cdots ①$$

が成り立ち，同様に

$$a_{n+3} + \frac{1}{2}a_{n+2} + \frac{1}{4}a_{n+1} = M \quad \cdots\cdots\cdots\cdots\cdots ②$$

が成り立つから，②$-$① より

$$a_{n+3} - \frac{1}{2}a_{n+2} - \frac{1}{4}a_{n+1} - \frac{1}{4}a_n = 0$$

$$a_{n+3} = \frac{1}{2}a_{n+2} + \frac{1}{4}a_{n+1} + \frac{1}{4}a_n$$

すなわち

$$a_{n+3} = \frac{1}{8}a_n + \frac{1}{2}\left(a_{n+2} + \frac{1}{2}a_{n+1} + \frac{1}{4}a_n\right)$$

$$= \frac{1}{8}a_n + \frac{1}{2}M \quad \cdots\cdots\cdots\cdots\cdots ③$$

③より

$$a_{n+3} - \frac{4}{7}M = \frac{1}{8}\left(a_n - \frac{4}{7}M\right)$$

であり，$c_n = a_n - \frac{4}{7}M$ とおくと

$$c_{n+3} = \frac{1}{8}c_n$$

であるから，自然数 $k$ に対して $c_{3k-2}$ は

$$c_{3k-2} = \left(\frac{1}{8}\right)^{k-1}c_1 = \frac{3}{7}M\left(\frac{1}{8}\right)^{k-1}$$

ゆえに

◀①を利用して $a_{n+2}$, $a_{n+1}$ を消去する方針。

◀方程式 $x = \frac{1}{8}x + \frac{1}{2}M$ の解は，$x = \frac{4}{7}M$ である。

◀この式の形から「$c_1$, $c_4$, $\cdots$」，「$c_2$, $c_5$, $\cdots$」，「$c_3$, $c_6$, $\cdots$」のそれぞれについて考える必要がある。

◀ $c_1 = a_1 - \frac{4}{7}M = \frac{3}{7}M$

$$\boldsymbol{a_{3k-2}=\frac{3}{7}M\left(\frac{1}{8}\right)^{k-1}+\frac{4}{7}M} \quad \cdots\cdots ④$$

$c_{3k-1}$ は

$$c_{3k-1}=\left(\frac{1}{8}\right)^{k-1}c_2=-\frac{1}{14}M\left(\frac{1}{8}\right)^{k-1}$$

◀ $c_2=a_2-\frac{4}{7}M=-\frac{1}{14}M$

ゆえに

$$a_{3k-1}=-\frac{1}{14}M\left(\frac{1}{8}\right)^{k-1}+\frac{4}{7}M \quad \cdots\cdots ⑤$$

$c_{3k}$ は

$$c_{3k}=\left(\frac{1}{8}\right)^{k-1}c_3=-\frac{1}{14}M\left(\frac{1}{8}\right)^{k-1}$$

◀ $c_3=a_3-\frac{4}{7}M=-\frac{1}{14}M$

ゆえに

$$a_{3k}=-\frac{1}{14}M\left(\frac{1}{8}\right)^{k-1}+\frac{4}{7}M \quad \cdots\cdots ⑥$$

(2) ④〜⑥より

$$\begin{aligned}\boldsymbol{b_n}&=a_{3n-2}+a_{3n-1}+a_{3n}\\&=\left(\frac{3}{7}M-2\cdot\frac{1}{14}M\right)\left(\frac{1}{8}\right)^{n-1}+3\cdot\frac{4}{7}M\\&=\boldsymbol{\frac{2}{7}M\left(\frac{1}{8}\right)^{n-1}+\frac{12}{7}M}\end{aligned}$$

(3) $(n+2)$ 日目の閉店後に廃棄する精肉は $n$ 日目に仕入れた精肉であるから

$$\left(\frac{1}{2}\right)^3a_n=\frac{1}{8}a_n\neq\frac{1}{8}a_{n+2}$$

◀$n$ 日目に仕入れた精肉は，$(n+2)$ 日目の閉店後に $\left(\frac{1}{2}\right)^3a_n$ だけ売れ残っている。

より，⓪ は誤り。

3 日目から 5 日目までの 3 日間に廃棄する精肉の量の合計を $X$，6 日目から 8 日目までの 3 日間に廃棄する精肉の量の合計を $Y$ とおくと

$$X=\frac{1}{8}(a_1+a_2+a_3)=\frac{1}{8}b_1$$

$$Y=\frac{1}{8}(a_4+a_5+a_6)=\frac{1}{8}b_2$$

であり，(2)の結果より $b_1>b_2$ であるから

$$X>Y$$

より，① は誤り。

また，(2)の結果より $b_n>\frac{12}{7}M$ であり

$$\frac{1}{8}b_n>\frac{1}{8}\cdot\frac{12}{7}M=\frac{3}{14}M$$

より，② は誤り。

1 日目から 30 日目までの 30 日間に廃棄する精肉の量の合計は

$$\begin{aligned}&\frac{1}{8}\left(\sum_{k=1}^{9}b_k+a_{28}\right)\\&=\frac{1}{8}\left\{\frac{2}{7}M\sum_{k=1}^{9}\left(\frac{1}{8}\right)^{k-1}+9\cdot\frac{12}{7}M+a_{28}\right\}\\&>\frac{1}{8}\left(9\cdot\frac{12}{7}M+a_{28}\right)\\&=\frac{27}{14}M+\frac{1}{8}a_{28}\\&>\frac{27}{14}M\end{aligned}$$

◀廃棄するのは 28 日目までに仕入れた精肉である。

より，③ は正しい。

よって，正しいものは ③ である。

# 第5問

(1) 2枚の硬貨を同時に1回投げる試行を100回繰り返した結果，2枚とも表が出た回数は20回であったので，2枚とも表が出る比率（標本比率）は

$$\frac{20}{100} = \frac{1}{5}$$

である。1回の試行で2枚とも表が出る確率を $p$ として，$p$ に対する信頼度95%の信頼区間を作る。100回の試行において2枚とも表が出る回数を表す確率変数 $X$ は二項分布 $B(100,\ p)$ に従い，$X$ の平均は $100p$，分散は $100p(1-p)$ である。　　　　　　　　　　　　　　　　　　　　　⇨ ①，②，⑤

　試行回数100は十分大きいので，$X$ は近似的に平均 $100p$，分散 $100p(1-p)$ の正規分布に従う。よって，確率0.95で

$$|X - 100p| \leqq 1.96\sqrt{100p(1-p)} \quad \cdots\cdots\cdots\cdots\cdots ①$$

が成り立つ。① に試行の結果 $X = 20$ を代入すると

$$|20 - 100p| \leqq 1.96\sqrt{100p(1-p)}$$

となり，両辺を100で割って

$$\left|\frac{1}{5} - p\right| \leqq 1.96\sqrt{\frac{p(1-p)}{100}} \quad \cdots\cdots\cdots\cdots\cdots ②$$

となる。② の右辺は小さい数なので，左辺も小さい数であり，$p$ は $\frac{1}{5}$（標本比率）に近い。そこで，右辺の $p$ を $\frac{1}{5}$ で置き換えると

$$\left|\frac{1}{5} - p\right| \leqq 1.96\sqrt{\frac{1}{100} \cdot \frac{1}{5} \cdot \frac{4}{5}}$$

$$|0.2 - p| \leqq \frac{1.96 \cdot 2}{50} = 0.0784$$

となるので

$$0.1216 \leqq p \leqq 0.2784$$

が得られる。これが $p$ に対する信頼度95%の信頼区間であり，$p = \frac{1}{4}$ はこの範囲に含まれるので，この結果により2枚の硬貨の表裏が独立であることが期待される。

(2) 2枚とも表が出る確率が $\frac{1}{4}$ と言えるかどうかを，有意水準5%で仮説検定をする。

　帰無仮説は「$p = \frac{1}{4}$」であり，対立仮説は「$p \neq \frac{1}{4}$」である。⇨ ⓪，①

　帰無仮説が正しいとすると，$X$ は二項分布 $B\left(100,\ \frac{1}{4}\right)$ に従う。したがって，$X$ は平均 $25$，分散 $\frac{75}{4}$ の正規分布に近似的に従うため，確率変数 $Z = \dfrac{X - 25}{\sqrt{\dfrac{75}{4}}}$

は標準正規分布に近似的に従う。試行の結果に対応する $Z$ の値は，小数点以下第3位を四捨五入すると

$$z = \frac{20 - 25}{\sqrt{\dfrac{75}{4}}} = -\frac{2}{\sqrt{3}} = -\frac{2\sqrt{3}}{3} = -1.15$$

である。
　標準正規分布において

$$P(0 \leqq Z \leqq 1.15) = 0.3749$$

であるから

◀確率変数 $X$ が二項分布に従うのは，100回の試行結果が独立であることによる。この独立性は2枚の硬貨の独立性ではなく，試行の結果が過去の履歴によらない（硬貨は記憶をもたない）という独立性である。

◀二項分布 $B(n,\ p)$ に従う確率変数 $X$ の平均（期待値）$E(X)$ および分散 $V(X)$ は $q = 1 - p$ を用いて
$$E(X) = np$$
$$V(X) = npq$$
と表せる。

◀$0 \leqq p \leqq 1$ のとき
$$p(1-p) \leqq \frac{1}{4}$$
であるから，②の右辺は0.098以下である。左辺はその値以下であるから，$p$ と $\frac{1}{5}$ はほぼ等しいと考えてよい。

◀$\sqrt{3} = 1.73$ を用いる。
　なお，$-\dfrac{2}{\sqrt{3}}$ で計算すると
$$-\frac{2}{\sqrt{3}} = -\frac{2}{1.73} = -1.16$$
であり
$$P(0 \leqq Z \leqq 1.16) = 0.3770$$
となる。

$$P(Z \leq -|z| \text{ または } Z \geq |z|) = 1 - 2P(0 \leq Z \leq |z|)$$
$$= 1 - 2 \cdot 0.3749 = 0.2502$$

となり，0.05 より**大きい**ので，有意水準 5% で $p$ は $\dfrac{1}{4}$ と**異なるとはいえない**。

$$\Rightarrow \textcircled{0}, \ \textcircled{1}$$

◀ $z = -1.16$ で計算すると
$$1 - 2 \cdot 0.3770 = 0.246$$
となり，結果は変わらない。

◀ $Z$ は標準正規分布に近似的に従うので，$P(|Z| \geq 1.96) = 0.05$ であるから
$$-\frac{2\sqrt{3}}{3} > -1.96$$
を確かめてもよい。

### 研究

結局，信頼区間や仮説検定によって，2 枚の硬貨の独立性は確かめられたのだろうか。2 枚の硬貨の独立性が成り立てば，2 枚とも表が出る確率は $\dfrac{1}{4}$ である。

(1)の信頼区間による方法は，$p$ に対する信頼度 95% の信頼区間に $p = \dfrac{1}{4}$ が含まれるとはいえ，その信頼区間には $p = \dfrac{1}{4}$ 以外にも無数の数が含まれるので，独立性が言えたと断言できるほどではない。

(2)の仮説検定の方法は「独立である」という主張を否定できるほどの明確な証拠はないということであり，独立であることが立証されたというほどの確かさはない。

したがって，本問の結論としては，2 枚の硬貨の独立性は高い確率で成り立っていると考えられる，という程度である。独立性をさらに精密に検証するためには試行回数を増やす必要がある。

## 第6問

(1) 点 G は三角形 ABC の重心であるから
$$\overrightarrow{AG} = \frac{1}{3}\overrightarrow{AB} + \frac{1}{3}\overrightarrow{AC}$$

である。

また，$\overrightarrow{AH} = s\overrightarrow{AB} + t\overrightarrow{AC}$（$s,\ t$ は実数）とおくと
$$\overrightarrow{AB} \cdot \overrightarrow{AC} = |\overrightarrow{AB}||\overrightarrow{AC}|\cos\angle BAC = 3 \cdot 4 \cdot \cos 60°$$
$$= 6$$

より

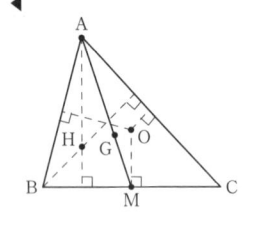

$$\overrightarrow{AH} \cdot \overrightarrow{BC} = \left(s\overrightarrow{AB} + t\overrightarrow{AC}\right) \cdot \left(\overrightarrow{AC} - \overrightarrow{AB}\right)$$
$$= -s|\overrightarrow{AB}|^2 + (s-t)\overrightarrow{AB} \cdot \overrightarrow{AC} + t|\overrightarrow{AC}|^2$$
$$= -3s + 10t \quad \cdots\cdots\cdots\cdots\cdots \textcircled{1}$$
$$\overrightarrow{BH} \cdot \overrightarrow{AC} = \left(s\overrightarrow{AB} + t\overrightarrow{AC} - \overrightarrow{AB}\right) \cdot \overrightarrow{AC}$$
$$= s\overrightarrow{AB} \cdot \overrightarrow{AC} + t|\overrightarrow{AC}|^2 - \overrightarrow{AB} \cdot \overrightarrow{AC}$$
$$= 6s + 16t - 6 \quad \cdots\cdots\cdots\cdots\cdots \textcircled{2}$$

である。よって，①より
$$-3s + 10t = 0 \quad \cdots\cdots\cdots\cdots\cdots \textcircled{3}$$

②より
$$6s + 16t - 6 = 0$$

すなわち
$$3s + 8t = 3 \quad \cdots\cdots\cdots\cdots\cdots \textcircled{4}$$

であるから，③，④より
$$s = \frac{5}{9}, \ t = \frac{1}{6}$$

である。

そして，点 O は線分 AB，AC の垂直二等分線の交点であるから，線分 AB の中点を L，線分 AC の中点を N とすると

◀ $-9s + 6(s-t) + 16t$

◀ $\overrightarrow{AH} \cdot \overrightarrow{BC} = 0$

◀ $\overrightarrow{BH} \cdot \overrightarrow{AC} = 0$

◀ 三角形の外接円の中心は，3 辺の垂直二等分線の交点である。

$$\overrightarrow{\mathrm{LO}} \cdot \overrightarrow{\mathrm{AB}} = 0, \quad \overrightarrow{\mathrm{NO}} \cdot \overrightarrow{\mathrm{AC}} = 0$$

であり，$\overrightarrow{\mathrm{AO}} = \alpha\overrightarrow{\mathrm{AB}} + \beta\overrightarrow{\mathrm{AC}}$（$\alpha$, $\beta$ は実数）とおくと

$$\overrightarrow{\mathrm{LO}} \cdot \overrightarrow{\mathrm{AB}} = \left(\alpha\overrightarrow{\mathrm{AB}} + \beta\overrightarrow{\mathrm{AC}} - \frac{1}{2}\overrightarrow{\mathrm{AB}}\right) \cdot \overrightarrow{\mathrm{AB}}$$

$$= \alpha\left|\overrightarrow{\mathrm{AB}}\right|^2 + \beta\overrightarrow{\mathrm{AB}} \cdot \overrightarrow{\mathrm{AC}} - \frac{1}{2}\left|\overrightarrow{\mathrm{AB}}\right|^2$$

$$= 9\,\alpha + 6\,\beta - \frac{9}{2}$$

より

$$9\alpha + 6\beta - \frac{9}{2} = 0$$

すなわち

$$3\alpha + 2\beta = \frac{3}{2} \quad \cdots\cdots\cdots\cdots\cdots\cdots\cdots\cdots\cdots\cdots ⑤$$

また

$$\overrightarrow{\mathrm{NO}} \cdot \overrightarrow{\mathrm{AC}} = \left(\alpha\overrightarrow{\mathrm{AB}} + \beta\overrightarrow{\mathrm{AC}} - \frac{1}{2}\overrightarrow{\mathrm{AC}}\right) \cdot \overrightarrow{\mathrm{AC}}$$

$$= \alpha\overrightarrow{\mathrm{AB}} \cdot \overrightarrow{\mathrm{AC}} + \beta\left|\overrightarrow{\mathrm{AC}}\right|^2 - \frac{1}{2}\left|\overrightarrow{\mathrm{AC}}\right|^2$$

$$= 6\alpha + 16\beta - 8$$

より

$$6\alpha + 16\beta - 8 = 0$$

すなわち

$$3\alpha + 8\beta = 4 \quad \cdots\cdots\cdots\cdots\cdots\cdots\cdots\cdots\cdots\cdots ⑥$$

であるから，⑤，⑥より

$$\alpha = \frac{2}{9}, \quad \beta = \frac{5}{12}$$

である。

◀G, H, O が同一直線上にあるとき
$$\overrightarrow{\mathrm{OH}} = k\overrightarrow{\mathrm{OG}}$$
（$k$ は 0 でない実数）
で表すことができるので，$\overrightarrow{\mathrm{OH}}$ と $\overrightarrow{\mathrm{OG}}$ を $\overrightarrow{\mathrm{AB}}$, $\overrightarrow{\mathrm{AC}}$ を用いて表す方針で解く。

よって

$$\overrightarrow{\mathrm{OH}} = \overrightarrow{\mathrm{AH}} - \overrightarrow{\mathrm{AO}}$$

$$= \frac{5}{9}\overrightarrow{\mathrm{AB}} + \frac{1}{6}\overrightarrow{\mathrm{AC}} - \left(\frac{2}{9}\overrightarrow{\mathrm{AB}} + \frac{5}{12}\overrightarrow{\mathrm{AC}}\right)$$

$$= \frac{1}{3}\overrightarrow{\mathrm{AB}} - \frac{1}{4}\overrightarrow{\mathrm{AC}}$$

$$\overrightarrow{\mathrm{OG}} = \overrightarrow{\mathrm{AG}} - \overrightarrow{\mathrm{AO}}$$

$$= \frac{1}{3}\overrightarrow{\mathrm{AB}} + \frac{1}{3}\overrightarrow{\mathrm{AC}} - \left(\frac{2}{9}\overrightarrow{\mathrm{AB}} + \frac{5}{12}\overrightarrow{\mathrm{AC}}\right)$$

$$= \frac{1}{9}\overrightarrow{\mathrm{AB}} - \frac{1}{12}\overrightarrow{\mathrm{AC}}$$

$$= \frac{1}{3}\left(\frac{1}{3}\overrightarrow{\mathrm{AB}} - \frac{1}{4}\overrightarrow{\mathrm{AC}}\right)$$

より

$$\overrightarrow{\mathrm{OH}} = 3\overrightarrow{\mathrm{OG}}$$

であるから，3 点 G, H, O は**同一直線上にあり，OG : GH = 1 : 2** を満たす。

$$\Rightarrow ⓪$$

(2) 点 O は三角形 ABC の外接円の中心より

$$\left|\overrightarrow{\mathrm{OA}}\right| = \left|\overrightarrow{\mathrm{OB}}\right| = \left|\overrightarrow{\mathrm{OC}}\right|$$

であるから

$$\overrightarrow{\mathrm{AQ}} \cdot \overrightarrow{\mathrm{BC}} = \left(\overrightarrow{\mathrm{OB}} + \overrightarrow{\mathrm{OC}}\right) \cdot \left(\overrightarrow{\mathrm{OC}} - \overrightarrow{\mathrm{OB}}\right) = \left|\overrightarrow{\mathrm{OC}}\right|^2 - \left|\overrightarrow{\mathrm{OB}}\right|^2$$

$$= 0$$

$$\overrightarrow{\mathrm{BQ}} \cdot \overrightarrow{\mathrm{AC}} = \left(\overrightarrow{\mathrm{OA}} + \overrightarrow{\mathrm{OC}}\right) \cdot \left(\overrightarrow{\mathrm{OC}} - \overrightarrow{\mathrm{OA}}\right) = \left|\overrightarrow{\mathrm{OC}}\right|^2 - \left|\overrightarrow{\mathrm{OA}}\right|^2$$

$$= 0$$

よって，点 Q が点 A や点 B と異なるとき，AQ ⊥ BC かつ BQ ⊥ AC であるから，点 Q は，点 H と一致することがわかる。　　　　　　　　$\Rightarrow$ ①

よって，点 Q について
$$\overrightarrow{OQ} = 3\left(\frac{1}{3}\overrightarrow{OA} + \frac{1}{3}\overrightarrow{OB} + \frac{1}{3}\overrightarrow{OC}\right) = 3\overrightarrow{OG}$$
であり，点 Q と点 H が一致するので
$$\overrightarrow{OH} = 3\overrightarrow{OG}$$
がつねに成り立つことがわかる。さらに
$$\overrightarrow{AH} = \overrightarrow{OH} - \overrightarrow{OA} = \left(\overrightarrow{OA} + \overrightarrow{OB} + \overrightarrow{OC}\right) - \overrightarrow{OA} = \overrightarrow{OB} + \overrightarrow{OC}$$
および
$$\overrightarrow{OM} = \frac{1}{2}\overrightarrow{OB} + \frac{1}{2}\overrightarrow{OC} = \frac{1}{2}\left(\overrightarrow{OB} + \overrightarrow{OC}\right)$$
より
$$\overrightarrow{AH} = 2\overrightarrow{OM}$$
もつねに成り立つことがわかる。

◀ G, H, O が同一直線上にあり，OG : GH = 1 : 2 であることが確かめられたので，次は A と M について考察する。

◀ 　AH // OM
かつ
　AH : OM = 2 : 1
であることが確かめられた。

また，点 G は三角形 ABC の重心，点 M は辺 BC の中点であるから，点 G は線分 AM 上にある。

このことから，点 A, G, H, O, M は一直線上にあるとは限らないが，点 G は線分 OH 上かつ線分 AM 上にあり，OG : GH = 1 : 2，AH : OM = 2 : 1 を満たす。　　　　　　　　$\Rightarrow$ ④

# 第7問

(1)　まず，$0 < \theta < \dfrac{\pi}{2}$ において考える。物体 $U$ の底面は円であるから，BC = CD = 1 である。

したがって，点 $B(x_b, y_b)$ から線分 CD に引いた垂線を BH とすると
$$CH + DH = CD$$
$$CB\cos\theta + y_b = 1$$
$$y_b = 1 - \cos\theta$$
また，物体 $U$ はすべることなく転がすことから
$$OD = \overset{\frown}{BD} = \theta$$
したがって
$$x_b = OD - BH = \theta - \sin\theta$$
であり，$\mathbf{B(\theta - \sin\theta,\ 1 - \cos\theta)}$ である。

これは，$\theta = 0,\ \dfrac{\pi}{2} \le \theta \le 2\pi$ でも成り立つ。　　$\Rightarrow$ ⑤，③

次に，$C(x_c, y_c)$ とおくと，$x_c = OD$，$y_c = CD$ より，$\mathbf{C(\theta,\ 1)}$ である。
　　　　　　　　$\Rightarrow$ ⑨，⑧

◀ 図形的な考察をしやすくするため，まずは $\theta$ が鋭角の場合で考える。

◀ 半径 $r$，中心角 $\theta$ の扇形の弧の長さは $r\theta$ である。

◀ 鋭角以外の場合も，同じように図形的に考える。

ここで，物体 $U$ の 2 点 A，B がある方の底面の中心 C は線分 AB の中点であるから，$A(x_a, y_a)$ とおくと
$$\frac{x_a + (\theta - \sin\theta)}{2} = \theta, \qquad \frac{y_a + (1 - \cos\theta)}{2} = 1$$
が成り立つ。よって
$$x_a = \theta + \sin\theta, \qquad y_a = 1 + \cos\theta$$
であるから，$\mathbf{A(\theta + \sin\theta,\ 1 + \cos\theta)}$ である。　　$\Rightarrow$ ④，②

線分 AB は物体 $U$ の底面の直径であるから，∠ACB = π である。このことか

◀ $\begin{cases} \dfrac{x_a + x_b}{2} = x_c \\ \dfrac{y_a + y_b}{2} = y_c \end{cases}$

ら，点 A が描く図形の概形は，点 B の描く図形の概形を $x$ 軸方向に $-\pi$ だけ平行移動したものである。

　物体 $U$ が 2 回転以上するとき，1 回転目で点 B が描く図形の概形と 2 回転目で点 B が描く図形の概形は合同であるから，物体 $U$ が 1 回転したとき，点 A が描く図形の概形は ③ である。

◀点 A と点 B が描く図形は，ちょうど $\pi$ だけずれている。

(2)　(1)で点 A の描く図形の概形を求めたときと同様に考える。

　右の図より，点 E の描く図形の概形は点 B′ の描く図形の概形を $x$ 軸方向に $-\dfrac{3}{2}\pi$ だけ平行移動したものと一致する。

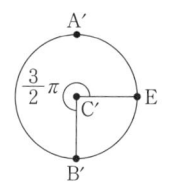

　物体 $V$ の底面の円の半径は 2 であるから，1 回転することで点 E の $x$ 座標は物体 $V$ の底面の円周の長さ $4\pi$ だけ増加し，$y$ 座標の最大値は物体 $V$ の底面の円の直径 4 に一致する。

　よって，この条件に合致するものは ⑦ である。

◀点 B が描く図形と点 A が描く図形は，ちょうど $\pi$ だけ回転度合いが違うと考えたのと同様，点 B′ と点 E を比較して，ちょうど $\dfrac{3}{2}\pi$ だけ回転度合いが違うと考える。

(3)　もとの座標 $(x, y)$ と新しい座標 $(X, Y)$ との関係は $\theta_1$ を用いて
$$X = x - \theta_1, \qquad Y = y$$
と表される。ここで，物体 $U$ の底面において，$\theta$ と $\theta_1$ は同じ角度を表すので，(1)の結果における $\theta$ を $\theta_1$ で置き換えて考えてよい。よって
$$(\text{B の } X \text{ 座標}) = (\theta_1 - \sin\theta_1) - \theta_1 = -\sin\theta_1$$
$$(\text{B の } Y \text{ 座標}) = 1 - \cos\theta_1$$
であるから，$\mathbf{B}(-\sin\theta_1,\ 1-\cos\theta_1)$ である。　　　　$\Rightarrow$ ①，⑦

　同様に，点 C の座標について考えると
$$(\text{C の } X \text{ 座標}) = \theta_1 - \theta_1 = 0$$
$$(\text{C の } Y \text{ 座標}) = 1$$
であるから，$\mathbf{C}(0,\ 1)$ である。　　　　$\Rightarrow$ ⑧，⑨

　点 A について考えると
$$(\text{A の } X \text{ 座標}) = (\theta_1 + \sin\theta_1) - \theta_1 = \sin\theta_1$$
$$(\text{A の } Y \text{ 座標}) = 1 + \cos\theta_1$$
であるから，$\mathbf{A}(\sin\theta_1,\ 1+\cos\theta_1)$ である。　　　　$\Rightarrow$ ⓪，⑥

　点 $\mathrm{A}(X, Y)$ とおくと
$$X = \sin\theta_1,\ Y = 1 + \cos\theta_1 \quad (0 \leqq \theta_1 \leqq 2\pi)$$
である。したがって
$$\sin\theta_1 = X,\ \cos\theta_1 = Y - 1$$
より
$$X^2 + (Y-1)^2 = 1$$
となる。よって，$0 \leqq \theta_1 \leqq 2\pi$ より，点 A は $XY$ 平面上で $(0, 1)$ を中心とする半径 1 の円周上を動く。　　　　$\Rightarrow$ ③

◀三角関数の相互関係
$$\sin^2\theta_1 + \cos^2\theta_1 = 1$$
を用いる。

◀$(0,\ 1)$ を中心とする半径 1 の円周上すべてを動く。

### 別解

$XY$ 平面の定め方から，点 C は $XY$ 平面において $\mathrm{C}(0, 1)$ である。さらに，$\theta_1$ の定め方より
$$\mathrm{B}(-\sin\theta_1,\ 1-\cos\theta_1)$$
である。$\angle \mathrm{ACO'} = \pi - \angle \mathrm{BCO'} = \pi - \theta_1$ であるから
$$\mathrm{A}(\sin(\pi - \theta_1),\ 1 - \cos(\pi - \theta_1))$$
すなわち
$$\mathrm{A}(\sin\theta_1,\ 1+\cos\theta_1)$$
である。

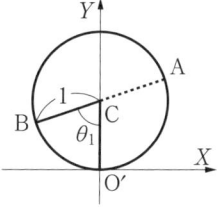

# 模試 第4回
# 解　　答

| 問題番号<br>（配点） | 解 答 記 号 | 正 解 | 配点 | 自己採点 |
|---|---|---|---|---|
| 第1問<br>(15) | $a = -\dfrac{\boxed{ア}}{\boxed{イ}}$ | $a = -\dfrac{4}{3}$ | 2 | |
| | $\boxed{ウ}$ または $\boxed{エ}$ | ① または ②※ | 2 | |
| | $\boxed{オ}$ | ③ | 3 | |
| | $\boxed{カ}$, $\boxed{キ}$, $\boxed{ク}$, $\boxed{ケ}$ | ⓪, ⓪, ②, ① | 各2 | |
| 第2問<br>(15) | $\boxed{アイ}$, $\boxed{ウ}$ | 10, ① | 各2 | |
| | $\log_x y = \boxed{エオ} + \dfrac{\boxed{カキ}}{t}$ | $\log_x y = -1 + \dfrac{10}{t}$ | 3 | |
| | $\boxed{ク}$ | ⓪ | 2 | |
| | $\boxed{ケ}$ | ⓪ | 2 | |
| | $\boxed{コ}$ | ① | 2 | |
| | $\dfrac{\boxed{サ}}{\boxed{シ}} \leqq \log_x y \leqq \boxed{ス}$ | $\dfrac{1}{9} \leqq \log_x y \leqq 9$ | 2 | |
| 第3問<br>(22) | $\boxed{ア}$, $-\boxed{イ}$ | 4, $-2$ | 各1 | |
| | $n = \boxed{ウ}$ | $n = 2$ | 2 | |
| | $n = \boxed{エ}$ | $n = 3$ | 2 | |
| | $n = \boxed{オ}$ | $n = 3$ | 2 | |
| | $S_1 = \boxed{カ}$, $S_2 = \boxed{キ}$ | $S_1 = ⑤$, $S_2 = ⓪$ | 各2 | |
| | $m = \boxed{ク}$ | $m = 1$ | 2 | |
| | $S_1 + S_2 = \boxed{ケ}\left(m - \boxed{コ}\right)^2 + \boxed{サ}$ | $S_1 + S_2 = 3(m-1)^2 + 9$ | 2 | |
| | $m = \boxed{シ}$ | $m = 1$ | 2 | |
| | $m = \boxed{ス}$ | $m = 2$ | 2 | |
| | $m = \boxed{セ}k + \boxed{ソ}$ | $m = -k + 2$ | 2 | |
| 第4問<br>(16) | $a_{n+1} = \dfrac{\boxed{ア}}{\boxed{イウ}}a_n + \boxed{エ}$ | $a_{n+1} = \dfrac{9}{10}a_n + 4$ | 2 | |
| | $a_n = \boxed{オカ} + \boxed{キク} \cdot \left(\dfrac{\boxed{ケ}}{\boxed{コサ}}\right)^{n-1}$ | $a_n = 40 + 60 \cdot \left(\dfrac{9}{10}\right)^{n-1}$ | 3 | |
| | 第 $\boxed{シ}$ 週目 | 第5週目 | 2 | |
| | $\boxed{ス}$ | ⓪ | 3 | |
| | $\boxed{セ}$, $\boxed{ソ}$, $\boxed{タ}$ | ②, ②, ⓪ | 各2 | |

| 問題番号 (配点) | 解 答 記 号 | 正 解 | 配点 | 自己採点 |
|---|---|---|---|---|
| 第5問 (16) | $P(X_1 = 3) = \dfrac{\boxed{ア}}{\boxed{イウ}}$ | $P(X_1 = 3) = \dfrac{3}{64}$ | 2 | |
| | $k = \boxed{エ}$ | $k = 3$ | 3 | |
| | 平均（期待値）は $\boxed{オ}$，分散は $\dfrac{\boxed{カ}}{\boxed{キ}}$ | 平均（期待値）は **1**，分散は $\dfrac{3}{4}$ | 各2 | |
| | $\dfrac{\boxed{ク}}{\boxed{ケ}} x$ | $\dfrac{1}{2} x$ | 1 | |
| | $-\dfrac{\boxed{コ}}{\boxed{サ}}(x-4)$ | $-\dfrac{1}{6}(x-4)$ | 1 | |
| | $\dfrac{\boxed{シス} - \sqrt{\boxed{セ}}}{\boxed{ソ}} \leqq k \leqq 4$ | $\dfrac{16 - \sqrt{6}}{4} \leqq k \leqq 4$ | 3 | |
| | $\dfrac{\boxed{タ}}{\boxed{チ}}$ | $\dfrac{5}{3}$ | 2 | |
| 第6問 (16) | $\overrightarrow{\mathrm{CH}} = \left(s+t,\ \boxed{アイ}s + \boxed{ウ},\ \boxed{エ}t + \boxed{オ}\right)$ | $\overrightarrow{\mathrm{CH}} = (s+t,\ -2s+3,\ -t+4)$ | 2 | |
| | $\boxed{カ}s + t = \boxed{キ}$ | $5s + t = 6$ | 1 | |
| | $s + \boxed{ク}t = \boxed{ケ}$ | $s + 2t = 4$ | 1 | |
| | $s = \dfrac{\boxed{コ}}{\boxed{サ}},\ t = \dfrac{\boxed{シス}}{\boxed{セ}}$ | $s = \dfrac{8}{9},\ t = \dfrac{14}{9}$ | 2 | |
| | $\dfrac{\boxed{ソタ}}{\boxed{チ}}$ | $\dfrac{11}{3}$ | 2 | |
| | $\vec{n} = \dfrac{\boxed{ツ}}{\boxed{テ}}\left(2,\ \boxed{ト},\ \boxed{ナ}\right)$ | $\vec{n} = \dfrac{5}{3}(2,\ 1,\ 2)$ | 2 | |
| | $\boxed{ニ}$ | ⓪ | 2 | |
| | $\boxed{ヌ}$ | ⑥ | 2 | |
| | $\dfrac{\sqrt{\boxed{ネ}}}{\boxed{ノ}}$ | $\dfrac{\sqrt{3}}{3}$ | 2 | |
| 第7問 (16) | $\boxed{ア},\ \boxed{イ}$ | **2**, ⑤ | 2 | |
| | $\boxed{ウ},\ \boxed{エ}$ | ③, **1** | 3 | |
| | $x = \boxed{オ},\ y = \boxed{カ}$ | ②, ⑦ | 2 | |
| | $\left(x - \boxed{キ}\right)^2 + \left(y + \boxed{ク}\right)^2 = \boxed{ケ}$ | $(x-1)^2 + (y+1)^2 = 1$ | 3 | |
| | $\boxed{コ}$ | ② | 3 | |
| | $\boxed{サ}$ | ① | 3 | |

（注）第1問，第2問，第3問は必答。第4問〜第7問のうちから3問選択。計6問を解答。
　　なお，上記以外のものについても得点を与えることがある。正解欄に※があるものは，解答の順序は問わない。

| 第1問小計 | | 第2問小計 | | 第3問小計 | | 第4問小計 | | 第5問小計 | | 第6問小計 | | 第7問小計 | | 合計点 | /100 |
|---|---|---|---|---|---|---|---|---|---|---|---|---|---|---|---|

(1) $\ell_1$, $\ell_2$ が交点をもたないのは，$\ell_1 /\!/ \ell_2$ のときであるから

$$4 \times (-1) - 3 \times a = 0$$

$$\boldsymbol{a = -\frac{4}{3}}$$

◀2 直線 $px + qy + r = 0$ と $p'x + q'y + r' = 0$ が平行であるとき
$$pq' - qp' = 0$$

(2) $a = -2$ のとき，$\ell_2$ の方程式は

$$-2x - y = 0 \text{ すなわち } 2x + y = 0$$

であり，$\ell$ 上の点は $\ell_1$, $\ell_2$ から等距離にあるから，$\ell$ 上の点を $(X, Y)$ とすると

$$\frac{|4X + 3Y - 56|}{\sqrt{4^2 + 3^2}} = \frac{|2X + Y|}{\sqrt{2^2 + 1^2}}$$

すなわち

$$\frac{|4X + 3Y - 56|}{5} = \frac{|2X + Y|}{\sqrt{5}}$$

を満たす。

◀点 $(X, Y)$ と
直線 $px + qy + r = 0$ の距離は
$$\frac{|pX + qY + r|}{\sqrt{p^2 + q^2}}$$

点 $(X, Y)$ は右の図の斜線部で表された領域（境界線を含む）に存在し，この領域を不等式で表すと

$$\boldsymbol{\lceil 4x + 3y - 56 \geqq 0 \text{ かつ } 2x + y \leqq 0 \rfloor}$$

または

$$\boldsymbol{\lceil 4x + 3y - 56 \leqq 0 \text{ かつ } 2x + y \geqq 0 \rfloor}$$

となる。  ⇨ ①, ②

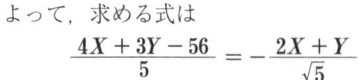

◀$\ell_1$ の上側かつ $\ell_2$ の下側。

◀$\ell_1$ の下側かつ $\ell_2$ の上側。

よって，求める式は

$$\frac{4X + 3Y - 56}{5} = -\frac{2X + Y}{\sqrt{5}} \qquad ⇨ ③$$

◀$4X + 3Y - 56 \geqq 0$ のとき
$\quad 2X + Y \leqq 0$
$4X + 3Y - 56 \leqq 0$ のとき
$\quad 2X + Y \geqq 0$

(3) (2)の考察より，$\ell'$ は

$$\boldsymbol{\lceil 4x + 3y - 56 \geqq 0 \text{ かつ } ax - y \geqq 0 \rfloor}$$

$$\boldsymbol{\text{または} \lceil 4x + 3y - 56 \leqq 0 \text{ かつ } ax - y \leqq 0 \rfloor}$$

 ········································· (*)

において，$\ell_1$, $\ell_2$ から等距離にある点の集合からなる直線である。

$a < -\frac{4}{3}$ のとき，$\ell_1$, $\ell_2$ は第2象限で交点をもち，条件 (*) を満たす点の集合は図1の斜線部分であるので，$\ell'$ は $\angle\text{OAB}$ の二等分線である。 ⇨ ⓪

$-\frac{4}{3} < a < 0$ のとき，$\ell_1$, $\ell_2$ は第4象限で交点をもち，条件 (*) を満たす点の集合は図2の斜線部分であるので，$\ell'$ は $\angle\text{OAB}$ の二等分線である。 ⇨ ⓪

◀以下，$\ell_2$ が原点 O を通る傾き $a$ の直線であることに着目して，座標平面上で $\ell_2$ を動かしながら $\ell_1$ との位置関係を調べる。

$a = 0$ のとき，$\ell_2$ は直線 $y = 0$（$x$軸）を表すので，点 A, B が一致し，条件 (*) を満たす点の集合は図3の斜線部分であるので，$\ell'$ は $\angle\text{OBC}$ の二等分線である。 ⇨ ②

$a > 0$ のとき，$\ell_1$, $\ell_2$ は第1象限で交点をもち，条件 (*) を満たす点の集合は図4の斜線部分であるので，$\ell'$ は $\triangle\text{OAB}$ における $\angle\text{OAB}$ の外角の二等分線である。 ⇨ ①

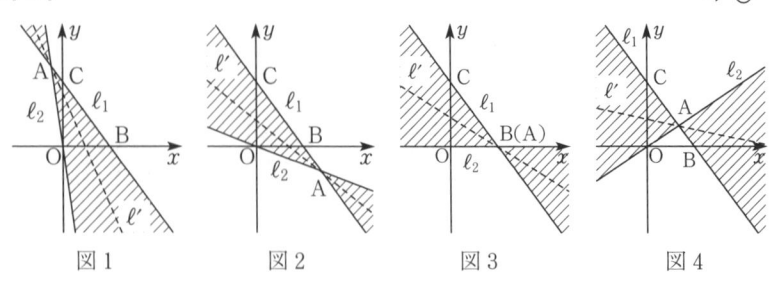

図1　　　　　図2　　　　　図3　　　　　図4

# 第2問

(1) $xy = 1024$ において，2 を底とする両辺の対数をとると

$$\log_2 xy = \log_2 2^{10}$$

$$\boldsymbol{\log_2 x + \log_2 y = 10}$$

また，底の変換公式により

$$\boldsymbol{\log_x y = \frac{\log_2 y}{\log_2 x}} \qquad \Rightarrow ①$$

(2) 太郎さんの方針について，$t = \log_2 x$ とおくと

$$\log_x y = \frac{\log_2 y}{\log_2 x} = \frac{10 - \log_2 x}{\log_2 x} = \frac{10 - t}{t}$$

$$= -1 + \frac{10}{t}$$

◀ $\log_2 x + \log_2 y = 10$ より。

$x \geqq 2$，$y \geqq 2$ より

$$\log_2 x \geqq 1, \quad \log_2 y \geqq 1$$

であり，$\log_2 x + \log_2 y = 10$ であるから

$$1 \leqq \log_2 x \leqq 9$$

$$1 \leqq t \leqq 9$$

$u = -1 + \dfrac{10}{t}$ のグラフは $u = \dfrac{10}{t}$ のグラフを $u$ 軸方向に $-1$ だけ平行移動したグラフであり

$$f(1) = -1 + \frac{10}{1} = 9$$

$$f(9) = -1 + \frac{10}{9} = \frac{1}{9}$$

であるから，$u = f(t)$ のグラフとして最も適当なものは ⓪ である。 $\Rightarrow$ ⓪

◀ $1 \leqq t \leqq 9$ における $u = f(t)$ のグラフは次の図のようになる。

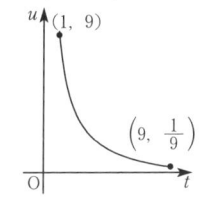

花子さんの方針について

$$\log_x y = \frac{\log_2 y}{\log_2 x} = \frac{Y}{X} = k$$

より

$$\boldsymbol{Y = kX} \qquad \Rightarrow ⓪$$

$x \geqq 2$，$y \geqq 2$ より

$$X = \log_2 x \geqq 1, \quad Y = \log_2 y \geqq 1$$

であり，$\log_2 x + \log_2 y = 10$ より

$$X + Y = 10 \quad すなわち \quad Y = -X + 10$$

であるから，$X$，$Y$ の存在範囲として最も適当なものは ① である。 $\Rightarrow$ ①

(3) 太郎さんの方針では

$$f(9) \leqq f(t) \leqq f(1)$$

$$\frac{1}{9} \leqq \log_x y \leqq 9$$

花子さんの方針では，直線 $Y = kX$ と(2)で求めた線分が共有点をもつときの $k$ の値の範囲から，右の図より

$$\frac{1}{9} \leqq \log_x y \leqq 9$$

である。

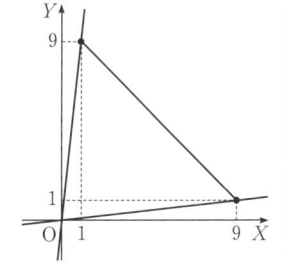

◀ $k$ は直線 $Y = kX$ の傾きを表す。
直線が点 $(9, 1)$ を通るとき $k = \dfrac{1}{9}$，点 $(1, 9)$ を通るとき $k = 9$ である。

# 第3問

(1) $C_1 : y = x^2 + 4x$ より
$$y' = 2x + 4$$
であるから，O における $C_1$ の接線の方程式は
$$y = 4x$$
よって，O における $C_1$ の接線の傾きは
$$\mathbf{4}$$

$C_2 : y = x^2 - 2x$ より
$$y' = 2x - 2$$
であるから，O における $C_2$ の接線の方程式は
$$y = -2x$$
よって，O における $C_2$ の接線の傾きは
$$\mathbf{-2}$$
である。

◀ $x = 0$ のとき
　$y' = 2 \cdot 0 + 4 = 4$

◀ $x = 0$ のとき
　$y' = 2 \cdot 0 - 2 = -2$

　$m = 4$ のとき，$\ell$ と $C_1$ は O で接し，$\ell$ と $C_2$ は O とそれ以外の 1 点で交わるので，$n = 2$ である。

　$m = -2$ のとき，$\ell$ と $C_1$ は O とそれ以外の 1 点で交わり，$\ell$ と $C_2$ は O で接するので，$n = 2$ である。

　よって，$m = 4$ または $m = -2$ のとき
$$\mathbf{n = 2}$$

◀以下，$\ell$ が原点 O を通る傾き $m$ の直線であることに着目して，座標平面上で $\ell$ を動かしながら，$C_1$，$C_2$ との共有点について調べる。

　$m > 4$ のとき，$\ell$ と $C_1$ は O と $x$ 座標が正である点 P の 2 点で交わり，$\ell$ と $C_2$ は O と $x$ 座標が正である点 Q の 2 点で交わる。そして，2 点 P, Q は異なるので，$n = 3$ である。

　$m < -2$ のとき，$\ell$ と $C_1$ は O と $x$ 座標が負である点 P′ の 2 点で交わり，$\ell$ と $C_2$ は O と $x$ 座標が負である点 Q′ の 2 点で交わる。そして，2 点 P′, Q′ は異なるので，$n = 3$ である。

　よって，$m > 4$ または $m < -2$ のとき
$$\mathbf{n = 3}$$

　$-2 < m < 4$ のとき，$\ell$ と $C_1$ は O と $x$ 座標が負である点 P″ の 2 点で交わり，$\ell$ と $C_2$ は O と $x$ 座標が正である点 Q″ の 2 点で交わる。そして，2 点 P″, Q″ は異なるので
$$\mathbf{n = 3}$$
である。

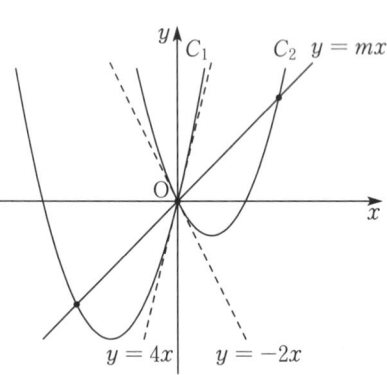

(2) $-2 < m < 4$ のとき，$C_1$ と $\ell$ の交点の $x$ 座標は
$$x^2 + 4x = mx$$
$$x^2 - (m-4)x = 0$$
$$x\{x - (m-4)\} = 0$$
より 0 と $m-4$ であり，$m-4 < 0$ であるから

◀　$-6 < m - 4 < 0$

$$S_1 = \int_{m-4}^{0} \{mx - (x^2 + 4x)\}\,dx$$
$$= -\int_{m-4}^{0} x\{x - (m-4)\}\,dx$$

$$= \frac{\{0-(m-4)\}^3}{6}$$

$$= -\frac{(m-4)^3}{6} \qquad \Rightarrow \text{⑤}$$

◀ $\int_\alpha^\beta (x-\alpha)(x-\beta)\,dx$
$= -\dfrac{(\beta-\alpha)^3}{6}$

$C_2$ と $\ell$ の交点の $x$ 座標は

$$x^2 - 2x = mx$$
$$x^2 - (m+2)x = 0$$
$$x\{x-(m+2)\} = 0$$

より $0$ と $m+2$ であり，$0 < m+2$ であるから

◀ $0 < m+2 < 6$

$$S_2$$
$$= \int_0^{m+2} \{mx - (x^2 - 2x)\}\,dx$$
$$= -\int_0^{m+2} x\{x-(m+2)\}\,dx$$
$$= \frac{\{(m+2)-0\}^3}{6}$$
$$= \frac{(m+2)^3}{6} \qquad \Rightarrow \text{⓪}$$

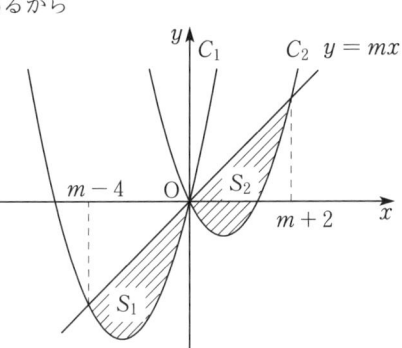

である。

よって，$S_1 = S_2$ となるのは

$$-\frac{(m-4)^3}{6} = \frac{(m+2)^3}{6}$$
$$-(m-4) = m+2$$
$$m = 1$$

のときであり

$$S_1 + S_2 = -\frac{(m-4)^3}{6} + \frac{(m+2)^3}{6}$$
$$= \frac{1}{6}\{(-m^3 + 12m^2 - 48m + 64) + (m^3 + 6m^2 + 12m + 8)\}$$
$$= 3m^2 - 6m + 12$$
$$= 3(m-1)^2 + 9$$

であるから，$S_1 + S_2$ が最小になるのは

$$m = 1$$

のときである。

また，$m = 0$ のとき

$$S_1 = -\frac{(0-4)^3}{6} = \frac{4^3}{6}$$

であるから，$S_2$ が，$m = 0$ のときの $S_1$ と等しくなるのは

$$m + 2 = 4$$
$$m = 2$$

◀ $\dfrac{(m+2)^3}{6} = \dfrac{4^3}{6}$
より。

のときであり，$m = k$ のとき

$$S_1 = -\frac{(k-4)^3}{6} = \frac{(4-k)^3}{6}$$

であるから，$S_2$ が，$m = k$ のときの $S_1$ と等しくなるのは

$$m + 2 = 4 - k$$
$$m = -k + 2$$

◀ $\dfrac{(m+2)^3}{6} = \dfrac{(4-k)^3}{6}$
より。

のときである。

# 第4問

(1)(i)　その週に視聴した人のうち，次の週も視聴する人は 90 ％であり，新たに 4 万人が番組を視聴するので，$a_{n+1}$ を $a_n$ で表すと

$$a_{n+1} = \frac{9}{10} a_n + 4 \quad (n = 1, \ 2, \ 3, \ \cdots) \quad \cdots\cdots\cdots\cdots\cdots ①$$

(ii)　①は

$$a_{n+1} - 40 = \frac{9}{10}(a_n - 40)$$

と変形できるから，数列 $\{a_n - 40\}$ は公比 $\frac{9}{10}$ の等比数列である。よって，$a_1 = 100$ より

◀ 方程式 $x = \frac{9}{10} x + 4$ を解くと $x = 40$ である。

$$a_n - 40 = \left(\frac{9}{10}\right)^{n-1}(100 - 40)$$

$$a_n = 40 + 60 \cdot \left(\frac{9}{10}\right)^{n-1} \quad \cdots\cdots\cdots\cdots\cdots ②$$

(iii)　$a_n < 80$ となるとき，②より

$$40 + 60 \cdot \left(\frac{9}{10}\right)^{n-1} < 80$$

ゆえに

$$\left(\frac{9}{10}\right)^{n-1} < \frac{40}{60} = \frac{2}{3} = 0.66\cdots$$

ここで

$$\left(\frac{9}{10}\right)^3 = \frac{729}{1000}, \ \left(\frac{9}{10}\right)^4 = \frac{6561}{10000}$$

であり，$n$ が大きくなるのに従って $\left(\frac{9}{10}\right)^{n-1}$ は小さくなるので，$a_n < 80$ を満たす $n$ は

$$n - 1 \geqq 4 \ \text{すなわち} \ n \geqq 5$$

よって，**第 5 週目** の放送後，番組の打ち切りが決定する。

◀ $\left(\frac{9}{10}\right)^4 < \frac{2}{3} < \left(\frac{9}{10}\right)^3$ より。

(2)　(1)と同様にして，$a_{n+1}$ を $a_n$ で表すと

$$a_{n+1} = \frac{9}{10} a_n + t \quad (n = 1, \ 2, \ 3, \ \cdots)$$

となる。これは

$$a_{n+1} - 10t = \frac{9}{10}(a_n - 10t)$$

と変形できるから，数列 $\{a_n - 10t\}$ は公比 $\frac{9}{10}$ の等比数列である。よって，$a_1 = s$ より

◀ 方程式 $x = \frac{9}{10} x + t$ を解くと $x = 10t$ である。

$$a_n - 10t = \left(\frac{9}{10}\right)^{n-1}(s - 10t)$$

$$a_n = 10t + \left(\frac{9}{10}\right)^{n-1}(s - 10t) \quad \cdots\cdots\cdots\cdots\cdots ③$$

これより

$$a_{n+1} = 10t + \left(\frac{9}{10}\right)^{n}(s - 10t) \quad \cdots\cdots\cdots\cdots\cdots ④$$

であるから，④ － ③ より

$$a_{n+1} - a_n = -\frac{1}{10} \cdot \left(\frac{9}{10}\right)^{n-1}(s - 10t)$$

視聴者数が毎週増え続けるとき，$a_{n+1} - a_n > 0$ であるから，これが成り立つのは

$$s - 10t < 0 \ \text{すなわち} \ t > \frac{s}{10} \qquad\qquad ⇨ ⓪$$

のときである。

◀ $\left(\frac{9}{10}\right)^{n-1} > 0$

(3)　それぞれの $s, \ t$ の値について，$a_n < 80$ を満たす $n$ が存在するかを調べる。

$s = 100$, $t = 8$ のとき, ③ より
$$a_n = 80 + 20 \cdot \left(\frac{9}{10}\right)^{n-1}$$

$20 \cdot \left(\frac{9}{10}\right)^{n-1} > 0$ より, つねに $a_n > 80$ が成り立つので, **何回放送しても視聴者数は 80 万人より少なくならず, 番組は存続する。**　　　　▷ ②

$s = 90$, $t = 12$ のとき
$$t > \frac{s}{10}$$

となる。$a_1 = s = 90$ $(> 80)$ であり, (2)より視聴者数は毎週増え続け, つねに $a_n > 80$ が成り立つので, **何回放送しても視聴者数は 80 万人より少なくならず, 番組は存続する。**　　　　▷ ②

$s = 80$, $t = 5$ のとき, ③ より
$$a_n = 50 + 30 \cdot \left(\frac{9}{10}\right)^{n-1}$$

$a_n < 80$ とするとき
$$50 + 30 \cdot \left(\frac{9}{10}\right)^{n-1} < 80$$
$$\left(\frac{9}{10}\right)^{n-1} < 1$$

$n \geqq 2$ のとき, これは成り立つので, **第 2 週目の放送後, 番組の打ち切りが決定する。**　　　　▷ ⓪

# 第5問

(1)(i)　$X_1$ は二項分布 $B\left(4, \dfrac{1}{4}\right)$ に従うから, $k = 0, 1, 2, 3, 4$ に対して
$$P(X_1 = k) = {}_4\mathrm{C}_k \left(\frac{1}{4}\right)^k \left(\frac{3}{4}\right)^{4-k}$$
よって
$$\boldsymbol{P(X_1 = 3)} = {}_4\mathrm{C}_3 \left(\frac{1}{4}\right)^3 \left(\frac{3}{4}\right)^1 = \frac{12}{256} = \boldsymbol{\frac{3}{64}}$$
次に, $\dfrac{31}{32} = \dfrac{248}{256}$ であり
$$P(X_1 = 4) = {}_4\mathrm{C}_4 \left(\frac{1}{4}\right)^4 \left(\frac{3}{4}\right)^0 = \frac{1}{256}$$
$$P(X_1 = 3) = \frac{12}{256}$$
であるから
$$\begin{aligned} P(0 \leqq X_1 \leqq 3) &= 1 - P(X_1 = 4) \\ &= 1 - \frac{1}{256} = \frac{255}{256} \end{aligned}$$
◀ $\dfrac{255}{256} > \dfrac{248}{256} \left(= \dfrac{31}{32}\right)$
$$\begin{aligned} P(0 \leqq X_1 \leqq 2) &= 1 - P(3 \leqq X_1 \leqq 4) \\ &= 1 - \left(\frac{12}{256} + \frac{1}{256}\right) = \frac{243}{256} \end{aligned}$$
◀ $\dfrac{243}{256} < \dfrac{248}{256} \left(= \dfrac{31}{32}\right)$
よって, 求める最小の整数 $k$ は
$$\boldsymbol{k = 3}$$
である。

(ii)　二項分布 $B\left(4, \dfrac{1}{4}\right)$ に従う確率変数 $X_1$ の平均（期待値）は
$$4 \cdot \frac{1}{4} = 1$$
分散は

◀二項分布 $B(n, p)$ に従う確率変数 $X$ について
$$E(X) = np,$$
$$V(X) = np(1 - p)$$
である。

$$4 \cdot \frac{1}{4} \cdot \frac{3}{4} = \frac{3}{4}$$

(2)(i)　$f(1) = p$ とおくと，$y = f(x)$ のグラフは右の図のようになる。

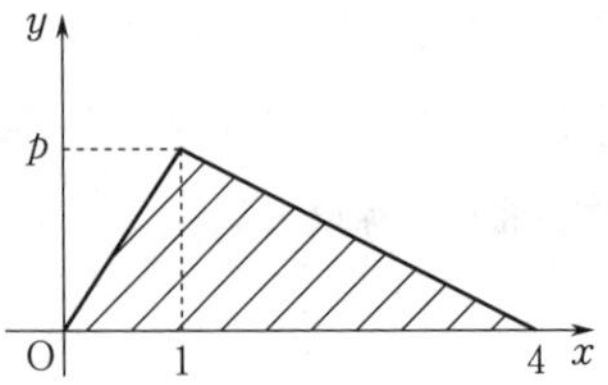

　　全事象の確率は 1 であるから，図の斜線部分の面積は 1 である。よって

$$\frac{1}{2} \cdot 4 \cdot p = 1$$

より

$$p = \frac{1}{2}$$

したがって，$0 \leqq x \leqq 1$ のとき

$$f(x) = \frac{1}{2} x$$

$1 \leqq x \leqq 4$ のとき

$$f(x) = \frac{-\dfrac{1}{2}}{3}(x-4) = -\frac{1}{6}(x-4)$$

◀底辺 4，高さ $p$ の三角形とみて，面積を考える。

◀点 $(4,\ 0)$ を通る傾き $-\dfrac{1}{6}$ の直線を表す式になる。

(ii)　$0 \leqq k \leqq 1$ とすると

$$P(0 \leqq X_2 \leqq 1) = \int_0^1 f(x)\,dx = \frac{1}{2} \cdot 1 \cdot p = \frac{1}{4}$$

より

$$P(0 \leqq X_2 \leqq k) \leqq \frac{1}{4} < \frac{31}{32}$$

であるから，$1 \leqq k \leqq 4$ のときを考えて

$$\begin{aligned}
P(0 \leqq X_2 \leqq k) &= 1 - P(k \leqq X_2 \leqq 4) \\
&= 1 - \frac{1}{2}(4-k) \cdot \left\{ -\frac{1}{6}(k-4) \right\} \\
&= 1 - \frac{1}{12}(4-k)^2
\end{aligned}$$

より

$$1 - \frac{1}{12}(4-k)^2 \geqq \frac{31}{32}$$

$$(4-k)^2 \leqq \frac{3}{8}$$

$$-\sqrt{\frac{3}{8}} \leqq 4 - k \leqq \sqrt{\frac{3}{8}}$$

$$4 - \frac{\sqrt{6}}{4} \leqq k \leqq 4 + \frac{\sqrt{6}}{4}$$

$$\frac{16 - \sqrt{6}}{4} \leqq k \leqq \frac{16 + \sqrt{6}}{4}$$

◀全体から，底辺 $4-k$，高さ $-\dfrac{1}{6}(k-4)$ の三角形の面積を除いている。

これと $1 \leqq k \leqq 4$ より，$P(0 \leqq X_2 \leqq k) \geqq \dfrac{31}{32}$ を満たす $k$ の値の範囲は

$$\frac{16 - \sqrt{6}}{4} \leqq k \leqq 4$$

(iii)　$X_2$ の平均（期待値）は

$$\begin{aligned}
\int_0^4 x f(x)\,dx &= \int_0^1 \frac{1}{2} x^2\,dx + \int_1^4 \left\{ -\frac{1}{6} x(x-4) \right\}\,dx \\
&= \frac{1}{2} \int_0^1 x^2\,dx - \frac{1}{6} \int_1^4 (x^2 - 4x)\,dx \\
&= \frac{1}{2} \left[ \frac{1}{3} x^3 \right]_0^1 - \frac{1}{6} \left[ \frac{1}{3} x^3 - 2x^2 \right]_1^4 \\
&= \frac{1}{2} \left( \frac{1}{3} - 0 \right) - \frac{1}{6} \left\{ \left( \frac{64}{3} - 32 \right) - \left( \frac{1}{3} - 2 \right) \right\} \\
&= \frac{5}{3}
\end{aligned}$$

# 第6問

(1)(i)　A$(1, -2, 0)$, B$(1, 0, -1)$, C$(0, -3, -4)$ より

$$\overrightarrow{OA} = (1, -2, 0), \quad \overrightarrow{OB} = (1, 0, -1), \quad \overrightarrow{OC} = (0, -3, -4)$$

であるから

$$\overrightarrow{CH} = \overrightarrow{OH} - \overrightarrow{OC} = s\overrightarrow{OA} + t\overrightarrow{OB} - \overrightarrow{OC}$$

$$\boldsymbol{= (s+t, \ -2s+3, \ -t+4)} \qquad \cdots\cdots\cdots\cdots\cdots\cdots ③$$

$\overrightarrow{CH} \perp \overrightarrow{OA}$ より，$\overrightarrow{CH} \cdot \overrightarrow{OA} = 0$ が成り立つから

$$s + t - 2(-2s+3) = 0$$

◀ $(s+t)\cdot 1 + (-2s+3)\cdot(-2)$ $+ (-t+4)\cdot 0 = 0$

ゆえに

$$\boldsymbol{5s + t = 6} \qquad \cdots\cdots\cdots\cdots\cdots\cdots\cdots\cdots ①$$

同様に，$\overrightarrow{CH} \perp \overrightarrow{OB}$ より，$\overrightarrow{CH} \cdot \overrightarrow{OB} = 0$ が成り立つから

$$s + t - (-t+4) = 0$$

◀ $(s+t)\cdot 1 + (-2s+3)\cdot 0$ $(-t+4)\cdot(-1) = 0$

ゆえに

$$\boldsymbol{s + 2t = 4} \qquad \cdots\cdots\cdots\cdots\cdots\cdots\cdots\cdots ②$$

①，②より

$$\boldsymbol{s = \frac{8}{9}, \quad t = \frac{14}{9}}$$

よって，③に代入すると

$$\overrightarrow{CH} = \frac{11}{9}(2, \ 1, \ 2)$$

◀ $\overrightarrow{CH}$ $= \left( \dfrac{8}{9} + \dfrac{14}{9}, \ -\dfrac{16}{9} + 3, \right.$ $\left. -\dfrac{14}{9} + 4 \right)$

であり，三角形 OAB を底面とみたときの四面体 OABC の高さは $\left|\overrightarrow{CH}\right|$ であるから

$$\left|\overrightarrow{CH}\right| = \frac{11}{9}\sqrt{2^2 + 1^2 + 2^2} = \boldsymbol{\frac{11}{3}}$$

(ii)　$\overrightarrow{n} = (a, \ b, \ c)$ とおく。$\overrightarrow{n}$ は $\overrightarrow{OA}$ と $\overrightarrow{OB}$ の両方に垂直であるから

$$\overrightarrow{n} \cdot \overrightarrow{OA} = 0, \quad \overrightarrow{n} \cdot \overrightarrow{OB} = 0$$

ゆえに

$$a - 2b = 0, \quad a - c = 0$$

◀ $a\cdot 1 + b\cdot(-2) + c\cdot 0 = 0$ $a\cdot 1 + b\cdot 0 + c\cdot(-1) = 0$

を満たす。よって，$b = \dfrac{a}{2}$，$c = a$ より

$$\overrightarrow{n} = \left( a, \ \frac{a}{2}, \ a \right)$$

と表すことができ，$\overrightarrow{n}$ の大きさは $\left|\overrightarrow{OC}\right|$ と等しいから

$$\left|\overrightarrow{n}\right|^2 = \left|\overrightarrow{OC}\right|^2$$

$$a^2 + \left(\frac{a}{2}\right)^2 + a^2 = (-3)^2 + (-4)^2$$

◀ $\overrightarrow{OC} = (0, \ -3, \ -4)$

$$a^2 = \frac{100}{9}$$

$\overrightarrow{n}$ の $x$ 成分は正より

$$a = \frac{10}{3}$$

であるから

$$\overrightarrow{n} = \frac{5}{3}(2, \ 1, \ 2)$$

したがって

$$\overrightarrow{OC} \cdot \overrightarrow{n} = \frac{5}{3}\{(-3)\cdot 1 - 4\cdot 2\} = -\frac{55}{3} \qquad \cdots\cdots\cdots ④$$

ゆえに

$$\boldsymbol{\overrightarrow{OC} \cdot \overrightarrow{n} < 0} \qquad\qquad\qquad \Rightarrow \boldsymbol{⓪}$$

であるから，$\overrightarrow{OC}$ と $\overrightarrow{n}$ のなす角を $\theta\,(0° \leqq \theta \leqq 180°)$ とおくと

$$\cos\theta = \frac{\overrightarrow{OC}\cdot\overrightarrow{n}}{|\overrightarrow{OC}||\overrightarrow{n}|} < 0$$

を満たす。

　よって，三角形 OAB を底面とみたとき
の四面体 OABC の高さは，$\overrightarrow{OC}\cdot\overrightarrow{n} < 0$ よ
り $\theta > 90°$ に注意して

$$|\overrightarrow{OC}|\cos(180° - \theta)$$
$$= -|\overrightarrow{OC}|\cos\theta$$
$$= -\frac{\overrightarrow{OC}\cdot\overrightarrow{n}}{|\overrightarrow{n}|}$$
$$= -\frac{\overrightarrow{OC}\cdot\overrightarrow{n}}{|\overrightarrow{OC}|} \qquad \Rightarrow ⑥$$

と表される。④と $|\overrightarrow{OC}| = 5$ より，高さは

$$-\frac{\overrightarrow{OC}\cdot\overrightarrow{n}}{|\overrightarrow{OC}|} = -\frac{-\dfrac{55}{3}}{5} = \frac{11}{3}$$

(2)　$\overrightarrow{OA} = (1,\ -1,\ 0)$ と $\overrightarrow{OB} = (1,\ 0,\ -1)$ の両方に垂直で，大きさが $|\overrightarrow{OC}|$ と等
しいベクトルのうち，$x$ 成分が正であるものを $\overrightarrow{n'} = (a',\ b',\ c')$ とおく。

$$\overrightarrow{n'}\cdot\overrightarrow{OA} = 0,\quad \overrightarrow{n'}\cdot\overrightarrow{OB} = 0$$

より

$$a' - b' = 0,\quad a' - c' = 0$$

を満たす。よって

$$\overrightarrow{n'} = (a',\ a',\ a')$$

◀ $b' = a',\ c' = a'$ より。

と表すことができ，大きさが $|\overrightarrow{OC}|$ と等しいから

$$|\overrightarrow{n'}|^2 = |\overrightarrow{OC}|^2$$
$$a'^2 + a'^2 + a'^2 = 2^2 + 1^2 + (-2)^2$$
$$a'^2 = 3$$

$\overrightarrow{n'}$ の $x$ 成分は正より

$$a' = \sqrt{3}$$

であるから

$$\overrightarrow{n'} = \sqrt{3}(1,\ 1,\ 1)$$

である。これより

$$\overrightarrow{OC}\cdot\overrightarrow{n'} = \sqrt{3}\,(2\cdot1 + 1\cdot1 - 2\cdot1) = \sqrt{3}$$

ゆえに，$\overrightarrow{OC}\cdot\overrightarrow{n'} > 0$ であるから，三角形 OAB を底面とみたときの四面体 OABC
の高さは

$$\frac{\overrightarrow{OC}\cdot\overrightarrow{n'}}{|\overrightarrow{OC}|}$$

と表され，これを計算すると

$$\frac{\sqrt{3}}{3}$$

**研究**

(2)を(1)(i)の方針で求めると，次のようになる。
$\overrightarrow{OH} = s\overrightarrow{OA} + t\overrightarrow{OB}$ （$s,\ t$ は実数）より

$$\overrightarrow{CH} = s\overrightarrow{OA} + t\overrightarrow{OB} - \overrightarrow{OC}$$
$$= (s + t - 2,\ -s - 1,\ -t + 2)$$

$\overrightarrow{\mathrm{CH}} \cdot \overrightarrow{\mathrm{OA}} = 0$ が成り立つから
$$s + t - 2 - (-s - 1) = 0$$
$$2s + t = 1$$
同様に，$\overrightarrow{\mathrm{CH}} \cdot \overrightarrow{\mathrm{OB}} = 0$ が成り立つから
$$s + t - 2 - (-t + 2) = 0$$
$$s + 2t = 4$$
よって
$$s = -\frac{2}{3}, \ t = \frac{7}{3}$$
であり
$$\overrightarrow{\mathrm{CH}} = -\frac{1}{3}(1, \ 1, \ 1)$$
であるから，求める高さは
$$\left|\overrightarrow{\mathrm{CH}}\right| = \frac{1}{3}\sqrt{1^2 + 1^2 + 1^2} = \frac{\sqrt{3}}{3}$$

# 第7問

(1) **方針1** について，円 $C$ の方程式に $z = \dfrac{1}{w}$ を代入して
$$\left|\frac{1}{w} - (1 + i)\right| = 1$$
$$|(1 + i)w - 1| = |w|$$
$$\left|(1 + i)\left(w - \frac{1}{1 + i}\right)\right| = |w|$$
と変形でき
$$\sqrt{2}\left|\boldsymbol{w} - \frac{1 - i}{2}\right| = |w| \qquad \qquad \Rightarrow ⑤$$

◀ $|1 + i| = \sqrt{2}$
および
$$\frac{1}{1 + i} = \frac{1 - i}{(1 + i)(1 - i)} = \frac{1 - i}{2}$$

を得る。両辺を 2 乗して
$$2\left(w - \frac{1 - i}{2}\right)\left(\overline{w} - \frac{1 + i}{2}\right) = w\overline{w}$$
$$w\overline{w} - (1 - i)\overline{w} - (1 + i)w + 1 = 0$$
$$\{w - (1 - i)\}\{\overline{w} - (1 + i)\} = 1$$
よって
$$|\boldsymbol{w} - (\boldsymbol{1} - \boldsymbol{i})| = \boldsymbol{1} \qquad \qquad \Rightarrow ③$$
であり，$w$ の描く図形 $F$ はこの式を満たす複素数 $w$ の全体である。

◀ 複素数 $W$ に対して $|W|^2 = W\overline{W}$ が成り立つ。

◀ $\overline{w} - (1 + i) = \overline{w - (1 - i)}$

　**方針2** について，$w = \dfrac{1}{z}$ より
$$|w| = \frac{1}{|z|}, \ \arg w = -\arg z$$
であり，$z = r(\cos\theta + i\sin\theta) \left(r > 0, \ 0 \leqq \theta \leqq \dfrac{\pi}{2}\right)$ とすると
$$w = \frac{1}{r}\{\cos(-\theta) + i\sin(-\theta)\} = \frac{1}{r}(\cos\theta - i\sin\theta)$$
と表せる。点 $z$ は $C$ 上の点なので
$$(r\cos\theta - 1)^2 + (r\sin\theta - 1)^2 = 1$$
$$r^2 - 2(\cos\theta + \sin\theta)r + 1 = 0$$
が成り立つ。これを $r$ について解くと
$$r = \cos\theta + \sin\theta \pm \sqrt{(\cos\theta + \sin\theta)^2 - 1}$$
$$= \cos\theta + \sin\theta \pm \sqrt{2\cos\theta\sin\theta}$$
である。ここで，$w = x + yi$ とすると，$x \neq 0$ のとき，複号同順で
$$x = \frac{\cos\theta}{r} = \frac{\cos\theta}{\cos\theta + \sin\theta \pm \sqrt{2\cos\theta\sin\theta}}$$

◀ 円 $C$ を図示すると，下の図のようになることから，偏角のとり得る値の範囲がわかる。

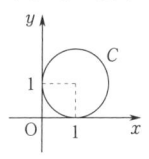

◀ $w$ は絶対値が $\dfrac{1}{r}$，偏角が $-\theta$ の複素数であることに注意。

$$= \frac{1}{1 + \tan\theta \pm \sqrt{2\tan\theta}} \qquad \Rightarrow ②$$

および

$$y = -\frac{\sin\theta}{r} = -\frac{\sin\theta}{\cos\theta + \sin\theta \pm \sqrt{2\cos\theta\sin\theta}}$$

$$= -\frac{\tan\theta}{1 + \tan\theta \pm \sqrt{2\tan\theta}} \qquad \Rightarrow ⑦$$

を得る。$x \neq 0$ のとき

$$\frac{y}{x} = -\tan\theta$$

◀ $x \neq 0$ のとき, $\arg w \neq -\frac{\pi}{2}$ より, $\theta = \arg z \neq \frac{\pi}{2}$ であるから, $\tan\theta$ が定義できる。

であるから，これを $x = \dfrac{1}{1 + \tan\theta \pm \sqrt{2\tan\theta}}$ に代入して

$$x = \frac{1}{1 - \frac{y}{x} \pm \sqrt{-\frac{2y}{x}}}$$

$$x = \frac{x}{x - y \pm \sqrt{-2xy}}$$

$$x - y \pm \sqrt{-2xy} = 1$$

$$\pm\sqrt{-2xy} = 1 - x + y$$

◀ $\frac{y}{x} = -\tan\theta$ と $x$ の式から，パラメータ $\theta$ を消去する。$y$ の式に代入しても同じ結論が得られる。

が得られる。この式の両辺を 2 乗して

$$-2xy = x^2 + y^2 - 2xy - 2x + 2y + 1$$

$$(x-1)^2 + (y+1)^2 = 1$$

である。$x = 0$ のとき，$z, w$ はともに純虚数であり，点 $z$ は円 $C$ 上の点であることから，$z = i, w = -i$ である。

　$w = -i$ すなわち $(x, y) = (0, -1)$ は $(x-1)^2 + (y+1)^2 = 1$ を満たす。

(2)　直線 $\ell_1$ は点 $0$ と点 $2$ の垂直二等分線なので，直線 $\ell_1$ 上の点 $z$ は

$$z + \bar{z} = 2$$

◀ このことに気づくと**方針 1** が使える。

を満たす。**方針 1** に従い，$z = \dfrac{1}{w}$ を代入すると

$$\frac{1}{w} + \frac{1}{\bar{w}} = 2$$

$$w\bar{w} - \frac{1}{2}\bar{w} - \frac{1}{2}w = 0$$

$$\left(w - \frac{1}{2}\right)\left(\bar{w} - \frac{1}{2}\right) = \frac{1}{4}$$

$$\left|w - \frac{1}{2}\right| = \frac{1}{2}$$

◀ $\overline{w} - \frac{1}{2} = \overline{w - \frac{1}{2}}$

となる。ここで，$w \neq 0$ に注意すると，点 $w$ が描く図形 $F_1$ は点 $\dfrac{1}{2}$ を中心とする半径 $\dfrac{1}{2}$ の円（ただし，原点を除く）である。　　$\Rightarrow ②$

**別解**

　**方針 2** に従うと，次のようになる。

　$z = r(\cos\theta + i\sin\theta) \left(r > 0, -\dfrac{\pi}{2} < \theta < \dfrac{\pi}{2}\right)$ とおくと，$z$ は直線 $\ell_1$ 上の点なので，$r\cos\theta = 1$ が成り立つ。このとき，(1)と同様にして

$$w = \frac{1}{r}(\cos\theta - i\sin\theta)$$

◀ 直線 $\ell_1$ は実部が $1$ となる複素数の全体である。

が成り立つ。$\dfrac{1}{r} = \cos\theta$ より

$$w = \cos\theta(\cos\theta - i\sin\theta) = \cos^2\theta - i\sin\theta\cos\theta$$

$$= \frac{1 + \cos 2\theta}{2} - \frac{i}{2}\sin 2\theta$$

◀ $\cos 2\theta = 2\cos^2\theta - 1$  
$\sin 2\theta = 2\sin\theta\cos\theta$

となる。したがって，$w = x + yi$ とおくと
$$x = \frac{1 + \cos 2\theta}{2}, \quad y = -\frac{1}{2}\sin 2\theta$$
である。よって
$$\cos 2\theta = 2x - 1, \quad \sin 2\theta = -2y$$
であるから
$$(2x - 1)^2 + (-2y)^2 = 1$$
$$\left(x - \frac{1}{2}\right)^2 + y^2 = \frac{1}{4}$$
である。ここで，$-\dfrac{\pi}{2} < \theta < \dfrac{\pi}{2}$ より，$-\pi < 2\theta < \pi$ であるから，これは点 $\dfrac{1}{2}$ を中心とする半径 $\dfrac{1}{2}$ の円から原点を除いたものを表す。

$\blacktriangleleft \cos^2 2\theta + \sin^2 2\theta = 1$

$\blacktriangleleft -\pi < 2\theta < \pi$ のとき，
$\cos 2\theta \neq 1$ より
$2x - 1 \neq -1$
ゆえに $x \neq 0$

(3) 円 $C$ と直線 $\ell_1$ の交点は $1$ と $1 + 2i$ である。ここで，直線 $\ell_1$ は円 $C$ の中心を通る直線であるから，点 $1$ および点 $1 + 2i$ における円 $C$ の接線と直線 $\ell_1$ とのなす角 $\alpha_1$ はいずれも $\alpha_1 = \dfrac{\pi}{2}$ である。

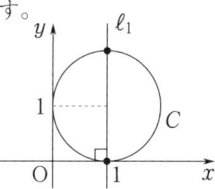

$\blacktriangleleft$ これは図をかけば直ちにわかるだろう。

　また，円 $C$ と直線 $\ell_1$ は，$zw = 1$ によって，それぞれ図形 $F$ と $F_1$ に移される。したがって，円 $C$ と直線 $\ell_1$ の交点もそれぞれ図形 $F$ と $F_1$ に移される。この交点は，円 $C$ 上にも直線 $\ell_1$ 上にもあるので，それぞれ図形 $F$ 上にも $F_1$ 上にもある。つまり，円 $C$ と直線 $\ell_1$ の交点は，図形 $F$ と $F_1$ の交点である。点 $1$ と $1 + 2i$ は，$zw = 1$ によってそれぞれ $1$ と $\dfrac{1 - 2i}{5}$ に移されるので，二つの図形 $F$ と $F_1$ の交点は，$1$ と $\dfrac{1 - 2i}{5}$ である。

$\blacktriangleleft w = \dfrac{1}{z}$ より
$w = \dfrac{1}{1 + 2i}$
$\quad = \dfrac{1 - 2i}{(1 + 2i)(1 - 2i)}$
$\quad = \dfrac{1 - 2i}{5}$

　$F$ と $F_1$ の交点 $1$ について，点 $1$ における $F$ の接線は実軸であり，点 $1$ における $F_1$ の接線は点 $1$ を通り，虚軸に平行な直線である。

$\blacktriangleleft$ 点 $1$ において，垂直に交わることは図形的に明らかといってよいだろう。

　したがって，そのなす角 $\beta_1$ は $\dfrac{\pi}{2}$ である。

　二つの図形 $F$，$F_1$ はこの二つの円の中心を結んで得られる直線に関して線対称であるから，点 $\dfrac{1 - 2i}{5}$ における $F$ の接線と $F_1$ の接線のなす角は $\beta_1 = \dfrac{\pi}{2}$ である。すなわち，$\boldsymbol{\alpha_1 = \beta_1}$ である。　　　　　$\Rightarrow$ ①

$\blacktriangleleft$ 円はその円の直径に対して線対称である。

**研究**

原点 $\mathrm{O}$ と，$\mathrm{O}$ と異なる点 $\mathrm{P}$ に対し，半直線 $\mathrm{OP}$ 上の点 $\mathrm{Q}$ が
$$\mathrm{OP} \cdot \mathrm{OQ} = r^2 \ (r \text{ は正の実数})$$
という関係を満たすとき，点 $\mathrm{P}$ を点 $\mathrm{Q}$ に移す変換を「反転」という。

　本問の $zw = 1$ による図形の変換は反転か？ というとそうではない。なぜなら，(1)の**方針2**の計算のとおり
$$\arg w = -\arg z$$
という関係があるので，本問の図形の変換は
　　　$r = 1$ による反転によって得られた図形を
　　　さらに実軸に関して対称移動する
というものである。しかし，対称移動は図形の性質を大きく変えることはないので，反転による変換とほとんど同じ現象が確認できる。

# 模試 第5回
# 解　答

| 問題番号（配点） | 解 答 記 号 | 正 解 | 配点 | 自己採点 |
|---|---|---|---|---|
| **第1問**<br>(15) | $\sin y + \sqrt{\boxed{ア}}\cos y = \boxed{イウ}$ | $\sin y + \sqrt{3}\cos y = -2$ | 3 | |
| | $\sin\left(y + \dfrac{\pi}{\boxed{エ}}\right) = \boxed{オカ}$ | $\sin\left(y + \dfrac{\pi}{3}\right) = -1$ | 2 | |
| | $y = \dfrac{\boxed{キ}}{\boxed{ク}}\pi$ | $y = \dfrac{7}{6}\pi$ | 3 | |
| | $x = \dfrac{\boxed{ケ}}{\boxed{コ}}\pi,\ \dfrac{\boxed{サ}}{\boxed{シ}}\pi$ | $x = \dfrac{2}{3}\pi,\ \dfrac{4}{3}\pi^{※}$ | 各2 | |
| | $(x,\ y) = \left(\dfrac{\boxed{ス}}{\boxed{セ}}\pi,\ \dfrac{\boxed{キ}}{\boxed{ク}}\pi\right)$ | $(x,\ y) = \left(\dfrac{2}{3}\pi,\ \dfrac{7}{6}\pi\right)$ | 3 | |
| **第2問**<br>(15) | $\boxed{ア}$ | ② | 2 | |
| | $\boxed{イ}$ | ② | 2 | |
| | $r^{\boxed{ウエ}} = 2$ | $r^{12} = 2$ | 2 | |
| | $\boxed{オ}.\boxed{カキ} \leqq r < \boxed{オ}.\boxed{カキ} + 0.01$ | $1.05 \leqq r < 1.05 + 0.01$ | 3 | |
| | $\boxed{ク}$ | ④ | 3 | |
| | $\boxed{ケ}$ | ① | 3 | |
| **第3問**<br>(22) | $x^3 + \left(a + \boxed{ア}\right)x^2 + \left(\boxed{イ}a + b\right)x + b + c$ | $x^3 + (a+3)x^2 + (2a+b)x + b + c$ | 3 | |
| | $\boxed{ウ}x^2 + \left(\boxed{エ}a + \boxed{オ}\right)x + \boxed{カ}a + b$ | $3x^2 + (2a+6)x + 2a + b$ | 2 | |
| | $\boxed{キ}x^2 + \boxed{ク}ax + b$ | $3x^2 + 2ax + b$ | 1 | |
| | $\boxed{ケ}x^2 + \boxed{コ}ax + b$ | $3x^2 + 2ax + b$ | 1 | |
| | $\boxed{サ},\ \boxed{シ}$ | ②, ⓪ | 各2 | |
| | $\boxed{ス}$ | ② | 2 | |
| | $\boxed{セソ}$ | 32 | 3 | |
| | $\boxed{タ},\ \boxed{チ}$ | ⑥, ② | 各3 | |
| **第4問**<br>(16) | $\boxed{ア},\ \boxed{イ}$ | ①, ② | 各1 | |
| | $b_{n+1} = \boxed{ウ}b_n + d$ | $b_{n+1} = 2b_n + d$ | 2 | |
| | $\boxed{エ},\ \boxed{オ}^{n-1}$ | ②, $2^{n-1}$ | 2 | |
| | $\boxed{カ}$ | ⑤ | 2 | |
| | $\boxed{キ},\ \boxed{ク}$ | 2, ① | 2 | |
| | $\boxed{ケ}$ | 1 | 1 | |
| | $\boxed{コ},\ \boxed{囲},\ \boxed{シ},\ \boxed{ス}$ | 2, ①, 1, 1 | 3 | |
| | $\boxed{セ}$ | ③ | 2 | |

| 問題番号<br>(配点) | | 解 答 記 号 | 正 解 | 配点 | 自己採点 |
|---|---|---|---|---|---|
| 第5問<br>(16) | | $\boxed{ア}$ | ⑤ | 2 | |
| | | $\boxed{イ}$ | ① | 2 | |
| | | $\boxed{ウ}$, $\left(\dfrac{1}{3}\right)^{\boxed{エオ}}$, $\left(1-\dfrac{1}{3}\right)^{\boxed{カキク}}$ | ⑥, $\left(\dfrac{1}{3}\right)^{80}$, $\left(1-\dfrac{1}{3}\right)^{160}$ | 2 | |
| | | $\boxed{ケ}$ | ① | 2 | |
| | | $E(X'')=\boxed{コサ}$ | $E(X'')=60$ | 2 | |
| | | $E(Y'')=\boxed{シスセ}$ | $E(Y'')=100$ | 2 | |
| | | $V(X''+Y'')=\boxed{ソタ}$ | $V(X''+Y'')=13$ | 2 | |
| | | $\boxed{チ}$ | ① | 2 | |
| 第6問<br>(16) | | E$(\boxed{ア}+t,\ \boxed{イ}-t,\ \boxed{ウ})$ | E$(1+t,\ 2-t,\ 1)$ | 2 | |
| | | $u=\boxed{エ}$ | $u=2$ | 2 | |
| | | H$(\boxed{オ}+\boxed{カ}t,\ \boxed{キ}-\boxed{ク}t,\ 0)$ | H$(2+2t,\ 4-2t,\ 0)$ | 2 | |
| | | FG$=\boxed{ケ}\sqrt{\boxed{コ}}$ | FG$=2\sqrt{2}$ | 2 | |
| | | FG$=\sqrt{\boxed{サ}}\left(\boxed{シ}+\dfrac{1}{a-\boxed{ス}}\right)$ | FG$=\sqrt{2}\left(1+\dfrac{1}{a-1}\right)$ | 2 | |
| | | $\overrightarrow{\text{BF}}=\left(\dfrac{1}{a-\boxed{セ}},\ \dfrac{\boxed{ソ}}{a-\boxed{セ}},\ 0\right)$ | $\overrightarrow{\text{BF}}=\left(\dfrac{1}{a-1},\ \dfrac{2}{a-1},\ 0\right)$ | 3 | |
| | | $\boxed{タ}$ | ③ | 3 | |
| 第7問<br>(16) | | $\boxed{ア}$, $\boxed{イ}$ | ②, ⑦ | 2 | |
| | | $\boxed{ウ}$ | ⑥ | 2 | |
| | | $\boxed{エ}$ | ③ | 2 | |
| | | $\boxed{オ}$ | ⓪ | 1 | |
| | | $\boxed{カ}$ | ① | 1 | |
| | | $\left(x-\boxed{キ}\right)^2+\boxed{ク}y^2=\boxed{ケ}$ | $(x-3)^2+2y^2=8$ | 2 | |
| | | $\boxed{コ}$ | ② | 2 | |
| | | $\left(x+\boxed{サ}\right)^2-y^2=\boxed{シ}$ | $(x+3)^2-y^2=8$ | 2 | |
| | | $\boxed{ス}$ | ② | 2 | |

(注) 第1問, 第2問, 第3問は必答。第4問〜第7問のうちから3問選択。計6問を解答。

　なお, 上記以外のものについても得点を与えることがある。正解欄に※があるものは, 解答の順序は問わない。

| 第1問<br>小計 | | 第2問<br>小計 | | 第3問<br>小計 | | 第4問<br>小計 | | 第5問<br>小計 | | 第6問<br>小計 | | 第7問<br>小計 | | | 合計点 | |
|---|---|---|---|---|---|---|---|---|---|---|---|---|---|---|---|---|
| | | | | | | | | | | | | | | | | /100 |

# 第1問

(1)　③を整理すると

$$\cos^2 x + \sin^2 x = (-1-\sin y)^2 + (\sqrt{3}+\cos y)^2$$

$$1 = (\sin^2 y + 2\sin y + 1) + (\cos^2 y + 2\sqrt{3}\cos y + 3)$$

$$2\sin y + 2\sqrt{3}\cos y = -4$$

より

$$\boldsymbol{\sin y + \sqrt{3}\cos y = -2} \quad \cdots\cdots\cdots ④$$

であり，④をさらに整理すると

$$2\sin\left(y + \frac{\pi}{3}\right) = -2$$

より

$$\boldsymbol{\sin\left(y + \frac{\pi}{3}\right) = -1}$$

であるから，④を満たす $y$ は

$$\boldsymbol{y = \frac{7}{6}\pi}$$

$y = \dfrac{7}{6}\pi$ を①に代入すると

$$\cos x = -1 - \sin\frac{7}{6}\pi$$

より

$$\cos x = -\frac{1}{2}$$

であるから

$$\boldsymbol{x = \frac{2}{3}\pi,\ \frac{4}{3}\pi}$$

よって，①，②を同時に満たす $x,\ y$ の値の組は

$$(x,\ y) = \left(\frac{2}{3}\pi,\ \frac{7}{6}\pi\right),\ \left(\frac{4}{3}\pi,\ \frac{7}{6}\pi\right)$$

の2組に絞られる。

(2)　$y = \dfrac{7}{6}\pi$ を②に代入すると

$$\sin x = \sqrt{3} + \cos\frac{7}{6}\pi$$

より

$$\sin x = \frac{\sqrt{3}}{2}$$

であるから

$$x = \frac{\pi}{3},\ \frac{2}{3}\pi$$

よって，①，②を同時に満たす $x,\ y$ の値の組は

$$\boldsymbol{(x,\ y) = \left(\frac{2}{3}\pi,\ \frac{7}{6}\pi\right)}$$

◀三角関数の合成
$$\sin y + \sqrt{3}\cos y$$
$$= 2\left(\frac{1}{2}\sin y + \frac{\sqrt{3}}{2}\cos y\right)$$
$$= 2\left(\sin y\cos\frac{\pi}{3} + \cos y\sin\frac{\pi}{3}\right)$$
$$= 2\sin\left(y + \frac{\pi}{3}\right)$$

◀$0 \le y < 2\pi$ より
$$\frac{\pi}{3} \le y + \frac{\pi}{3} < \frac{7}{3}\pi$$
であるから
$$y + \frac{\pi}{3} = \frac{3}{2}\pi$$
である。

◀$0 \le x < 2\pi$ より。

◀(1)で求めた $x,\ y$ の値の組は，①の2乗と②の2乗から得られた式を整理して求めたものである。そのため，①，②の2式を同時に満たすかどうかを確かめる必要がある。

# 第2問

(1)　$r = \dfrac{\ell_{n+1}}{\ell_n}$ より

$$\ell_8 = \frac{\ell_8}{\ell_7} \cdot \frac{\ell_7}{\ell_6} \cdot \frac{\ell_6}{\ell_5} \cdot l_5 = r^3\ell_5$$

であるから，$\ell_8$ は $\ell_5$ の

$$\boldsymbol{r^3 倍} \qquad\qquad ⇨ ②$$

また

$$\ell_{13} = r\ell_{12}, \qquad \ell_2 = r\ell_1$$

より

$$\ell_{13} - \ell_{12} = (r-1)\ell_{12}$$
$$\ell_2 - \ell_1 = (r-1)\ell_1$$

であり

$$\ell_{12} > \ell_1, \ r > 1$$

であるから

$$\boldsymbol{\ell_{13} - \ell_{12} > \ell_2 - \ell_1} \qquad\qquad \Rightarrow ②$$

(2)　$L = \ell_1,\ 2L = \ell_{13}$ であるから

$$\frac{2L}{L} = \frac{\ell_{13}}{\ell_1} = \frac{\ell_{13}}{\ell_{12}} \cdot \frac{\ell_{12}}{\ell_{11}} \cdot \cdots \cdot \frac{\ell_2}{\ell_1}$$
$$= r^{12}$$

よって

$$\boldsymbol{r^{12} = 2}$$

両辺の常用対数をとると

$$12 \log_{10} r = \log_{10} 2$$
$$\log_{10} r = \frac{1}{12} \cdot 0.3010 \ \cdots\cdots\cdots\cdots\cdots\cdots\cdots\cdots\cdots ①$$
$$= 0.02508\cdots$$

◀常用対数表より。

であるから，これを満たす $r$ を常用対数表で調べて

$$0.0212 \leqq \log_{10} r < 0.0253$$
$$\log_{10} 1.05 \leqq \log_{10} r < \log_{10} 1.06$$

より

$$\boldsymbol{1.05 \leqq r < 1.06}$$

(3)
$$r^{k-1} = \frac{\ell_2}{\ell_1} \cdot \frac{\ell_3}{\ell_2} \cdot \frac{\ell_4}{\ell_3} \cdot \cdots \cdot \frac{\ell_k}{\ell_{k-1}} = \frac{\ell_k}{\ell_1}$$
$$> \frac{1.8L}{L} = 1.8$$

であるから

$$\boldsymbol{r^{k-1} > 1.8} \qquad\qquad \Rightarrow ④$$

よって

$$(k-1) \log_{10} r > \log_{10} 1.8 = 0.2553$$

◀常用対数表より。

であり，①を用いると

$$k - 1 > 0.2553 \cdot \frac{12}{0.3010} = 10.17\cdots$$

◀　$\dfrac{1}{\log_{10} r} = \dfrac{12}{0.3010}$

これを満たす自然数は

$$k = 12, \ 13$$

より，弦の長さが $1.8L$ より長いときの音は，$\boldsymbol{m_{12}}$ と $\boldsymbol{m_{13}}$ の二つである。 $\Rightarrow ①$

# 第3問

(1)
$$\boldsymbol{g(x)} = f(x+1) - 3x - a - 1$$
$$= (x+1)^3 + a(x+1)^2 + b(x+1) + c - 3x - a - 1$$
$$= \boldsymbol{x^3 + (a+3)x^2 + (2a+b)x + b + c}$$
$$\boldsymbol{g'(x)} = 3x^2 + 2(a+3)x + 2a + b$$
$$= \boldsymbol{3x^2 + (2a+6)x + 2a + b}$$

であり

$$\boldsymbol{f'(x) = 3x^2 + 2ax + b}$$

また

$$g(x) - f(x)$$
$$= \{x^3 + (a+3)x^2 + (2a+b)x + b + c\} - (x^3 + ax^2 + bx + c)$$
$$= 3x^2 + 2ax + b$$

(2) (1)より $g(x) - f(x) = f'(x)$ であるから，関数 $f(x)$ が極値をもつとき
$$f'(x) = 0 \text{ すなわち } g(x) - f(x) = 0$$
は異なる二つの実数解をもつ。

よって，曲線 $y = f(x)$ と $y = g(x)$ は**異なる二つの点で交わる**。 ⇨ ②

また，方程式 $f'(x) = 0$ の判別式を $D_1$ とすると
$$\frac{D_1}{4} = a^2 - 3b$$
方程式 $g'(x) = 0$ の判別式を $D_2$ とすると
$$\frac{D_2}{4} = (a+3)^2 - 3(2a+b) = a^2 - 3b + 9$$
であり，方程式 $f'(x) = 0$ が異なる二つの実数解をもつとき
$$\frac{D_1}{4} = a^2 - 3b > 0$$
より
$$\frac{D_2}{4} = a^2 - 3b + 9 > 0$$

◀ $\dfrac{D_2}{4} = \dfrac{D_1}{4} + 9 > 0$

であるから，関数 $g(x)$ は**極値をもつ**。 ⇨ ⓪

◀ $g'(x) = 0$ が異なる二つの実数解をもつので，$g(x)$ は極値をもつ。

次に，関数 $f(x)$ が $x = \alpha$ で極大値 27，$x = \beta$ で極小値 $-5$ をもつときを考える。このとき，$y = f'(x)$ のグラフについて，$x^2$ の係数が正であることから下に凸の放物線であり，$f'(x) = 0$ が異なる二つの実数解をもつことから $x$ 軸と二つの点で交わる。よって，グラフの概形として最も適当なものは②である。

そして，$x = \alpha$，$\beta$ は，方程式 $f'(x) = 0$ の異なる二つの実数解であり，$\alpha \leqq x \leqq \beta$ において
$$f'(x) \leqq 0 \text{ すなわち } g(x) - f(x) \leqq 0$$
であるから，曲線 $y = f(x)$ と曲線 $y = g(x)$ によって囲まれた部分の面積は
$$\int_\alpha^\beta \{f(x) - g(x)\} dx = \int_\alpha^\beta \{-f'(x)\} dx = -\Big[f(x)\Big]_\alpha^\beta$$
$$= -\{f(\beta) - f(\alpha)\} = -(-5 - 27)$$
$$= 32$$

◀ $f(\alpha) = 27$, $f(\beta) = -5$

(3) 関数 $f(x)$ が極値をもたないとき
$$f'(x) = 0 \text{ すなわち } g(x) - f(x) = 0$$
は重解をもつか実数解をもたないかのいずれかであるから，曲線 $y = f(x)$ と $y = g(x)$ は**一つの点で接する場合**と，**共有点をもたない場合**がある。 ⇨ ⑥

また，関数 $f(x)$ が極値をもたないとき
$$\frac{D_1}{4} = a^2 - 3b \leqq 0$$
であり
$$\frac{D_2}{4} = a^2 - 3b + 9$$
は負，0，正のいずれの値もとり得るから，**$g(x)$ は極値をもつ場合と極値をもたない場合がある**。 ⇨ ②

# 第4問

(1) 数列 $\{a_n\}$ が公差 $d$ の等差数列となるとき，初項は $a$ であるから
$$a_n = a + (n-1)d$$ ⇨ ①
$$a_{n+1} = a + nd$$ ⇨ ②

よって，①は
$$(a + nd) - b_{n+1} = \{a + (n-1)d\} - 2b_n$$
より
$$b_{n+1} = 2b_n + d$$
ここで
$$b_{n+1} + d = 2(b_n + d)$$
と変形できるから，数列 $\{b_n + d\}$ は初項 $b_1 + d$，公比 2 の等比数列である。このことから数列 $\{b_n\}$ の一般項を求めると
$$b_n + d = (b_1 + d) \cdot 2^{n-1}$$
より
$$b_n = (b + d) \cdot 2^{n-1} - d \qquad \Rightarrow ②$$

◀ 方程式 $x = 2x + d$ の解は $x = -d$ である。

◀ $b_1 = b$ より。

また，数列 $\{b_n\}$ の項が $n$ の値に関係なくつねに一定であるのは
$$b + d = 0$$
より，$b = -d$ のときである。 $\qquad \Rightarrow ⑤$

(2) 数列 $\{b_n\}$ が公比 $r$ の等比数列となるとき，初項は $b$ であるから
$$b_n = br^{n-1}, \qquad b_{n+1} = br^n$$
よって，①は
$$a_{n+1} - br^n = a_n - 2br^{n-1}$$
より
$$a_{n+1} = a_n + b(r-2)r^{n-1} \qquad \Rightarrow ①$$
$n \geqq 2$ かつ $r \neq 1$ のとき
$$a_n = a_1 + \sum_{k=1}^{n-1} b(r-2)r^{k-1}$$
$$= a + \frac{b(r-2)(r^{n-1}-1)}{r-1} \qquad \Rightarrow ①$$

◀ 階差数列を考えるので，$n \geqq 2$ のときと $n = 1$ のときで場合分けをする。
また，後述のように，$r = 1$ のとき，数列 $\{a_n\}$ は等差数列になる。

であり，この式に $n = 1$ を代入すると
$$a + \frac{b(r-2)(r^0-1)}{r-1} = a + 0 = a$$
となるから，この式は $n = 1$ のときも成立する。よって，$r \neq 1$ のとき，数列 $\{a_n\}$ の一般項は
$$a_n = a + \frac{b(r-2)(r^{n-1}-1)}{r-1} \quad (n = 1,\ 2,\ 3,\ \cdots)$$
また，$r = 1$ のとき，$b_n = b_{n+1} = b$ であるから，①は
$$a_{n+1} - b = a_n - 2b$$
より
$$a_{n+1} = a_n - b$$
と変形でき，数列 $\{a_n\}$ は初項 $a$，公差 $-b$ の等差数列であるから
$$a_n = a - (n-1)b \qquad \Rightarrow ③$$

# 第5問

(1) 各生徒の階段の選び方は他の生徒の選び方から影響を受けない。また，いずれかの階段を利用する人数は 240 人であるから，北階段の利用者数 $X$ は二項分布 $B\left(240,\ \dfrac{1}{2}\right)$ に従う。
　よって，$X$ の平均（期待値）は
$$E(X) = 240 \cdot \frac{1}{2} = 120 \qquad \Rightarrow ⑤$$
である。

◀ 各生徒が北階段を利用する確率と中央階段を利用する確率はどちらも $\dfrac{1}{2}$ である。

北階段と中央階段の利用者数の和 $X+Y$ は一定値 240 であり, $X$ の値によって $Y$ の値が定まるので, $X$ と $Y$ は**独立ではない。** ⇨ ①

◀「別解」参照。

(2) 各生徒の階段の選び方は他の生徒の選び方から影響を受けない。また, いずれかの階段を利用する人数は 240 人であるから, 北階段, 中央階段の利用者数 $X'$, $Y'$ は, どちらも二項分布 $B\left(240, \dfrac{1}{3}\right)$ に従う。

◀三つの階段のうち, どれを選ぶ確率も $\dfrac{1}{3}$ である。

よって

$$P(X'=80)=P(Y'=80)={}_{240}C_{80}\cdot\left(\frac{1}{3}\right)^{80}\cdot\left(1-\frac{1}{3}\right)^{160} \quad ⇨ ⑥$$

である。

また, 北階段, 中央階段の利用者数がともに 80 人ならば, 南階段の利用者数も 80 人であるから

$$P(X'=80 \text{ かつ } Y'=80)={}_{240}C_{80}\cdot{}_{160}C_{80}\cdot\left(\frac{1}{3}\right)^{80}\cdot\left(\frac{1}{3}\right)^{80}\cdot\left(\frac{1}{3}\right)^{80}$$

$$=\frac{240!}{80!\,80!\,80!}\cdot\left(\frac{1}{3}\right)^{240}$$

である。すると

$$\frac{P(X'=80 \text{ かつ } Y'=80)}{P(X'=80)\,P(Y'=80)}$$

$$=\frac{240!}{80!\,80!\,80!}\cdot\left(\frac{80!\,160!}{240!}\right)^{2}\cdot\left(\frac{1}{3}\right)^{240}\cdot\left(\frac{3^{240}}{2^{160}}\right)^{2}$$

$$=\frac{(160!)^{2}}{80!\,240!}\cdot\frac{3^{240}}{2^{320}}\fallingdotseq 1$$

◀ $P(X'=80 \text{ かつ } Y'=80)$
$= P(X'=80)P(Y'=80)$
すなわち
$\dfrac{P(X'=80 \text{ かつ } Y'=80)}{P(X'=80)P(Y'=80)}$
$=1$
で あ れ ば, 二 つ の 事 象
$X'=80$ と $Y'=80$ は独立
である。

◀たとえば, 分母の素因数 239 は約分されない。

よって

$$P(X'=80 \text{ かつ } Y'=80)\fallingdotseq P(X'=80)\,P(Y'=80)$$

であるから, 二つの事象 $X'=80$ と $Y'=80$ は**独立ではない。** ⇨ ①

◀「研究」参照。

(3) $X''+Y''+Z''=240$ であるから

$$E(X''+Y''+Z'')=240$$

したがって

$$E(X'')+E(Y'')+E(Z'')=240$$

よって, $E(X''):E(Y''):E(Z'')=3:5:4$ より

$$E(X'')=\frac{3}{3+5+4}\cdot240=\mathbf{60}$$

$$E(Y'')=\frac{5}{3+5+4}\cdot240=\mathbf{100}$$

である。また, $X''+Y''=240-Z''$ であるから

$$V(X''+Y'')=V(240-Z'')=V(Z'')=\mathbf{13}$$

となる。$V(Y'')=15$ であるから

$$V\left(\frac{3}{5}Y''\right)=\left(\frac{3}{5}\right)^{2}V(Y'')=\frac{9}{25}\cdot15=\mathbf{\frac{27}{5}} \quad ⇨ ①$$

**別解**

(1)は, $P(X=m \text{ かつ } Y=n)\fallingdotseq P(X=m)P(Y=n)$ となる $m$, $n$ が存在することから, $X$ と $Y$ は独立ではないということもできる。

**研究**

(2)は, 北階段の利用者が増加すると, 中央階段の利用者は減少する傾向があると思われるから, 確率変数 $X'$, $Y'$ は独立ではないと考えられる。

しかし, これだけでは, 二つの事象 $X'=80$ と $Y'=80$ が独立ではないといえないことに注意しよう。

# 第6問

(1) $C(1, 2, 1)$, $D(2, 1, 1)$ より, $\overrightarrow{CD} = (1, -1, 0)$ であるから

$$\overrightarrow{OE} = \overrightarrow{OC} + t\overrightarrow{CD} = (1, 2, 1) + t(1, -1, 0)$$
$$= (1+t, 2-t, 1)$$

よって

$$E(1+t, 2-t, 1)$$

(2) $P(0, b, a)$ より

$$\overrightarrow{PE} = (1+t, 2-t-b, 1-a)$$

$\overrightarrow{PH} = u\overrightarrow{PE}$ より

$$\overrightarrow{OH} = \overrightarrow{OP} + u\overrightarrow{PE}$$
$$= (0, b, a) + u(1+t, 2-t-b, 1-a)$$
$$= (u(1+t), u(2-t-b)+b, u(1-a)+a) \quad \cdots\cdots\cdots\cdots ①$$

$a = 2$, $b = 0$ のとき, ① より

$$\overrightarrow{OH} = (u(1+t), u(2-t), -u+2)$$

点 H は $xy$ 平面上の点であるから

$$-u+2 = 0$$

よって

$$u = 2$$

したがって

$$H(2+2t, 4-2t, 0)$$

点 H は $t = 0$ のとき点 F, $t = 1$ のとき点 G と一致するから

$$F(2, 4, 0), \quad G(4, 2, 0)$$

であり, 線分 FG の長さは

$$FG = \sqrt{(2-4)^2 + (4-2)^2} = 2\sqrt{2}$$

(3) $b = 0$ のとき, ① より

$$\overrightarrow{OH} = (u(1+t), u(2-t), u(1-a)+a)$$

点 H は $xy$ 平面上の点であるから

$$u(1-a)+a = 0 \quad \cdots\cdots\cdots\cdots\cdots\cdots\cdots\cdots ②$$

よって

$$H(u(1+t), u(2-t), 0)$$

点 H は $t = 0$ のとき点 F, $t = 1$ のとき点 G と一致するから

$$F(u, 2u, 0), \quad G(2u, u, 0)$$

より

$$FG = \sqrt{2}|u|$$

$a \geqq 2$ より $a-1 > 0$ であるから, ② より

$$u = \frac{a}{a-1} = 1 + \frac{1}{a-1} > 0$$

よって

$$FG = \sqrt{2}\left(1 + \frac{1}{a-1}\right)$$

また, $B(1, 2, 0)$ より

$$\overrightarrow{BF} = (u-1, 2u-2, 0) = \left(\frac{1}{a-1}, \frac{2}{a-1}, 0\right)$$

と表せ, $a \geqq 2$ の範囲で増加させたとき, $\dfrac{1}{a-1}$ の値は 1 から正の値をとりながら減少するから, **線分 FG, 線分 BF の長さはともに短くなる。** $\Rightarrow$ ③

# 第7問

[1]

(1) $\dfrac{1}{1+i}$ を変形すると

$$\dfrac{1}{1+i} = \dfrac{1-i}{2} = \dfrac{\sqrt{2}}{2}\left(\dfrac{1}{\sqrt{2}} - \dfrac{1}{\sqrt{2}}i\right)$$
$$= \dfrac{\sqrt{2}}{2}\left(\cos\dfrac{7}{4}\pi + i\sin\dfrac{7}{4}\pi\right) \qquad \Rightarrow ②, ⑦$$

となる。

◀分母, 分子に $1-i$ をかけて整理する。

**別解**

次のように変形してもよい。

$$\dfrac{1}{1+i} = (1+i)^{-1}$$
$$= \left\{\sqrt{2}\left(\dfrac{1}{\sqrt{2}} + \dfrac{1}{\sqrt{2}}i\right)\right\}^{-1}$$
$$= \dfrac{1}{\sqrt{2}}\left(\cos\dfrac{\pi}{4} + i\sin\dfrac{\pi}{4}\right)^{-1}$$
$$= \dfrac{\sqrt{2}}{2}\left\{\cos\left(-\dfrac{\pi}{4}\right) + i\sin\left(-\dfrac{\pi}{4}\right)\right\}$$
$$= \dfrac{\sqrt{2}}{2}\left(\cos\dfrac{7}{4}\pi + i\sin\dfrac{7}{4}\pi\right)$$

◀ド・モアブルの定理。

◀ $-\dfrac{\pi}{4} + 2\pi = \dfrac{7}{4}\pi$

(2) 複素数 $\alpha$ の表す点を P とする。(1)の結果より

$$\alpha = \dfrac{1}{1+i} \cdot (1+i)\alpha$$
$$= \dfrac{\sqrt{2}}{2}\left(\cos\dfrac{7}{4}\pi + i\sin\dfrac{7}{4}\pi\right) \cdot (1+i)\alpha$$

であるから, 点 P は点 B を原点を中心に $\dfrac{7}{4}\pi$

だけ回転し, 原点からの距離を $\dfrac{\sqrt{2}}{2}$ 倍に縮小

した点である。

また, OB > OA より $|\alpha| > 1$ であるから, $\alpha$ を表す点として最も適当なものは ⑥ である。

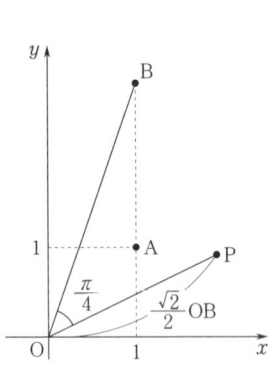

◀点 B を表す複素数 $(1+i)\alpha$ と複素数 $\alpha$ の関係を考える。

◀原点を中心に $\dfrac{7}{4}\pi$ 回転することは, 原点を中心に $-\dfrac{\pi}{4}$ 回転することと同じ。候補は ④ または ⑥ である。

◀ $|\alpha| > 1$ より, ④ は不適である。

**別解**

$$(1+i)\alpha = \sqrt{2}\left(\cos\dfrac{\pi}{4} + i\sin\dfrac{\pi}{4}\right)\alpha$$

より, 点 P を, 原点を中心に $\dfrac{\pi}{4}$ だけ回転して, 原点からの距離を $\sqrt{2}$ 倍に拡大した点が B$((1+i)\alpha)$ である。

[2]

(1) 直線 $x = -1$ と点 $(1, 0)$ からの距離が等しい点の軌跡は**放物線**である。
$$\Rightarrow ③$$

◀ある定点(焦点)と, その点を通らない直線(準線)からの距離が等しい点の軌跡は放物線である。

(2) P$(x, y)$ とおくと, P から直線 $x = -1$ に引いた垂線と直線 $x = -1$ の交点の座標は $(-1, y)$ であるから, 垂線の長さ $\ell_1$ は
$$\ell_1 = |x + 1| \qquad \Rightarrow ⓪$$
である。また, 点 P と点 $(1, 0)$ の距離 $\ell_2$ は
$$\ell_2 = \sqrt{(x-1)^2 + y^2} \qquad \Rightarrow ①$$
である。

(i) $\ell_1 = \sqrt{2}\ell_2$ となる点 P の軌跡を考える。

両辺を 2 乗すると, ${\ell_1}^2 = 2{\ell_2}^2$ より

$$(x+1)^2 = 2\{(x-1)^2 + y^2\}$$
$$\boldsymbol{(x-3)^2 + 2y^2 = 8}$$
$$\frac{(x-3)^2}{8} + \frac{y^2}{4} = 1 \quad \cdots\cdots\cdots\cdots\cdots\cdots\cdots\cdots\cdots\cdots\cdots ①$$

◀ $x^2 - 6x + 2y^2 + 1 = 0$

◀右辺は正であり，$x^2$, $y^2$ の係数がどちらも正で異なることから，この式は楕円を表す。

となるので，点 P の軌跡は楕円である。

$\dfrac{(x-3)^2}{8}$ と $\dfrac{y^2}{4}$ の分母に着目する

と，これは $x$ 軸に平行な線分を長軸とする楕円である。$(-1,\ 0)$ と $(1,\ 0)$ を結ぶ線分を $\sqrt{2}:1$ に内分する点を C とおくと，点 C はこの楕円上の点であり，さらにこの楕円上で $x$ 座標が最も小さい点である。

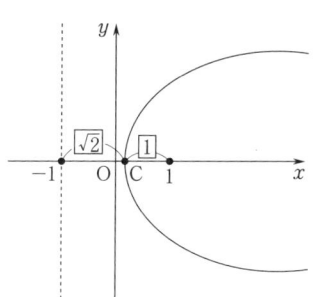

◀原点が $(-1,\ 0)$ と $(1,\ 0)$ を結ぶ線分を $1:1$ に内分する点であることに注目する。

ここで，$\sqrt{2} > 1$ であるから，点 C の $x$ 座標は正となる。よって，この楕円は $y$ 軸と共有点をもたない。

以上より，この楕円は $\boldsymbol{x}$ **軸と平行な線分を長軸とし**，$\boldsymbol{y}$ **軸との共有点をもたない**。 $\qquad\qquad\qquad\qquad\qquad \Rightarrow ②$

### 別解

楕円と $y$ 軸との共有点の個数を調べるところでは，楕円の式に $x = 0$ を代入して得られる $y$ についての方程式の実数解の個数を調べてもよい。

$$9 + 2y^2 = 8$$

すなわち

$$2y^2 = -1$$

◀$(x-3)^2 + 2y^2 = 8$ に $x = 0$ を代入した。

より，この方程式は実数解をもたないから，この楕円は $y$ 軸との共有点をもたない。

### 別解

① は楕円

$$\frac{x^2}{8} + \frac{y^2}{4} = 1 \quad \cdots\cdots ②$$

を $x$ 軸方向に 3 だけ平行移動した図形である。

ここで，② は $x$ 軸に平行な線分を長軸とし，$x$ 軸と 2 点 $(\pm 2\sqrt{2},\ 0)$ で交わる楕円である。

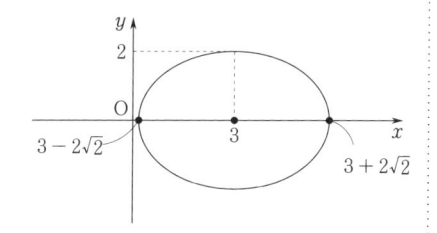

よって，① と $x$ 軸の交点は $(3 \pm 2\sqrt{2},\ 0)$ であり，$3 - 2\sqrt{2} > 0$ より，① は $y$ 軸と共有点をもたない。

◀②に $y = 0$ を代入すると
$$\frac{x^2}{8} = 1$$
より，$x = \pm 2\sqrt{2}$ である。

(ii) $\ell_1 = \dfrac{1}{\sqrt{2}}\ell_2$ となる点 P の軌跡を，(i) と同様にして考える。

両辺を 2 乗して，$\ell_1{}^2 = \dfrac{1}{2}\ell_2{}^2$ より

$$(x+1)^2 = \frac{1}{2}\{(x-1)^2 + y^2\}$$
$$2(x+1)^2 = (x-1)^2 + y^2$$
$$x^2 + 6x - y^2 + 1 = 0$$

よって，点 P の軌跡の方程式は

$$\boldsymbol{(x+3)^2 - y^2 = 8}$$

より，点 P の軌跡は双曲線である。

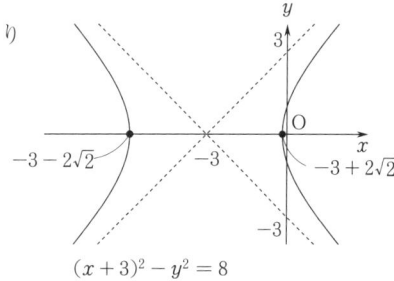

◀ $\dfrac{(x+3)^2}{8} - \dfrac{y^2}{8} = 1$

(iii) $\ell_1 = k\ell_2$ の両辺を 2 乗すると，$\ell_1{}^2 = k^2\ell_2{}^2$ より

$$(x+1)^2 = k^2\{(x-1)^2 + y^2\}$$

すなわち

$$(1-k^2)x^2 + 2(1+k^2)x - k^2y^2 + (1-k^2) = 0 \quad \cdots\cdots\cdots\cdots ③$$

が成り立つ。$x^2$ の係数は $1-k^2$，$y^2$ の係数は $-k^2$ であることに着目する。

$k > 0$ より，$y^2$ の係数はつねに負の値をとるので，$x^2$ の係数の符号で場合分けして考える。

$1-k^2 = 0$ のとき，つまり $k=1$ のとき，③ は

$$4x - y^2 = 0 \quad \text{すなわち} \quad y^2 = 4x$$

であるから，点 P の軌跡は放物線である。

$1-k^2 < 0$ のとき，つまり $k>1$ のとき，③ の左辺は $x$ についても $y$ についても 2 次式であり，$x^2$ の係数と $y^2$ の係数の符号は一致するので，点 P の軌跡が存在するならば，それは楕円である。

$1-k^2 > 0$ のとき，つまり $0 < k < 1$ のとき，左辺は $x$ についても $y$ についても 2 次式であり，$x^2$ の係数と $y^2$ の係数は一致しないので，点 P の軌跡が存在するならば，それは双曲線である。

よって，⓪，③，④，⑤ は誤りである。

① について，$k=3$ のとき，点 P の軌跡が存在するならば，それは楕円である。

ここで，$(-1, 0)$ と $(1, 0)$ を結ぶ線分を $3:1$ に内分する点 D と $3:1$ に外分する点 E は，ともに $\ell_1 = 3\ell_2$ を満たす点であるから，点 P の軌跡は存在し，楕円である。

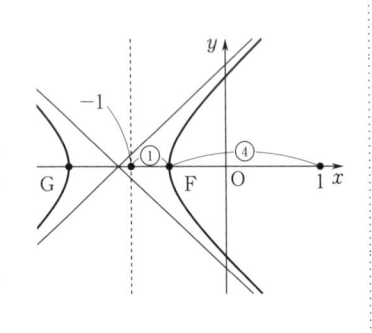

この楕円上で，直線 $x = -1$ からの距離が最も小さい点は D であるから，楕円上のすべての点が領域 $x > 0$ にある。

よって，この楕円は $y$ 軸との共有点をもたない。したがって，誤り。

② について，$k = \dfrac{1}{4}$ のとき，点 P の軌跡が存在するならば，それは双曲線である。

$(-1, 0)$ と $(1, 0)$ を結ぶ線分を $1:4$ に内分する点 F と $1:4$ に外分する点 G は，ともに $\ell_1 = \dfrac{1}{4}\ell_2$ を満たす点であるから，点 P の軌跡が存在し，双曲線である。また，2 点 F, G はこの双曲線の頂点である。

2 点 F, G の $x$ 座標は負であるから，この双曲線は $y$ 軸と 2 点で交わる。

以上より，正しいものは ② である。

### 別解

①，② については，次のように調べてもよい。

① について，すなわち，$k=3$ のとき，③ を整理すると

$$(1-3^2)x^2 + 2(1+3^2)x - 3^2y^2 + (1-3^2) = 0$$
$$-8x^2 + 20x - 9y^2 - 8 = 0$$
$$8\left(x - \frac{5}{4}\right)^2 + 9y^2 = \frac{9}{2}$$

すなわち

$$\frac{\left(x-\frac{5}{4}\right)^2}{\left(\frac{3}{4}\right)^2}+\frac{y^2}{\left(\frac{1}{\sqrt{2}}\right)^2}=1$$

を得る。これは $x$ 軸と $\left(\pm\frac{3}{4},\ 0\right)$ で交わる長軸

が $x$ 軸に平行な楕円

$$\frac{x^2}{\left(\frac{3}{4}\right)^2}+\frac{y^2}{\left(\frac{1}{\sqrt{2}}\right)^2}=1$$

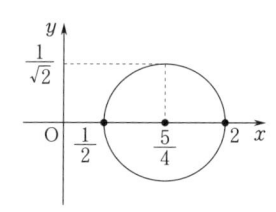

を $x$ 軸方向に $\frac{5}{4}$ だけ平行移動した図形である。

　よって，この楕円は $x$ 軸とは $\left(\frac{1}{2},\ 0\right)$，$(2,\ 0)$ と交わるので，$y$ 軸と共有
点をもたない。

　② について，すなわち，$k=\frac{1}{4}$ のとき，③ を整理すると

$$\left\{1-\left(\frac{1}{4}\right)^2\right\}x^2+2\left\{1+\left(\frac{1}{4}\right)^2\right\}x-\left(\frac{1}{4}\right)^2y^2+\left\{1-\left(\frac{1}{4}\right)^2\right\}=0$$

$$\frac{15}{16}x^2+\frac{17}{8}x-\frac{1}{16}y^2+\frac{15}{16}=0\quad\cdots\cdots\cdots\cdots\cdots\cdots④$$

$$\frac{15}{16}\left(x+\frac{17}{15}\right)^2-\frac{1}{16}y^2=\frac{4}{15}$$

$$\frac{\left(x+\frac{17}{15}\right)^2}{\left(\frac{8}{15}\right)^2}-\frac{y^2}{\left(\frac{8}{\sqrt{15}}\right)^2}=1$$

を得る。これは，$x$ 軸と $\left(\pm\frac{8}{15},\ 0\right)$ で交わる

双曲線

$$\frac{x^2}{\left(\frac{8}{15}\right)^2}-\frac{y^2}{\left(\frac{8}{\sqrt{15}}\right)^2}=1$$

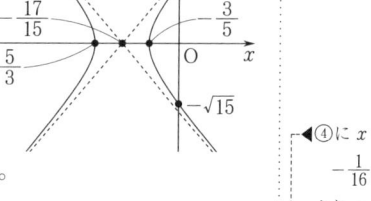

を $x$ 軸方向に $-\frac{17}{15}$ だけ平行移動した図形である。

　よって，この双曲線は $y$ 軸と $\left(0,\ \pm\sqrt{15}\right)$ の 2 点で交わる。

◀ ④ に $x=0$ を代入すると
$$-\frac{1}{16}y^2+\frac{15}{16}=0$$
より $y=\pm\sqrt{15}$ である。

# 試作問題
# 解　　答

| 問題番号(配点) | 解 答 記 号 | 正 解 | 配点 | 自己採点 |
|---|---|---|---|---|
| **第1問**(15) | $\sin\dfrac{\pi}{\boxed{ア}}$ | $\sin\dfrac{\pi}{3}$ | 2 | |
| | $y = \boxed{イ}\sin\left(\theta + \dfrac{\pi}{\boxed{ア}}\right)$ | $y = 2\sin\left(\theta + \dfrac{\pi}{3}\right)$ | 2 | |
| | $\dfrac{\pi}{\boxed{ウ}}$, $\boxed{エ}$ | $\dfrac{\pi}{6}$, 2 | 2 | |
| | $\dfrac{\pi}{\boxed{オ}}$, $\boxed{カ}$ | $\dfrac{\pi}{2}$, 1 | 1 | |
| | $\boxed{キ}$ | ⑨ | 2 | |
| | $\boxed{ク}$, $\boxed{ケ}$ | ①, ③ | 各1 | |
| | $\boxed{コ}$, $\boxed{サ}$ | ①, ⑨ | 2 | |
| | $\boxed{シ}$, $\boxed{ス}$ | ②, ① | 2 | |
| **第2問**(15) | $f(0) = \boxed{ア}$, $g(0) = \boxed{イ}$ | $f(0) = 1$, $g(0) = 0$ | 各1 | |
| | $x = \boxed{ウ}$ で最小値 $\boxed{エ}$ | $x = 0$ で最小値 1 | 各1 | |
| | $\log_2\left(\sqrt{\boxed{オ}} - \boxed{カ}\right)$ | $\log_2\left(\sqrt{5} - 2\right)$ | 2 | |
| | $\boxed{キ}$, $\boxed{ク}$ | ⓪, ③ | 各1 | |
| | $\boxed{ケ}$, $\boxed{コ}$ | 1, 2 | 各2 | |
| | $\boxed{サ}$ | ① | 3 | |
| **第3問**(22) | $y = \boxed{ア}x + \boxed{イ}$ | $y = 2x + 3$ | 2 | |
| | $\boxed{ウ}$ | ④ | 2 | |
| | $(0, \boxed{エ})$ | $(0, c)$ | 1 | |
| | $y = \boxed{オ}x + \boxed{カ}$ | $y = bx + c$ | 2 | |
| | $\dfrac{\boxed{キク}}{\boxed{ケ}}$ | $\dfrac{-c}{b}$ | 1 | |
| | $S = \dfrac{ac^{\boxed{コ}}}{\boxed{サ}b^{\boxed{シ}}}$ | $S = \dfrac{ac^3}{3b^3}$ | 4 | |
| | $\boxed{ス}$ | ⓪ | 3 | |
| | $y = \boxed{セ}x + \boxed{ソ}$ | $y = cx + d$ | 2 | |
| | $\dfrac{\boxed{タチ}}{\boxed{ツ}}$, $\boxed{テ}$ | $\dfrac{-b}{a}$, 0 | 2 | |
| | $x = \dfrac{\boxed{トナニ}}{\boxed{ヌネ}}$ | $x = \dfrac{-2b}{3a}$ | 3 | |

| 問題番号<br>(配点) | 解 答 記 号 | 正 解 | 配点 | 自己採点 |
|---|---|---|---|---|
| **第4問**<br>(16) | $a_n = \boxed{ア} + (n-1)p$ | $a_n = 3 + (n-1)p$ | 1 | |
| | $b_n = \boxed{イ}\, r^{n-1}$ | $b_n = 3r^{n-1}$ | 1 | |
| | $\boxed{ウ}\, a_{n+1} = r\left(a_n + \boxed{エ}\,\right)$ | $2a_{n+1} = r(a_n + 3)$ | 2 | |
| | $\left(r - \boxed{オ}\,\right)pn = r\left(p - \boxed{カ}\,\right) + \boxed{キ}$ | $(r-2)pn = r(p-6) + 6$ | 2 | |
| | $p = \boxed{ク}$ | $p = 3$ | 2 | |
| | $c_{n+1} = \dfrac{\boxed{ケ}\, a_{n+1}}{a_n + \boxed{コ}}\, c_n$ | $c_{n+1} = \dfrac{4a_{n+1}}{a_n + 3}\, c_n$ | 2 | |
| | $\boxed{サ}$ | ② | 2 | |
| | $d_{n+1} = \dfrac{\boxed{シ}}{q}(d_n + u)$ | $d_{n+1} = \dfrac{2}{q}(d_n + u)$ | 2 | |
| | $q > \boxed{ス}$ | $q > 2$ | 1 | |
| | $u = \boxed{セ}$ | $u = 0$ | 1 | |
| **第5問**<br>(16) | $\boxed{ア}$, $\boxed{イ}$ | ⓪, ⑦ | 各1 | |
| | $\boxed{ウ}$, $\boxed{エ}$ | ④, ⑤ | 各1 | |
| | $\boxed{オカキ} \times 10^4 \leqq M \leqq \boxed{クケコ} \times 10^4$ | $193 \times 10^4 \leqq M \leqq 207 \times 10^4$ | 3 | |
| | $\boxed{サ}$, $\boxed{シ}$ | ②, ⑥ | 3 | |
| | $\boxed{ス}$ | ⑦ | 1 | |
| | $\boxed{セ}$ | ① | 2 | |
| | $\boxed{ソ}$, $\boxed{タ}$ | ①, ⓪ | 3 | |
| **第6問**<br>(16) | $\boxed{ア}\,\overrightarrow{B_1C_1}$ | $\mathbf{a}\overrightarrow{B_1C_1}$ | 2 | |
| | $\left(\boxed{イ} - \boxed{ウ}\,\right)\left(\overrightarrow{OA_2} - \overrightarrow{OA_1}\right)$ | $(\mathbf{a}-1)\left(\overrightarrow{OA_2} - \overrightarrow{OA_1}\right)$ | 3 | |
| | $\overrightarrow{OA_1} \cdot \overrightarrow{OA_2} = \dfrac{\boxed{エ} - \sqrt{\boxed{オ}}}{\boxed{カ}}$ | $\overrightarrow{OA_1} \cdot \overrightarrow{OA_2} = \dfrac{1 - \sqrt{5}}{4}$ | 3 | |
| | $\boxed{キ}$ | ⑨ | 3 | |
| | $\boxed{ク}$ | ⓪ | 3 | |
| | $\boxed{ケ}$ | ⓪ | 2 | |
| **第7問**<br>(16) | $\boxed{ア}$ | ② | 4 | |
| | $|w| = \boxed{イ}$ | $|w| = 1$ | 1 | |
| | $\boxed{ウ}$ | ① | 2 | |
| | $\boxed{エ}$ | ③ | 3 | |
| | $\boxed{オ}$ 個 | 6 個 | 3 | |
| | $\boxed{カ}$ | ⑥ | 3 | |

(注) 第1問, 第2問, 第3問は必答。第4問～第7問のうちから3問選択。計6問を解答。

なお, 上記以外のものについても得点を与えることがある。正解欄に※があるものは, 解答の順序は問わない。

| 第1問<br>小計 | | 第2問<br>小計 | | 第3問<br>小計 | | 第4問<br>小計 | | 第5問<br>小計 | | 第6問<br>小計 | | 第7問<br>小計 | | | 合計点 | |
|---|---|---|---|---|---|---|---|---|---|---|---|---|---|---|---|---|
| | | | | | | | | | | | | | | | | /100 |

# 第1問

(1) $0 \leqq \theta \leqq \dfrac{\pi}{2}$ より

$$\sin \frac{\pi}{3} = \frac{\sqrt{3}}{2}, \ \cos \frac{\pi}{3} = \frac{1}{2}$$

であるから，三角関数の合成により

$$y = \sin\theta + \sqrt{3}\cos\theta = 2\left(\frac{1}{2}\sin\theta + \frac{\sqrt{3}}{2}\cos\theta\right)$$

$$= 2\left(\sin\theta\cos\frac{\pi}{3} + \cos\theta\sin\frac{\pi}{3}\right)$$

$$= 2\sin\left(\theta + \frac{\pi}{3}\right)$$

と変形できる。

　よって，$0 \leqq \theta \leqq \dfrac{\pi}{2}$ のとき

$$\frac{\pi}{3} \leqq \theta + \frac{\pi}{3} \leqq \frac{5}{6}\pi$$

であるから，$y$ は

$$\theta + \frac{\pi}{3} = \frac{\pi}{2} \ \text{すなわち} \ \boldsymbol{\theta = \frac{\pi}{6}}$$

で最大値

$$2\sin\frac{\pi}{2} = \boldsymbol{2}$$

をとる。

◀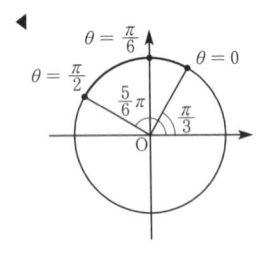

(2) (i) $p = 0$ のとき，$y = \sin\theta$ であるから，$0 \leqq \theta \leqq \dfrac{\pi}{2}$ において，$y$ は

$$\boldsymbol{\theta = \frac{\pi}{2}} \ \text{で最大値} \ \boldsymbol{1}$$

をとる。

◀ $y = \sin\theta + p\cos\theta$ より。

(ii) $p > 0$ のとき，加法定理

$$\cos(\theta - \alpha) = \cos\theta\cos\alpha + \sin\theta\sin\alpha$$

を用いた三角関数の合成により

$$y = \sin\theta + p\cos\theta = \sqrt{1+p^2}\left(\frac{1}{\sqrt{1+p^2}}\sin\theta + \frac{p}{\sqrt{1+p^2}}\cos\theta\right)$$

$$= \sqrt{1+p^2}\,(\sin\alpha\sin\theta + \cos\alpha\cos\theta)$$

$$= \sqrt{1+p^2}\,(\cos\theta\cos\alpha + \sin\theta\sin\alpha)$$

$$= \sqrt{1+p^2}\,\boldsymbol{\cos(\theta - \alpha)} \qquad \Rightarrow ⑨$$

◀ $\cos(\theta - \alpha)$ の加法定理より。

と表すことができる。ただし，$\alpha$ は

$$\sin\boldsymbol{\alpha} = \frac{1}{\sqrt{1+p^2}}, \ \cos\boldsymbol{\alpha} = \frac{p}{\sqrt{1+p^2}}, \ 0 < \alpha < \frac{\pi}{2} \qquad \Rightarrow ①, ③$$

を満たすものとする。

　よって，$-\alpha \leqq \theta - \alpha \leqq \dfrac{\pi}{2} - \alpha$ であるから，$y$ は

$$\theta - \alpha = 0 \ \text{すなわち} \ \boldsymbol{\theta = \alpha} \qquad \Rightarrow ①$$

で最大値

$$\boldsymbol{\sqrt{1+p^2}} \qquad \Rightarrow ⑨$$

をとる。

◀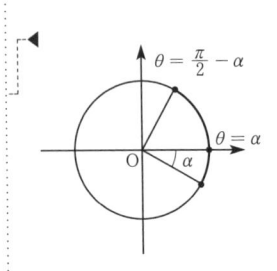

(iii) $p < 0$ のとき，$0 \leqq \theta \leqq \dfrac{\pi}{2}$ において，$\sin\theta$ と $p\cos\theta$ は，$\theta$ が増加するとともに増加するので，$\sin\theta + p\cos\theta$ も，$\theta$ が増加するとともに増加する。

◀ $y = \sin\theta + p\cos\theta$ において，$\sin\theta$ と $p\cos\theta$ のそれぞれに着目する。

よって, $y$ は
$$\theta = \frac{\pi}{2}$$
⇨ ②

で最大値
$$\sin\frac{\pi}{2} + p\cos\frac{\pi}{2} = 1 + 0 = 1$$
⇨ ①

をとる。

**研究**

(2)(iii)を(ii)を用いて解くと, 次のようになる。

$p < 0$ のとき, (ii)と同様に
$$y = \sqrt{1+p^2}\cos(\theta - \alpha)$$
と表すことができ, このとき
$$\sin\alpha = \frac{1}{\sqrt{1+p^2}} > 0, \quad \cos\alpha = \frac{p}{\sqrt{1+p^2}} < 0$$
より
$$\frac{\pi}{2} < \alpha < \pi$$
とおくことができ
$$-\alpha \leqq \theta - \alpha \leqq \frac{\pi}{2} - \alpha$$
において
$$-\pi < -\alpha < -\frac{\pi}{2}, \quad -\frac{\pi}{2} < \frac{\pi}{2} - \alpha < 0$$
であるから, $y$ は $\theta$ が増加するとともに増加する。したがって, $\theta = \frac{\pi}{2}$ で最大値
$$\sqrt{1+p^2}\cos\left(\frac{\pi}{2} - \alpha\right) = \sqrt{1+p^2}\sin\alpha = \sqrt{1+p^2} \cdot \frac{1}{\sqrt{1+p^2}} = 1$$

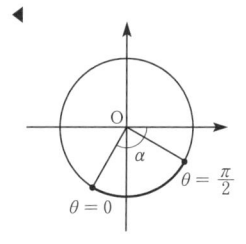

をとることがわかる。

ただし, この方法では時間がかかるので, 解答のように効率よく処理できる方法を考えることが大切である。

# 第2問

(1) $\quad f(0) = \dfrac{2^0 + 2^0}{2} = 1, \quad g(0) = \dfrac{2^0 - 2^0}{2} = 0$

また, $2^x > 0$, $2^{-x} > 0$ より, 相加平均と相乗平均の関係から
$$f(x) \geqq \sqrt{2^x \cdot 2^{-x}} = 1$$

◀ $a > 0$, $b > 0$ のとき
$$\frac{a+b}{2} \geqq \sqrt{ab}$$
等号は $a = b$ のときに成り立つ。

であり, 等号は $2^x = 2^{-x}$ すなわち $x = 0$ のときに成り立つので, $f(x)$ は

$x = 0$ で最小値 1

をとる。

$g(x) = -2$ のとき
$$\frac{2^x - 2^{-x}}{2} = -2 \text{ すなわち } 2^x - 2^{-x} + 4 = 0$$

であり, この式の両辺を $2^x$ 倍すると
$$(2^x)^2 + 4 \cdot 2^x - 1 = 0$$

◀ $2^x = X$ とおくと
$$X^2 + 4X - 1 = 0$$
である。

これを解くと
$$2^x = -2 \pm \sqrt{2^2 - 1 \cdot (-1)}$$

ゆえに
$$2^x = -2 \pm \sqrt{5}$$

$2^x > 0$ より
$$2^x = \sqrt{5} - 2$$

両辺の 2 を底とする対数をとると

$$\log_2 2^x = \log_2 (\sqrt{5} - 2)$$

ゆえに

$$x = \log_2 (\sqrt{5} - 2)$$

である。

(2)
$$f(-x) = \frac{2^{-x} + 2^{-(-x)}}{2} = \frac{2^x + 2^{-x}}{2} = f(x) \qquad \Rightarrow ⓪$$

$$g(-x) = \frac{2^{-x} - 2^{-(-x)}}{2} = -\frac{2^x - 2^{-x}}{2} = -g(x) \qquad \Rightarrow ③$$

$$\{f(x)\}^2 - \{g(x)\}^2 = \{f(x) + g(x)\}\{f(x) - g(x)\}$$
$$= 2^x \cdot 2^{-x}$$
$$= 1$$

$$g(2x) = \frac{2^{2x} - 2^{-2x}}{2} = \frac{(2^x)^2 - (2^{-x})^2}{2}$$
$$= \frac{(2^x + 2^{-x})(2^x - 2^{-x})}{2}$$
$$= 2 \cdot \frac{2^x + 2^{-x}}{2} \cdot \frac{2^x - 2^{-x}}{2}$$
$$= 2f(x)g(x)$$

(3) ある値において成り立たない場合があることを確かめられればよいので，$\beta = 0$ として，式(A)〜(D)について調べる。

(A) $\qquad f(\alpha) = f(\alpha)g(0) + g(\alpha)f(0)$

$f(0) = 1$, $g(0) = 0$ より

$$f(\alpha) = g(\alpha)$$

$\alpha = 0$ のときに $f(\alpha) \neq g(\alpha)$ となるので，$\alpha = 0$ かつ $\beta = 0$ のとき，(A)は成り立たない。

(B) $\qquad f(\alpha) = f(\alpha)f(0) + g(\alpha)g(0)$ すなわち $f(\alpha) = f(\alpha)$

すべての $\alpha$ で $f(\alpha) = f(\alpha)$ となるので，$\beta = 0$ のとき，(B)は成り立つ。

(C) $\qquad g(\alpha) = f(\alpha)f(0) + g(\alpha)g(0)$ すなわち $g(\alpha) = f(\alpha)$

(A)と同様に，$\alpha = 0$ かつ $\beta = 0$ のとき，(C)は成り立たない。

(D) $\qquad g(\alpha) = f(\alpha)g(0) - g(\alpha)f(0)$ すなわち $g(\alpha) = -g(\alpha)$

$\alpha = 1$ のとき，$g(1) = \dfrac{3}{4}$ であり

$$g(1) \neq -g(1)$$

であるから，$\alpha = 1$ かつ $\beta = 0$ のとき，(D)は成り立たない。

以上より，(B)以外の三つは成り立たないことがわかる。 $\qquad \Rightarrow ①$

### 研究

解答では，$\beta = 0$ のとき(B)以外は成り立たない場合があることを確認したが，(B)がつねに成り立つことは，次のように右辺を変形して確かめられる。

$$f(\alpha)f(\beta) + g(\alpha)g(\beta)$$
$$= \frac{2^\alpha + 2^{-\alpha}}{2} \cdot \frac{2^\beta + 2^{-\beta}}{2} + \frac{2^\alpha - 2^{-\alpha}}{2} \cdot \frac{2^\beta - 2^{-\beta}}{2}$$
$$= \frac{2(2^\alpha \cdot 2^\beta + 2^{-\alpha} \cdot 2^{-\beta})}{4} = \frac{2^{\alpha+\beta} + 2^{-(\alpha+\beta)}}{2}$$
$$= f(\alpha + \beta)$$

◀ 対数の性質から
$x = \log_2(\sqrt{5} - 2)$
としてもよい。

◀ $f(x)g(x)$
$= \dfrac{2^x + 2^{-x}}{2} \cdot \dfrac{2^x - 2^{-x}}{2}$
$= \dfrac{1}{2} \cdot \dfrac{2^{2x} - 2^{-2x}}{2}$
$= \dfrac{1}{2} g(2x)$
から求めることもできる。

◀ $f(\alpha - \beta)$
$= f(\alpha)g(\beta) + g(\alpha)f(\beta)$
より。

◀ $f(\alpha + \beta)$
$= f(\alpha)f(\beta) + g(\alpha)g(\beta)$

◀ $g(\alpha - \beta)$
$= f(\alpha)f(\beta) + g(\alpha)g(\beta)$

◀ $g(\alpha + \beta)$
$= f(\alpha)g(\beta) - g(\alpha)f(\beta)$

# 第3問

(1) ①，②ともに $x=0$ のとき $y=3$ であるから，$y$ 軸との交点の $y$ 座標は 3 である。

また，①の導関数は $y'=6x+2$，②の導関数は $y'=4x+2$ であり，①，②ともに $x=0$ における微分係数は 2 であるから，$y$ 軸との交点における接線の方程式は

$$y=2x+3$$

である。

◀点 $(0, 3)$ を通る傾き 2 の直線である。

よって，①，②の共通点から，$y$ 軸との交点における接線の方程式は $x$ の 1 次の項の係数と定数項によって決まり，$y$ 軸との交点における接線の方程式が $y=2x+3$ となる 2 次関数のグラフの方程式は，$x$ の 1 次の項の係数が 2，定数項が 3 である。したがって，$\boxed{\text{ウ}}$ の解答群の中で適するものは ④ である。

◀$y=-x^2+2x+3$ が適する。

$a, b, c$ を 0 でない実数とする。曲線 $y=ax^2+bx+c$ 上にある $x$ 座標が 0 である点の座標は

$$(0, c)$$

であり，点 $(0, c)$ における接線 $\ell$ の方程式は，$x$ の 1 次の項の係数が $b$，定数項が $c$ であるから

◀$y=ax^2+bx+c$ に $x=0$ を代入すると $y=c$ である。

$$y=bx+c$$

接線 $\ell$ と $x$ 軸との交点の $x$ 座標は

$$0=bx+c$$

より

$$x=\frac{-c}{b}$$

である。

◀$y=ax^2+bx+c$ から求める。

曲線 $y=ax^2+bx+c$（$a, b, c$ は正の実数）と接線 $\ell$ および直線 $x=-\dfrac{c}{b}$ で囲まれた図形の面積 $S$ は，右のような図の斜線部分である。

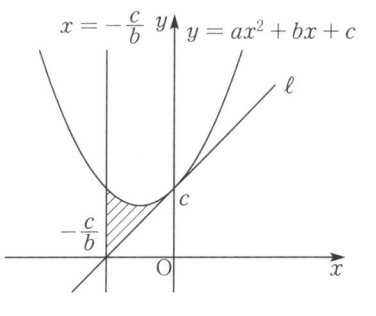

◀曲線 $y=ax^2+bx+c$ は $\ell$ の上側にあること，$-\dfrac{c}{b}<0$ であることに注意して図をかく。

よって

$$S=\int_{-\frac{c}{b}}^{0}\{ax^2+bx+c-(bx+c)\}\,dx=\int_{-\frac{c}{b}}^{0}ax^2\,dx$$

$$=\left[\frac{a}{3}x^3\right]_{-\frac{c}{b}}^{0}=\frac{a}{3}\left\{0-\left(-\frac{c}{b}\right)^3\right\}$$

$$=\frac{ac^3}{3b^3}\quad\cdots\cdots\cdots\cdots\cdots\cdots\cdots\cdots\cdots\cdots\cdots\cdots ③$$

③において $a=1$ とすると

$$S=\frac{c^3}{3b^3}$$

$$3S=\left(\frac{c}{b}\right)^3$$

$$\frac{c}{b}=\sqrt[3]{3S}$$

◀$S$ を定数とみて，この式を $c$ について解く。

ゆえに

$$c=\sqrt[3]{3S}\,b$$

$S$ の値が一定になるように正の実数 $b, c$ を変化させるとき，$\sqrt[3]{3S}$ は正の定数で，$c$ は $b$ に比例する（$c$ は $b$ の 1 次関数になる）ので，$b$ と $c$ の関係を表すグラフの概形として最も適当なものは ⓪ である。

(2) $a$, $b$, $c$, $d$ を $0$ でない実数とする。曲線 $y = ax^3 + bx^2 + cx + d$ 上にある $x$ 座標が $0$ である点の座標は $(0, d)$ であり，点 $(0, d)$ における接線の方程式は，(1)と同様に考えて

$$y = cx + d$$

となる。

◀ 点 $(0, d)$ を通る傾き $c$ の直線である。

次に，$h(x) = f(x) - g(x)$ とおくと

$$h(x) = ax^3 + bx^2 + cx + d - (cx + d) = ax^3 + bx^2$$
$$= x^2(ax + b)$$

であり，$y = h(x)$ のグラフは，$x$ 軸と点 $(0, 0)$ で接し，点 $\left(-\dfrac{b}{a}, 0\right)$ で交わる。

$h(x) = 0$ のとき

$$f(x) - g(x) = 0 \text{ すなわち } f(x) = g(x)$$

であるから，$h(x) = 0$ を満たす $x$ が $y = f(x)$ のグラフと $y = g(x)$ のグラフの共有点の $x$ 座標である。

よって，$y = f(x)$ のグラフと $y = g(x)$ のグラフの共有点の $x$ 座標は

$$\frac{-b}{a} \text{ と } 0$$

◀ 方程式 $x^2(ax + b) = 0$ の解である。

また，$x$ が $\dfrac{-b}{a}$ と $0$ の間を動くとき

$$h'(x) = 3ax^2 + 2bx = x(3ax + 2b)$$

より $h(x)$ は $x = -\dfrac{2b}{3a}$ のときにだけ極値をとり，このとき $|h(x)| = |f(x) - g(x)|$ は最大となる。

したがって，$|f(x) - g(x)|$ の値が最大となるのは

$$x = \frac{-2b}{3a}$$

のときである。

◀ $|h(x)|$ は $y = h(x)$ のグラフ上の点と $x$ 軸との距離とみることもできる。

# 第4問

$$a_n b_{n+1} - 2a_{n+1}b_n + 3b_{n+1} = 0 \quad (n = 1, 2, 3, \cdots) \quad \cdots\cdots\cdots ①$$

(1) 数列 $\{a_n\}$ は初項 $3$，公差 $p$ の等差数列であるから

$$a_n = 3 + (n-1)p \quad \cdots\cdots\cdots\cdots\cdots\cdots\cdots\cdots\cdots ②$$
$$a_{n+1} = 3 + np \quad \cdots\cdots\cdots\cdots\cdots\cdots\cdots\cdots\cdots ③$$

数列 $\{b_n\}$ は初項 $3$，公比 $r$ の等比数列であるから

$$b_n = 3r^{n-1}$$

◀②において，$n \to n+1$ とし，$n-1 \to n$ とした。

次に，①の両辺を $b_n$ で割ると

$$a_n \cdot \frac{b_{n+1}}{b_n} - 2a_{n+1} \cdot \frac{b_n}{b_n} + 3 \cdot \frac{b_{n+1}}{b_n} = 0$$

◀ $b_n \neq 0$

$\dfrac{b_{n+1}}{b_n} = r$ であるから

$$ra_n - 2a_{n+1} + 3r = 0$$

ゆえに

$$2a_{n+1} = r(a_n + 3) \quad \cdots\cdots\cdots\cdots\cdots\cdots\cdots\cdots ④$$

◀ 数列 $\{b_n\}$ は公比 $r$ の等比数列である。

が成り立つので，④に②と③を代入すると

$$2(3 + np) = r\{3 + (n-1)p + 3\}$$
$$6 + 2pn = 6r + rpn - rp$$

ゆえに

$$(r-2)pn = r(p-6) + 6 \quad \cdots\cdots\cdots\cdots\cdots ⑤$$

となる。⑤がすべての $n$ で成り立つことおよび $p \neq 0$ により，$r = 2$ であり，

$r=2$ を⑤に代入して
$$0=2(p-6)+6$$
ゆえに
$$p=3$$
が得られる。

(2) $\quad a_n c_{n+1} - 4a_{n+1}c_n + 3c_{n+1} = 0 \quad (n=1, 2, 3, \cdots) \quad \cdots\cdots\cdots\cdots ⑥$

⑥を変形すると
$$(a_n+3)c_{n+1} = 4a_{n+1}c_n$$

$a_n > 0$ より

$$c_{n+1} = \frac{4a_{n+1}}{a_n+3}c_n$$

◀ $a_n+3 \neq 0$

を得る。さらに，$p=3$ であることから，$a_n=3n$，$a_{n+1}=3(n+1)$ を代入すると

◀ $p=3$ を②，③に代入すると，$a_n=3n$，$a_{n+1}=3(n+1)$ が得られる。

$$c_{n+1} = \frac{4\cdot 3(n+1)}{3n+3}c_n = \frac{4\cdot 3(n+1)}{3(n+1)}c_n$$
$$= 4c_n$$

よって，数列 $\{c_n\}$ は公比 4 の等比数列なので，**公比が 1 より大きい等比数列であることがわかる。** $\qquad \Rightarrow ②$

(3) $\quad d_n b_{n+1} - qd_{n+1}b_n + ub_{n+1} = 0 \quad (n=1, 2, 3, \cdots) \quad \cdots\cdots\cdots\cdots ⑦$

⑦の両辺を $b_n$ で割ると

◀ $b_n \neq 0$

$$d_n \cdot \frac{b_{n+1}}{b_n} - qd_{n+1}\cdot\frac{b_n}{b_n} + u\cdot\frac{b_{n+1}}{b_n} = 0$$

(1)と同様に，$\dfrac{b_{n+1}}{b_n} = 2$ を代入して
$$2d_n - qd_{n+1} + 2u = 0$$

$q \neq 0$ より

$$d_{n+1} = \frac{2}{q}(d_n+u)$$

を得る。

　したがって，数列 $\{d_n\}$ が，公比が 0 より大きく 1 より小さい等比数列となるための必要十分条件は

◀ $d_{n+1} = \dfrac{2}{q}d_n$ のとき，数列 $\{d_n\}$ は公比 $\dfrac{2}{q}$ の等比数列である。

$$0 < \frac{2}{q} < 1 \text{ すなわち } q > 2$$
かつ
$$d_n + u = d_n \text{ すなわち } u = 0$$
である。

## 第5問

(1) $\overline{X}$ は確率変数 $X$ の標本平均であり，標本の大きさ 49 が十分に大きいことから，平均 $E(\overline{X}) = m$，標準偏差 $\sigma(\overline{X}) = \dfrac{\sigma}{\sqrt{49}} = \dfrac{\sigma}{7}$ の正規分布に近似的に従う。 $\qquad \Rightarrow ⓪, ⑦$

◀標本の大きさ $n$ が十分に大きいとき，その標本平均の平均は母平均に等しく，母標準偏差が $\sigma$ のとき，その標本平均の標準偏差は $\dfrac{\sigma}{\sqrt{n}}$ である。

　確率変数 $W$ が近似的に従う正規分布の平均を $E(W)$，標準偏差を $\sigma(W)$ とすると，**方針**より $W = 125000 \times \overline{X}$ であるから

$$E(W) = E(125000 \times \overline{X}) = 125000 \times E(\overline{X})$$
$$= 125000m \qquad \Rightarrow ④$$
$$\sigma(W) = 125000 \times \sigma(\overline{X}) = \frac{125000}{7}\sigma \qquad \Rightarrow ⑤$$

◀ $\overline{X}$，$W$ の分散をそれぞれ $V(\overline{X})$，$V(W)$ とすると
$\sigma(W) = \sqrt{V(W)}$
$= \sqrt{V(125000 \times \overline{X})}$
$= \sqrt{125000^2 \times V(\overline{X})}$
$= 125000 \times \sqrt{V(\overline{X})}$
$= 125000 \times \sigma(\overline{X})$

このとき，$X$ の母標準偏差 $\sigma$ は標本の標準偏差と同じ $\sigma=2$ であると仮定すると，花子さんたちが調べた 49 区画では $\overline{X}=16$ であるから，$X$ の母平均 $m$ に

対する信頼度 95 % の信頼区間は

$$\overline{X} - 1.96 \times \frac{\sigma}{7} \le m \le \overline{X} + 1.96 \times \frac{\sigma}{7}$$

$$16 - 1.96 \times \frac{2}{7} \le m \le 16 + 1.96 \times \frac{2}{7}$$

$$16 - 0.56 \le m \le 16 + 0.56$$

$$15.44 \le m \le 16.56$$

$M = 125000 \times m$ より，$M$ に対する信頼度 95 %の信頼区間は

$$15.44 \times 125000 \le M \le 16.56 \times 125000$$

$$\mathbf{193 \times 10^4 \le M \le 207 \times 10^4}$$

◀標準正規分布 $N(0,\ 1)$ に従う確率変数 $U$ について
$P(-z_0 \le U \le z_0) = 0.95$
となるような $z_0$ を求めると
$2 \times P(0 \le U \le z_0) = 0.95$
$P(0 \le U \le z_0) = 0.475$
であるから，正規分布表より $z_0 = 1.96$ であることがわかる。

(2)　今年の母平均 $m$ が昨年の母平均 15 と異なるといえるかを仮説検定するとき，「今年の母平均は 15 である」という仮説が正しくなければ，今年の母平均は 15 と異なるといえる。すなわち，帰無仮説は「**今年の母平均は 15 である**」であり，対立仮説は「**今年の母平均は 15 ではない**」である。　　　　　$\Rightarrow$ ②，⑥

　　帰無仮説が正しいとすると，$\overline{X}$ は平均 **15**，標準偏差 $\dfrac{2}{\sqrt{49}} = \dfrac{2}{7}$ の正規分布に近似的に従う。　　　　　　　　　　　　　　　　　　　$\Rightarrow$ ⑦，①

　　したがって，確率変数 $Z = \dfrac{\overline{X} - 15}{\frac{2}{7}}$ は標準正規分布 $N(0,\ 1)$ に近似的に従う。

　　花子さんたちの調査結果から求めた $Z$ の値を $z$ とすると

$$z = \frac{16 - 15}{\frac{2}{7}} = 3.5$$

よって，$P(Z \le -3.5)$ と $P(Z \ge 3.5)$ の和は

$$1 - P(-3.5 \le Z \le 3.5) = 1 - 2 \times P(0 \le Z \le 3.5)$$

$$= 1 - 2 \times 0.4998$$

$$= 1 - 0.9996$$

$$= 0.0004$$

となり，0.05 よりも小さいので，帰無仮説は棄却される。　　　$\Rightarrow$ ①

　　よって，有意水準 5 %で今年の母平均 $m$ は昨年と**異なる**といえる。　$\Rightarrow$ ⓪

◀仮説検定において，正しいかどうか判断したい主張を対立仮説といい，この主張に反する仮定として立てた仮説を帰無仮説という。

◀母平均 15，母標準偏差 2 である母集団から 49 個を無作為抽出した標本平均が $\overline{X}$ である。

◀$\overline{X} = 16$

◀正規分布表より
$P(0 \le Z \le 3.5)$
$= 0.4998$

# 第6問

(1)　$\triangle B_1 C_1 A_1$ は，$B_1 A_1 = B_1 C_1$ の二等辺三角形で，$\angle A_1 B_1 C_1 = 108°$ であるから

$$\angle A_1 C_1 B_1 = \frac{180° - 108°}{2} = 36°$$

　　また，$\angle C_1 A_1 A_2 = 108° - 2 \cdot 36° = 36°$ であり，$\angle A_1 C_1 B_1 = \angle C_1 A_1 A_2$ より錯角が等しいことから，$\overrightarrow{A_1 A_2}$ と $\overrightarrow{B_1 C_1}$ は平行で，$A_1 A_2 : B_1 C_1 = a : 1$ より

$$\overrightarrow{A_1 A_2} = a \overrightarrow{B_1 C_1}$$

であるから

$$\overrightarrow{B_1 C_1} = \frac{1}{a} \overrightarrow{A_1 A_2} = \frac{1}{a} \left( \overrightarrow{OA_2} - \overrightarrow{OA_1} \right)$$

　　同様に考えて，$\overrightarrow{OA_1}$ と $\overrightarrow{A_2 B_1}$ も平行で，さらに，$\overrightarrow{OA_2}$ と $\overrightarrow{A_1 C_1}$ も平行であることから

$$\overrightarrow{B_1 C_1} = \overrightarrow{B_1 A_2} + \overrightarrow{A_2 O} + \overrightarrow{OA_1} + \overrightarrow{A_1 C_1}$$

$$= -a \overrightarrow{OA_1} - \overrightarrow{OA_2} + \overrightarrow{OA_1} + a \overrightarrow{OA_2}$$

$$= (a - 1) \left( \overrightarrow{OA_2} - \overrightarrow{OA_1} \right)$$

となる。したがって

◀$\angle B_1 A_1 C_1 = \angle A_2 A_1 O = 36°$ より。

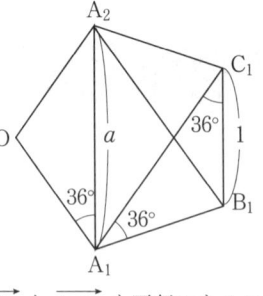

$$\frac{1}{a} = a - 1$$

$$a^2 - a - 1 = 0 \text{ すなわち } a = \frac{1 \pm \sqrt{5}}{2}$$

$a > 0$ より

$$a = \frac{1 + \sqrt{5}}{2}$$

である。

(2) 面 $OA_1B_1C_1A_2$ に着目すると

$$\overrightarrow{OB_1} = \overrightarrow{OA_2} + \overrightarrow{A_2B_1}$$
$$= \overrightarrow{OA_2} + a\overrightarrow{OA_1} \quad \cdots\cdots\cdots\cdots\cdots\cdots\cdots\cdots ①$$

である。また

$$\left|\overrightarrow{OA_2} - \overrightarrow{OA_1}\right|^2 = \left|\overrightarrow{A_1A_2}\right|^2 = a^2$$
$$= \left(\frac{1 + \sqrt{5}}{2}\right)^2 = \frac{3 + \sqrt{5}}{2}$$

であるから

$$\left|\overrightarrow{OA_2} - \overrightarrow{OA_1}\right|^2 = \left|\overrightarrow{OA_2}\right|^2 - 2\overrightarrow{OA_2}\cdot\overrightarrow{OA_1} + \left|\overrightarrow{OA_1}\right|^2$$
$$= 1^2 - 2\overrightarrow{OA_2}\cdot\overrightarrow{OA_1} + 1^2$$
$$= 2 - 2\overrightarrow{OA_2}\cdot\overrightarrow{OA_1}$$

より

$$2 - 2\overrightarrow{OA_2}\cdot\overrightarrow{OA_1} = \frac{3 + \sqrt{5}}{2}$$

ゆえに

$$\overrightarrow{OA_1}\cdot\overrightarrow{OA_2} = \frac{1 - \sqrt{5}}{4}$$

を得る。

次に，面 $OA_2B_2C_2A_3$ に着目すると

$$\overrightarrow{OB_2} = \overrightarrow{OA_3} + a\overrightarrow{OA_2} \quad \cdots\cdots\cdots\cdots\cdots\cdots\cdots\cdots ②$$

$\overrightarrow{OA_1}\cdot\overrightarrow{OA_2}$ と同様に考えて

$$\overrightarrow{OA_2}\cdot\overrightarrow{OA_3} = \overrightarrow{OA_3}\cdot\overrightarrow{OA_1} = \frac{1 - \sqrt{5}}{4}$$

が成り立つので，②より

$$\overrightarrow{OA_1}\cdot\overrightarrow{OB_2}$$
$$= \overrightarrow{OA_1}\cdot\left(\overrightarrow{OA_3} + a\overrightarrow{OA_2}\right)$$
$$= \overrightarrow{OA_1}\cdot\overrightarrow{OA_3} + a\overrightarrow{OA_1}\cdot\overrightarrow{OA_2}$$
$$= \frac{1 - \sqrt{5}}{4} + \frac{1 + \sqrt{5}}{2}\cdot\frac{1 - \sqrt{5}}{4}$$
$$= \frac{-1 - \sqrt{5}}{4} \qquad\qquad\qquad ⇨ ⑨$$

①，②より

$$\overrightarrow{OB_1}\cdot\overrightarrow{OB_2}$$
$$= \left(\overrightarrow{OA_2} + a\overrightarrow{OA_1}\right)\cdot\left(\overrightarrow{OA_3} + a\overrightarrow{OA_2}\right)$$
$$= \overrightarrow{OA_2}\cdot\overrightarrow{OA_3} + a\left|\overrightarrow{OA_2}\right|^2 + a\overrightarrow{OA_1}\cdot\overrightarrow{OA_3} + a^2\overrightarrow{OA_1}\cdot\overrightarrow{OA_2}$$
$$= \frac{1 - \sqrt{5}}{4} + \frac{1 + \sqrt{5}}{2}\cdot 1^2 + \frac{1 + \sqrt{5}}{2}\cdot\frac{1 - \sqrt{5}}{4} + \frac{3 + \sqrt{5}}{2}\cdot\frac{1 - \sqrt{5}}{4}$$
$$= 0 \qquad\qquad\qquad\qquad ⇨ ⓪$$

である。

最後に，面 $A_2C_1DEB_2$ に着目して

$$\overrightarrow{B_2D} = a\overrightarrow{A_2C_1} = \overrightarrow{OB_1}$$

であることに注意すると，四角形 $OB_1DB_2$ は平行四辺形であり

$$OB_1 = OB_2 = a$$

右欄注:

◀ $\overrightarrow{B_1C_1} = \frac{1}{a}\left(\overrightarrow{OA_2} - \overrightarrow{OA_1}\right)$ と
$\overrightarrow{B_1C_1} = (a-1)\left(\overrightarrow{OA_2} - \overrightarrow{OA_1}\right)$
より。

◀ $a^2 - a - 1 = 0$ より
$$a^2 = a + 1$$
$$= \frac{1 + \sqrt{5}}{2} + 1$$
$$= \frac{3 + \sqrt{5}}{2}$$
としてもよい。

◀ $\overrightarrow{OB_2} = \overrightarrow{OA_3} + \overrightarrow{A_3B_2}$
$= \overrightarrow{OA_3} + a\overrightarrow{OA_2}$

◀ $\frac{1 - \sqrt{5}}{4} - \frac{1}{2}$
$= \frac{-1 - \sqrt{5}}{4}$

◀ 正五角形の対角線の長さは $a$ である。

$\overrightarrow{\mathrm{OB_1}} \cdot \overrightarrow{\mathrm{OB_2}} = 0$ より

$$\angle \mathrm{B_1OB_2} = 90°$$

であるから，平行四辺形 $\mathrm{OB_1DB_2}$ は，4 辺が等しく，内角の 1 つが $90°$ であることがわかる。よって，**正方形であることがわかる。** ⇨ ⓪

◀平行四辺形において，4 辺が等しいだけだと，ひし形の可能性がある。

# 第 7 問

〔1〕

$a = 2$, $c = -8$, $d = -4$, $f = 0$ における図形の方程式は

$$2x^2 + by^2 - 8x - 4y = 0 \quad \cdots\cdots\cdots\cdots\cdots ①$$

まず，$b = 0$ のとき，① は

$$2x^2 - 8x - 4y = 0 \text{ すなわち } y = \frac{1}{2}x^2 - 2x$$

となるから，座標平面上には放物線が現れる。

次に，$b > 0$ のとき，① を変形すると

$$2(x-2)^2 - 8 + b\left(y - \frac{2}{b}\right)^2 - \frac{4}{b} = 0$$

すなわち

$$2(x-2)^2 + b\left(y - \frac{2}{b}\right)^2 = 8 + \frac{4}{b}$$

となる。

よって，$b = 2$ のとき

$$2(x-2)^2 + 2(y-1)^2 = 10 \text{ すなわち } (x-2)^2 + (y-1)^2 = 5$$

となり，円が現れる。

また，$0 < b < 2$, $2 < b$ のとき，$8 + \frac{4}{b} > 0$ より楕円が現れる。

以上より，**楕円，円，放物線が現れ，他の図形は現れない。** ⇨ ②

◀原点を中心とする楕円を，$x$ 軸方向に 2，$y$ 軸方向に $\frac{2}{b}$ だけ平行移動したもの。

〔2〕

$r > 0$ とし，$w = r(\cos\theta + i\sin\theta)$ とする。$w = w^n$（$n$ は 1 以上の整数）について，両辺の絶対値に着目すると

$$r = r^n$$

$r \neq 0$ より，両辺を $r$ で割って

$$1 = r^{n-1}$$

よって，$r = 1$ より

$$|w| = 1$$

$1 \leqq k \leqq n-1$ に対して

$$\mathrm{A}_k\mathrm{A}_{k+1} = |w^{k+1} - w^k| = |w^k(w-1)| = |w|^k \cdot |w-1|$$
$$= |w-1| \qquad\qquad ⇨ ①$$

であり，つねに一定である。

◀ド・モアブルの定理より $w^n = r^n(\cos n\theta + i\sin n\theta)$

◀ $|w| = 1$

また，$2 \leqq k \leqq n-1$ に対して

$$\angle \mathrm{A}_{k+1}\mathrm{A}_k\mathrm{A}_{k-1} = \arg\left(\frac{w^{k-1} - w^k}{w^{k+1} - w^k}\right) = \arg\left(\frac{w^{k-1}(1-w)}{w^k(w-1)}\right)$$
$$= \arg\left(-\frac{1}{w}\right) \qquad\qquad ⇨ ③$$

であり，つねに一定である。

$n = 25$ のとき，すなわち，$\mathrm{A}_1$ と $\mathrm{A}_{25}$ が重なるとき，$\mathrm{A}_1$ から $\mathrm{A}_{25}$ までを順に線分で結んでできる図形が正多角形になる場合には

正二十四角形，正十二角形，正八角形，正六角形，正方形，正三角形

の 6 通りがある。

◀$\angle \mathrm{A}_{k+1}\mathrm{A}_k\mathrm{A}_{k-1}$ は，線分 $\mathrm{A}_k\mathrm{A}_{k+1}$ を線分 $\mathrm{A}_k\mathrm{A}_{k-1}$ に重なるまで回転させた角である。

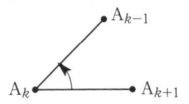

◀24 の約数で 3 以上のものを考える。

正二十四角形のとき　　$w = \cos\dfrac{\pi}{12} + i\sin\dfrac{\pi}{12}$

正十二角形のとき　　$w = \cos\dfrac{\pi}{6} + i\sin\dfrac{\pi}{6}$

正八角形のとき　　$w = \cos\dfrac{\pi}{4} + i\sin\dfrac{\pi}{4}$

正六角形のとき　　$w = \cos\dfrac{\pi}{3} + i\sin\dfrac{\pi}{3}$

正方形のとき　　$w = \cos\dfrac{\pi}{2} + i\sin\dfrac{\pi}{2}$

正三角形のとき　　$w = \cos\dfrac{2}{3}\pi + i\sin\dfrac{2}{3}\pi$

であり，それぞれの場合について，対応する $w$ の値が一つずつ存在するから，このような $w$ の値は全部で **6** 個である。

　また，このような正多角形について，どの場合であっても，それぞれの正多角形に内接する円の中心は原点である。

　正多角形と円の接点を表す複素数は，$1 \leqq k \leqq 23$ として

$$\frac{w^k + w^{k+1}}{2} = \frac{w^k(1 + w)}{2}$$

と表せるから，円上の点 $z$ が満たす式は

$$|z| = \left| \frac{w^k(w+1)}{2} \right|$$

$$|z| = \frac{|w|^k \cdot |w+1|}{2}$$

よって

$$|z| = \frac{|w+1|}{2}$$

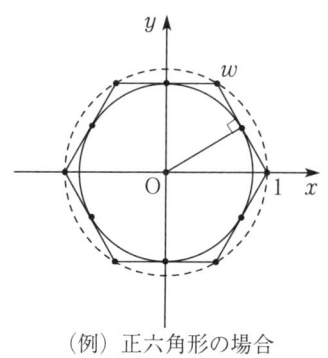

（例）正六角形の場合

$\Rightarrow$ ⑥

◀ 例えば，$A_1$ と $A_7$ が一致するとき，$A_{13}$, $A_{19}$, $A_{25}$ も $A_1$ と一致し，正六角形になる。

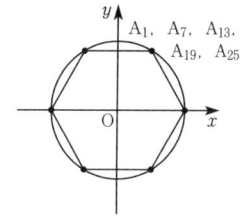

$A_1$, $A_7$, $A_{13}$, $A_{19}$, $A_{25}$

このとき

$$w = \cos\frac{\pi}{3} + i\sin\frac{\pi}{3}$$

である。

◀ 線分 $A_k A_{k+1}$ の中点。

◀ $z$ が表す点は，原点を中心とする半径 $\left| \dfrac{w^k + w^{k+1}}{2} \right|$ の円上にある。

◀ $|w| = 1$

# 2024 本試

# 解　答

| 問題番号<br>(配点) | 解　答　記　号 | 正　解 | 配点 | 自己採点 |
|---|---|---|---|---|
| 第1問<br>(30) | $(27,\ \boxed{ア}\ ),\ (\ \boxed{イウ}\ ,\ 1)$ | $(27,\ 3),\ (10,\ 1)$ | 各1 | |
| | $(\ \boxed{エ}\ ,\ \boxed{オ}\ )$ | $(1,\ 0)$ | 2 | |
| | $\boxed{カ}\ ,\ \boxed{キ}$ | ⓪, ⑤ | 各3 | |
| | $\boxed{ク}$ | ② | 2 | |
| | $\boxed{ケ}$ | ② | 3 | |
| | $x = \boxed{コサ} \pm \sqrt{\boxed{シ}}\,i$ | $x = -2 \pm \sqrt{3}\,i$ | 2 | |
| | $T(x) = \boxed{ス}\,x - \boxed{セ}$ | $T(x) = 2x - 1$ | 2 | |
| | $U(x) = \boxed{ソタ}$ | $U(x) = 12$ | 1 | |
| | $\boxed{チ}$ | ③ | 3 | |
| | $\boxed{ツ}$ | ① | 1 | |
| | $\boxed{テ}\ ,\ \boxed{ト}$ | ①, ① | 2 | |
| | $\boxed{ナ}$ | ③ | 1* | |
| | $p = \boxed{ニヌ}$ | $p = -6$ | 2 | |
| | $\boxed{ネノ}$ | 14 | 1 | |
| 第2問<br>(30) | $x = \dfrac{\boxed{ア}}{\boxed{イ}}$ | $x = \dfrac{3}{2}$ | 2 | |
| | $\displaystyle\int_0^x \left(3t^2 - \boxed{ウ}\,t + \boxed{エ}\right) dt$ | $\displaystyle\int_0^x (3t^2 - 9t + 6)\, dt$ | 1 | |
| | $x^3 - \dfrac{\boxed{オ}}{\boxed{カ}}\,x^2 + \boxed{キ}\,x$ | $x^3 - \dfrac{9}{2}\,x^2 + 6x$ | 2 | |
| | $x = \boxed{ク}\ のとき,\ S(x)\ は極大値\ \dfrac{\boxed{ケ}}{\boxed{コ}}$ | $x = 1\ のとき,\ S(x)\ は極大値\ \dfrac{5}{2}$ | 各1 | |
| | $x = \boxed{サ}\ のとき,\ S(x)\ は極小値\ \boxed{シ}$ | $x = 2\ のとき,\ S(x)\ は極小値\ 2$ | 各1 | |
| | $\boxed{ス}$ | ③ | 3 | |
| | $\boxed{セ}\ ,\ \boxed{ソ}$ | ⓪, ⑤ | 2 | |
| | $\boxed{タ}$ | ① | 2 | |
| | $\boxed{チ}$ | ① | 4 | |
| | $\boxed{ツ}$ | ② | 2 | |
| | $\boxed{テ}$ | ③ | 1 | |
| | $\boxed{ト}\ ,\ \boxed{ナ}$ | ④, ② | 3 | |
| | $\boxed{ニ}\ ,\ \boxed{ヌ}$ | ⓪, ④ | 2 | |
| | $\boxed{ネ}$ | ② | 2 | |

| 問題番号(配点) | 解 答 記 号 | 正 解 | 配点 | 自己採点 |
|---|---|---|---|---|
| 第3問 (20) | $\boxed{ア}$ | ⓪ | 2 | |
| | $\boxed{イ}$ | ③ | 2 | |
| | $\boxed{ウ}$, $\boxed{エ}$ | ①, ② | 3 | |
| | $\boxed{オ}$ | ⓪ | 3 | |
| | $E(U_4) = \dfrac{\boxed{カ}}{128}$ | $E(U_4) = \dfrac{3}{128}$ | 3 | |
| | $E(U_5) = \dfrac{\boxed{キク}}{1024}$ | $E(U_5) = \dfrac{33}{1024}$ | 3 | |
| | $E(U_{300}) = \dfrac{\boxed{ケコ}}{\boxed{サ}}$ | $E(U_{300}) = \dfrac{21}{8}$ | 4 | |
| 第4問 (20) | $a_2 = \boxed{アイ}$, $a_3 = \boxed{ウエ}$ | $a_2 = 24$, $a_3 = 38$ | 2 | |
| | $a_n = a_1 + \boxed{オカ}(n-1)$ | $a_n = a_1 + 14(n-1)$ | 2 | |
| | $b_n = \left(b_1 + \boxed{キ}\right)\left(\dfrac{\boxed{ク}}{\boxed{ケ}}\right)^{n-1} - \boxed{コ}$ | $b_n = (b_1 + 3)\left(\dfrac{1}{2}\right)^{n-1} - 3$ | 3 | |
| | $c_2 = \boxed{サ}$ | $c_2 = 1$ | 1 | |
| | $c_2 = \boxed{シス}$, $c_1 = \boxed{セソ}$ | $c_2 = -3$, $c_1 = -3$ | 2 | |
| | $c_5 = \boxed{タ}$, $c_5 = \boxed{チツ}$ | $c_5 = 1$, $c_5 = 40$ | 3 | |
| | $\boxed{テ}$ | ③ | 3 | |
| | $\boxed{ト}$ | ④ | 4 | |
| 第5問 (20) | $\overrightarrow{AB} = \left(\boxed{ア},\ \boxed{イウ},\ \boxed{エ}\right)$ | $\overrightarrow{AB} = (1,\ -1,\ 1)$ | 2 | |
| | $\overrightarrow{AB} \cdot \overrightarrow{CD} = \boxed{オ}$ | $\overrightarrow{AB} \cdot \overrightarrow{CD} = 0$ | 2 | |
| | $\boxed{カ}$ | ② | 3 | |
| | $\left|\overrightarrow{OP}\right|^2 = \boxed{キ}s^2 - \boxed{クケ}s + \boxed{コサ}$ | $\left|\overrightarrow{OP}\right|^2 = 3s^2 - 12s + 54$ | 3 | |
| | $\boxed{シ}$ | ① | 3 | |
| | $s = \boxed{ス}$ | $s = 2$ | 3 | |
| | $\left(\boxed{セソ},\ \boxed{タチ},\ \boxed{ツテ}\right)$, $\left(\boxed{トナ},\ \boxed{ニヌ},\ \boxed{ネノ}\right)$ | $(-3,\ 12,\ -6)$, $(-7,\ 12,\ -2)$ | 4 | |

(注) ＊は，解答記号テ，トが両方正解の場合のみ ③ を正解とし，点を与える。
　　 第1問，第2問は必答。第3問〜第5問のうちから2問選択。計4問を解答。
　　 なお，上記以外のものについても得点を与えることがある。正解欄に※があるものは，解答の順序は問わない。

| 第1問小計 | | 第2問小計 | | 第3問小計 | | 第4問小計 | | 第5問小計 | | 合計点 | /100 |
|---|---|---|---|---|---|---|---|---|---|---|---|

# 第 1 問

〔1〕

(1)(i) $y = \log_3 x$ のグラフについて，$x = 27$ のとき
$$y = \log_3 27 = \log_3 3^3 = 3$$
より，$y = \log_3 x$ のグラフは点 **(27，3)** を通る。

また，$y = \log_2 \dfrac{x}{5}$ のグラフについて，$y = 1$ のとき
$$1 = \log_2 \frac{x}{5}$$
$$2 = \frac{x}{5}$$
より
$$x = 10$$
であるから，$y = \log_2 \dfrac{x}{5}$ のグラフは点 **(10，1)** を通る。

◀ $\log_2 2 = \log_2 \dfrac{x}{5}$

(ii) $k > 0$ のとき，$k$ の値によらず $k^0 = 1$ であるから
$$0 = \log_k 1$$
よって，$y = \log_k x$ のグラフは，$k$ の値によらず定点 **(1，0)** を通る。

(iii) $y = \log_k x$ のグラフについて，(ii)より，$k$ の値によらず点 $(1，0)$ を通る。
また，$x > 0$，$x \neq 1$ のとき
$$\log_k x = \frac{1}{\log_x k}$$
より，1 より大きい同じ $x$ の値における $y$ の値を比較すると，$k = 2$，3，4 のとき，$k$ の値が大きくなるにつれて $y$ の値は小さくなる。よって，グラフの概形は ⓪ である。　　　　　　　　　　　　　⇨ ⓪

◀ここで ⓪ か ① に絞られる。

◀$a > 0$，$a \neq 1$，$b > 0$，$c > 0$，$c \neq 1$ のとき
$$\log_a b = \frac{\log_c b}{\log_c a}$$

次に
$$y = \log_2 kx = \log_2 x + \log_2 k$$
より，$y = \log_2 kx$ のグラフは，$y = \log_2 x$ のグラフを $y$ 軸の正の方向に $\log_2 k$ だけ平行移動したものである。

$\log_2 2$，$\log_2 3$，$\log_2 4$ はすべて異なる値であるから，$k = 2$，3，4 のときの $y = \log_2 kx$ のグラフは，どの二つも共有点をもたない。また
$$\log_2 2 < \log_2 3 < \log_2 4 \text{ すなわち } \log_2 2x < \log_2 3x < \log_2 4x$$
より，グラフの概形は ⑤ である。　　　　　　　　　　　⇨ ⑤

◀ここで ④ か ⑤ に絞られる。
◀$\log_2 x$ は増加関数。

(2)(i) $x > 0$，$x \neq 1$，$y > 0$ のとき，$\log_x y = 2$ より
$$y = x^2$$
よって，方程式 $\log_x y = 2$ の表す図形を図示すると，② の $x > 0$，$x \neq 1$，$y > 0$ の部分となる。　　　　　　　　　　　　　　　　⇨ ②

◀$\log_x x^2 = 2$ より。

(ii) (i)と同様に考えると
$$0 < \log_x y < 1 \text{ すなわち } \log_x 1 < \log_x y < \log_x x$$
より
$$x > 1 \text{ のとき } 1 < y < x，$$
$$0 < x < 1 \text{ のとき } 0 < x < y < 1$$
であるから，不等式 $0 < \log_x y < 1$ の表す領域は
$x > 1$ のとき，直線 $y = 1$ の上側かつ直線 $y = x$ の下側
$0 < x < 1$ のとき，直線 $y = 1$ の下側かつ直線 $y = x$ の上側
であり，これを図示すると ② の斜線部分となる。ただし，境界（境界線）は含まない。　　　　　　　　　　　　　　　　　　　　　　⇨ ②

◀底 $x$ と 1 の大小関係によって場合を分ける必要があることに注意。

〔2〕

(1) 方程式 $S(x) = 0$ の解は，$x^2 + 4x + 7 = 0$ より
$$x = -2 \pm \sqrt{2^2 - 1 \cdot 7}$$
ゆえに
$$\boldsymbol{x = -2 \pm \sqrt{3}i}$$
また，$2x^3 + 7x^2 + 10x + 5$ を
$x^2 + 4x + 7$ で割ると
商 $T(x)$ は $\boldsymbol{2x - 1}$，余り $U(x)$ は $\boldsymbol{12}$

$$
\begin{array}{r}
2x \quad -1 \\
x^2+4x+7 \overline{\smash{\big)}\, 2x^3+7x^2+10x+5} \\
\underline{2x^3+8x^2+14x} \\
-x^2-4x+5 \\
\underline{-x^2-4x-7} \\
12
\end{array}
$$

(2)(i) 題意より，$P(x) = S(x)T(x) + U(x)$ である。

$P(x)$ を $S(x)$ で割った余りが定数 $k$ になるとき，$U(x) = k$ とおける。
このとき
$$P(x) = S(x)T(x) + k$$
であり
$$S(\alpha) = S(\beta) = 0$$
が成り立つことから
$$P(\alpha) = P(\beta) = k$$
となる。すなわち，$\boldsymbol{P(x) = S(x)T(x) + k}$ かつ $\boldsymbol{S(\alpha) = S(\beta) = 0}$ が成り立つことから，$\boldsymbol{P(\alpha) = P(\beta) = k}$ となることが導かれる。　　$\Rightarrow$ ③

したがって，余りが定数 $k$ になるとき
$$\boldsymbol{P(\alpha) = P(\beta)}$$
　$\Rightarrow$ ①
が成り立つ。

◀ $\alpha$, $\beta$ は方程式 $S(x) = 0$ の異なる二つの解である。

◀ $x = \alpha$, $\beta$ のとき
　$S(x)T(x) = 0$

(ii) $S(x)$ が $2$ 次式であるから，$m$, $n$ を定数として，$U(x) = mx + n$ とおける。このとき
$$\boldsymbol{P(x) = S(x)T(x) + mx + n}$$
　$\Rightarrow$ ①
と表され，ここに $x = \alpha$, $\beta$ をそれぞれ代入すると
$$\boldsymbol{P(\alpha) = m\alpha + n} \text{ かつ } \boldsymbol{P(\beta) = m\beta + n}$$
　$\Rightarrow$ ①
となるから，$P(\alpha) = P(\beta)$ より
$$m\alpha + n = m\beta + n$$
$$m(\alpha - \beta) = 0$$
ここで，$\alpha \neq \beta$ より $\alpha - \beta \neq 0$ であるから
$$\boldsymbol{m = 0}$$
　$\Rightarrow$ ③
以上より，$P(\alpha) = P(\beta)$ が成り立つとき，余りは定数になることがわかる。

◀ $2$ 次式で割った余り $U(x)$ は，$1$ 次式または定数である。

◀ $S(\alpha) = S(\beta) = 0$

(i)，(ii)の考察より，方程式 $S(x) = 0$ が異なる二つの解 $\alpha$, $\beta$ をもち，$P(x)$ を $S(x)$ で割った余りが定数になるとき，$P(\alpha) = P(\beta)$ である。

(3) $S(x) = x^2 - x - 2$ のとき，$\alpha < \beta$ とすると $\alpha = -1$，$\beta = 2$ であり
$$P(\alpha) = (-1)^{10} - 2 \cdot (-1)^9 - p \cdot (-1)^2 - 5 \cdot (-1)$$
$$= 1 + 2 - p + 5 = -p + 8$$
$$P(\beta) = 2^{10} - 2 \cdot 2^9 - p \cdot 2^2 - 5 \cdot 2 = -4p - 10$$
であり，$P(\alpha) = P(\beta)$ より
$$-p + 8 = -4p - 10$$
よって
$$\boldsymbol{p = -6}$$
このとき
$$P(\alpha) = P(\beta) = 14$$
より，余りは $\boldsymbol{14}$ となる。

◀ 方程式 $x^2 - x - 2 = 0$ の解は $x = -1$, $2$ である。

◀ $P(x) = x^{10} - 2x^9 - px^2 - 5x$ に $x = -1$ を代入した。

◀ 同様に $P(x)$ に $x = 2$ を代入した。

◀ $-p + 8$ または $-4p - 10$ に $p = -6$ を代入した。

(1)(i) $f(x) = 3(x-1)(x-2)$ のとき

$$f(x) = 3x^2 - 9x + 6$$

より，$f'(x) = 6x - 9$ であるから，$f'(x) = 0$ となる $x$ の値は

$$x = \frac{3}{2}$$

(ii) $S(x)$ を計算すると

$$S(x) = \int_0^x f(t)\,dt = \int_0^x (3t^2 - 9t + 6)\,dt$$

$$= \left[ t^3 - \frac{9}{2}t^2 + 6t \right]_0^x$$

$$= x^3 - \frac{9}{2}x^2 + 6x$$

であり

$$S'(x) = f(x) = 3(x-1)(x-2)$$

より，$S(x)$ の増減は右の表のように
なる。よって，$S(x)$ は，

$x = 1$ のとき極大値

$$S(1) = 1^3 - \frac{9}{2}\cdot 1^2 + 6\cdot 1 = \frac{5}{2}$$

をとり，$x = 2$ のとき極小値

$$S(2) = 2^3 - \frac{9}{2}\cdot 2^2 + 6\cdot 2 = 2$$

をとる。

◀ $a$ を定数として
$$\frac{d}{dx}\int_a^x f(t)\,dt = f(x)$$

| $x$ | | 1 | | 2 | |
|---|---|---|---|---|---|
| $S'(x)$ | + | 0 | − | 0 | + |
| $S(x)$ | ↗ | 極大 | ↘ | 極小 | ↗ |

(iii) $S'(3)$ は $y = S(x)$ のグラフ上の $x$ 座標が 3 である点における接線の傾き
である。よって，$f(3) = S'(3)$ より，$f(3)$ は関数 $y = S(x)$ のグラフ上の点
$(3, S(3))$ における接線の傾きと一致する。　　　　　　⇨ ③

◀ $S'(x) = f(x)$

(2) $S_1$ は，$0 \leqq x \leqq 1$ の範囲で関数 $y = f(x)$ のグ
ラフと $x$ 軸および $y$ 軸で囲まれた図形の面積で
あるから

$$S_1 = \int_0^1 f(x)\,dx \qquad ⇨ ⓪$$

◀ $f(x) = 0$ のとき
$x = 1,\ m$

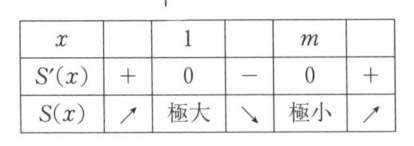

$S_2$ は，$1 \leqq x \leqq m$ の範囲で関数 $y = f(x)$ のグラ
フと $x$ 軸で囲まれた図形の面積であるから

$$S_2 = \int_1^m \{-f(x)\}\,dx \qquad ⇨ ⑤$$

また，$m > 1$ と

$$S'(x) = f(x)$$
$$= 3(x-1)(x-m)$$

より，$S(x)$ の増減は右の表のように
なる。

| $x$ | | 1 | | $m$ | |
|---|---|---|---|---|---|
| $S'(x)$ | + | 0 | − | 0 | + |
| $S(x)$ | ↗ | 極大 | ↘ | 極小 | ↗ |

◀ (1)(ii)の考察をふまえる。

$S_1 = S_2$ となるとき

$$\int_0^1 f(x)\,dx = \int_1^m \{-f(x)\}\,dx$$

$$\int_0^1 f(x)\,dx = -\int_1^m f(x)\,dx$$

$$\int_0^1 f(x)\,dx + \int_1^m f(x)\,dx = 0$$

$$\int_0^m f(x)\,dx = 0 \qquad ⇨ ①$$

よって，$S_1 = S_2$ が成り立つような $f(x)$ に対して
$$S(m) = \int_0^m f(t)\,dt = 0$$
であり，$S(x)$ の増減より，$S(x) = 0$ となるのは $x = 0$，$m$ のときだとわかるので，$y = S(x)$ のグラフの概形は ① である。　　　　　⇨ ①

また，$S_1 > S_2$ が成り立つような $f(x)$ に対しては
$$\int_0^1 f(x)\,dx > \int_1^m \{-f(x)\}\,dx$$
より
$$\int_0^m f(x)\,dx > 0$$
であるから
$$S(m) > 0$$
$S(x)$ の増減より，$S(x) = 0$ となるのは $x = 0$ のときのみだとわかるので，$y = S(x)$ のグラフの概形は ② である。　　　　　⇨ ②

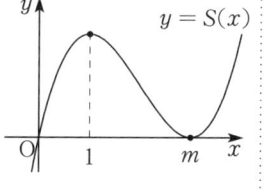

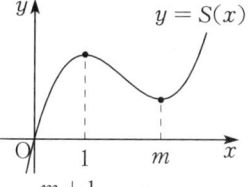

(3)　関数 $y = f(x)$ のグラフは放物線であり，その軸は $x = \dfrac{m+1}{2}$ である。

すなわち，関数 $y = f(x)$ のグラフは

直線 $x = \dfrac{m+1}{2}$ に関して対称である。　⇨ ③

よって，右の図より，すべての正の実数 $p$ に対して
$$\int_{1-p}^1 f(x)\,dx = \int_m^{m+p} f(x)\,dx$$
　　　　　………………… ①
　　　　　　　　⇨ ④

◀ $f(x) = 3(x-1)(x-m)$ より，軸は 2 点 $(1,\,0)$，$(m,\,0)$ を結ぶ線分の中点を通る。

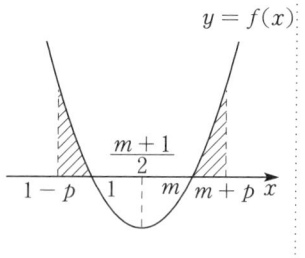

また，右の図より，$M = \dfrac{m+1}{2}$ とおくと，

$0 < q \leqq M - 1$ であるすべての実数 $q$ に対して
$$\int_{M-q}^M \{-f(x)\}\,dx = \int_M^{M+q} \{-f(x)\}\,dx$$
　　　　　………………… ②
　　　　　　　　⇨ ②

◀ $M - q \geqq 1$，$M + q \leqq m$

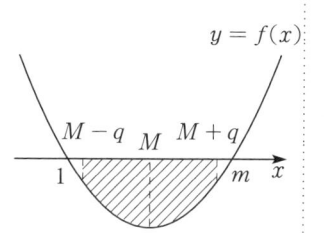

① より
$$S(1) - S(1-p) = S(m+p) - S(m)$$
$$S(1-p) + S(m+p) = S(1) + S(m) \quad\cdots\cdots\cdots\cdots ③$$
　　　　　　　　⇨ ⓪

◀ $\Big[S(x)\Big]_{1-p}^1 = \Big[S(x)\Big]_m^{m+p}$

② より
$$\int_{M-q}^M f(x)\,dx = \int_M^{M+q} f(x)\,dx$$
$$S(M) - S(M-q) = S(M+q) - S(M)$$
$$2S(M) = S(M+q) + S(M-q) \quad\cdots\cdots\cdots\cdots ④$$
　　　　　　　　⇨ ④

◀ $\Big[S(x)\Big]_{M-q}^M = \Big[S(x)\Big]_M^{M+q}$

2 点 $(1-p,\ S(1-p))$，$(m+p,\ S(m+p))$ を結ぶ線分の中点について，$x$ 座標は
$$\frac{1}{2}\{(1-p) + (m+p)\} = \frac{m+1}{2} = M$$
$y$ 座標は，③ より

$$\frac{1}{2}\{S(1-p)+S(m+p)\}=\frac{1}{2}\{S(1)+S(m)\}$$

ここで，④において $q=M-1(>0)$ とすると

$$2S(M)=S(2M-1)+S(1)$$
$$=S(1)+S(m)$$

$\blacktriangleleft M=\dfrac{m+1}{2}$ より。

であるから，$y$ 座標は

$$\frac{1}{2}\{S(1)+S(m)\}=\frac{1}{2}\cdot 2S(M)=S(M)$$

となる。

以上より，**中点は $p$ の値によらず一つに定まり，関数 $y=S(x)$ のグラフ上にある。** ⇨ ②

$\blacktriangleleft$中点は $(M,\,S(M))$

# 第3問

(1) 表1より，確率変数 $X$ の平均（期待値）$m$ は

$$m=0\cdot(1-p)+1\cdot p=\boldsymbol{p} \qquad ⇨ ⓪$$

$n=300$ は十分に大きいから，母標準偏差を $\sigma$ とすると，標本平均 $\overline{X}$ は近似的に正規分布に従い，その平均は $m$，標準偏差は $\dfrac{\sigma}{\sqrt{n}}$ である。すなわち，$\overline{X}$ は近似的に正規分布 $\boldsymbol{N\left(m,\ \dfrac{\sigma^2}{n}\right)}$ に従う。 ⇨ ③

また，$S$ は

$$S=\sqrt{\frac{1}{n}\left\{\left(X_1-\overline{X}\right)^2+\left(X_2-\overline{X}\right)^2+\cdots+\left(X_n-\overline{X}\right)^2\right\}}$$
$$=\sqrt{\frac{1}{n}(X_1{}^2+X_2{}^2+\cdots+X_n{}^2)-2\overline{X}\cdot\frac{1}{n}(X_1+X_2+\cdots+X_n)+\frac{1}{n}\cdot n\cdot\left(\overline{X}\right)^2}$$
$$=\sqrt{\frac{1}{n}(X_1{}^2+X_2{}^2+\cdots+X_n{}^2)-2\cdot\left(\overline{X}\right)^2+\left(\overline{X}\right)^2}$$
$$=\sqrt{\frac{1}{n}(X_1{}^2+X_2{}^2+\cdots+X_n{}^2)-\left(\overline{X}\right)^2} \qquad ⇨ ①$$

$\blacktriangleleft S$ は標本の標準偏差。

$\blacktriangleleft\ \overline{X}$
$=\dfrac{1}{n}(X_1+X_2+\cdots+X_n)$

で計算できる。ここで，$X_1{}^2=X_1$，$X_2{}^2=X_2$，$\cdots$，$X_n{}^2=X_n$ であることに着目すると

$$S=\sqrt{\frac{1}{n}(X_1+X_2+\cdots+X_n)-\left(\overline{X}\right)^2}=\sqrt{\overline{X}-\left(\overline{X}\right)^2}$$
$$=\sqrt{\overline{X}\left(1-\overline{X}\right)} \qquad ⇨ ②$$

$\blacktriangleleft k=1,\,2,\,\cdots,\,n$ に対して
$\quad X_k=0$ または $1$
であり
$\quad X_k=0$ のとき，$X_k{}^2=0$
$\quad X_k=1$ のとき，$X_k{}^2=1$
である。

いま，表2より

$$n=300,\quad \overline{X}=\frac{75}{300}=\frac{1}{4}$$

であるから

$$\frac{S^2}{n}=\frac{\dfrac{1}{4}\cdot\left(1-\dfrac{1}{4}\right)}{300}=\frac{1}{1600}$$

したがって，$\overline{X}$ は，正規分布 $N\left(m,\ \dfrac{1}{1600}\right)$ に従う。

ここで

$$Z=\frac{\dfrac{1}{4}-m}{\dfrac{1}{40}}$$

とおくと，$Z$ は近似的に標準正規分布 $N(1,\ 0)$ に従う。$Z$ に対する信頼度 95% の信頼区間は，正規分布表より

$$-1.96\leqq Z\leqq 1.96$$

であるから，母平均 $m$ に対する信頼度 95% の信頼区間は

$\blacktriangleleft\ Z=\dfrac{\overline{X}-m}{S}$,
$\quad\sqrt{\dfrac{1}{1600}}=\dfrac{1}{40}$

$\blacktriangleleft$値が
$\quad\dfrac{0.95}{2}=0.475$
となる $z_0$ を探す。

$$\frac{1}{4} - 1.96 \cdot \frac{1}{40} \leqq m \leqq \frac{1}{4} + 1.96 \cdot \frac{1}{40}$$

$$0.25 - 0.049 \leqq m \leqq 0.25 + 0.049$$

すなわち

$$\mathbf{0.201 \leqq m \leqq 0.299} \qquad \Rightarrow \mathbf{⓪}$$

(2) $k = 4$ のとき, $U_4 = 1$ となる確率は

$$\left(\frac{1}{4}\right)^3 \cdot \left(1 - \frac{1}{4}\right) \cdot 2 = \frac{3}{128}$$

であるから, $U_4$ の期待値は

$$E(U_4) = 1 \cdot \frac{3}{128} = \frac{3}{128}$$

◀ $(X_1, X_2, X_3, X_4)$ $= (1, 1, 1, 0), (0, 1, 1, 1)$ の 2 通りがある。

同様に, $k = 5$ のとき, $U_5 = 1$ となるのは

(ア) $(X_1, X_2, X_3, X_4, X_5) = (1, 1, 1, 0, 1), (1, 1, 1, 0, 0)$

(イ) $(X_1, X_2, X_3, X_4, X_5) = (0, 1, 1, 1, 0)$

(ウ) $(X_1, X_2, X_3, X_4, X_5) = (1, 0, 1, 1, 1), (0, 0, 1, 1, 1)$

のときである。

(ア), (ウ)が起こる確率はそれぞれ

$$\left(\frac{1}{4}\right)^3 \cdot \frac{3}{4} \cdot 1 = \frac{3}{256}$$

◀(ア)の $X_5$, (ウ)の $X_1$ は, 0, 1 の どちらの値でもよい。

(イ)が起こる確率は

$$\left(\frac{1}{4}\right)^3 \cdot \left(\frac{3}{4}\right)^2 = \frac{9}{1024}$$

であるから, $U_5$ の期待値は

$$E(U_5) = 1 \cdot \left(\frac{3}{256} \cdot 2 + \frac{9}{1024}\right) = \frac{33}{1024}$$

座標平面上の点 $(4, E(U_4))$, $(5, E(U_5))$, $\cdots$, $(300, E(U_{300}))$ が一つの直線上にあるとすると, その直線は 2 点 $\left(4, \frac{3}{128}\right)$, $\left(5, \frac{33}{1024}\right)$ を通るので, その直線の式は

$$y - \frac{3}{128} = \frac{9}{1024}(x - 4)$$

より

$$y = \frac{9}{1024}x - \frac{3}{256}$$

◀直線の傾きは
$$\frac{E(U_5) - E(U_4)}{5 - 4}$$
$$= \frac{33}{1024} - \frac{3}{128} = \frac{9}{1024}$$

である。よって

$$E(U_{300}) = \frac{9}{1024} \cdot 300 - \frac{3}{256} = \frac{21}{8}$$

### 研究

座標平面上の点 $(4, E(U_4))$, $(5, E(U_5))$, $\cdots$, $(300, E(U_{300}))$ が一つの直線上にある理由を考えよう。

$k$ を 4 以上の整数とし, A の個数が $k$ のときと $k+1$ のときでどのように変化するかを考える。

$X_1, X_2, \cdots, X_k$ の値の組について, $X_{k-3}, X_{k-2}, X_{k-1}, X_k$ の値に着目すると

(I) $X_{k-3} = 1$, $X_{k-2} = 1$, $X_{k-1} = 1$, $X_k = 1$

(II) $X_{k-3} = 0$, $X_{k-2} = 1$, $X_{k-1} = 1$, $X_k = 1$

(III) $X_{k-3} = 0$ または 1, $X_{k-2} = 0$, $X_{k-1} = 1$, $X_k = 1$

(IV) $X_{k-3} = 0$ または 1, $X_{k-2} = 0$ または 1, $X_{k-1} = 0$, $X_k = 1$

(V) $X_{k-3} = 0$ または 1, $X_{k-2} = 0$ または 1, $X_{k-1} = 0$ または 1, $X_k = 0$

のいずれかに当てはまる。

(I), (IV), (V)のとき, $X_{k+1}$ の値によらず, A の個数は変化しない。

(Ⅲ)のとき，$X_{k+1} = 0$ であれば A の個数は変化しないが，$X_{k+1} = 1$ であれば A の個数は 1 だけ増加する。

(Ⅲ)のとき，$X_{k+1} = 0$ であれば A の個数は変化しないが，$X_{k+1} = 1$ であれば A の個数は 1 だけ減少する。

以上より，A の個数が 1 だけ増加する確率は

$$\frac{3}{4} \cdot \left(\frac{1}{4}\right)^3 = \frac{3}{256}$$

であり，A の個数が 1 だけ減少する確率は

$$\frac{3}{4} \cdot \left(\frac{1}{4}\right)^4 = \frac{3}{1024}$$

であるから

$$E(U_{k+1}) = E(U_k) + 1 \cdot \frac{3}{256} - 1 \cdot \frac{3}{1024}$$

$$E(U_{k+1}) - E(U_k) = \frac{9}{1024}$$

となり，$k$ の値によらず $E(U_k)$ と $E(U_{k+1})$ の差は一定である。

したがって，$(4, E(U_4))$，$(5, E(U_5))$，$\cdots$，$(300, E(U_{300}))$ は一つの直線上にあることがわかる。

◀ $X_{k-2} = 0$，$X_{k-1} = 1$，$X_k = 1$，$X_{k+1} = 1$ となる確率。

◀ $X_{k-3} = 0$，$X_{k-2} = 1$，$X_{k-1} = 1$，$X_k = 1$，$X_{k+1} = 1$ となる確率。

# 第4問

(1) 数列 $\{a_n\}$ が $a_{n+1} - a_n = 14$ $(n = 1, 2, 3, \cdots)$ を満たすので

$$a_{n+1} = a_n + 14$$

$a_1 = 10$ のとき

$$\boldsymbol{a_2 = a_1 + 14 = 10 + 14 = 24}$$

また，$a_2 = 24$ であるから

$$\boldsymbol{a_3 = a_2 + 14 = 24 + 14 = 38}$$

数列 $\{a_n\}$ は公差が 14 の等差数列であるから

$$\boldsymbol{a_n = a_1 + 14(n-1)}$$

(2) 数列 $\{b_n\}$ が $2b_{n+1} - b_n + 3 = 0$ $(n = 1, 2, 3, \cdots)$ を満たすとき

$$b_{n+1} + 3 = \frac{1}{2}(b_n + 3)$$

よって，数列 $\{b_n + 3\}$ は初項 $b_1 + 3$，公比 $\frac{1}{2}$ の等比数列であるから

$$b_n + 3 = (b_1 + 3) \cdot \left(\frac{1}{2}\right)^{n-1}$$

したがって

$$\boldsymbol{b_n = (b_1 + 3)\left(\frac{1}{2}\right)^{n-1} - 3}$$

◀ 方程式
$$2x - x + 3 = 0$$
の解は $x = -3$ である。

(3) $(c_n + 3)(2c_{n+1} - c_n + 3) = 0$ $(n = 1, 2, , 3 \cdots)$ $\cdots\cdots\cdots\cdots$①

(i) 数列 $\{c_n\}$ が①を満たし，$c_1 = 5$ のとき

$$(c_1 + 3)(2c_2 - c_1 + 3) = 0$$

$$8(2c_2 - 2) = 0$$

よって

$$\boldsymbol{c_2 = 1}$$

数列 $\{c_n\}$ が①を満たし，$c_3 = -3$ のとき

$$(c_2 + 3)(2c_3 - c_2 + 3) = 0 \quad \cdots\cdots\cdots\cdots\cdots\cdots\cdots\cdots\cdots\cdots(*)$$

$$-(c_2 + 3)^2 = 0$$

よって

$$\boldsymbol{c_2 = -3}$$

さらに

◀ ①に $n = 1$ を代入した。

◀ ①に $n = 2$ を代入した。

$$(c_1 + 3)(2c_2 - c_1 + 3) = 0 \quad \cdots\cdots\cdots\cdots\cdots\cdots (**)$$
$$-(c_1 + 3)^2 = 0$$

よって
$$\boldsymbol{c_1 = -3}$$

(ii) 数列 $\{c_n\}$ が $c_3 = -3$ と①を満たし，$c_4 = 5$ のとき
$$(c_4 + 3)(2c_5 - c_4 + 3) = 0$$
$$8(2c_5 - 2) = 0$$

ゆえに
$$\boldsymbol{c_5 = 1}$$

数列 $\{c_n\}$ が $c_3 = -3$ と①を満たし，$c_4 = 83$ のとき
$$(c_4 + 3)(2c_5 - c_4 + 3) = 0$$
$$86(2c_5 - 80) = 0$$

ゆえに
$$\boldsymbol{c_5 = 40}$$

(iii) **命題 A** が真であることを証明するには，①と $c_1 \neq -3$ を満たす数列 $\{c_n\}$ について，$\boldsymbol{n = k}$ のとき $\boldsymbol{c_n \neq -3}$ が成り立つと仮定すると，$\boldsymbol{n = k+1}$ のときも $\boldsymbol{c_n \neq -3}$ が成り立つことを示せばよい。 $\Rightarrow$ ③

(iv) (I)について，(iii)の**命題 A** が真であることから，$c_1 = 3 (\neq -3)$ かつ $c_{100} = -3$ であり，かつ①を満たす数列 $\{c_n\}$ はない。すなわち，偽である。

(II)について，(iii)の**命題 A** の対偶を考えると，命題「数列 $\{c_n\}$ が①を満たし，ある自然数 $n$ について $c_n = -3$ であるとき，$c_1 = -3$ である」は真であるから，(II)は真である。

(III)について，(i)，(ii)での考察より，例えば
$$c_1 = c_2 = \cdots = c_{99} = -3, \ c_{100} = 3$$
である数列 $\{c_n\}$ は①を満たす。すなわち，真である。

以上より，真偽の組合せとして正しいものは ④ である。 $\Rightarrow$ ④

**研究**

(iii)の証明の方針は，数学的帰納法の手順である。**命題 A** が真であることは，次のように証明できる。

(a) $n = 1$ のとき，仮定より $c_1 \neq -3$ であるから，$c_n \neq -3$ は成り立つ。

(b) $n = k \ (k = 1, \ 2, \ 3, \ \cdots)$ のとき $c_n \neq -3$ が成り立つ，すなわち $c_k \neq -3$ と仮定する。

このとき，$c_k + 3 \neq 0$ であるから，①より
$$2c_{k+1} - c_k + 3 = 0$$
$$c_{k+1} = \frac{1}{2}c_k - \frac{3}{2}$$

ここで，$c_k \neq -3$ のとき
$$c_{k+1} \neq \frac{1}{2} \cdot (-3) - \frac{3}{2}$$

より
$$c_{k+1} \neq -3$$

である。

よって，(a)，(b)より，すべての自然数 $n$ について $c_n \neq -3$ である。 (証明終)

◀ ①に $n = 1$ を代入した。

◀ $c_3 = c_2$ であり，(*) において $c_2$，$c_3$ をそれぞれ $c_1$，$c_2$ に置き換えたものが (**) であるから
$$c_1 = c_2 = -3$$
と考えることもできる。

◀ ①に $n = 4$ を代入した。

◀ ①に $n = 4$ を代入した。

◀「研究」参照。

◀ $c_1 \neq -3$ より，すべての自然数 $n$ で $c_n \neq -3$ である。

◀「解答」の(III)と同様に
$$c_1 = c_2 = \cdots = c_{99} = -3$$
である数列 $\{c_n\}$ において，$c_{100}$ はどのような値でもよいから
$$c_1 = c_2 = \cdots = c_{100} = -3$$
である数列 $\{c_n\}$ があると考えてもよい。

◀ 具体的な数列 $\{c_n\}$ を一つ見つければよい。

# 第5問

(1) A(2, 7, −1), B(3, 6, 0), C(−8, 10, −3), D(−9, 8, −4) より

$$\overrightarrow{AB} = (3-2, 6-7, 0-(-1)) = \mathbf{(1, -1, 1)}$$

$$\overrightarrow{CD} = (-9-(-8), 8-10, -4-(-3)) = (-1, -2, -1)$$

よって

$$\overrightarrow{AB} \cdot \overrightarrow{CD} = 1 \times (-1) + (-1) \times (-2) + 1 \times (-1) = \mathbf{0}$$

(2) P が $\ell_1$ 上にあるから，$\overrightarrow{AP} = s\overrightarrow{AB}$ を満たす実数 $s$ があり

$$\overrightarrow{OP} - \overrightarrow{OA} = s\overrightarrow{AB}$$

より

$$\overrightarrow{OP} = \overrightarrow{OA} + s\overrightarrow{AB} \qquad \qquad \Rightarrow ②$$

が成り立つ。よって

$$\left| \overrightarrow{OP} \right| = \left| \overrightarrow{OA} + s\overrightarrow{AB} \right|$$

であり，この式の両辺を2乗すると

$$\left| \overrightarrow{OP} \right|^2 = \left| \overrightarrow{OA} \right|^2 + 2s\overrightarrow{OA} \cdot \overrightarrow{AB} + s^2 \left| \overrightarrow{AB} \right|^2 \quad \cdots\cdots\cdots ①$$

ここで

$$\left| \overrightarrow{OA} \right|^2 = 2^2 + 7^2 + (-1)^2 = 54$$

$$\overrightarrow{OA} \cdot \overrightarrow{AB} = 2 \times 1 + 7 \times (-1) + (-1) \times 1 = -6$$

$$\left| \overrightarrow{AB} \right|^2 = 1^2 + (-1)^2 + 1^2 = 3$$

したがって，①は

$$\left| \overrightarrow{OP} \right|^2 = \mathbf{3s^2 - 12s + 54}$$

また，$\left| \overrightarrow{OP} \right|$ が最小となるとき，直線 OP と $\ell_1$ は垂直である。
　よって

$$\overrightarrow{OP} \cdot \overrightarrow{AB} = \mathbf{0} \qquad \qquad \Rightarrow ①$$

太郎さんの考え方によると

$$\overrightarrow{OP} \cdot \overrightarrow{AB} = \left( \overrightarrow{OA} + s\overrightarrow{AB} \right) \cdot \overrightarrow{AB} = \overrightarrow{OA} \cdot \overrightarrow{AB} + s \left| \overrightarrow{AB} \right|^2$$

$$= -6 + 3s = 0$$

より，$\mathbf{s = 2}$ のとき $\left| \overrightarrow{OP} \right|$ が最小となる。

**別解**
　花子さんの考え方によると

$$\left| \overrightarrow{OP} \right|^2 = 3s^2 - 12s + 54 = 3(s-2)^2 + 42$$

より，やはり $s = 2$ のとき $\left| \overrightarrow{OP} \right|$ が最小となる。

(3) Q は $\ell_2$ 上にあるから，(2)において P について考えたときと同様に

$$\overrightarrow{PQ} = \overrightarrow{PC} + t\overrightarrow{CD}$$

を満たす実数 $t$ がある。

　P を $\ell_1$ 上で固定したとき，(2)の考察より，$\left| \overrightarrow{PQ} \right|$ が最小となるのは，直線 PQ と $\ell_2$ が垂直となるときである。
　よって，$\overrightarrow{PQ} \cdot \overrightarrow{CD} = 0$ より

$$\left( \overrightarrow{PC} + t\overrightarrow{CD} \right) \cdot \overrightarrow{CD} = 0$$

すなわち

$$\overrightarrow{PC} \cdot \overrightarrow{CD} + t \left| \overrightarrow{CD} \right|^2 = 0 \quad \cdots\cdots\cdots ②$$

ここで，P は $\ell_1$ 上の点であるから，実数 $u$ を用いて

◀イメージ図

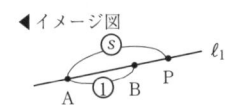

◀イメージ図

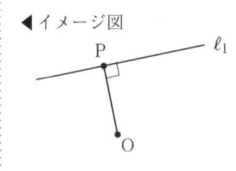

◀ $\left| \overrightarrow{OP} \right| > 0$ より，$\left| \overrightarrow{OP} \right|^2$ が最小のとき $\left| \overrightarrow{OP} \right|$ も最小。

◀あとの計算を考え，ベクトルの始点を P にした。

◀イメージ図

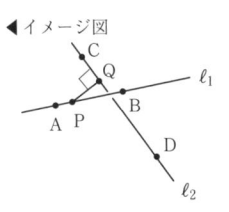

$$\overrightarrow{\mathrm{OP}} = \overrightarrow{\mathrm{OA}} + u\overrightarrow{\mathrm{AB}}$$

と表せる。したがって，P の座標は

$$\mathrm{P}(2+u,\ 7-u,\ -1+u)$$

であり

$$\overrightarrow{\mathrm{PC}} = \overrightarrow{\mathrm{OC}} - \overrightarrow{\mathrm{OP}} = (-10-u,\ 3+u,\ -2-u)$$

$$\overrightarrow{\mathrm{PC}} \cdot \overrightarrow{\mathrm{CD}} = (-10-u)\times(-1) + (3+u)\times(-2) + (-2-u)\times(-1) = 6$$

$$\left|\overrightarrow{\mathrm{CD}}\right|^2 = (-1)^2 + (-2)^2 + (-1)^2 = 6$$

より，②は

$$6 + 6t = 0$$

$$t = -1$$

よって

$$\overrightarrow{\mathrm{PQ}} = \overrightarrow{\mathrm{PC}} - \overrightarrow{\mathrm{CD}} \quad \cdots\cdots\cdots\cdots\cdots\cdots\cdots\cdots\cdots\cdots ③$$

次に，P を動かす。このとき，Q は，P に応じて③を満たす位置にあるとする。$\left|\overrightarrow{\mathrm{PQ}}\right|$ が最小となるとき，直線 PQ と $\ell_1$ は垂直であるから，$\overrightarrow{\mathrm{PQ}} \cdot \overrightarrow{\mathrm{AB}} = 0$ より

$$\left(\overrightarrow{\mathrm{PC}} - \overrightarrow{\mathrm{CD}}\right) \cdot \overrightarrow{\mathrm{AB}} = 0$$

ここで

$$\left(\overrightarrow{\mathrm{PC}} - \overrightarrow{\mathrm{CD}}\right) \cdot \overrightarrow{\mathrm{AB}} = \overrightarrow{\mathrm{PC}} \cdot \overrightarrow{\mathrm{AB}} - \overrightarrow{\mathrm{CD}} \cdot \overrightarrow{\mathrm{AB}}$$

$$= (-10-u)\times 1 + (3+u)\times(-1) + (-2-u)\times 1$$

$$= -15 - 3u$$

であるから

$$-15 - 3u = 0$$

$$u = -5$$

したがって，P の座標は

$$\boldsymbol{(-3,\ 12,\ -6)}$$

③より

$$\overrightarrow{\mathrm{OQ}} = \overrightarrow{\mathrm{OP}} + \overrightarrow{\mathrm{PQ}} = \overrightarrow{\mathrm{OP}} + \overrightarrow{\mathrm{PC}} - \overrightarrow{\mathrm{CD}} = \overrightarrow{\mathrm{OC}} - \overrightarrow{\mathrm{CD}}$$

$$= (-7,\ 12,\ -2)$$

したがって，Q の座標は

$$\boldsymbol{(-7,\ 12,\ -2)}$$

**別解**

太郎さんの考え方で解くと次のようになる。

$$\overrightarrow{\mathrm{OP}} = \overrightarrow{\mathrm{OA}} + s\overrightarrow{\mathrm{AB}} = (2+s,\ 7-s,\ -1+s)$$

$$\overrightarrow{\mathrm{OQ}} = \overrightarrow{\mathrm{OC}} + t\overrightarrow{\mathrm{CD}} = (-8-t,\ 10-2t,\ -3-t)$$

より

$$\left|\overrightarrow{\mathrm{PQ}}\right|^2 = \{-8-t-(2+s)\}^2 + \{10-2t-(7-s)\}^2 + \{-3-t-(-1+s)\}^2$$

$$= (-10-t-s)^2 + (3-2t+s)^2 + (-2-t-s)^2$$

$$= 6(t+1)^2 + 3(s+5)^2 + 32$$

であるから，$t = -1$，$s = -5$ のときに $\left|\overrightarrow{\mathrm{PQ}}\right|$ は最小となる。

したがって，点 P の座標は

$$(2-5,\ 7-(-5),\ -1-5) \ \text{すなわち} \ (-3,\ 12,\ -6)$$

点 Q の座標は

$$(-8-(-1),\ 10-2\times(-1),\ -3-(-1)) \ \text{すなわち} \ (-7,\ 12,\ -2)$$

である。

◀ $\overrightarrow{\mathrm{OA}} = (2,\ 7,\ -1)$,
$\overrightarrow{\mathrm{AB}} = (1,\ -1,\ 1)$

◀ $\overrightarrow{\mathrm{OC}} = (-8,\ 10,\ -3)$,
$\overrightarrow{\mathrm{CD}} = (-1,\ -2,\ -1)$

◀ $\overrightarrow{\mathrm{PQ}} = \overrightarrow{\mathrm{PC}} + t\overrightarrow{\mathrm{CD}}$ より。

◀ (1)より
$\overrightarrow{\mathrm{CD}} \cdot \overrightarrow{\mathrm{AB}} = \overrightarrow{\mathrm{AB}} \cdot \overrightarrow{\mathrm{CD}} = 0$

◀ $(2+(-5),\ 7-(-5),$
$-1+(-5))$

◀ $\overrightarrow{\mathrm{OC}} = (-8,\ 10,\ -3)$,
$\overrightarrow{\mathrm{CD}} = (-1,\ -2,\ -1)$

◀ ここから花子さんの考え方で
$\overrightarrow{\mathrm{PQ}}$
$= (-s-t-10,\ s-2t+3,$
$-s-t-2)$
より
$\overrightarrow{\mathrm{PQ}} \cdot \overrightarrow{\mathrm{AB}}$
$= (-s-t-10)\times 1$
$+ (s-2t+3)\times(-1)$
$+ (-s-t-2)\times 1$
$= -3s - 15$
$\overrightarrow{\mathrm{PQ}} \cdot \overrightarrow{\mathrm{CD}}$
$= (-s-t-10)\times(-1)$
$+ (s-2t+3)\times(-2)$
$+ (-s-t-2)\times(-1)$
$= 6 + 6t$
$\overrightarrow{\mathrm{PQ}} \perp \overrightarrow{\mathrm{AB}}$, $\overrightarrow{\mathrm{PQ}} \perp \overrightarrow{\mathrm{CD}}$ より
$$\begin{cases} -3s-15 = 0 \\ 6+6t = 0 \end{cases}$$
であることから
$s = -5$, $t = -1$
と求めることもできる。

# 2023 本試
# 解　　答

| 問題番号<br>(配点) | 解 答 記 号 | 正 解 | 配点 | 自己採点 |
|---|---|---|---|---|
| 第1問<br>(30) | ア , イ | ⓪, ② | 各1 | |
| | $\sin x(\boxed{ウ}\cos x - \boxed{エ})$ | $\sin x(2\cos x - 1)$ | 2 | |
| | $0 < x < \dfrac{\pi}{\boxed{オ}},\ \pi < x < \dfrac{\boxed{カ}}{\boxed{キ}}\pi$ | $0 < x < \dfrac{\pi}{3},\ \pi < x < \dfrac{5}{3}\pi$ | 各2 | |
| | ク , ケ | ⓐ, ⑦ | 2 | |
| | $0 < x < \dfrac{\pi}{\boxed{コ}}$ | $0 < x < \dfrac{\pi}{7}$ | 2 | |
| | $\dfrac{\boxed{サ}}{\boxed{シ}}\pi < x < \dfrac{\boxed{ス}}{\boxed{セ}}\pi$ | $\dfrac{3}{7}\pi < x < \dfrac{5}{7}\pi$ | 2 | |
| | $\dfrac{\pi}{\boxed{ソ}}\pi,\ \dfrac{\boxed{タ}}{\boxed{チ}}\pi$ | $\dfrac{\pi}{6}\pi,\ \dfrac{5}{6}\pi$ | 各2 | |
| | ツ | ② | 3 | |
| | $\log_5 25 = \boxed{テ},\ \log_9 27 = \dfrac{\boxed{ト}}{\boxed{ナ}}$ | $\log_5 25 = 2,\ \log_9 27 = \dfrac{3}{2}$ | 各2 | |
| | ニ | ⑤ | 2 | |
| | ヌ | ⑤ | 3 | |
| 第2問<br>(30) | ア | ④ | 1 | |
| | $f'(x) = \boxed{イウ}x^2 + \boxed{エ}kx$ | $f'(x) = -3x^2 + 2kx$ | 3 | |
| | オ , カ | ⓪, ⓪ | 各1 | |
| | キ , ク | ③, ⑨ | 各1 | |
| | $V = \dfrac{\boxed{ケ}}{\boxed{コ}}\pi x^2(\boxed{サ} - x)$ | $V = \dfrac{5}{3}\pi x^2(9 - x)$ | 3 | |
| | $x = \boxed{シ}$ | $x = 6$ | 2 | |
| | $\boxed{スセソ}\pi$ | $180\pi$ | 2 | |
| | タチツ | 180 | 3 | |
| | $\dfrac{1}{\boxed{テトナ}}x^3 - \dfrac{1}{\boxed{ニヌ}}x^2 + \boxed{ネ}x + C$ | $\dfrac{1}{300}x^3 - \dfrac{1}{12}x^2 + 5x + C$ | 3 | |
| | ノ | ④ | 3 | |
| | ハ , ヒ | ⓪, ④ | 各3 | |

| 問題番号(配点) | 解 答 記 号 | 正 解 | 配点 | 自己採点 |
|---|---|---|---|---|
| 第3問 (20) | $P\left(\dfrac{X-m}{\sigma}\geqq\boxed{ア}\right)=\dfrac{\boxed{イ}}{\boxed{ウ}}$ | $P\left(\dfrac{X-m}{\sigma}\geqq 0\right)=\dfrac{1}{2}$ | 各1 | |
| | $\boxed{エ}$, $\boxed{オ}$ | ④, ② | 各2 | |
| | $z_0=\boxed{カ}.\boxed{キク}$, $\boxed{ケ}$ | $z_0=1.65$, ④ | 各2 | |
| | $\dfrac{\boxed{コ}}{\boxed{サ}}$ | $\dfrac{1}{2}$ | 1 | |
| | $\boxed{シス}$ | 25 | 2 | |
| | $\boxed{セ}$, $\boxed{ソ}$ | ③, ⑦ | 各1 | |
| | $\boxed{タ}$ | ⓪ | 3 | |
| | $k_0=\boxed{チツ}$ | $k_0=17$ | 2 | |
| 第4問 (20) | $a_3=\boxed{ア}$ | $a_3=②$ | 2 | |
| | $\boxed{イ}$, $\boxed{ウ}$ | ⓪, ③ | 3 | |
| | $\boxed{エ}$, $\boxed{オ}$ | ④, ⓪ | 3 | |
| | $\boxed{カ}$, $\boxed{キ}$ | ②, ③ | 2 | |
| | $\boxed{ク}$, $\boxed{ケ}$ | ②, ① | 各2 | |
| | $\boxed{コ}$ | ③ | 2 | |
| | $p\geqq\dfrac{\boxed{サシ}-\boxed{スセ}\times 1.01^{10}}{101\left(1.01^{10}-1\right)}$ | $p\geqq\dfrac{30-10\times 1.01^{10}}{101\left(1.01^{10}-1\right)}$ | 2 | |
| | $\boxed{ソ}$ | ⑧ | 2 | |
| 第5問 (20) | $\overrightarrow{AM}=\dfrac{\boxed{ア}}{\boxed{イ}}\overrightarrow{AB}+\dfrac{\boxed{ウ}}{\boxed{エ}}\overrightarrow{AC}$ | $\overrightarrow{AM}=\dfrac{1}{2}\overrightarrow{AB}+\dfrac{1}{2}\overrightarrow{AC}$ | 2 | |
| | $\boxed{オ}$ | ① | 2 | |
| | $\overrightarrow{AP}\cdot\overrightarrow{AB}=\overrightarrow{AP}\cdot\overrightarrow{AC}=\boxed{カ}$ | $\overrightarrow{AP}\cdot\overrightarrow{AB}=\overrightarrow{AP}\cdot\overrightarrow{AC}=9$ | 2 | |
| | $\boxed{キ}\,\overrightarrow{AM}$ | $2\overrightarrow{AM}$ | 3 | |
| | $\boxed{ク}$ | ⓪ | 3 | |
| | $\boxed{ケ}$ | ③ | 2 | |
| | $\boxed{コ}$ | ⓪ | 2 | |
| | $\boxed{サ}$ | ④ | 3 | |
| | $\boxed{シ}$ | ② | 1 | |

(注) 第1問，第2問は必答。第3問～第5問のうちから2問選択。計4問を解答。
　　 なお，上記以外のものについても得点を与えることがある。正解欄に※があるものは，解答の順序は問わない。

| 第1問小計 | | 第2問小計 | | 第3問小計 | | 第4問小計 | | 第5問小計 | | 合計点 | |
|---|---|---|---|---|---|---|---|---|---|---|---|
| | | | | | | | | | | | /100 |

# 第1問

〔1〕

(1) $x = \dfrac{\pi}{6}$ のとき $2x = \dfrac{\pi}{3}$ であり

$$\sin x = \sin \frac{\pi}{6} = \frac{1}{2}, \quad \sin 2x = \sin \frac{\pi}{3} = \frac{\sqrt{3}}{2}$$

よって

**$\sin x < \sin 2x$** ⇨ **⓪**

◀ $\dfrac{1}{2} < \dfrac{\sqrt{3}}{2}$

$x = \dfrac{2}{3}\pi$ のとき $2x = \dfrac{4}{3}\pi$ であり

$$\sin x = \sin \frac{2}{3}\pi = \frac{\sqrt{3}}{2}, \quad \sin 2x = \sin \frac{4}{3}\pi = -\frac{\sqrt{3}}{2}$$

よって

**$\sin x > \sin 2x$** ⇨ **②**

◀ $\dfrac{\sqrt{3}}{2} > -\dfrac{\sqrt{3}}{2}$

(2) 2倍角の公式より

$$\sin 2x - \sin x = 2\sin x \cos x - \sin x = \sin x(2\cos x - 1)$$

であるから，$\sin 2x - \sin x > 0$ が成り立つことは

「$\sin x > 0$ かつ $2\cos x - 1 > 0$」 ……………… ①

または

「$\sin x < 0$ かつ $2\cos x - 1 < 0$」 ……………… ②

が成り立つことと同値である。

$0 \leqq x \leqq 2\pi$ のとき，①が成り立つような $x$ の値の範囲は

「$\sin x > 0$ かつ $\cos x > \dfrac{1}{2}$」

より

「$0 < x < \pi$」かつ「$0 \leqq x < \dfrac{\pi}{3}$ または $\dfrac{5}{3}\pi < x \leqq 2\pi$」

よって

**$0 < x < \dfrac{\pi}{3}$**

②が成り立つような $x$ の値の範囲は

「$\sin x < 0$ かつ $\cos x < \dfrac{1}{2}$」

より

「$\pi < x < 2\pi$」かつ
「$\dfrac{\pi}{3} < x < \dfrac{5}{3}\pi$」

よって

**$\pi < x < \dfrac{5}{3}\pi$**

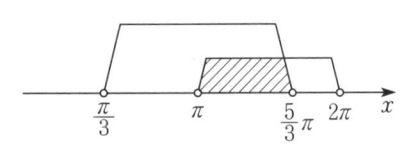

したがって，$0 \leqq x \leqq 2\pi$ のとき，$\sin 2x - \sin x > 0$ すなわち $\sin 2x > \sin x$ が成り立つような $x$ の値の範囲は

$$0 < x < \frac{\pi}{3}, \ \pi < x < \frac{5}{3}\pi \ ……………………… ⑥$$

(3) $\alpha + \beta = 4x$，$\alpha - \beta = 3x$ を満たす $\alpha$，$\beta$ は

$$\alpha = \frac{7}{2}x, \ \beta = \frac{x}{2}$$

であるから，③より

$$\sin 4x - \sin 3x = 2\cos \frac{7}{2}x \sin \frac{x}{2}$$

◀2式の辺々の和をとると
　$2\alpha = 7x$
2式の辺々の差をとると
　$2\beta = x$
である。

よって，$\sin 4x - \sin 3x > 0$ が成り立つことは

$$\text{「} \cos \frac{7}{2}x > 0 \text{ かつ } \sin \frac{x}{2} > 0 \text{」} \quad \cdots\cdots\cdots\cdots\cdots\cdots \text{④}$$

または

$$\text{「} \cos \frac{7}{2}x < 0 \text{ かつ } \sin \frac{x}{2} < 0 \text{」} \quad \cdots\cdots\cdots\cdots\cdots\cdots \text{⑤}$$

が成り立つことと同値であることがわかる。 $\Rightarrow$ ⓐ, ⑦

$0 \leqq x \leqq \pi$ のとき

$$0 \leqq \frac{7}{2}x \leqq \frac{7}{2}\pi, \quad 0 \leqq \frac{x}{2} \leqq \frac{\pi}{2}$$

より，④が成り立つような $x$ の値の範囲は

$$\text{「} 0 \leqq \frac{7}{2}x < \frac{\pi}{2} \text{ または } \frac{3}{2}\pi < \frac{7}{2}x < \frac{5}{2}\pi \text{」} \text{ かつ } \text{「} 0 < \frac{x}{2} \leqq \frac{\pi}{2} \text{」}$$

すなわち

$$\text{「} 0 \leqq x < \frac{\pi}{7} \text{ または } \frac{3}{7}\pi < x < \frac{5}{7}\pi \text{」} \text{ かつ } \text{「} 0 < x \leqq \pi \text{」}$$

よって

$$0 < x < \frac{\pi}{7},$$
$$\frac{3}{7}\pi < x < \frac{5}{7}\pi$$

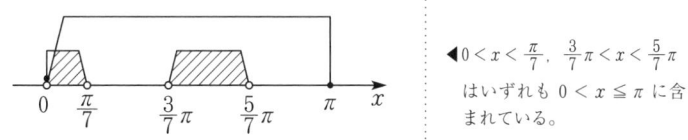

◀ $0 < x < \dfrac{\pi}{7}$, $\dfrac{3}{7}\pi < x < \dfrac{5}{7}\pi$ はいずれも $0 < x \leqq \pi$ に含まれている。

⑤が成り立つような $x$ の値の範囲は，$0 \leqq x \leqq \pi$ のとき $\sin \dfrac{x}{2} \geqq 0$ より

$$\sin \frac{x}{2} < 0$$

が成り立たないので存在しない。

よって，$0 \leqq x \leqq \pi$ のとき，$\sin 4x - \sin 3x > 0$ すなわち $\sin 4x > \sin 3x$ が成り立つような $x$ の値の範囲は

$$0 < x < \frac{\pi}{7}, \quad \frac{3}{7}\pi < x < \frac{5}{7}\pi$$

である。

(4) $0 \leqq x \leqq \pi$ のとき，$\sin 3x > \sin 4x$ となるのは，(3)より

$$\frac{\pi}{7} < x < \frac{3}{7}\pi, \quad \frac{5}{7}\pi < x < \pi \quad \cdots\cdots\cdots\cdots\cdots\cdots \text{⑦}$$

$\sin 4x > \sin 2x$ となるのは，(2)より，⑥において $x$ を $2x$ とすればよく，$0 \leqq x \leqq \pi$ において

$$0 < 2x < \frac{\pi}{3}, \quad \pi < 2x < \frac{5}{3}\pi$$

すなわち

$$0 < x < \frac{\pi}{6}, \quad \frac{\pi}{2} < x < \frac{5}{6}\pi \quad \cdots\cdots\cdots\cdots\cdots\cdots \text{⑧}$$

であるから，$\sin 3x > \sin 4x > \sin 2x$ が成り立つような $x$ の値の範囲は，⑦，⑧の共通部分をとって

$$\frac{\pi}{7} < x < \frac{\pi}{6},$$
$$\frac{5}{7}\pi < x < \frac{5}{6}\pi$$

であることがわかる。

◀ $0 \leqq x \leqq \pi$ から，(3)で求めた

$$0 < x < \frac{\pi}{7}, \quad \frac{3}{7}\pi < x < \frac{5}{7}\pi$$

と

$$x = 0, \ \frac{\pi}{7}, \ \frac{3}{7}\pi, \ \frac{5}{7}\pi, \ \pi$$

を除いた範囲である。

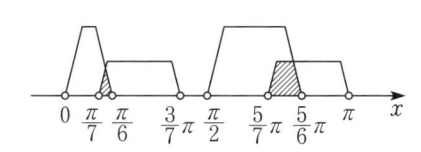

〔2〕

(1) $a > 0$, $a \neq 1$, $b > 0$ のとき，$\log_a b = x$ とおくと

$$a^x = b \qquad\qquad\qquad \Rightarrow \text{②}$$

が成り立つ。

(2)(i) $\log_5 25 = x$ とおくと

$$25 = 5^x \text{ すなわち } 5^2 = 5^x$$

よって
$$x = \log_5 25 = 2$$
$\log_9 27 = y$ とおくと
$$27 = 9^y \text{ すなわち } 3^3 = 3^{2y}$$
よって
$$y = \log_9 27 = \frac{3}{2}$$
であり，$x$ と $y$ はどちらも有理数である。

(ii) 二つの自然数 $p$, $q$ を用いて，$\log_2 3 = \dfrac{p}{q}$ と表せるとすると，(1)より
$$2^{\frac{p}{q}} = 3$$
となり，この式の両辺を $q$ 乗して
$$2^p = 3^q \qquad\qquad\qquad\qquad\qquad\qquad \Rightarrow ⑤$$
と変形できる。いま，2 は偶数であり 3 は奇数であるので，これを満たす自然数 $p$, $q$ は存在しない。

したがって，$\log_2 3$ は無理数であることがわかる。

(iii) $a$, $b$ を 2 以上の自然数とするとき，(ii)と同様に考えると，$a$ と $b$ の偶奇が異なれば
$$a^p = b^q$$
を満たす自然数 $p$, $q$ は存在しないので，「**$a$ と $b$ のいずれか一方が偶数で，もう一方が奇数ならば $\log_a b$ はつねに無理数である**」ことがわかる。
$$\qquad\qquad\qquad\qquad\qquad\qquad\qquad\qquad\qquad\qquad \Rightarrow ⑤$$

研究

(2)(ii)のように，ある命題を証明するのに，その命題が成り立たないと仮定して矛盾することを示し，そのことによって，もとの命題が成り立つことを証明する方法を**背理法**という。

本問では，$\log_2 3$ が無理数であることを証明するために，$\log_2 3$ が有理数であると仮定し，二つの自然数 $p$, $q$ を用いて
$$\log_2 3 = \frac{p}{q}$$
と表せるとすると矛盾が生じることから，$\log_2 3$ が有理数でない（すなわち無理数である）ことを背理法によって証明している。

◀ $\log_2 3$ は無理数であることを証明するために，$\log_2 3$ を有理数であると仮定して矛盾することを示す方針で証明する。（「研究」参照）

◀ $2^p$ は偶数であり，$3^q$ は奇数である。

## 第2問

〔1〕

(1) $y = f(x) = x^2(k - x)$ と $x$ 軸（$y = 0$）との共有点の $x$ 座標は
$$x^2(k - x) = 0$$
より
$$x = 0,\ k$$
よって，$y = f(x)$ のグラフと $x$ 軸との共有点の座標は $(0,\ 0)$ と $(k,\ 0)$ である。
$$\qquad\qquad\qquad\qquad\qquad\qquad\qquad\qquad\qquad\qquad \Rightarrow ④$$
また
$$f(x) = x^2(k - x) = -x^3 + kx^2$$
より
$$f'(x) = -3x^2 + 2kx = x(2k - 3x)$$

であり，$k > 0$ より $f(x)$ の増減は右
の表のようになる。

| $x$ | | $0$ | | $\dfrac{2}{3}k$ | |
|---|---|---|---|---|---|
| $f'(x)$ | $-$ | $0$ | $+$ | $0$ | $-$ |
| $f(x)$ | ↘ | 極小 | ↗ | 極大 | ↘ |

◀ $f'(x) = 0$ の解は
$$x = 0, \ \dfrac{2}{3}k$$
であり，$k > 0$ より
$$0 < \dfrac{2}{3}k$$
である。

よって
**$x = 0$ のとき，$f(x)$ は極小値**
$$f(0) = 0$$
をとる。　　　　　　　　　　　　　⇨ ⓪, ⓪

◀ $f(0) = 0^2 \cdot (k - 0) = 0$

**$x = \dfrac{2}{3}k$ のとき，$f(x)$ は極大値**
$$f\left(\dfrac{2}{3}k\right) = \dfrac{4}{9}k^2 \cdot \left(k - \dfrac{2}{3}k\right) = \dfrac{4}{27}\boldsymbol{k^3}$$
をとる。　　　　　　　　　　　　　⇨ ③, ⑨

また，$\dfrac{2}{3}k < k$ より，$0 < x < k$ の範囲において $x = \dfrac{2}{3}k$ のとき $f(x)$ は
最大となることがわかる。

(2)　図のように円錐に内接する円柱の高さを $h$ とおく
と
$$x : 9 = (15 - h) : 15$$
より
$$15x = 9(15 - h)$$
すなわち
$$h = 15 - \dfrac{5}{3}x$$
である。

◀ 底面の半径 $x$，高さ $15 - h$
の円錐と，底面の半径 9，高
さ 15 の円錐の相似比に着目
した。

よって，円柱の体積 $V$ を $x$ の式で表すと
$$V = \pi x^2 h = \pi x^2 \left(15 - \dfrac{5}{3}x\right)$$
$$= \dfrac{5}{3}\boldsymbol{\pi x^2 (9 - x)} \quad (0 < x < 9)$$
である。(1)の $f(x)$ において $k = 9$ とすると
$$f(x) = x^2(9 - x)$$
であり，このとき
$$V = \dfrac{5}{3}\pi f(x)$$
であるから，$0 < x < 9$ において $V$ が最大となるのは，$f(x)$ が極大になる場
合で
$$\boldsymbol{x} = \dfrac{2}{3}k = \dfrac{2}{3} \cdot 9 = \boldsymbol{6}$$
のとき $V$ は最大になることがわかる。

◀ $V$ を $f(x)$ を用いて立式し，
(1)の考察を利用する。

よって，$V$ の最大値は
$$\dfrac{5}{3}\pi \cdot \dfrac{4}{27}k^3 = \dfrac{5}{3}\pi \cdot \dfrac{4}{27} \cdot 9^3 = \boldsymbol{180\pi}$$
である。

**別解**

(1)の $f'(x)$ は，数学 III で学習する積の微分法
$$\{f(x)g(x)\}' = f'(x)g(x) + f(x)g'(x)$$
を用いて
$$f'(x) = (x^2)' \cdot (k - x) + x^2 \cdot (k - x)' = 2x(k - x) + x^2 \cdot (-1)$$
$$= -3x^2 + 2kx$$
のように計算できる。

〔2〕

(1)
$$\int_0^{30} \left( \frac{1}{5}x + 3 \right) dx = \left[ \frac{1}{10}x^2 + 3x \right]_0^{30} = \frac{1}{10} \cdot 30^2 + 3 \cdot 30 - 0$$
$$= 90 + 90$$
$$= \mathbf{180}$$

また，$C$ を積分定数とすると
$$\int \left( \frac{1}{100}x^2 - \frac{1}{6}x + 5 \right) dx = \frac{1}{300}x^3 - \frac{1}{12}x^2 + 5x + C$$

(2)(i) 太郎さんは
$$f(x) = \frac{1}{5} + 3 \quad (x \geqq 0)$$
として考えた。

$S(t)$ について，(1)の計算過程を利用すると
$$S(t) = \int_0^t f(x)\,dx = \int_0^t \left( \frac{1}{5}x + 3 \right) dx = \left[ \frac{1}{10}x^2 + 3x \right]_0^t$$
$$= \frac{1}{10}t^2 + 3t$$

$S(t) = 400$ となる $t$ の値を求めると
$$\frac{1}{10}t^2 + 3t = 400$$
$$t^2 + 30t - 4000 = 0$$
$$(t - 50)(t + 80) = 0$$
であり，$t > 0$ より
$$t = 50$$

よって，ソメイヨシノの開花日時は2月に入ってから **50日後** となる。
$\Rightarrow$ ④

(ii) 花子さんは
$$f(x) = \begin{cases} \dfrac{1}{5}x + 3 & (0 \leqq x \leqq 30) \\[2mm] \dfrac{1}{100}x^2 - \dfrac{1}{6}x + 5 & (x \geqq 30) \end{cases}$$
として考えた。

$x \geqq 30$ の範囲において $f(x)$ は増加するから
$$\int_{30}^{40} f(x)\,dx < \int_{40}^{50} f(x)\,dx \qquad \Rightarrow ⓪$$
であることがわかる。したがって
$$\int_0^{30} \left( \frac{1}{5}x + 3 \right) dx = 180$$
$$\int_{30}^{40} \left( \frac{1}{100}x^2 - \frac{1}{6}x + 5 \right) dx = 115$$
より
$$\int_0^{40} f(x)\,dx = \int_0^{30} f(x)\,dx + \int_{30}^{40} f(x)\,dx = 180 + 115 = 295 \ (< 400)$$
であり
$$\int_{30}^{40} f(x)\,dx = 115 < \int_{40}^{50} f(x)\,dx$$
より
$$\int_0^{50} f(x)\,dx = \int_0^{40} f(x)\,dx + \int_{40}^{50} f(x)\,dx$$
$$> 295 + 115 = 410 \ (> 400)$$
であるから，ソメイヨシノの開花日時は2月に入ってから **40日後より後**，
かつ **50日後より前** となる。
$\Rightarrow$ ④

◀以下，積分区間を
 $0 \leqq x \leqq 30$
 $\rightarrow 0 \leqq x \leqq 40$
 $\rightarrow 0 \leqq x \leqq 50$
のように変えながら，定積分の値について考察していく方針である。

(2)(ii)の問題文に与えられている情報を確認しておく。

(a) $0 \leqq x \leqq 30$ のときの $f(x) = \dfrac{1}{5}x + 3$ と $x \geqq 30$ のときの $f(x) = \dfrac{1}{100}x^2 - \dfrac{1}{6}x + 5$ において，$x = 30$ のときのそれぞれの右辺の値が一致することは

$$\frac{1}{5} \cdot 30 + 3 = 9$$

$$\frac{1}{100} \cdot 30^2 - \frac{1}{6} \cdot 30 + 5 = 9$$

より確かめられる。

(b) $\displaystyle \int_{30}^{40} \left( \frac{1}{100}x^2 - \frac{1}{6}x + 5 \right) dx = 115$ となることは

$$\int_{30}^{40} \left( \frac{1}{100}x^2 - \frac{1}{6}x + 5 \right) dx$$

$$= \left[ \frac{1}{300}x^3 - \frac{1}{12}x^2 + 5x \right]_{30}^{40}$$

$$= \frac{1}{300}(40^3 - 30^3) - \frac{1}{12}(40^2 - 30^2) + 5(40 - 30)$$

$$= \frac{1}{300} \cdot 37000 - \frac{1}{12} \cdot 700 + 5 \cdot 10$$

$$= \frac{370}{3} - \frac{175}{3} + 50$$

$$= 115$$

より確かめられる。

(c) $x \geqq 30$ の範囲において $f(x)$ が増加することは

$$\frac{1}{100}x^2 - \frac{1}{6}x + 5 = \frac{1}{100}\left( x^2 - \frac{50}{3}x + 500 \right)$$

より，2次関数 $\dfrac{1}{100}x^2 - \dfrac{1}{6}x + 5$ のグラフが下に凸の放物線で，放物線の軸は

$$x = \frac{25}{3} \ (< 30)$$

であることより確かめられる。

(2)(ii)において，ソメイヨシノの開花日時を求めるために，
$400 - 180 - 115 = 105$ より

$$\int_{40}^{t} \left( \frac{1}{100}x^2 - \frac{1}{6}x + 5 \right) dx = 105$$

となる $t$ の値を求めようとすると

$$(左辺) = \left[ \frac{1}{300}x^3 - \frac{1}{12}x^2 + 5x \right]_{40}^{t}$$

$$= \frac{1}{300}(t^3 - 40^3) - \frac{1}{12}(t^2 - 40^2) + 5(t - 40)$$

$$= \frac{1}{300}t^3 - \frac{1}{12}t^2 + 5t - 280$$

より

$$\frac{1}{300}t^3 - \frac{1}{12}t^2 + 5t - 280 = 105$$

すなわち

$$t^3 - 25t^2 + 1500t - 115500 = 0$$

のような複雑な3次方程式を解かなければいけなくなる。したがって，本問では「解答」のように誘導にそって解くことが必要不可欠となる。

(1) 確率変数 $X$ は正規分布 $N(m,\ \sigma^2)$ に従うので，平均は $m$，標準偏差は $\sigma$ である。ここで

$$Z = \frac{X-m}{\sigma}$$

とすると，確率変数 $Z$ は平均 0，標準偏差 1 の標準正規分布 $N(0,\ 1)$ に従う。

◀ 標準化された確率変数は標準正規分布に従う。

(i) 1個のピーマンを無作為に抽出したとき，重さが $m$ g 以上である確率 $P(X \geqq m)$ というのは，標準正規分布 $N(0,\ 1)$ に従う確率変数 $Z$ が平均（すなわち 0）以上である確率ということである。つまり

$$P(X \geqq m) = P\left(\frac{X-m}{\sigma} \geqq 0\right)$$
$$= \frac{1}{2}$$

である。

◀ $P(Z \geqq 0) = P(Z \leqq 0)$ $= \frac{1}{2}$

(ii) 母集団から無作為に抽出された大きさ $n$ の標本 $X_1,\ X_2,\ \cdots,\ X_n$ の標本平均を $\overline{X}$ とすると

$$E(\overline{X}) = m \qquad\qquad \Rightarrow ④$$
$$\sigma(\overline{X}) = \frac{\sigma}{\sqrt{n}} \qquad\qquad \Rightarrow ②$$

となる。

◀ 母平均 $m$，母標準偏差 $\sigma$ の母集団である。

確率 $P(-z_0 \leqq Z \leqq z_0)$ は $2 \cdot P(0 \leqq Z \leqq z_0)$ と等しいので，**方針**において

$$P(-z_0 \leqq Z \leqq z_0) = 0.901$$

のとき

$$P(0 \leqq Z \leqq z_0) = 0.4505$$

であり，正規分布表より

$$z_0 = 1.65$$

◀ $\dfrac{0.901}{2} = 0.4505$

$n = 400$，標本平均が 30.0 g，標本の標準偏差が 3.6 g のとき，$n$ は十分に大きい値なので $\overline{X}$ は正規分布

$$N\left(30.0,\ \frac{3.6^2}{400}\right)$$

に従うとみなすことができる。そこで

$$Z = \frac{m - 30.0}{\frac{3.6}{\sqrt{400}}} = \frac{m - 30}{\frac{3.6}{20}}$$

◀ 標準化。

とおくと

$$-1.65 \leqq \frac{m-30}{\frac{18}{100}} \leqq 1.65$$

◀ $\dfrac{3.6}{20} = \dfrac{18}{100}$

$$\frac{18}{100} \times (-1.65) \leqq m - 30 \leqq \frac{18}{100} \times 1.65$$
$$30 - 0.297 \leqq m \leqq 30 + 0.297$$

したがって，$m$ の信頼度 90% の信頼区間は

$$29.703 \leqq m \leqq 30.297$$

よって，最も適当な選択肢は

$$\mathbf{29.7 \leqq m \leqq 30.3} \qquad\qquad \Rightarrow ④$$

である。

(2)(i) $m = 30.0$ であり，(1)(i)より，$X \geqq 30$ である確率と $X \leqq 30$ である確率は $\frac{1}{2}$ で等しい。

したがって，無作為に 1 個抽出したピーマンが S サイズである確率は

$$\frac{1}{2}$$

よって，ピーマンを無作為に 50 個抽出したときの S サイズのピーマンの個数を表す確率変数 $U_0$ は二項分布 $B\left(50, \frac{1}{2}\right)$ に従うので，ピーマンを無作為に 50 個抽出したとき，**ピーマン分類法**で 25 袋作ることができる確率 $p_0$ は

$$\boldsymbol{p_0} = {}_{50}C_{25}\left(\frac{1}{2}\right)^{25} \times \left(1 - \frac{1}{2}\right)^{50-25}$$

◀25 袋作ることができるのは，50 個のうち，25 個が S サイズで 25 個が L サイズのとき。

(ii) ピーマンを無作為に $(50+k)$ 個抽出したとき，S サイズのピーマンの個数を表す確率変数を $U_k$ とすると，$U_k$ は二項分布 $B\left(50+k, \frac{1}{2}\right)$ に従う。ここで，$U_k$ の平均を $E(U_k)$，分散を $V(U_k)$ とすると

$$E(U_k) = (50+k) \cdot \frac{1}{2}$$

$$V(U_k) = (50+k) \cdot \frac{1}{2} \cdot \left(1 - \frac{1}{2}\right)$$

であり，$(50+k)$ は十分に大きいので，$U_k$ は近似的に正規分布

$$N\left(\frac{50+k}{2}, \frac{50+k}{4}\right) \qquad\qquad \Rightarrow ③, ⑦$$

に従い

$$Y = \frac{U_k - \dfrac{50+k}{2}}{\sqrt{\dfrac{50+k}{4}}}$$

◀標準化。

とおくと，$Y$ は近似的に標準正規分布 $N(0, 1)$ に従う。

$25 \leqq U_k \leqq 25+k$ のとき

$$\frac{25 - \dfrac{50+k}{2}}{\sqrt{\dfrac{50+k}{4}}} \leqq Y \leqq \frac{(25+k) - \dfrac{50+k}{2}}{\sqrt{\dfrac{50+k}{4}}}$$

$$-\frac{\dfrac{k}{2}}{\dfrac{\sqrt{50+k}}{2}} \leqq Y \leqq \frac{\dfrac{k}{2}}{\dfrac{\sqrt{50+k}}{2}}$$

$$-\frac{k}{\sqrt{50+k}} \leqq Y \leqq \frac{k}{\sqrt{50+k}}$$

よって，**ピーマン分類法**で，25 袋作ることができる確率を $p_k$ とすると

$$\boldsymbol{p_k} = \boldsymbol{P(25 \leqq U_k \leqq 25+k)}$$

$$= \boldsymbol{P\left(-\frac{k}{\sqrt{50+k}} \leqq Y \leqq \frac{k}{\sqrt{50+k}}\right)} \qquad \Rightarrow ⓪$$

となる。

$k = \alpha$，$\sqrt{50+k} = \beta$ とおくと，$\dfrac{\alpha}{\beta} \geqq 2$ のとき，$\alpha^2 \geqq 4\beta^2$ なので

$$k^2 \geqq 4(50+k)$$
$$k^2 - 4k - 200 \geqq 0$$
$$\{k - (2 - 2\sqrt{51})\}\{k - (2 + 2\sqrt{51})\} \geqq 0$$
$$k \leqq 2 - 2\sqrt{51}, \ k \geqq 2 + 2\sqrt{51}$$

$\sqrt{51} = 7.14$ であるから

$$k \leqq -12.28, \ k \geqq 16.28$$

よって，これを満たす最小の自然数 $k$ すなわち $k_0$ は

$$\boldsymbol{k_0 = 17}$$

であることがわかる。

$k^2 \geqq 4(50 + k)$ は次のように解いてもよい。

$$k^2 \geqq 4(50 + k)$$
$$(k-2)^2 \geqq 204$$

これを満たす最小の自然数 $k$ すなわち $k_0$ は，$14^2 = 196$，$15^2 = 225$ に注意して

$$k_0 - 2 = 15$$

よって

$$k_0 = 17$$

# 第4問

(1) 参考図より2年目の終わりの預金は

$$1.01\{1.01(10 + p) + p\}$$

であるから

$$a_3 = 1.01\{1.01(10 + p) + p\} + p \qquad \Rightarrow ②$$

同様に考えると，すべての自然数 $n$ について

$$a_{n+1} = 1.01a_n + p \qquad \Rightarrow ⓪,③$$

が成り立つ。方程式

$$x = 1.01x + p$$

を解くと

$$x = -100p$$

であるから

$$a_{n+1} + 100p = 1.01(a_n + 100p) \qquad \Rightarrow ④,⓪$$

と変形できる。

**方針2**の場合，1年目の初めに入金した $p$ 万円は，$n$ 年目の初めには利息が $(n-1)$ 回つくので

$$p \times 1.01^{n-1} \text{（万円）} \qquad \Rightarrow ②$$

になり，2年目の初めに入金した $p$ 万円は，$n$ 年目の初めには利息が $(n-2)$ 回つくので

$$p \times 1.01^{n-2} \text{（万円）} \qquad \Rightarrow ③$$

になる。3年目以降に入金した $p$ 万円も同様である。これより

$$a_n = 10 \times 1.01^{n-1} + p \times 1.01^{n-1} + p \times 1.01^{n-2} + \cdots + p \times 1.01^1 + p$$
$$= 10 \times 1.01^{n-1} + p(1.01^{n-1} + 1.01^{n-2} + \cdots + 1.01^1 + 1.01^0)$$
$$= 10 \times 1.01^{n-1} + p \sum_{k=1}^{n} 1.01^{k-1} \qquad \Rightarrow ②$$

となることがわかる。ここで

$$\sum_{k=1}^{n} 1.01^{k-1} = \frac{1 \cdot (1.01^n - 1)}{1.01 - 1} = 100(1.01^n - 1) \qquad \Rightarrow ①$$

となる。

◀ 初項 1，公比 1.01，項数 $n$ の等比数列の和。

(2) 10年目の終わりの預金は $1.01a_{10}$ 万円であるから，10年目の終わりの預金が30万円以上であることを不等式を用いて表すと

$$1.01a_{10} \geqq 30 \qquad \Rightarrow ③$$

となる。**方針2**より

$$a_{10} = 10 \times 1.01^9 + p \times 100(1.01^{10} - 1)$$

であり

$$1.01a_{10} = 10 \times 1.01^{10} + p \times 101(1.01^{10} - 1)$$

◀ $a_n = 10 \times 1.01^{n-1}$
$\qquad + p \times 100(1.01^n - 1)$

であるから，不等式を $p$ について解くと

$$1.01a_{10} \geqq 30$$
$$10 \times 1.01^{10} + p \times 101(1.01^{10} - 1) \geqq 30$$
$$p \times 101(1.01^{10} - 1) \geqq 30 - 10 \times 1.01^{10}$$
$$\boldsymbol{p \geqq \frac{30 - 10 \times 1.01^{10}}{101(1.01^{10} - 1)}}$$

となる。

(3) **方針2**と同様に考える。

$$a_n = \boxed{10} \times 1.01^{n-1} + p \sum_{k=1}^{n} 1.01^{k-1}$$

において，$p \sum_{k=1}^{n} 1.01^{k-1}$ は1年目の入金を始める前の預金と関係なく，1年目の入金を始める前の預金は $\boxed{\phantom{xx}}$ の部分である。したがって，1年目の入金を始める前における花子さんの預金が13万円の場合，$n$ 年目の初めの預金 $b_n$ 万円は

$$b_n = 13 \times 1.01^{n-1} + p \sum_{k=1}^{n} 1.01^{k-1}$$

よって，$n$ 年目の初めの預金は $a_n$ 万円よりも

$$b_n - a_n = 13 \times 1.01^{n-1} - 10 \times 1.01^{n-1} = \boldsymbol{3 \times 1.01^{n-1}}\ (\text{万円}) \qquad \Rightarrow \text{⑧}$$

多い。

# 第5問

(1) M は辺 BC の中点なので

$$\overrightarrow{\mathrm{AM}} = \frac{1}{2}\overrightarrow{\mathrm{AB}} + \frac{1}{2}\overrightarrow{\mathrm{AC}}$$

また，$\angle \mathrm{PAB} = \angle \mathrm{PAC} = \theta$ より

$$\overrightarrow{\mathrm{AP}} \cdot \overrightarrow{\mathrm{AB}} = |\overrightarrow{\mathrm{AP}}||\overrightarrow{\mathrm{AB}}|\cos\theta$$
$$\overrightarrow{\mathrm{AP}} \cdot \overrightarrow{\mathrm{AC}} = |\overrightarrow{\mathrm{AP}}||\overrightarrow{\mathrm{AC}}|\cos\theta$$

であるから

$$\frac{\overrightarrow{\mathrm{AP}} \cdot \overrightarrow{\mathrm{AB}}}{|\overrightarrow{\mathrm{AP}}||\overrightarrow{\mathrm{AB}}|} = \frac{\overrightarrow{\mathrm{AP}} \cdot \overrightarrow{\mathrm{AC}}}{|\overrightarrow{\mathrm{AP}}||\overrightarrow{\mathrm{AC}}|} = \boldsymbol{\cos\theta} \quad \cdots\cdots\cdots\cdots\cdots\cdots\cdots\text{①}$$

である。 $\qquad \Rightarrow \text{①}$

(2) $\theta = 45°$，$|\overrightarrow{\mathrm{AP}}| = 3\sqrt{2}$，$|\overrightarrow{\mathrm{AB}}| = |\overrightarrow{\mathrm{AC}}| = 3$ のとき

$$\overrightarrow{\mathrm{AP}} \cdot \overrightarrow{\mathrm{AB}} = \overrightarrow{\mathrm{AP}} \cdot \overrightarrow{\mathrm{AC}} = 3\sqrt{2} \cdot 3\cos 45° = \boldsymbol{9} \quad \cdots\cdots\cdots\cdots\text{②}$$

D は直線 AM 上の点であるから，$a$ を実数として $\overrightarrow{\mathrm{AD}} = a\overrightarrow{\mathrm{AM}}$ とおくと，(1)より

$$\overrightarrow{\mathrm{PD}} = \overrightarrow{\mathrm{AD}} - \overrightarrow{\mathrm{AP}} = a\overrightarrow{\mathrm{AM}} - \overrightarrow{\mathrm{AP}} = \frac{a}{2}(\overrightarrow{\mathrm{AB}} + \overrightarrow{\mathrm{AC}}) - \overrightarrow{\mathrm{AP}}$$

$\angle \mathrm{APD} = 90°$ のとき

$$\overrightarrow{\mathrm{AP}} \cdot \overrightarrow{\mathrm{PD}} = 0$$
$$\overrightarrow{\mathrm{AP}} \cdot \left\{ \frac{a}{2}(\overrightarrow{\mathrm{AB}} + \overrightarrow{\mathrm{AC}}) - \overrightarrow{\mathrm{AP}} \right\} = 0$$
$$\frac{a}{2}(\overrightarrow{\mathrm{AB}} + \overrightarrow{\mathrm{AC}}) \cdot \overrightarrow{\mathrm{AP}} - |\overrightarrow{\mathrm{AP}}|^2 = 0$$
$$\frac{a}{2}(\overrightarrow{\mathrm{AB}} \cdot \overrightarrow{\mathrm{AP}} + \overrightarrow{\mathrm{AC}} \cdot \overrightarrow{\mathrm{AP}}) - |\overrightarrow{\mathrm{AP}}|^2 = 0$$

② と $|\overrightarrow{\mathrm{AP}}| = 3\sqrt{2}$ より

$$\frac{a}{2}(9 + 9) - (3\sqrt{2})^2 = 0$$
$$a = 2$$

よって

$$\overrightarrow{\mathrm{AD}} = \boldsymbol{2}\overrightarrow{\mathrm{AM}}$$

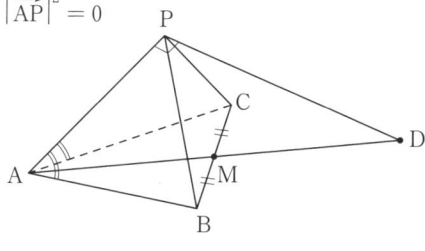

◀ $\overrightarrow{\mathrm{AM}} = \frac{1}{2}\overrightarrow{\mathrm{AB}} + \frac{1}{2}\overrightarrow{\mathrm{AC}}$ より。

◀ $\overrightarrow{\mathrm{AD}} = a\overrightarrow{\mathrm{AM}}$ より。

(3) $\overrightarrow{AQ} = 2\overrightarrow{AM}$ で定まる点を Q とおく。

  (i)  (2)と同様にして

$$\overrightarrow{PQ} = \overrightarrow{AQ} - \overrightarrow{AP} = 2\overrightarrow{AM} - \overrightarrow{AP} = \overrightarrow{AB} + \overrightarrow{AC} - \overrightarrow{AP}$$

$\overrightarrow{PA}$ と $\overrightarrow{PQ}$ が垂直であるとき

$$\overrightarrow{AP} \cdot \overrightarrow{PQ} = 0$$
$$\overrightarrow{AP} \cdot (\overrightarrow{AB} + \overrightarrow{AC} - \overrightarrow{AP}) = 0$$
$$\overrightarrow{AP} \cdot (\overrightarrow{AB} + \overrightarrow{AC}) - \overrightarrow{AP} \cdot \overrightarrow{AP} = 0$$

よって

$$\overrightarrow{AP} \cdot \overrightarrow{AB} + \overrightarrow{AP} \cdot \overrightarrow{AC} = \overrightarrow{AP} \cdot \overrightarrow{AP} \quad \cdots\cdots\cdots\cdots\cdots ③$$

である。        ⇨ ⓪

  さらに ① に注意すると，③ より

$$\left|\overrightarrow{AP}\right|\left|\overrightarrow{AB}\right|\cos\theta + \left|\overrightarrow{AP}\right|\left|\overrightarrow{AC}\right|\cos\theta = \left|\overrightarrow{AP}\right|^2$$

両辺を $\left|\overrightarrow{AP}\right| (\neq 0)$ で割って

$$\left|\overrightarrow{AB}\right|\cos\theta + \left|\overrightarrow{AC}\right|\cos\theta = \left|\overrightarrow{AP}\right| \quad \cdots\cdots\cdots\cdots\cdots ④$$

が成り立つ。       ⇨ ③

  (ii)  $k$ を正の実数とし，$k\overrightarrow{AP} \cdot \overrightarrow{AB} = \overrightarrow{AP} \cdot \overrightarrow{AC}$ が成り立つとき，① より

$$k\left(\left|\overrightarrow{AP}\right|\left|\overrightarrow{AB}\right|\cos\theta\right) = \left|\overrightarrow{AP}\right|\left|\overrightarrow{AC}\right|\cos\theta$$

両辺を $\left|\overrightarrow{AP}\right|\cos\theta \,(\neq 0)$ で割って

$$k\left|\overrightarrow{AB}\right| = \left|\overrightarrow{AC}\right| \quad\quad\quad\quad ⇨ ⓪$$

が成り立つ。

  $\overrightarrow{PA}$ と $\overrightarrow{PQ}$ が垂直であるとき，③ であり

$$k\overrightarrow{AP} \cdot \overrightarrow{AB} = \overrightarrow{AP} \cdot \overrightarrow{AC}$$

より

$$\overrightarrow{AP} \cdot \overrightarrow{AB} + k\overrightarrow{AP} \cdot \overrightarrow{AB} = \overrightarrow{AP} \cdot \overrightarrow{AP}$$
$$(1+k)\overrightarrow{AP} \cdot \overrightarrow{AB} = \left|\overrightarrow{AP}\right|^2$$
$$(1+k)\left|\overrightarrow{AP}\right|\left|\overrightarrow{AB}\right|\cos\theta = \left|\overrightarrow{AP}\right|^2$$

両辺を $\left|\overrightarrow{AP}\right| (\neq 0)$ で割って

$$(1+k)\left|\overrightarrow{AB}\right|\cos\theta = \left|\overrightarrow{AP}\right| \quad \cdots\cdots\cdots\cdots ⑤$$

  また，点 B から直線 AP に下ろした垂点と直線 AP との交点を B′ とし，点 C から直線 AP に下ろした垂線と直線 AP との交点を C′ とすると

$$AB' = AB\cos\theta \quad \cdots\cdots\cdots\cdots\cdots\cdots ⑥$$
$$AC' = AC\cos\theta \quad \cdots\cdots\cdots\cdots\cdots\cdots ⑦$$

⑤，⑥ より

$$(1+k)AB' = AP$$
$$AB' : AP = 1 : (1+k)$$

すなわち

$$AB' : B'P = 1 : k$$

AC′ についても同様にして

$$\frac{1}{k}\overrightarrow{AP} \cdot \overrightarrow{AC} + \overrightarrow{AP} \cdot \overrightarrow{AC} = \overrightarrow{AP} \cdot \overrightarrow{AP}$$
$$\left(1 + \frac{1}{k}\right)\overrightarrow{AP} \cdot \overrightarrow{AC} = \left|\overrightarrow{AP}\right|^2$$

ゆえに

$$\left(1 + \frac{1}{k}\right)\left|\overrightarrow{AC}\right|\cos\theta = \left|\overrightarrow{AP}\right|$$

⑦ より

◀ $\overrightarrow{AM} = \dfrac{1}{2}\overrightarrow{AB} + \dfrac{1}{2}\overrightarrow{AC}$ より。

◀ B′P = AP − AB′

$$AC' : AP = 1 : \left(1 + \frac{1}{k}\right) = k : (1 + k)$$

すなわち

$$AC' : C'P = k : 1$$

となるので，$\overrightarrow{PA}$ と $\overrightarrow{PQ}$ が垂直であることは，**B′ と C′ が線分 AP をそれぞれ 1 : k と k : 1 に内分する点であること**と同値である。　⇨ ④

特に $k = 1$ のとき，$\left|\overrightarrow{AB}\right| = \left|\overrightarrow{AC}\right|$ であり

$$AB' : B'P = 1 : 1$$

$$AC' : C'P = 1 : 1$$

であるから，B′，C′ は線分 AP の中点である。

よって，$\overrightarrow{PA}$ と $\overrightarrow{PQ}$ が垂直であることは，**△PAB と △PAC がそれぞれ BP = BA, CP = CA を満たす二等辺三角形であること**と同値である。

⇨ ②

◀ C′P = AP − AC′

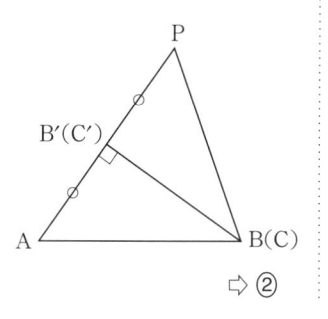

MEMO

Z-KAI